区块链技术
开发系列

区块链技术及应用

微课版

郝兴伟 梁志勇◎主编
陈海宝 江荣旺 梁广俊 穆冠琦 解冰◎副主编

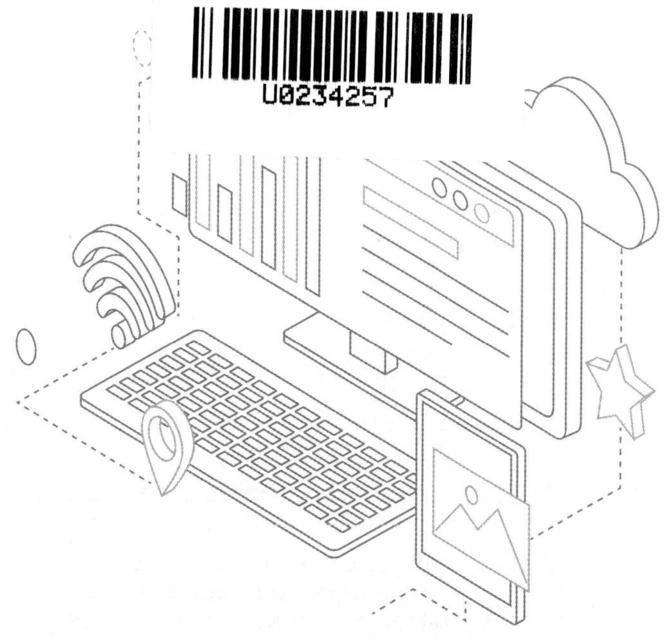

人 民 邮 电 出 版 社
北 京

图书在版编目（CIP）数据

区块链技术及应用 : 微课版 / 郝兴伟，梁志勇主编.
北京 : 人民邮电出版社，2024. --（区块链技术开发系
列）. -- ISBN 978-7-115-64963-8

Ⅰ. TP311.135.9

中国国家版本馆 CIP 数据核字第 2024CG1655 号

内 容 提 要

为了适应 Web 3.0 时代下区块链技术发展的新趋势，同时培养高素质的区块链技术人才，编者精选了区块链的相关内容，充分融合了国内外相关领域的教学优势，以区块链基础知识为核心，辅以大量的典型实践应用案例，编撰了本书。本书以清晰明了的方式阐述区块链技术的相关知识，并反映该领域的前沿技术发展情况。

本书共 12 章，从区块链的发展历史、基本概念、基本原理和应用开始介绍，然后针对区块链技术中的 2 个重要模块—密码学和共识机制进行了详细介绍，接着依次介绍智能合约、区块链安全与隐私、分布式账本、比特币、以太坊、超级账本 Fabric、FISCO BCOS 和区块链运维技术，最后介绍了区块链技术综合案例实践。本书基本概念准确，条理清晰，内容精练，重点突出，理论联系实际。

本书可作为高校区块链工程、软件工程、计算机科学与技术等专业区块链技术相关课程的教材，也可供相关领域的技术人员参考使用。

◆ 主　　编　郝兴伟　梁志勇
　副 主 编　陈海宝　江荣旺　梁广俊　穆冠琦　解　冰
　责任编辑　王　宣
　责任印制　陈　犇

◆ 人民邮电出版社出版发行　　北京市丰台区成寿寺路 11 号
　邮编　100164　　电子邮件　315@ptpress.com.cn
　网址　https://www.ptpress.com.cn
　三河市君旺印务有限公司印刷

◆ 开本：787×1092　1/16
　印张：18.25　　　　　　2024 年 11 月第 1 版
　字数：445 千字　　　　 2024 年 11 月河北第 1 次印刷

定价：69.80 元

读者服务热线：(010)81055256　印装质量热线：(010)81055316
反盗版热线：(010)81055315
广告经营许可证：京东市监广登字 20170147 号

前言

Preface

■ 写作背景

近年来，业界将人工智能（Artificial Intelligence）、区块链（Blockchain）、云计算（Cloud Computing）和数据科学（Data Science）统称为“ABCD”，并将其视为颇具潜力的四大信息技术方向。2019 年 1 月 10 日，国家互联网信息办公室发布《区块链信息服务管理规定》，为区块链信息服务的提供、使用、管理等提供了相关依据。区块链已经逐渐进入大众视野，成为社会关注的焦点。

随着区块链技术的快速发展，很多高校开设了区块链相关专业，以培养区块链领域的专业人才。同时，非区块链相关专业的学生也迫切需要了解区块链技术的相关知识，从而提高自己的“社会胜任力”。为此，信息技术新工科产学研联盟大学计算机通识教育工作委员会联合南京秉蔚信息科技有限公司，依托该公司在区块链技术及教学实验室建设方面的丰富经验和优势，邀请国内高校教师，组建教材编写团队，共同编成本书。

■ 本书内容

本书共 12 章，由山东大学郝兴伟教授负责主导章节内容设计及全书的统稿和审稿工作。第 1 章、第 3 章、第 6 章和第 10 章由三亚学院梁志勇负责编写，第 9 章和第 11 章由滁州学院陈海宝负责编写，第 2 章和第 5 章由三亚学院江荣旺负责编写，第 4 章由江苏警官学院梁广俊负责编写，第 7 章和第 8 章由山东大学穆冠琦负责编写，第 12 章由南京秉蔚信息科技有限公司解冰负责编写。本书各章内容及学时分配建议见表 1。

表 1　本书各章内容及学时分配建议

章序	课程内容	各章学时分配		
第 1 章	区块链技术概述	2 学时	4 学时	6 学时
第 2 章	密码学	3 学时	4 学时	6 学时
第 3 章	共识机制	2 学时	4 学时	6 学时
第 4 章	智能合约	2 学时	4 学时	6 学时
第 5 章	区块链安全与隐私	3 学时	4 学时	6 学时
第 6 章	分布式账本	2 学时	3 学时	4 学时
第 7 章	比特币	2 学时	3 学时	4 学时
第 8 章	以太坊	2 学时	3 学时	4 学时
第 9 章	超级账本 Fabric	4 学时	5 学时	6 学时
第 10 章	FISCO BCOS	4 学时	5 学时	6 学时
第 11 章	区块链运维技术	4 学时	5 学时	6 学时
第 12 章	综合案例实践	2 学时	4 学时	4 学时
合计		32 学时	48 学时	64 学时

需要特别说明的是，在我国，比特币和以太币等“数字货币”是特定虚拟商品，不具有与货币等同的法律地位，不能作为货币在市场上流通使用。

■ 本书特色

1. 内容全面，体系结构合理

本书涵盖了区块链技术的基础知识、基本原理、技术应用和综合案例等多个方面，兼顾知识的广度与深度。本书的逻辑结构清晰、层次分明，能够由浅入深地引导读者理解区块链技术的相关知识。

2. 前沿导向，紧跟行业发展

区块链技术是一个快速发展的领域，本书紧跟最新的技术发展趋势和行业发展动态，确保内容的前沿性和时效性。书中不仅介绍了区块链技术的基础理论及其在各个领域的应用，还探讨了区块链技术的未来发展方向，为读者提供了一个全面了解区块链技术的视角。

3. 理实结合，强化实践能力

本书在介绍理论知识的同时，还强调了区块链技术的实际应用价值。本书第 12 章展示了从智能合约开发到前端界面设计的完整流程，强化了读者的实践能力。

4. 资源丰富，支持混合式教学

本书提供了微课视频、教学大纲、习题答案、PPT 和完整的实验素材文件等教辅资源，支持教师开展线上线下混合式教学。读者可以登录人邮教育社区（www.ryjiaoyu.com）下载本书相关资源。

■ 编者致谢

编者要特别感谢三亚学院产品思维导向特色课程改革项目（项目编号：SYJKCP2023158）、海南省院士创新平台科研专项项目（项目编号：YSPTZX202145）、海南省重点研发项目（项目编号：ZDYF2023GXJS007）、三亚学院重大专项课题项目（项目编号：USY22XK-04）、海南省教育厅重点教改项目（项目编号：Hnjg2022ZD-422）、安徽省网络安全产业学院项目（项目编号：2021cyxy055）等项目和安徽省一流本科专业建设点（滁州学院网络工程专业）对本书的大力支持。

本书属于信息技术新工科产学研联盟大学计算机通识教育工作委员会产学合作教材建设规划项目，得到众多高校和南京秉蔚信息科技有限公司的大力支持。本书的编写得到了来自国内许多同行专家的建议，编者对他们的帮助深表谢意。由于时间紧促和编者水平所限，书中可能存在问题和不足之处，敬请同行老师和广大同学批评指正，以便编者在以后的版本中改进内容。

编者

2024 年 4 月

目录

Contents

第1章 区块链技术概述

【本章导读】

在2008年，一位神秘人物中本聪发表了一篇关于比特币（一种特定的虚拟商品，不具有与货币等同的法律地位）的论文，并在次年挖出了比特币的第一个区块，也称“创世区块”，从而获得了第一笔50枚比特币的奖励。在2010年，有位程序员用1万枚比特币换取了两块比萨，如果按照2024年3月初比特币的最高价格计算，当时那两块比萨的价值约为7.2亿美元，堪称史上最贵的比萨。

本章将从区块链的发展历史讲起，首先讲述在比特币诞生之前的“密码朋克”文化以及该文化对比特币和区块链技术的影响。接下来，本节将阐述区块链的定义，并梳理区块链与现有技术的关系；从区块链的基本原理出发，详细讲解其体系结构、技术架构、运行原理和技术生态。最后，针对区块链技术的应用，本书将讲述区块链在溯源存证、资产证券化、供应链金融、多方数据审计和去中心化金融等领域的一系列实际应用。

【知识要点】

第1节：区块链1.0，区块链2.0，区块链3.0，“密码朋克”文化，去中心化，比特币，加密货币，分布式账本技术，去中心化，链上身份，多重签名，分叉。

第2节：区块链，链式结构，密码学，分布式，5G，物联网，大数据，人工智能，云计算。

第3节：应用层，合约层，激励层，共识层，网络层，数据层，共识算法，分布式网络，智能合约，密码学技术，非对称加密算法，数据存储，去中心化，默克尔树，分布式存储，去中心化身份，去中心化密钥管理，分布式应用程序。

第4节：溯源存证，防伪，资产证券化，数字化，供应链金融，多方数据审计，去中心化金融。

1.1 区块链的发展历史

区块链的发展历史

区块链起源于比特币（Bitcoin）。2008年，一位自称中本聪（Satoshi Nakamoto）的人发表了《比特币：一种点对点的电子现金系统》一文，阐述了基于点对点（Peer-to-Peer，P2P）技术、加密技术、时间戳技术、区块链技术的电子现金系统的构架理念，这标志着比特币概念的诞生。2009年1月3日，序号为 0 的创世区块（Genesis Block）诞生。几天后的 2009 年 1 月 9 日，出现了序号为 1 的区块，并与序号为 0 的创世区块相连接，形成了链，这标志着区块链 1.0 的正式诞生。

随着比特币的诞生和发展，人们开始逐渐关注区块链技术，并将其应用于更广泛的领域。在 2014 年，以太坊的（Ethereum）创始人维塔利克·布特林（Vitalik Buterin）提出了“智能合约”的概念，使区块链不仅能够实现比特币交易，还拓展出了更多的应用场景，如供应链管理等。

2014 年，“区块链 2.0”开始流行。对这个第二代可编程区块链，经济学家们认为它是一种编程语言，可以允许用户写出更精细和更智能的协议。区块链 2.0 跳过了交易和“价值交换中担任金钱和信息仲裁的中介机构”。它可以使人们远离经济全球化，使隐私得到保护，使人们“将掌握的信息兑换成货币”，并且可以保证知识产权的所有者得到收益。区块链 2.0 使存储个人的“永久数字 ID 和形象”成为可能，并且对“潜在的社会财富分配不平等”问题提供解决方案。

2015 年左右，国内外涌现出大量的区块链创业公司，同时各大企业也开始探索区块链技术的应用。区块链技术的应用场景日益丰富，如供应链管理、数字身份验证、物联网、版权保护等方面。同时，随着技术水平的提升，区块链也不断发展和完善，例如联盟链、跨链交易、分片技术等。

随着区块链的快速发展，区块链 3.0 时代已经悄然来临。在区块链 3.0 中，最显著的变化是出现了基于分片技术的区块链系统。分片技术将整个区块链网络划分为多个分片，并行处理交易，从而有效提高整个系统的性能和可扩展性。此外，随着智能合约功能的不断完善，以及更加安全的多方计算等技术的应用，区块链 3.0 将支持更加复杂的智能合约和去中心化应用（Decentralized Applications，DApps）。同时，区块链 3.0 还将支持跨链协议，实现不同区块链网络之间的互操作性和数据共享。跨链协议可以有效地打破现有区块链系统之间的隔离，促进各个区块链网络的整合和互通。总之，区块链 3.0 将构建一个更高效、更安全、更灵活、更互通的区块链生态系统，其应用场景和前景也更加广阔。

目前，区块链已经成为国内外科技界的热点话题之一。越来越多的企业、政府机构和投资机构正在积极探索区块链的应用，加速推动技术发展和应用落地。回顾区块链的发展历程，它从一种加密货币系统逐渐演变为一项具备广泛应用前景的重要技术。

1.1.1 “密码朋克”文化

“密码朋克”（Cypherpunk）文化是一种强调个人隐私权和信息自由的技术活动及理念。该文化起源于 20 世纪 80 年代末至 90 年代初，由一群对计算机和互联网技术感兴趣的程序员、密码学家和社会活动家组成。“密码朋克”文化与 20 世纪的整个朋克运动存在深层次上的精神传承，那就是挑战西方社会的主流文化、思想和秩序，寻求变革。“密码朋克”登上历史舞台的标志性事件是 1993 年《密码朋克宣言》的发表，它提出了“在这个宣扬自由的世界里，你早已经不再自由”的论断。这也是“密码朋克”一词首次出现。

自埃里克·休斯（Eric Hughs）发表《密码朋克宣言》后，这一理念吸引了一批共识者的参与，形成了“密码朋克”这个群体，该群体主要由一些 IT（Information Technology，信息技术）精英们组成，有来自英特尔的科学家蒂姆·梅（Tim May）、维基解密的创始人朱利安·阿桑奇（Julian Assange）、万维网的发明者蒂姆·伯纳斯·李（Tim Berners-Lee）、脸书（Facebook）的创始人之一肖恩·帕克（Sean Parker），当然还包括比特币之父中本聪。

“密码朋克”文化的核心理念包括以下几点。

（1）隐私权保护

“密码朋克”倡导对个人隐私权的保护，认为个人对自己的隐私应有完全的控制权。他们反对政府和大型企业对个人数据的滥用和监控。

（2）加密技术

“密码朋克”重视密码学和加密技术的应用，认为强大的加密方法是保护个人隐私和信息自由的重要手段。他们主张使用加密技术来实现信息的安全传输和存储。

（3）去中心化

“密码朋克”支持去中心化的网络结构，鼓励分布式系统和点对点技术的发展。他们认为去中心化可以防止集中式权力的滥用，并增强网络的安全性和抵抗审查的能力。

（4）自由言论

“密码朋克”倡导言论自由，主张网络的开放。他们认为信息的自由流动和开放讨论是推动社会进步的基石。

“密码朋克”文化在技术和思想上对后来的网络安全、加密货币和隐私保护等领域产生了重要影响。该文化的价值观仍然影响着当前的数字权益领域和隐私权保护领域。

1.1.2 比特币的发展

比特币，作为首个应用区块链技术的数字货币，其发展历史可以追溯到2008年。

（1）2008年：比特币论文的发布

2008年10月，中本聪发布了一篇名为《比特币：一种点对点的电子现金系统》的论文，这篇论文描述了比特币的概念和工作原理，奠定了比特币的理论基础，并提出了区块链技术的核心概念。

（2）2009年：比特币的诞生

2009年1月3日，中本聪挖出了比特币的创世区块，标志着比特币网络的正式启动。这个区块包含了初始的50个比特币奖励，开创了比特币的奖励机制。

（3）2010年：第一个交易

2010年5月22日，程序员拉兹洛·哈涅克斯（Laszlo Hanyecz）完成了比特币网络上的第一笔实际交易，他用10,000枚比特币购买了两份比萨。这一天被称为“比特币比萨日”。

（4）2011年：比特币的扩展

2011年，比特币社区逐渐扩大，比特币的价格也开始上涨。同时，一些其他的加密货币项目开始出现，如莱特币（Litecoin）。

（5）2013年：比特币的价格飙升

2013年，比特币的价格经历了一次显著的涨势，从几美元上升到超过1,000美元，引发了媒体的广泛关注和投资者的参与。

（6）2017年：第一个硬分叉

2017年8月1日，比特币经历了一次硬分叉，导致新的币种——比特币现金（Bitcoin Cash，BCH）诞生。这个分叉是关于区块大小限制的争议，旨在提高比特币的交易吞吐量。

（7）2020年：第三次减半

2020年5月，比特币完成了第三次减半（Halving），这意味着比特币的挖矿奖励减半，每个区块的奖励减少到 6.25 个比特币。这一事件通常被认为是比特币价格上涨的因素之一。

（8）2024 年：比特币价格创纪录

2024 年 3 月，受到比特币即将到来的第四次减半的影响，比特币的价格创下历史新高，一度超过了 73,000 美元。这引起了广泛的媒体报道。

1.1.3 技术关键词

1．加密货币

加密货币（Cryptocurrency）是一种“数字或虚拟货币”，采用密码学技术来确保交易安全，并且不依赖于中央银行来发行或管理，加密货币同样不具有与货币等同的法律地位，不能作为货币在市场上流通。它们是分布式账本技术（如区块链）的一个关键应用，通过去中心化的方式记录和验证交易，从而提供了更安全、透明且不受控制的交易方式。在交易过程中，参与者使用公钥和私钥来加密和解密数据，确保只有授权的人可以访问和操作货币。加密货币的核心特点之一是去中心化。它们不受单一中心机构（如中央银行）的控制，而是由网络上分布的节点共同维护和验证。这意味着没有单一节点可以掌控整个货币系统，从而增强了安全性和抵抗审查的能力。

除了比特币之外，还有许多其他的加密货币，每种都有自己的特点。例如，以太坊提供了智能合约功能，莱特币具有更快的交易确认速度，比特币现金则通过增加区块大小来提高吞吐量。同时加密货币市场具有高度的波动性，价格可能在短时间内大幅波动。这使得加密货币成为一种投资工具，但也带来了风险。

加密货币也催生了去中心化金融（Decentralized Finance，DeFi）的发展，这是一种基于区块链的金融系统，它们允许用户参与借贷、交易、抵押等金融活动，而无须传统的金融机构。加密货币的法律和监管环境因国家和地区而异，一些国家已经采取了监管措施，而其他地方仍在探讨如何妥善管理加密货币。

2．分布式账本技术

分布式账本技术（Distributed Ledger Technology，DLT）是一种用于记录和管理数据的技术。DLT 的知名应用之一就是区块链，但也包括其他形式的分布式账本。DLT 的核心特点是去中心化，它不依赖于单一中心机构或管理者。相反，数据分布在网络上的多个节点上，并由这些节点共同维护和验证。DLT 的优势包括安全性、透明性和低成本。然而，它也面临着性能限制、扩展性问题、法律合规性和标准化等挑战。

DLT 将数据分散存储在多个地点或节点上，而不是集中存储在单一服务器或数据库中。这种分布式存储的特点提高了系统的可用性和抗风险能力。同时 DLT 使用密码学技术来确保数据的安全和不可篡改。交易数据通常是经过加密和数字签名的，使得数据在传输和存储过程中更加安全。并且 DLT 通常提供透明的账本，使所有参与者都能查看和验证交易记录。这增加了数据的可追溯性和透明性。

智能合约是 DLT 的一种重要应用，它们是基于预定义条件和规则而自动执行的合约。智能合约可以在满足条件时自动执行事务。DLT 具有广泛的应用领域，包括金融服务、供应链管理、数字身份验证、投票系统、不动产交易、医疗保健和能源管理等。

3．去中心化

去中心化

去中心化（Decentralization）是一种组织结构或系统设计的理念，其核心是分散权力、控制和决策，不依赖于单一中心实体。去中心化的概念广泛应用于多个领域，包括技术、政治、金融和社会组织等。去中心化系统将权力分散到多个节点、个体或组织，而不是集中在中心实体。这种权力分散通常通过分布式网络、共识算法或协议来实现。去中心化系统具备抗单点故障的能力，因为没有单一的关键节点或实体，即使某个节点失败，系统依然可以继续运行。同时，去中心化系统通常具有高度的透明度，所有参与者都可以查看和验证系统的运行情况，交易和决策通常都可以被追溯。并且在去中心化系统中，个体或节点通常具有自主权，他们可以根据自己的利益和目标行事，而不受中心实体的干预。

去中心化的应用领域主要在区块链、加密货币、DeFi、社交媒体以及 DApps 等。首先，区块链是一个典型的去中心化技术，其去中心化特性允许多个节点共同维护和验证交易数据，无须中心机构。其次，加密货币的交易和管理是去中心化的，不依赖于中心机构，而是由分布在全球的矿工和节点共同管理。去中心化金融平台允许用户进行借贷、交易和投资，无须传统银行或金融机构的中介。同时一些去中心化社交媒体平台试图将数据和控制权还给用户，减少了媒体公司对内容的控制。最后，DApps 是基于区块链或分布式技术的应用程序，通常采用去中心化的方式来运行。

4．链上身份

链上身份

链上身份（On-Chain Identity）是一种数字身份验证系统，它基于区块链，并用于记录和验证个体或实体的身份信息。链上身份解决了传统身份验证和数据管理中的一些问题，降低了数据泄露、身份盗用的风险。链上身份是基于区块链或分布式账本技术的数字身份系统。个体的身份信息和验证数据被安全地存储在区块链上，这个过程通常使用密码学技术来保护信息的安全。链上身份允许个体自由地控制自己的身份信息。这意味着个体可以自行决定何时以及与哪些实体或服务提供者共享身份信息。链上身份系统通常是去中心化的，不依赖于单一身份验证机构，从而降低了单点故障和数据泄露的风险。区块链上的交易信息是公开的，但身份通常是匿名的。这意味着任何人都可以查看交易历史，但无法轻易追踪到个体的具体身份。

链上身份具有广泛的应用场景，包括数字身份验证、登录授权、访问控制、电子签名、不动产交易、医疗保健记录管理和投票系统等。链上身份系统消除了对第三方身份验证机构或中介的依赖，降低了交易和身份验证的成本，提高了效率。同时链上身份引入了新的关于隐私的讨论，例如如何平衡交易透明和个体隐私。目前，一些区块链项目正在积极寻求解决这些问题的有效方法。

5．多重签名

多重签名（Multi-Signature）是一种区块链和加密货币领域中的安全性功能，它允许多个用户或实体参与控制一个数字资产或交易的访问权限。多重签名提供了额外的安全层，它通常要求在进行交易或访问资产时，需要多个私钥，而非单个私钥的授权。多重签名涉及多个私钥和与之相关联的公钥。在交易或访问资产时，需要使用这些私钥中的多个来进行签名。这通常是通过智能合约或多重签名钱包来实现的。多重签名提高了数字资产的安全性。即使一个私钥被泄露，仍然需要其他私钥的授权才能执行交易。这一机制有助于防止单点故障和潜在的安全漏洞。同时多重签名涉及多个参与者，他们共同拥有对资产或交易的控制权。这些参与者可以是个体、组织、合作伙伴或多方之间的协议。

多重签名在各种场景中有广泛的应用。一些常见的使用案例包括多方托管钱包、公司资产管理、投资基金和多方交易等。多重签名系统涉及管理多个私钥和与之相关的公钥。这些密钥通常由不同的参与者控制，并被存储在不同的位置，以提高安全性。许多主流的区块链平台支持多重签名功能，包括比特币、以太坊以及其他加密货币和区块链项目。

6. 分叉

分叉（Fork）是区块链技术领域中的一个重要概念，它表示区块链网络上的数据分裂成两个或多个不同的链。分叉的发生出于多种原因，包括协议升级、共识规则改变或网络分歧等。分叉通常分为两种类型：硬分叉（Hard Fork）和软分叉（Soft Fork）。硬分叉是一种区块链协议升级方式，它引入了不兼容的规则或协议更改，导致链的分裂。硬分叉后，原来的链和新链将不再彼此兼容，各自的区块链历史将从分叉点开始独立发展。软分叉是一种更加兼容的协议升级方式，它引入了新规则，但这些规则对旧节点来说是可接受的，因此不会导致链的分裂。在软分叉中，旧节点将继续接受新规则的区块，并与新节点共享同一个链。

分叉的产生可能带来一系列后果和影响，包括新币产生、社区分歧、节点和矿工选择变化以及市场波动等。

1.2 区块链的基本概念

1.2.1 区块链的定义

区块链是一种分布式账本技术，其主要特点是去中心化、交易记录不可篡改和安全加密等。在区块链系统中，多个节点共同维护一个分布式账本，其中每个交易都被打包成一个区块，这些区块通过链连接到之前的区块并形成一个不断增长的链式结构，因此得名“区块链”。区块链核心特点与架构如图 1-1 所示。

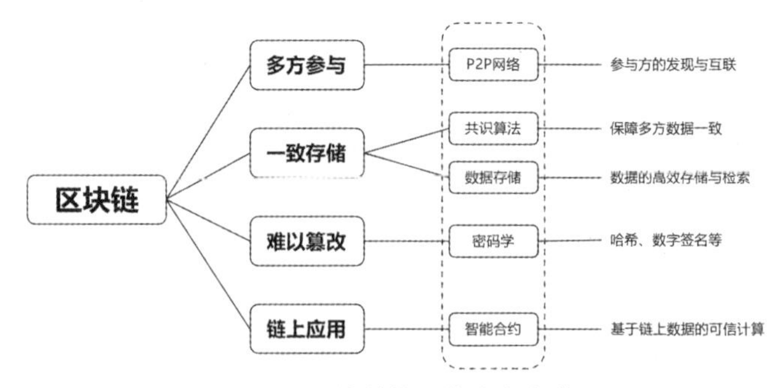

图 1-1 区块链核心特点与架构

在一个典型的区块链系统中，每个区块都包含着多个交易记录及一些附加信息（如时间戳、哈希值等)。每个交易需要经过网络上的多个节点验证和确认后，才能被纳入区块链中。这种机制确保了区块链系统的去中心化、安全性和可信度。

区块链技术最初被应用于比特币等“数字货币”的发行和交易，但随着技术的发展，人们开始尝试将区块链技术应用到更多的领域。例如，在供应链管理、金融领域、数字身份验证、物联网等诸多应用场景中，区块链技术已经取得了一些成功的应用。

1.2.2 区块链与现有技术关系

区块链技术是建立在分布式计算、密码学、加密算法和 P2P 网络等多种现有技术基础上的创新产物。区块链技术和应用的发展需要云计算、大数据、5G 和物联网等新一代信息技术作为基础设施的支撑，同时区块链技术和应用的发展对推动新一代信息技术产业发展具有积极作用。结合 5G(类似神经传导的信息传输)、物联网(类似神经末梢的相互感知)、大数据(类似人的知识和经验积累)、人工智能(类似人的行为判断)、云计算(类似脑组织的基础设施)等新技术，区块链作为规则和协同各方的核心工具(类似人的规则意识和法律意识)，通过与新一代信息技术的集成创新和融合应用，为各行各业探索与新技术结合的应用发展新方向提供了广阔的空间。

1．区块链与 5G

区块链是点对点的分布式网络系统，随着区块链节点体量和账本数据量的逐步扩大，节点间的通信需要高性能、高可靠的通信网络作为支撑，否则可能造成区块链的性能瓶颈。5G 网络作为已经商用的新一代移动通信网络，其高速率、广连接、低时延等特征为区块链的应用提供了更好的基础条件，能有效提升区块链系统的性能和应用范围。区块链与 5G 技术融合，在 5G 网络环境下，区块链数据可以达到高速同步，减少差异数据的产生，提高共识算法的效率，将极大地提升区块链的性能，基于互联网的数据一致性将会大大改善，进而提升区块链网络的可靠性，减少网络延迟带来的差错；下游大量连接到 5G 网络的移动终端和物联网设备，也为开展区块链的规模化应用提供了可以想象的空间；5G 时代区块链技术将成为信息传递过程中必不可少的“信任机器”，在从“互联网时代”迈向“物联网时代”的同时，为信息安全增添了一道防线。

2．区块链与物联网

物联网天然具备分布式特征，网络中的每个设备能够管理自己在交互中的角色、行为和规则，与区块链分布式特征的 P2P 网络高度契合；物联网中的数据传输要经过多个主体，如传感器、芯片、边缘计算、云服务、位置计算服务及智能调度等，不同参与方的通信标准、认证方式不同，存在数据难以互信的问题。区块链的去中心化特性及其所构建的多方信任机制，为解决目前物联网中心化网络管理模式的高成本、低性能、高风险问题，推动物联网的自我治理提供了可行的方法。区块链与物联网技术融合，将物联网设备放入区块链节点中进行管理，分布式存储和处理设备信息、状态信息和采集数据，提高物联网设备鉴权、状态管理、多设备协同的效率，也能够有效解决物联网多方主体间的可信数据交换问题，实现对物联网的去中心化控制。另外，通过物联网技术能够解决物理资产与区块链数据映射的可信性问题，保证原生数据是真实的，比如利用电子标签或者芯片加密技术，确保物理资产和数字资产有唯一映射关系。

3. 区块链与大数据

区块链是一种难以篡改的、记录全交易历史的数据存储技术，其数据规模会越来越大，不同业务场景的区块链的数据融合也进一步扩大了数据规模和丰富性；另外区块链数据虽然提供了数据的完整性，但统计分析的能力较弱。大数据具备海量数据处理技术和灵活高效的分析技术，可以极大提升区块链数据的价值和使用空间。区块链与大数据技术融合，利用区块链可信任、安全和难以篡改的特性，可以让更多数据被解放出来，有利于推动突破信息孤岛，促进数据增长和流通；利用区块链的可溯源性可以将数据的采集、交易、流通记录留存在区块链上，可以追溯基于大数据的数字交易历史，明确各方的贡献，并辅助衡量数据的价值；区块链数据质量具备高可信度，结合大数据技术可以推动区块链数据的精准分析和深度挖掘；使用区块链的智能合约功能，可以实现更精细化的数据交易模式，如录入交易、支付后信用交易、充值交易、授权场景交易、数据交换交易等，从而改变当前大数据交易的业务模式。

4. 区块链与人工智能

区块链是新型的分布式数据库技术，而人工智能得以发挥效用和不断优化的重要基础是数据，区块链技术可以解决人工智能应用中数据可信度的问题，使人工智能的发展更加聚焦于算法，而合理利用人工智能技术也可以提高区块链系统的智能化程度。区块链与人工智能技术融合，可以由区块链负责在数据层提供可信数据，人工智能负责自动化的业务处理和智能化的决策，实现区块链的自动化、自治化和智能化管理；区块链的智能合约作为一段执行特定算法的代码，可以将人工智能植入其中，使智能合约更加智能；人工智能依赖于数据，通过区块链技术可以获得干净、准确的数据，如果各种人工智能设备基于统一的区块链基础协议进行注册、授权、管理并实现互联互通，或者将人工智能引擎训练模型结果和运行模型存储在区块链上确保其不被篡改，可以帮助人工智能提高受信任程度，降低人工智能应用遭受攻击的风险。

5. 区块链与云计算

区块链技术体系的开发创新工作门槛较高，要构建一个生态完整且安全性高的区块链研发和应用环境需要投入一定的成本。云计算服务具有资源弹性伸缩、可快速调整、低成本、高可靠的特质，有利于快速低成本地进行区块链开发和部署。区块链与云计算技术融合，将加速区块链技术的成熟，推动区块链向更多应用领域拓展。亚马逊、IBM、微软、华为、阿里、百度、腾讯、京东等科技巨头都已经开始布局区块链即服务（Blockchain as a Service，BaaS）平台，将区块链框架嵌入云计算平台，利用云服务基础设施的部署和管理优势，为开发者快速搭建所需的区块链开发环境，提供基于区块链的搜索查询、交易提交、数据分析等一系列操作服务，帮助开发者更快地验证概念和模型，为开发者提供了便捷、高性能的区块链生态环境和生态配套服务，支持区块链开发者的业务拓展及运营支持。

1.3 区块链的基本原理

1.3.1 体系结构

区块链类比 OSI 标准可分为六层：应用层、合约层、激励层、共识层、网络层和数据层，区块链的六层体系结构如图 1-2 所示，其中共识层、网络层和数据层为区块链的核心层。

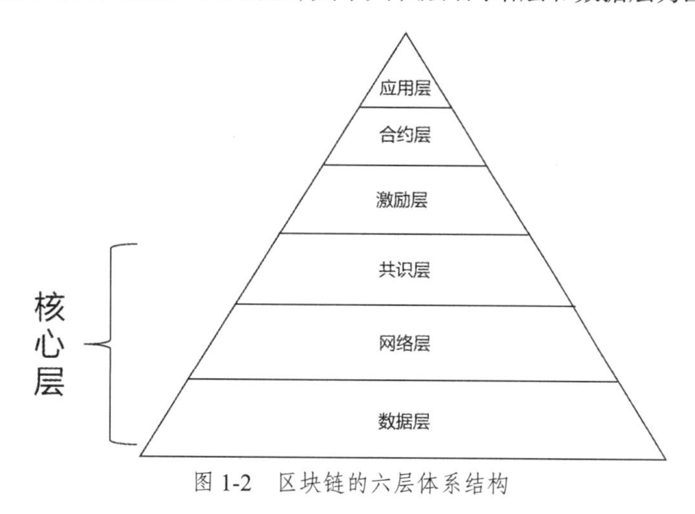

图 1-2 区块链的六层体系结构

在区块链的六层体系结构中，各层的主要功能见表 1-1。

表 1-1 区块链各层的功能

各层名称	功能
应用层	可编程货币、可编程金融、可编程社会
合约层	脚本代码、算法机制、智能合约
激励层	发行机制、分配机制
共识层	共识算法（PoW、PoS、DPoS、PBFT 等）
网络层	P2P 网络、传播机制、验证机制
数据层	数据区块、链式结构、时间戳、哈希函数、默克尔树、非对称加密

1．应用层

应用层是基于区块链技术开发的应用程序，包括数字资产交易、供应链管理、物联网、政务管理等。智能合约、链码和去中心化应用程序构成了应用层。应用层协议进一步细分为应用层和执行层。应用层包括用户最终用来与区块链网络通信的程序。脚本、应用程序编程接口（API）、用户界面和框架都是其中的一部分。例如搭建在以太坊上的各类区块链应用即部署在应用层，而未来的可编程金融和可编程社会也将会搭建在应用层。在这一层中，开发者可以根据需求设计各种应用程序，以满足不同场景下的业务需求。

2．合约层

区块链的合约层是指基于区块链技术实现的可编程、自动化的协议层。在这一层中，智能合约成为区块链技术的核心和灵魂。智能合约是一种特殊的计算机程序，通过定义编程代码来控制交易和操作。一旦满足预设条件，智能合约就会被自动激活，并执行预先设定的操作。智能合约可以自我验证、自我执行和自我维护，因此具有高度的安全性和可靠性。智能合约可以实现许多不同的应用，例如投票系统、分布式存储、物联网等。通过智能合约，各方之间可以进行高效、安全的交易和信息交换，而无须第三方的干预和信任。需要注意的是，由于智能合约属于可编程的代码，其安全性和正确性至关重要。如果智能合约存在漏洞或错误，可能会导致非常严重的后果，例如资产损失、系统崩溃等。因此，必须采取一系列措施来确保智能合约的安全性和可靠性，包括代码审计、测试、修复、更新等。

3．激励层

在激励层中，经济因素被集成到区块链技术体系中，包括经济激励的发行机制和分配机制等，这两种机制主要出现在公有链当中。在公有链中必须激励遵守规则并参与记账的节点，同时惩罚不遵守规则的节点，才能让整个系统向良性循环的方向发展。而在私有链当中，则不一定需要进行激励，因为参与记账的节点往往是在链外完成了博弈，被强制或自愿来要求参与记账。激励层的目的是通过实施激励措施来保证区块链网络平稳运行和发展。这些激励措施主要指经济激励的发行机制和分配机制。

对于比特币而言，激励层分为两部分。一是每挖掘一个新区块，系统就会产生相应数额的比特币交给挖掘该区块的矿工，该方式也实现了比特币的去中心化发行。二是激励来源于对交易进行验证时的手续费，当用户在进行比特币的交易时，可支付一笔额外的费用来加速交易的确认。一个新区块的产生也就意味着新比特币的发行，而且每一个区块中的第一笔交易记录了系统将比特币交易给成功挖掘该区块的矿工的信息。比特币实行衰减发行、总量固定的发行机制，每产生 21 万个区块奖励减半，每 10 分钟生成一个区块，挖掘第一个 21 万个区块的奖励为 50 个比特币，挖掘第二个 21 万个区块的奖励为 25 个比特币，预计 2140 年挖掘区块的奖励将降为 0，总发行量为 2100 万个比特币。

4．共识层

共识层封装了网络节点的各类共识算法。共识算法是区块链的核心技术，决定了记账权的归属，而记账权的归属将会影响整个系统的安全性和可靠性。目前已经出现了十余种共识算法，其中比较知名的有 PoW（Proof of Work，工作量证明）、PoS（Proof of Stake，权益证明）、DPoS（Delegated Proof of Stake，委托权益证明）等。数据层、网络层、共识层是构建区块链的必要元素，缺少任何一层都不能称之为真正意义上的区块链技术。共识层的主要作用是确保每个节点都能够遵循“最长链原则”，在任何时候，只有最长的链条可以被节点纳为区块链的标准状态。在公有区块链网络中，新交易只有经过诚实节点的验证才能纳入区块中，新区块也需要经过诚实节点的验证才能纳入区块链中。

5．网络层

网络层涉及三个方面：分布式的点对点网络、网络节点连接以及网络运转所需要的传播和验证机制。根据不同场景对于中心化和开放程度的不同要求，区块链可大致分为三大类：公有链、联盟链和私有链。公有链是完全不存在把控的中心化机构和组织，任何人都可以读取链上数据、参与交易和算力竞争。典型代表有比特币和以太坊。联盟链介于公有链和私有链之间，部分去中心化，仅允许授权节点启用核心功能，如参与共识机制和数据传播。私有链的权限完全由某个组织或机构把控，适用于特定机构内部使用，因此加入门槛高。同时，私有链节点数量一般较少，这意味着更短的交易时间、更高的交易效率和更低的算力成本。

6．数据层

区块链的数据层是指底层数据结构和加密算法等基础组件，它是区块链技术的核心之一。在区块链中，数据被组织成一系列区块，每个区块包含了自己的头部和交易记录。头部包括了区块的版本号、时间戳、前一区块的哈希值等元数据信息；交易记录则包括了发送者、接收者、金额等信息。所有的区块形成了一个不可篡改的链式结构。为了保障区块链的数据安全性，区块链采用了多种加密算法和技术。其中最常用的是哈希算法，它将任意长度的数据转换成固定长度的哈希值，确保了数据的安全性和完整性。此外，区块链还运用了非对称加密算法、共享密钥加密算法等多种技术手段，来保障交易的安全性和保密性。除了上述加密技术，区块链的数据层还涉及网络协议、分布式存储和节点管理等。区块链需要通过点对点的网络协议进行信息传输和交互，需要使用分布式存储技术来存储数据和交易记录，同时还需要对节点进行管理和维护，确保整个系统的稳定性和安全性。

1.3.2　技术架构

区块链的技术架构是目前互联网领域关注和研究的重点之一。作为一种去中心化的分布式账本技术，它具有高度的安全性、可靠性和透明性，被广泛应用于各个行业。区块链的技术架构主要包括以下几个方面。

1．共识算法

共识算法是区块链技术中的一个重要概念，它在确保分布式系统中各参与方达成一致的过程中起着关键性的作用。共识算法的设计目标是通过去中心化的方式，使得网络中的节点就某个特定的交易或状态达成共识，从而确保整个系统的安全和稳定运行。在区块链技术中，共识算法可以被视为网络中各参与方之间的合作规则。通过共识算法，网络中的节点可以在无须信任中心的情况下，就某个具体的数据或状态达成一致。这种去中心化的合作方式，有效保障了系统的安全性和稳定性。

常见的共识算法包括 PoW、PoS 和 DPoS 等。其中，PoW 是最早被广泛应用的共识算法，它通过计算资源密集型的工作量任务来选举出一个节点完成一笔交易的验证和打包工作。PoS 则通过持有一定数量的“数字货币”来选举出验证节点，并由这些节点竞争完成交易验证的任务。而 DPoS 则将选举权委托给一定数量的代表节点，由这些节点来完成交易验证和打包。

共识算法的选择需要根据具体应用场景和区块链系统的需求进行权衡。不同的共识算法各有优缺点，例如 Pow 的安全性较高但能源消耗大，PoS 的能源消耗较低但可能存在寡头垄断问题，DPoS 能提高交易处理速度但可能导致中心化等问题。

共识算法通过去中心化的方式确保了网络中各个节点的一致性和安全性。随着区块链技术的不断发展和应用的不断拓展，共识算法的研究和优化也成为了当前热门的领域之一，相信未来会有更多的共识算法出现，为区块链技术的进一步发展提供新的动力。

2．分布式网络

分布式网络是区块链技术的核心之一，它在现代信息社会中发挥着越来越重要的作用。分布式网络的出现旨在解决传统集中式网络中的安全和信任问题。

区块链的分布式网络由大量节点构成，每个节点都具有相同的数据副本，并记录了所有的交易信息。这些节点通过协议相互通信，共同参与到区块链的运行和维护中。与传统中心化网络相比，分布式网络具有更高的安全性和可靠性。在分布式网络中，区块链的数据被切分成多个小块，每个块都包含了前一块的信息摘要，形成一个不断扩展的链条。每个块都通过加密算法和共识机制来确保数据的完整性和一致性。而且，由于每个节点都拥有完整的数据副本，所以即使有某些节点出现故障或遭受恶意攻击，整个网络仍然能够正常运行。区块链的分布式网络还具有匿名和去中心化的特性。用户可以在网络上生成一个独一无二的密钥对来保护自己的身份信息，实现了交易的匿名性。而且，由于网络中没有中心化机构掌握着所有的数据权益，任何人都可以参与到区块链网络中，实现数据的去中心化存储和管理。

区块链的分布式网络是一种先进的技术，它通过分散数据和权益的方式，提高了网络的安全性、可靠性和透明度。随着区块链技术的不断进步，分布式网络将在各个领域发挥更加重要的作用，并为我们的生活带来更多的便利。

3．智能合约

智能合约是区块链技术的重要组成部分，它为数字化经济提供了一种安全可信的合约形式。区块链技术的发展为传统的合约模式带来了前所未有的变革。智能合约基于区块链的去中心化特性，具备自动执行和可编程的特点，使得交易各方能够实现快速、透明和高效的交互。

智能合约是一种以计算机程序为基础的自动化合约，不再依赖于传统的法律合同。它通过使用区块链编程语言来定义交易规则和条件，并将其存储在分布式账本上。这样，智能合约可以自动验证和执行合约中设定的规则，无须人工干预。这种自动执行的机制确保了交易的可信性，并降低了传统合约所带来的不确定性和交易成本。智能合约的设计是基于事件驱动的，当满足特定条件时，智能合约将自动执行相应的操作。例如，在房地产交易中，当卖方收到买方支付的全部款项时，智能合约将自动将房屋的所有权转移给买方，并将相关交易信息记录在区块链上。这种机制在各个领域都能够发挥作用，如供应链管理、金融业务、知识产权保护等。

智能合约的优势在于其安全性和不可篡改性。由于智能合约存储在区块链上，所有的交易记录都经过节点的验证和共识，因此，任何人都无法篡改合约中的数据。这种去中心化的特性使得智能合约能够防止黑客攻击和数据篡改，有效保护交易参与方的权益。然而，智能合约也存在一些挑战和限制。首先，由于智能合约的执行是基于区块链网络的，因此执行速度相对较慢。其次，智能合约的代码编写需要专业的技术知识，这些知识对于非技术人员来说相对较难。此外，智能合约也存在安全性问题，一旦代码存在漏洞或错误，可能导致不可预见的后果。

智能合约作为区块链技术的重要组成部分，具有改变传统合约模式的潜力。它能够提供更加高效、透明和安全的交易环境，为数字化经济的发展提供了新的可能性。随着区块链技术的不断发展和完善，智能合约将继续在各个领域发挥重要作用。

4．密码学技术

区块链不仅革新了金融行业，也对其他行业产生了深远的影响。而其中起着重要作用的就是密码学技术。在区块链中，密码学技术被用于确保交易的安全性和隐私保护。

区块链中使用的加密算法是非对称加密算法。在传统的对称加密算法中，加密和解密都使用同一个密钥，但这种方式容易被攻击者破解。而非对称加密算法使用了两个密钥，一个是公钥，用于加密数据，另一个是私钥，用于解密数据。这样做不仅增强了数据的安全性，也避免了密钥传输可能带来的风险。同时，区块链中的数字签名技术也是基于密码学来实现的。数字签名可以确保交易的真实性和完整性。当一个用户在区块链上进行交易时，他会用自己的私钥对交易进行签名，然后将交易和签名一起广播到整个网络中。其他用户可以使用该用户的公钥对签名进行验证，从而确认交易的真实性。此外，区块链中还运用了哈希函数和默克尔树等密码学技术。哈希函数是一种能将任意长度的数据转换成固定长度输出的算法，具有不可逆性和唯一性。在区块链中，每个区块中的数据都会被散列成一个固定长度的哈希值，并在后续的区块中包含上一区块的哈希值，从而确保数据的完整性。

默克尔树则是一种使用了哈希函数的数据结构，它将大量的交易数据分成多个小的数据块，并对每个数据块进行散列。然后对这些值再次进行散列，最终形成一个树状结构。通过默克尔树，我们可以快速验证一个交易是否存在于特定区块中，从而提高了区块链的效率和性能。

5．数据存储

区块链作为一种革命性的分布式账本系统，不仅在加密货币领域崭露头角，还在各行各业展现出巨大的潜力。其中，数据存储是区块链的核心要素之一。

区块链的最重要特性之一是数据的不可篡改性。一旦数据被写入区块链，几乎无法被修改。这是通过哈希函数将数据块与前一个块连接起来实现的。如果某个块的数据被篡改，它的哈希值将发生变化，从而破坏整个链上的一致性。同时区块链数据存储在网络的多个节点上，而不是集中在单一服务器或数据中心。每个节点都包含了完整的区块链数据，这种分布式存储模型具有冗余性和高可用性。即使某些节点损坏或受到攻击，数据仍然可以在其他节点上找到，从而降低了单点故障的风险。并且数据存储在区块链上通常经过加密，以保护数据的机密性和隐私性。只有获得授权的用户可以访问和解密存储在区块链上的数据。这增加了数据的安全性，使得用户可以更放心地分享和存储敏感信息。

区块链网络中，每个区块都包含时间戳和前一个区块的哈希值，因此数据在区块链上是可追溯的。这意味着可以准确追踪数据的历史记录，包括数据被添加或修改的具体时间。这对于审计、合规性和溯源等场景非常重要。区块链中的智能合约可以用于设定访问数据的权限和方式，进一步增强数据的安全性和隐私性，因为合同条件可以自动执行，而不需要中介参与。

1.3.3 运行原理

1．区块链的去中心化特性

区块链的最重要特性是去中心化，它不依赖于任何中心机构或第三方信任机构。每个节点都有完整的账本副本，并且在网络上与其他节点相互通信和协作，任何交易和记录只有得到其他节点的验证通过才会被添加到区块链之中。这种去中心化的结构保证了数据的安全性和可信度，同时也避免了中心化机构的单点故障和审查风险。

2．区块链的数据结构和加密技术

区块链使用基于默克尔树的数据结构来存储交易记录和哈希值。每个区块包含了一定数量的交易记录以及指向上一个块的哈希值，这个哈希值连接了所有之前的块，形成了区块链。默克尔树是一种二叉树结构，它将所有交易记录分成两组，并为每组计算出一个哈希值。这些哈希值再被合并成一个新的哈希值，如此递归地重复这个过程，直到最终只剩下一个根哈希值。这个根哈希值代表了所有交易记录的摘要，确保了数据的完整性和可验证性。

加密技术是区块链安全性的基石，包括公钥密码学、哈希函数、数字签名等。公钥密码学使用了两个密钥（公钥和私钥）来加密和解密数据，确保了信息的机密性和认证性。哈希函数则将任意长度的数据映射为固定长度的哈希值，保障了数据的不可篡改性和唯一性。数字签名利用公钥密码学来确保数字文件的真实性和不可否认性，防止数据被篡改或伪造。

3．区块链的交易验证和记录

区块链上的每个交易都需要经过多个节点的验证才能被记录到区块链中。具体来说，交易会被广播到网络中的所有节点，经过一系列的验证和筛选后，被打包成块并添加到区块链中。在比特币中，交易需要通过 PoW 共识算法来获得验证，节点需要使用算力来解决一个数学难题，从而获得添加新块的权利。而在以太坊中，则采用了 PoS 共识算法，节点需要拥有一定数量的以太币（Ether，ETH）作为权益来获得添加新块的权利。

1.3.4 技术生态

区块链的技术生态是指围绕区块链技术发展而形成的一系列相关技术、平台、应用和生态系统。区块链的技术生态关键组成部分如下。

1．区块链平台

区块链平台是区块链技术生态的基石，提供了基础的区块链功能和智能合约执行环境。目前，最知名的区块链平台是比特币和以太坊。比特币是一个开源的区块链平台，其核心是一个分布式的、去中心化的数据库，支持多种“数字货币”的交易。以太坊则是一个智能合约平台，基于以太坊平台的智能合约可以实现去中心化金融、投票、物流追踪等功能。

2．智能合约编程语言和开发工具

智能合约是区块链技术的核心，其编程语言（如 Solidity、Java 和 Go 等）和开发工具（如 Truffle、Remix 等）为开发者提供了编写和部署智能合约的环境和工具。这些工具使得开发者能够轻松地编写和部署智能合约，实现了各种去中心化应用。

3．分布式存储技术

区块链技术需要通过分布式存储来保障数据的安全性和可靠性。目前，一些流行的分布式存储技术包括星际文件系统（InterPlanetary File System，IPFS）和 Swarm 等。IPFS 是一种去中心化的文件系统，通过内容寻址和去中心化的存储网络，实现了数据的分布式存储和共享。Swarm 则是以太坊平台的分布式存储解决方案，通过 P2P 网络和 Chubby 协议实现了数据的分布式存储和访问。

4. 身份验证和数字身份管理

身份验证和数字身份管理是区块链的重要问题之一。去中心化身份（Decentralized Identity，DID）和去中心化密钥管理（Decentralized Key Management System，DKMS）等解决方案，可以实现去中心化的身份验证和数字身份管理，保障区块链交易的安全性。

5. 分布式应用程序

基于区块链的分布式应用程序，具有去中心化、透明和可信的特点。DApps 可以涵盖各种领域，如金融、供应链管理、物联网等。例如，去中心化交易所（Decentralized Exchange，DEX）允许用户在无须信任第三方的情况下进行“数字货币”的交易，使得交易更加透明和安全。

6. 区块链服务提供商

区块链服务提供商包括云服务提供商（如 AWS、Azure）和区块链即服务提供商，为企业和开发者提供快速部署和管理区块链解决方案的云服务。这些服务提供商提供了易用的接口和工具，使得企业可以快速地构建和管理自己的区块链应用。

7. 区块链标准和联盟

有关区块链技术和应用的标准化组织和联盟，如超级账本（HyperLedger）、企业以太坊联盟（Enterprise Ethereum Alliance，EEA）等，推动区块链生态的标准化和合作。这些组织和联盟提供了标准化的区块链生态和合作机制，促进了区块链技术的创新和发展。

8. 学术研究和社区组织

学术研究机构和社区组织，致力于区块链技术的研究、推广和开发。这些组织通过研讨会、研究项目、技术报告等形式，推动区块链技术的创新和发展。

1.4 区块链的应用

1.4.1 溯源存证

区块链的溯源存证是指利用区块链来实现对数据的溯源和存证，确保数据的原始性和完整性。在传统的数据存证系统中，数据的原始来源和真实性往往难以追溯和验证。而区块链的特性使其成为一个理想的溯源存证工具。区块链是一个去中心化的分布式系统，数据存储在网络中的多个节点上，没有单一的中心化机构控制。这意味着对信息的更改需要得到网络中大多数节点的共识，从而提高了数据的可信度，并保护数据免受篡改。同时，区块链中的数据是以区块的形式链接在一起的，每个区块都有一个唯一的哈希值。如果一个区块中的数据被篡改，其哈希值将发生变化，导致整个区块链的哈希链被破坏。因此，一旦数据被写入区块链，就很难被篡改，确保了数据的完整性和可信度。同时，区块链中的数据都有一个时间戳，记录了数据的产生时间。这个时间戳是由共识算法确定的，因此可以作为数据产生的证据，确保数据的真实性和准确性。

基于以上特性，区块链可以应用于各种溯源存证场景，如产品溯源、数据存证和商品防伪等场景。

1．产品溯源

通过区块链记录和存储产品的生产、运输和销售等环节的数据，确保产品的溯源可信。消费者可以通过扫描产品上的二维码或使用特定的应用程序来查看产品的完整生命周期信息。

2．数据存证

通过将数据的哈希值写入区块链，可以证明数据的完整性和可信性。例如，可以将合同、知识产权和证书等重要文件的哈希值存储在区块链上，确保文件不可篡改和存档证据的可信度。

3．商品防伪

使用区块链技术对商品进行标记和验证，可以防止伪劣商品的流通。消费者可以通过区块链查询商品的真伪信息，确保购买到的商品是正品。

1.4.2 资产证券化

区块链的资产证券化是指将传统资产（如房地产、股权、债券等）通过区块链技术进行数字化，使其能够以加密代币（Token）的形式在区块链网络上进行流通。资产证券化的过程通常包括以下几个步骤。

1．资产登记和抵押

将传统资产的权益登记在区块链上，以确保其权益的透明性和可追溯性。例如，房地产的所有权和交易记录可以通过区块链上的智能合约进行登记和管理。

2．资产数字化

将传统资产通过区块链技术进行数字化，以创建可交易的加密代币。这些代币代表了实际资产的所有权和价值，使资产更易于分割、流通和交易。

3．发行和销售

发行加密代币，将数字化的资产引入区块链网络，并通过初始代币发行（Initial Coin Offering，ICO）或安全代币发行（Security Token Offering，STO）等方式进行销售。投资者可以通过购买这些代币来获取对资产的所有权和收益权。

4．交易和流通

在区块链网络上进行资产的交易和转让。由于区块链的去中心化和不可篡改性特点，使得交易的过程更为高效和安全，并且可以实现实时结算和清算。

5．分红和投票权

持有加密代币的投资者可以根据其持有的比例享受资产产生的收益，并参与资产管理和决策。这种分红和投票权可以通过智能合约实现，使过程更加自动化和透明化。

区块链的资产证券化带来了许多优势和机会，包括通过数字化和可交易的加密代币，降低了传统资产流动性的限制。投资者可以更方便地买卖资产，增加了市场的活跃度。同时，通过使用智能合约和区块链技术，可以简化交易过程，减少传统金融交易的中介环节和费用。区块链的去中心化和不可篡改性确保了交易数据的透明性和可信度，降低了潜在的欺诈和不诚信行为的风险。并且区块链的边界无关性使资产证券化更容易进行国际交易，吸引了全球范围内的投资者和市场参与者。

1.4.3 供应链金融

区块链的供应链金融是指利用区块链技术来改进和优化供应链金融的各个环节，包括供应链融资、供应链信息共享和供应链风险管理等。传统的供应链金融存在着一些问题，如信息不对称、融资难以获取、流程烦琐等。区块链技术的应用可以帮助解决这些问题，并为供应链金融带来以下优势。

1．信息透明和共享

区块链可以提供一个去中心化的共享账本，记录和跟踪供应链中的交易和数据。参与供应链的各方可以实时共享和验证交易数据，减少信息不对称，增强信任，并提高供应链整体的透明度。

2．资金融通

通过将供应链中的交易数据和资产数字化，可以创建基于区块链的供应链金融平台。这些平台可以通过智能合约实现自动核准和执行各种融资操作，如采购订单融资、应收账款融资、库存融资等。同时，供应链金融平台可以增加企业的融资渠道，降低融资成本，提高融资效率。

3．风险管理

区块链技术可以提供供应链风险管理解决方案。通过实时记录和追踪供应链中的交易和物流数据，可以实现对供应链的全面监测和风险评估。这有助于提前发现和管理供应链中的潜在风险，如供应商违约、物流延误等，从而减少风险和损失。

4．提高效率和降低成本

区块链技术的应用可以简化供应链金融的流程，减少中介环节和人工干预，提高操作效率和数据准确性。同时，去中心化的特点降低了运营成本和维护费用。

5．可追溯性和溯源

区块链可以提供供应链中产品和原材料的溯源能力，确保产品的真实性和合规性。消费者可以通过扫描产品上的二维码或使用特定的应用程序来追溯产品的生产和流通过程，增加消费者对产品的信任度。

1.4.4 多方数据审计

区块链的多方数据审计是指利用区块链技术来实现多方参与的数据审计过程，确保数据的可信度和完整性。传统的数据审计通常由单一的审计机构进行，可能存在审计结果不准确、数据篡改难以发现等问题。而区块链技术可以提供一种去中心化、透明且不可篡改的审计解决方案。在区块链的多方数据审计中，参与方可以包括数据创建者、数据使用者、审计机构等。以下是多方数据审计的一般流程。

1．数据创建和记录

数据创建者将数据记录在区块链上，并生成相应的哈希值。这些数据可以是交易记录、文件、传感器数据等。

2．审计规则设定

审计机构或参与方根据审计需求设定审计规则，例如数据准确性、数据流向等方面的规则。

3．数据验证和审计

各方根据设定的审计规则对数据进行验证和审计。通过区块链的共识机制，参与方可以验证区块中的数据是否符合规则，从而确认数据的真实性。

4．审计结果共享

审计结果可以被记录在区块链上，供所有参与方查看和验证。通过共享审计结果，各方可以了解数据的真实情况，发现潜在问题并采取相应的措施。

区块链的多方数据审计具有去中心化和透明性、不可篡改性、实时性和可追溯性、隐私保护以及自动化和人为错误少等特性。区块链中的数据是由多个参与方共同维护和验证的，不存在单一的中心化机构，确保了审计的公正性和透明性。区块链中的数据是以区块的形式链接在一起的，每个区块都有一个唯一的哈希值。如果数据被篡改，其哈希值将发生变化，从而被其他参与方发现，确保数据的完整性和可信度。区块链中的数据是实时更新和记录的，可以追溯到每一个交易和操作的发生时间，使得审计可以更加及时和准确。同时，区块链中的数据可以进行加密和权限管理，确保敏感数据的隐私保护。并且区块链的智能合约功能可以实现自动化的审计和验证过程，减少了人为的错误和被操纵的可能性。

1.4.5 去中心化金融

区块链化的去中心化金融（Decentralized Finance，DeFi）是指利用区块链技术和智能合约构建的金融系统，该系统以去中心化的方式实现各种金融服务和交易活动，从而消除了传统金融体系中的中心化机构和中介。传统金融系统存在一些问题，如中心化的权力、缓慢的交易结算、高昂的交易成本等。而区块链的去中心化特性使得金融活动可以更加公开、透明和高效。区块链化的去中心化金融具有如下特点和应用。

1．去中心化交易所

传统的中心化交易所需要用户将资产交由交易所托管，而去中心化交易所通过智能合约实现直接交易，用户可以保持对资产的控制。去中心化交易所提供了更高的安全性和隐私性，并降低了交易的风险和成本。

2．去中心化借贷

通过智能合约，借贷活动可以在去中心化的平台上实现去中心化借贷（Decentralized Lending）。借款人可以通过提供抵押品来获得贷款，而贷款利率和条件由智能合约执行。这使得借贷活动更加灵活和高效，并降低了信用风险。

3．去中心化稳定币

稳定币是以固定价值资产（如法币）作为支撑的加密货币。去中心化稳定币（Decentralized Stablecoins）通过智能合约来保持其价值的稳定性，为用户提供了一种更便捷和低成本的价值存储和交换手段。

4．去中心化资产管理

通过智能合约和去中心化资产管理（Decentralized Asset Management）的平台，用户可以参与各种资产管理活动，例如投资组合管理和基金管理。这种方式可以降低资产管理的门槛和成本，并为投资者提供更多的投资选择。

5．去中心化保险

通过智能合约和区块链技术，保险合约可以以去中心化保险（Decentralized Insurance）的形式进行管理和执行。这增加了保险的透明度、减少了欺诈行为，并提供了更快速的索赔处理服务。

思考题

一、选择题

（1）区块链技术的主要特点是（　　）。

A．高性能　　B．去中心化　　C．高安全性　　D．高可扩展性

（2）区块链中的区块是由（　　）组成的。

A．交易记录　　B．加密算法　　C．数据块　　D．随机数

（3）区块链技术最初被应用于（　　）领域。

A．医疗　　B．金融　　C．物流　　D．社交网络

（4）区块链中的共识算法用于解决（　　）问题。

A. 数据一致性　　B. 数据安全

C. 交易速度　　D. 数据可追溯性

（5）区块链中的智能合约是指（　　）。

A. 分布式的合约　　B. 不可更改的合约

C. 自动执行的合约　　D. 加密的合约

（6）区块链中的去中心化指的是指（　　）。

A. 没有中心服务器　　B. 没有参与者

C. 没有交易记录　　D. 没有数据存储

（7）（　　）领域最适合应用区块链技术。

A. 社交媒体平台　　B. 电子支付系统

C. 传统银行系统　　D. 个人计算机游戏

二、简答题

（1）区块链的去中心化特点有什么好处?

（2）区块链中的共识算法的作用是什么?

（3）区块链技术在哪些领域有应用前景?

第2章 密码学

【本章导读】

早在数千年前，人类便开始探索信息的加密与解密之道，这一探索过程逐渐发展成为一门科学——密码学。密码学作为信息安全领域的基石，不仅确保了信息的机密性、完整性和可用性，还在数字时代扮演着日益重要的角色。特别是在近年来兴起的区块链技术中，密码学更是发挥了不可或缺的作用。

本章将介绍密码学的基本概念和应用，并深入探讨其在区块链中的重要性和应用。本章首先介绍哈希算法，包括哈希算法的基本概念、特点和应用。接着，详细介绍密码学在区块链中的应用，其中包括对称加密、非对称加密、椭圆曲线密码学、默克尔树、数字签名和数字证书等。最后，介绍国密算法（中国商用密码算法）标准，其中包括SM2国密算法、SM3国密算法及SM4国密算法。通过学习本章内容，读者将深入理解密码学在信息安全领域的重要性，以及不同密码学算法在实际应用中的特点。

【知识要点】

第 1 节：哈希算法，哈希值，MD5，SHA-1，SHA-256，固定长度，不可逆性，雪崩效应，唯一性，高效性。

第 2 节：对称加密，非对称加密，凯撒密码，DES，AES，TDEA，RSA，DSA，椭圆曲线密码学，ElGamal，ECDSA，ECDH，ECIES，默克尔树，完整性验证，数字签名，身份验证，数字证书，公钥，认证机构，签发。

第 3 节：国密算法标准，SM2，SM3，国密算法，压缩函数，消息扩展，电子支付，SM4，密钥长度，数据加密，非线性迭代，加密模式，S 盒置换。

2.1 哈希算法

哈希算法

哈希算法是密码学中重要的算法，用于将任意长度的数据转换为固定长度的哈希值。常见的哈希算法有 MD5、SHA-1、SHA-256 等，被广泛应用于数据完整性校验、数字签名、密码存储等场景。哈希算法的特点主要包括固定长度、不可逆性、雪崩效应、唯一性、高效性。哈希算法对输入数据的微小变化都能产生显著输出差异。本节将介绍哈希算法的基本概念、特点以及其在不同领域的应用。

2.1.1 哈希算法的基本概念

哈希（Hash）算法是密码学领域中一种重要的算法，它利用哈希函数能够将任意长度的数据转换为固定长度的哈希值，哈希算法转换过程如图 2-1 所示。哈希值是一个唯一标识符，可以用于验证数据的完整性和确保数据的安全性。

图 2-1　哈希算法转换过程

哈希算法的基本概念是，通过对输入数据进行一系列复杂的数学运算，将其转换为一个固定长度的哈希值。这个过程是不可逆的，即无法从哈希值还原出原始数据。同时，即使原始数据只有微小的变化，生成的哈希值也会发生巨大的变化，这种特性称为“雪崩效应”。

哈希算法有许多不同的实现方法，其中最常见的是 MD5（Message-Digest Algorithm 5，MD5）、SHA-1（Secure Hash Algorithm 1，SHA-1）、SHA-256（Secure Hash Algorithm 256，SHA-256）、SHA-384（Secure Hash Algorithm 384）、SHA-512（Secure Hash Algorithm 512）等，哈希算法的实现方法如图 2-2 所示。

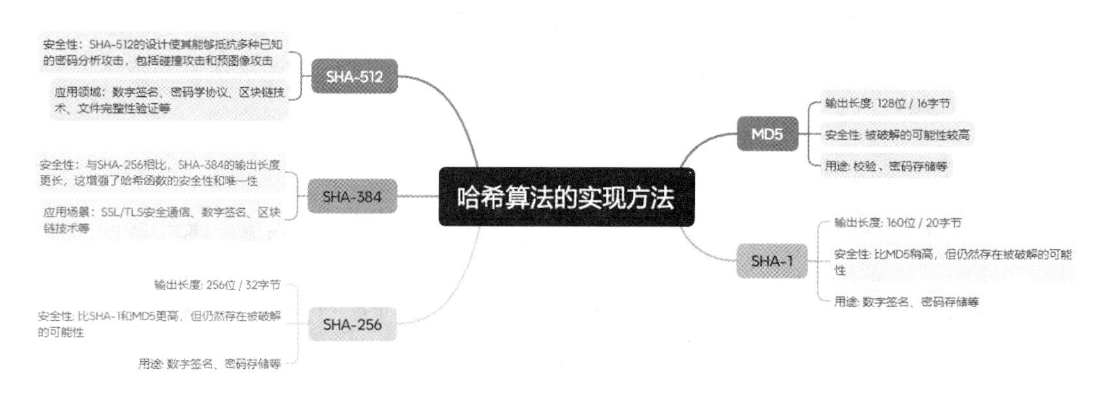

图 2-2　哈希算法的实现方法

哈希算法的应用非常广泛。首先，它可以用于验证数据的完整性。在数据传输过程中，发送方可以针对原始数据计算哈希值，并将其附加在数据包中。接收方在接收到数据后，同样对数据计算哈希值，然后与接收到的哈希值进行比对，如果不一致，则说明数据在传输过程中被篡改。其次，哈希算法还可以用于数字签名。发送方可以使用自己的私钥对原始数据进行加密，并计算哈希值，然后将哈希值与加密后的数据一起发送给接收方。接收方使用发送方的公钥对解密后的数据进行哈希计算，然后与接收到的哈希值进行比对，如果一致，则说明数据未被篡改，并且可以确认发送方的身份。此外，哈希算法还广泛应用于密码存储。为了保护用户密码的安全性，通常不会直接将密码存储在数据库中，而是将密码的哈希值存储起来。当用户登录时，系统会对用户输入的密码进行哈希计算，并与数据库中存储的哈希值进行比对，从而验证用户的身份。

2.1.2 哈希算法的特点

哈希算法的应用非常广泛，其特点如图 2-3 所示。

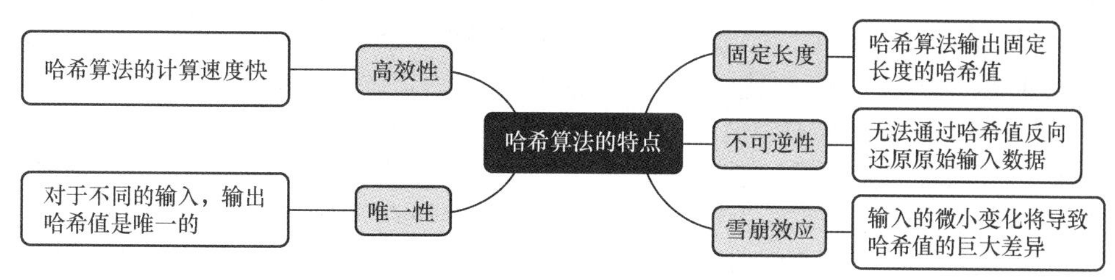

图 2-3 哈希算法的特点

在讲解了哈希算法的基本概念后，接下来，本书将详细解析哈希算法的特点，以便读者更深入地理解哈希算法工作原理和应用场景。

1．固定长度

固定长度是哈希算法的一个特点，无论输入数据的大小，哈希算法都会生成一个固定长度的哈希值。这使得哈希算法在存储和比较哈希值时非常高效。以下是一些常见的哈希算法及其对应的固定长度。

（1）MD5

这种算法可生成 128 位（16 字节）的哈希值。近年来 MD5 算法的安全性受到了挑战，由于其碰撞概率相对较高，已经不适用于高安全性的场景，如密码存储等。MD5 算法在一些安全性要求低的领域仍有应用，但在安全性要求较高的环境中，它已经逐渐被更为安全的哈希算法所取代。

（2）SHA-1

这种算法可生成 160 位（20 字节）的哈希值。SHA-1 是 SHA 算法家族的第一个版本，由于 SHA-1 存在安全性漏洞，已不再被广泛使用。

（3）SHA-256

这种算法可生成 256 位（32 字节）的哈希值。它提供了更高的安全性和抗碰撞性，广泛用于密码存储和数据完整性校验。

（4）SHA-384

SHA-384 是 SHA-512 的截断版本，输出 384 位（48 字节）的哈希值。它适用于需要较长哈希值的应用场景，其安全性与 SHA-512 相似。

（5）SHA-512

这种算法可生成 512 位（64 字节）的哈希值。它提供了更高的安全性和抗碰撞性，适用于需要更长哈希值的应用场景。

无论输入的数据是一个字符、一个文件还是整个数据库，哈希算法都会将其转换为固定长度的哈希值。例如，无论用户输入的数据是一个简短的句子还是整本书籍，经过 MD5 算法处理后得到的哈希值始终是一个长度为 128 位的字符串。这种固定长度的特点使得哈希算法在存储和比较哈希值时非常高效。无论数据的大小，哈希值的长度始终一致，从而方便了数据的管理和比对。

2．不可逆性

通过哈希算法生成的哈希值是不可逆的，即无法从哈希值还原出原始数据。这种特性有效保护了数据的安全性和隐私性。以下是一个例子来说明哈希算法不可逆性。

假设我们有一个字符串“Hello, World!”，使用 SHA-256 哈希算法对其进行哈希计算，得到一个固定长度的哈希值。此时得到的哈希值为：

```
b94d27b9934d3e08a52e52d7da7dabfac484efe37a5380ee9088f7ace2efcde9
```

现在，如果我们只知道这个哈希值，想要从中恢复出原始的字符串“Hello, World!”是不可能的。即使知道哈希算法也无法得到相同的原始数据，因为哈希算法是单向的、不可逆的。这种不可逆性的特点使得哈希算法在密码存储和数据完整性验证中有广泛应用。例如，在用户注册时，通常会将用户的密码通过哈希算法计算得到哈希值，并将该哈希值存储在数据库中。当用户登录时，系统会对用户输入的密码进行哈希计算，并与数据库中存储的哈希值进行比对，从而验证用户的身份。由于哈希算法的不可逆性，即使数据库泄露，黑客也无法根据哈希值反推出用户的原始密码。因此，不可逆性是哈希算法的一个重要特性，保护了数据的安全性和隐私性。尽管可以通过枚举法进行哈希碰撞攻击，但使用强大的哈希算法（如 SHA-512）和足够长的哈希值能有效提升系统的安全性。

3．雪崩效应

雪崩效应是指输入数据发生微小的变化，利用哈希算法生成的哈希值也会发生巨大变化的现象。雪崩效应保证了数据的完整性，即使数据发生细微的改动，其哈希值也会有显著的差异。雪崩效应是哈希算法的一个重要特点。以下是一个例子来说明哈希算法的雪崩效应。

假设使用 SHA-256 哈希算法对两个相似的字符串进行哈希计算，分别是“Hello, World!”和“Hello, Word!”。这两个字符串只有一个字符的差异，但却会产生完全不同的哈希值。

经过 SHA-256 处理后，“Hello, World!”的哈希值为：

```
dffd6021bb2bd5b0af676290809ec3a53191dd81c7f70a4b28688a362182986f
```

而“Hello, Word!”的哈希值为：

```
0cdcd6e48e70f109e58ca8919aa916e91a9cb8ba3504ed6813d8731ed831bf36
```

尽管这两个字符串只有一个字母的差异，但它们的哈希值完全不同。雪崩效应确保了数据的完整性。如果输入数据发生任何细微的变化，无论是一位、一个字节还是更多的变化，最终生成的哈希值都会发生全面的改变。这使得任何人都无法通过修改少量数据来伪造哈希值。雪崩效应增强了数据的完整性和安全性。

4．唯一性

哈希算法的唯一性是指对于不同的输入数据，其生成的哈希值应该是唯一的，即不会出现两组不同的数据生成相同的哈希值。对于不同的输入数据，哈希算法生成的哈希值具有极低的碰撞概率，即不同的输入数据生成相同的哈希值的可能性非常小。以下是一个简单的例子来说明哈希算法的唯一性。

假设使用 SHA-256 哈希算法对两个不同的字符串进行哈希计算，分别是“Hello, World!”和“How are you?”。

经过 SHA-256 处理后，“Hello, World!”的哈希值为：

```
dffd6021bb2bd5b0af676290809ec3a53191dd81c7f70a4b28688a362182986f
```

而“How are you?”的哈希值为：

```
df287dfc1406ed2b692e1c2c783bb5cec97eac53151ee1d9810397aa0afa0d89
```

通过比较这两个哈希值可以发现，它们是完全不同的。这种唯一性特性使得哈希算法可以广泛用于数据的标识和验证。在密码存储中，每个用户的密码可以通过哈希算法生成唯一的哈希值，并将该哈希值与用户信息一起存储在数据库中。当用户登录时，系统会对用户输入的密码进行哈希计算，并与数据库中存储的哈希值进行比对，从而验证用户的身份。尽管哈希算法具有唯一性，但要注意的是，由于哈希算法的输出空间是固定的，即哈希值的长度是固定的，因此在极端情况下可能会出现不同数据产生相同哈希值的情况，这被称为哈希碰撞。为了降低哈希碰撞的概率，常用的哈希算法（如 SHA-512）具有较大的输出空间和强大的哈希函数，以确保哈希算法唯一性。

5．高效性

哈希算法的计算速度足够快，能够在合理的时间内完成哈希计算。高效的哈希算法可以提高数据处理的效率。哈希算法的高效性主要体现在以下两个方面。

（1）快速计算

哈希算法通常被设计得极为高效，能够在极短的时间内对输入数据进行处理并生成哈希值。这使得哈希算法可以在实时性要求较高的场景下应用，例如密码验证、数据完整性校验等。

（2）并行计算

一些哈希算法支持并行计算，即可以同时利用多个计算资源来进行哈希计算。这样可以进一步提高计算的速度和效率。

哈希算法是一种具有固定长度、不可逆性、雪崩效应、唯一性、高效性等特点的算法。其固定长度特性使得哈希值在存储和比较时极为高效，常见的哈希算法如 MD5、SHA-1、SHA-256、SHA-384 和 SHA-512 分别生成不同长度的哈希值，但无论输入数据大小，输出长度始终一致。不可逆性保证了哈希值无法被还原出原始数据，从而保护了数据的安全性和隐私性。雪崩效应则确保了即使输入数据发生微小变化，哈希值也会发生显著变化，这有助于验证数据的完整性。唯一性确保了不同输入数据生成的哈希值具有极低的碰撞概率。高效性使得哈希算法在处理大量数据时仍能迅速生成哈希值。这些特点使得哈希算法在密码存储、数据完整性校验等领域具有广泛的应用价值。

2.1.3 哈希算法的应用

哈希算法的应用很广，接下来本书将从哈希算法在生活中的应用和哈希算法在密码学中的应用两个方面来讲解哈希算法的应用。

1．在生活中的应用

哈希算法在生活中有着广泛的应用，它在数据安全、密码管理、数据校验、信息完整性等领域发挥着重要作用。其在生活中的应用案例如图 2-4 所示。

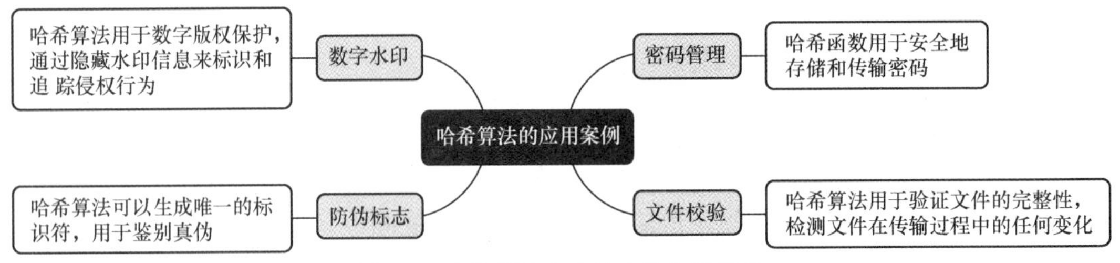

图 2-4 哈希算法在生活中的应用案例

（1）密码管理

哈希算法可以保护用户密码的安全，所以在密码管理软件中经常会使用哈希算法来对用户的密码进行加密。这种方式虽然不能完全避免密码泄露，但可以有效降低密码泄露的风险。一个典型的密码管理软件是 LastPass。LastPass 密码管理软件的操作过程如下。

① 用户在设备上输入密码后，LastPass 客户端会将该密码通过哈希算法处理，生成一个哈希值。

② 随后，这个哈希值会和 LastPass 服务器上已有的哈希值进行比对，从而验证该密码是否正确。

③ 如果验证成功，LastPass 客户端就可以获得服务器上保存的加密密码，从而实现自动填充密码的功能。

④ 同时，为了防止黑客攻击后直接获取加密密码，LastPass 还对服务器上存储的哈希值进行加密操作，进一步增加了破解难度。

在 LastPass 密码管理软件的保护下，即使攻击者获取了服务器上的密码的哈希值，他们也无法还原出原始密码，从而确保了用户密码的安全性。此外，由于用户不需要记忆复杂的密码，这也提高了密码的可管理性和可用性。

（2）文件校验

哈希算法可以用于验证文件的完整性。例如，在下载文件或者接收邮件附件时，可以通过哈希算法生成文件的哈希值，并将其与官方网站或者邮件发送方提供的哈希值进行比较，从而验证文件是否被篡改过。以下是一个哈希算法用于文件校验的具体案例。

假设用户要下载一个软件安装包，官方网站提供了该安装包的哈希值（如 MD5、SHA-256 等）。用户可以通过以下步骤验证文件的完整性。

① 下载软件安装包到本地计算机。

② 使用相应的哈希算法（如 MD5、SHA-256）对下载的文件进行计算，生成一个固定长度的哈希值。

③ 将计算得到的哈希值与官方网站提供的哈希值进行比对。如果两个哈希值一致，则说明文件未被篡改过，用户可以放心使用；如果哈希值不一致，则说明文件可能在传输或者下载过程中被篡改，用户需要重新下载或者确认文件的来源。

通过这种方式，可以快速验证文件的完整性，避免下载到被恶意篡改的文件或者接收到被篡改的邮件附件。哈希算法的特点是即使文件发生了微小的改动，生成的哈希值也会发生较大的变化，因此可以有效检测篡改行为。需要注意的是，在进行文件完整性校验时，应确保获得的哈希值的来源可信，如官方网站或者官方网站认可的第三方。否则，如果攻击者能够篡改哈希值的源头，那么校验的结果就无法保证准确性了。

（3）防伪标志

哈希算法可以用于制造防伪标志。在商品包装上印刷一个随机的字符串或者二维码作为防伪标志，并将其哈希值存储在区块链等分布式系统上。消费者可以通过扫描防伪标志验证商品的真伪。以下是一个哈希算法应用于商品防伪的具体案例。

假设某品牌在商品包装上印刷了一个随机的字符串或者二维码作为防伪标志，并将对应的哈希值存储在区块链等分布式系统上。消费者可以通过以下步骤验证商品的真伪。

① 扫描防伪标志上的二维码或者输入防伪标志的字符串。

② 获取到原始字符串后，使用相同的哈希算法对原始字符串进行计算，得到一个固定长度的哈希值。

③ 将计算得到的哈希值与存储在区块链上的哈希值进行比较。如果两个哈希值一致，则说明商品是真实的、未被篡改过的；如果哈希值不一致，则说明商品可能是伪造的或者存在问题。

通过这种方式，消费者可以快速验证商品的真伪，避免购买到伪劣产品或者受到欺诈。同时，由于哈希算法的不可逆性和唯一性，即使有人试图伪造防伪标志，其生成的哈希值也会与真实商品的哈希值不一致，从而被验证出来。需要注意的是，在使用防伪标志进行验证时，消费者应确保获取的原始字符串和哈希值来自可信的渠道，以免受到伪造的防伪标志的误导。此外，确保区块链或者其他分布式系统的安全性和可信度也非常重要，以保证存储的数据不被篡改。

（4）数字水印

哈希算法可以用于制作数字水印，以保护数字版权。数字水印是将可见或不可见信息嵌入到数字文件中，这些信息可以被用来验证该数字文件是否合法或者被恶意篡改过。例如，音乐版权方可以在音乐文件中嵌入数字水印，从而防止盗版和侵权行为。以下是一个哈希算法应用于数字水印的具体案例。

假设某音乐版权方希望在自己的音乐文件中添加数字水印，防止盗版和侵权行为。该版权方可以通过以下步骤实现。

① 选择一个可靠的哈希算法（如 SHA-256），对音乐文件进行哈希计算，得到一个唯一的哈希值。

② 将这个哈希值嵌入音乐文件中，作为数字水印。可以选择将哈希值嵌入音乐文件的元数据等不影响音乐质量的位置。

③ 发布音乐文件时，向公众告知该数字水印的存在，并提供验证方法。消费者可以通过验证方法获得音乐文件的哈希值，并使用同样的哈希算法对音乐文件进行计算，从而验证该音乐文件的合法性和完整性。

通过这种方式，版权方可以在数字文件中嵌入独特的数字水印，从而确保该数字文件的真实性和完整性，并能有效地预防盗版和侵权行为。由于哈希算法的不可逆性和唯一性，即使有人试图篡改数字文件，其生成的哈希值也会与原始文件的哈希值不一致，从而被验证出来。需要注意的是，数字水印本身并不能防止盗版和侵权行为，只能作为一种保护版权方权益的辅助手段。同时，数字水印也需要选择合适的位置和算法，并进行合理的宣传和管理，以免产生不必要的困扰和误解。

2．在密码学中的应用

哈希算法在密码学领域也有着广泛的应用，接下来将从数据完整性验证、数字签名和区块链技术三部分来讲解哈希算法的应用。

（1）数据完整性验证

哈希算法常被用于验证数据的完整性，通过对需要校验的数据进行哈希计算，将得到的哈希值与预期的哈希值进行比较，可以判断数据是否被篡改。这在文件传输、软件下载等应用场景中十分重要，确保了数据在传输或存储过程中没有被恶意篡改。以下是一个数据完整性验证的具体案例。

假设 Alice 想要向 Bob 发送一份重要文件，Alice 希望确保文件在传输过程中保持完整。她可以使用哈希算法进行数据完整性验证，步骤如下。

① Alice 使用哈希算法对文件进行计算，得到一个唯一的哈希值。

② Alice 将文件和计算得到的哈希值一同发送给 Bob。

③ Bob 接收到文件后，同样使用相同的哈希算法对文件进行计算，得到一个新的哈希值。Bob 将自己计算得到的哈希值与接收到的哈希值进行比较。如果两个哈希值一致，则说明文件在传输过程中没有被篡改，数据完整性得到了验证；如果哈希值不一致，则说明文件可能被篡改过或者传输过程中出现了错误。

通过这种方式，Alice 和 Bob 可以使用哈希算法来验证文件的完整性。由于哈希算法的不可逆性和唯一性，即使文件发生了微小的改动，其计算得到的哈希值也会与原始文件的哈希值不一致，从而被验证出来。需要注意的是，在进行数据完整性验证时，要确保哈希算法的安全性和可靠性。同时，为了进一步提高安全性，还可以使用数字签名等密码学方法进行文件防伪。

（2）数字签名

哈希算法在数字签名中起到关键作用。签名方首先将原始数据通过哈希算法生成哈希值，然后使用私钥对该哈希值进行加密。接收方可以使用公钥解密得到哈希值，并对接收到的数据再次进行哈希计算。如果两个哈希值相等，则说明数据的完整性和来源的可信度都得到了验证。哈希算法可以与非对称加密算法结合使用来实现数字签名。以下是一个具体案例。

假设 Alice 想要向 Bob 发送一份需要进行数字签名的文件，以确保文件的完整性和进行身份验证。他们可以使用哈希算法和非对称加密算法（如 RSA）来实现数字签名，数字签名实现流程如图 2-5 所示。

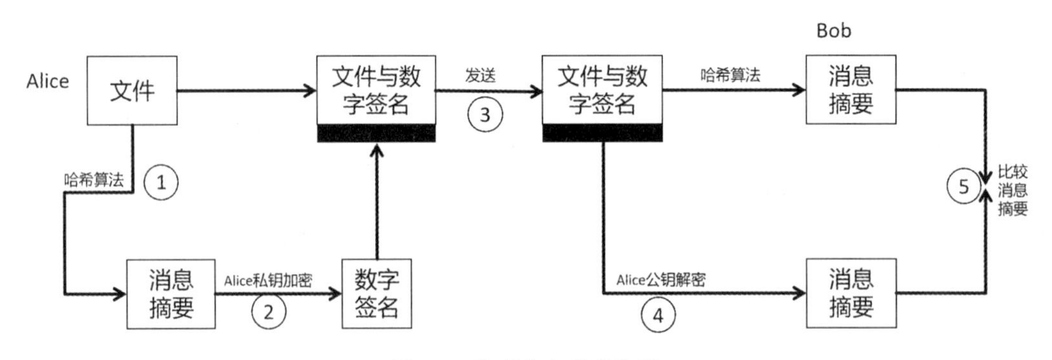

图 2-5　数字签名实现流程

① Alice 使用哈希算法对文件进行计算，得到一个唯一的哈希值。

② Alice 使用自己的私钥对哈希值进行加密，生成数字签名。

③ Alice 将文件与数字签名一同发送给 Bob。

④ Bob 接收到文件与数字签名后，使用 Alice 的公钥对数字签名进行解密，得到解密后的哈希值。

⑤ Bob 使用相同的哈希算法对接收到的文件进行计算，得到一个新的哈希值。Bob 将自己计算得到的哈希值与解密后的哈希值进行比较。如果两个哈希值一致，并且通过验证 Alice 的公钥确实是可信的，则说明文件的完整性得到验证，并且数字签名是由 Alice 生成的，这样就实现了数字签名的功能。

通过这种方式，使用哈希算法和非对称加密算法，Alice 可以对文件进行数字签名，从而确保文件的完整性和进行身份验证。由于哈希算法的不可逆性和唯一性，即使文件发生了微小的改动，其哈希值也会发生变化，从而被验证出来。同时，私钥加密、公钥解密的方式，保证了数字签名的唯一性和不可伪造性。需要注意的是，在进行数字签名时，要确保哈希算法和非对称加密算法的安全性和可靠性，并妥善保管私钥，以防止私钥泄露导致数字签名被伪造。

（3）区块链技术

在区块链技术中，哈希算法被广泛应用于数据的链接和验证过程。每个区块的哈希值都基于前一个区块的哈希值计算得出，从而形成了一个不可篡改的块链结构。同时，哈希算法还被用于保护交易数据的完整性，确保区块链网络中的数据没有被篡改或伪造。哈希算法在区块链技术中有着广泛的应用，它被用于数据链接、验证和完整性保护等方面。以下是一个具体案例：

假设 Alice 想要向 Bob 发送一笔“数字货币”，他们可以通过区块链技术来完成这个过程。具体步骤如下。

① Alice 将交易信息放入一个数据块中，并使用哈希算法对其进行计算，生成一个唯一的哈希值。

② Alice 将生成的哈希值与前一个数据块的哈希值链接起来，形成一个新的区块，并将新的区块发送给网络中的节点。

③ 节点接收到新的区块后，它们会使用哈希算法对该区块进行验证，确保哈希值与前一个区块的哈希值相匹配。如果验证通过，节点会将该区块添加到区块链中，并同步更新网络状态。

④ Bob 再次请求查询账户余额时，节点会遍历整个区块链，计算验证所有相关交易的哈希值，以确保交易的完整性和真实性。

通过上述方式，在区块链技术中，哈希算法被用于数据的链接和验证过程。同时，哈希算法还被用于保护交易数据的完整性，确保区块链网络中的数据没有被篡改或伪造。由于哈希算法具有不可逆性和唯一性等特性，可以保证区块链网络中每个区块的哈希值是唯一的，且无法被篡改。

2.2 密码学知识

密码学在区块链中扮演着重要的角色，为数据的安全性、隐私保护以及交易真实性提供了关键支持。通过对称加密和非对称加密，区块链能够确保数据传输的机密性和完整性。椭圆曲线密码学算法作为一种高效且安全的非对称加密算法，在资源受限的区块链环境中得到广泛应用。默克尔树则提供了高效的数据完整性验证机制，保证了区块链中数据的可信度。而数字签名和数字证书则确保了交易的真实性和不可抵赖性。这些密码学技术共同构建了安全、可靠的区块链网络，为区块链的发展和应用提供了基础保障。接下来，我们将对这些技术进行详细的讲解。

2.2.1 对称加密和非对称加密

对称加密和非对称加密[①]是两种常见的密码学加密类型，常用于数据保护和安全传输。对称加密是指信息在加密解密过程中使用相同的密钥，而非对称加密是指信息在加密过程中使用一对公钥和私钥来实现加密解密。下面就对两种加密算法进行详细的阐述。

1．对称加密

对称加密

对称加密也称为对称密码或私钥加密，是一种加密算法，其特点是在加密和解密过程中使用相同的密钥。这种加密算法也被称为秘密密钥算法或单密钥算法。对称加密的工作原理是：数据发送方将明文（原始数据）加密算法处理后，转换成复杂的加密密文发送出去。收信方收到密文后，如需解读原文，则需使用加密用过的密钥及相同算法的逆算法对密文进行解密，才能使其恢复成可读的明文。对称加密算法的主要优点包括算法公开、计算量小、加密速度快、加密效率高。然而，它也存在一些明显的缺点。首先，由于通信双方都使用同样的密钥，如果密钥被泄露，那么通信的安全性就无法得到保障。其次，每对用户每次使用对称加密算法时，都需要使用不为他人所知的唯一密钥，这会导致密钥数量将以指数级增长，从而使得密钥管理变得极其困难，增加了使用成本。对称加密通常在需要加密大量数据的场景中使用，如文件加密、网络通信等。常见的对称加密算法种类有 AES、DES、TDEA、Blowfish、IDEA 和 RC4，对称加密算法的种类如图 2-6 所示。对称加密快速、高效、应用广泛，但存在密钥管理难、易受攻击和安全性受限的问题。为增强安全性，可采取密钥交换、身份验证、配置安全协议等措施，或与非对称加密技术结合使用。

---

① 对称加密和非对称加密给我们的启示可以从以下几个方面展开。

安全性与风险：对称加密和非对称加密各有其安全性和潜在风险。对称加密的安全性依赖于密钥的保护，而非对称加密的安全性则依赖于公钥和私钥的管理。这让我们认识到，在信息安全的维护中，没有绝对的安全，只有相对的风险管理。同时，这提醒我们时刻保持警惕，采取有效的安全防护措施。

信任与责任：在非对称加密中，公钥是公开的，私钥是保密的。这意味着持有公钥的任何人都可以向私钥持有者发送加密的信息，但只有私钥持有者才能解密这些信息。这让我们认识到关于信任和责任的重要性。

职业道德与操守：密码学在现代社会中的应用广泛，涉及众多领域，如金融、通信、电子政务等。学习对称加密和非对称加密的知识，也是对我们职业道德和操守的一种培养。密码学的应用应当是为了维护安全和隐私。我们应当遵循法律法规和职业道德规范，远离任何违法风险。

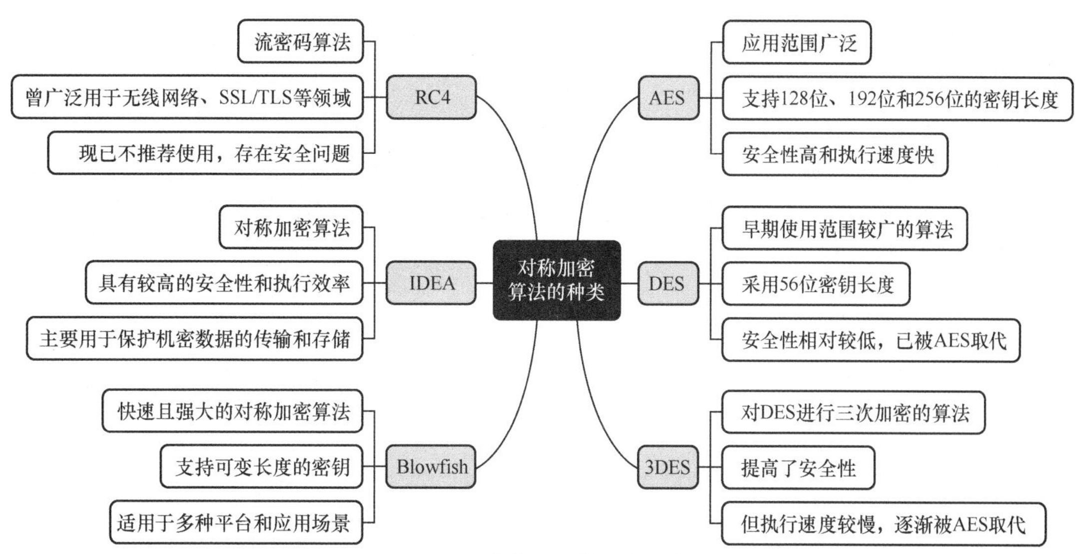

图 2-6　对称加密算法的种类

对称加密使用相同的密钥对数据进行加密和解密，这意味着发送方和接收方需要共享同一个密钥，对称加密算法加密示意图如图 2-7 所示。

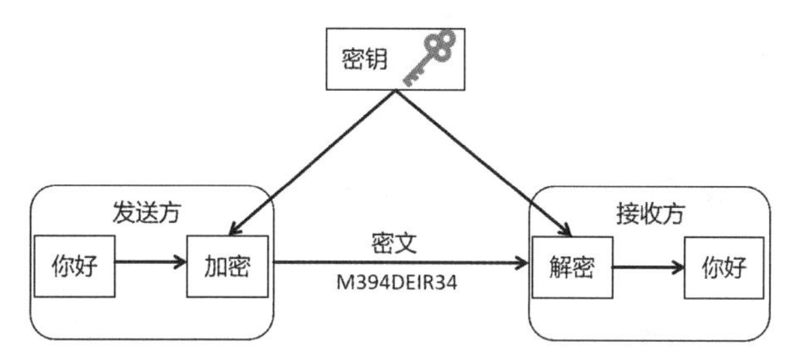

图 2-7　对称加密算法加密示意图

常见的对称加密算法包括以下几种。

（1）高级加密标准（Advanced Encryption Standard，AES）

AES 是目前应用最广泛的对称加密算法之一，支持 128 位、192 位和 256 位的密钥长度，安全性高且执行速度快。

（2）数据加密标准（Data Encryption Standard，DES）

DES 是早期使用范围较广的对称加密算法，采用 56 位密钥长度，安全性相对较低，目前已被 AES 所取代。

（3）三重数据加密算法（Triple Data Encryption Algorithm，TDEA）

TDEA 是对 DES 进行了三次加密的算法，安全性更高。但由于其执行速度较慢，现在也逐渐被 AES 所取代。

（4）国际数据加密算法（International Data Encryption Algorithm，IDEA）

IDEA 是一种对称加密算法，具有较高的安全性和执行效率，主要用于保护机密数据的传输和存储。

对称加密算法的发展历史可以追溯至古代，那时人们已经开始尝试使用各种简单的加密手段来保护信息的安全。然而，现代密码学中的对称加密算法的发展历史相对较短，并且随着计算机技术和密码学理论的进步而不断演进。以下是对称加密算法发展的几个主要阶段。

（1）古典密码时期

① 凯撒密码：凯撒密码是最早的对称加密算法之一，古代罗马时期，凯撒大帝曾使用一种简单的替换密码，即凯撒密码，来加密军事信息。它通过将字母移动固定的位数来加密数据，凯撒密码如图 2-8 所示。

凯撒密码

A	B	C	D	E	F	G	H	I	J	K	L	M
0	1	2	3	4	5	6	7	8	9	10	11	12
N	O	P	Q	R	S	T	U	V	W	X	Y	Z
13	14	15	16	17	18	19	20	21	22	23	24	25

C（密文）= E(p) = (P+ k) mod (26)
P（明文）= D(C) = (C –k) mod (26)

图 2-8 凯撒密码

② 维吉尼亚密码：16 世纪，维吉尼亚密码被发明，它使用一系列字母来加密明文，是一种多表代换密码。

（2）早期现代密码学

① 在 20 世纪 70 年代末，IBM 开发了数据加密标准（DES），DES 成为第一个被广泛采用的对称加密算法。DES 使用 56 位密钥和 64 位的分组密码算法，由美国国家标准与技术研究院（National Institute of Standards and Technology，NIST）制定并发布，DES 加密解密过程如图 2-9 所示。然而，随着计算机计算能力的提高，DES 的安全性逐渐降低。

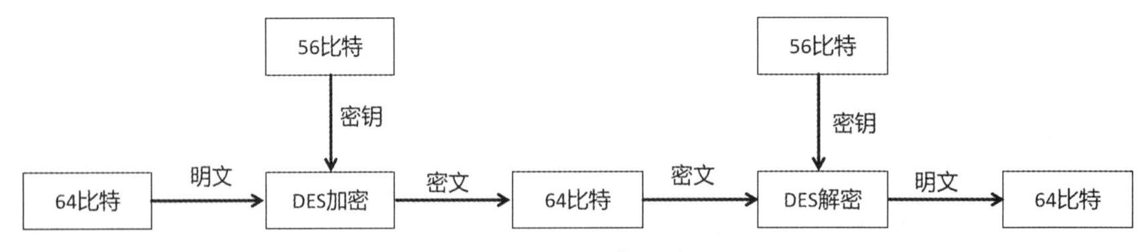

图 2-9 DES 加密解密过程

② DES 的继任者是高级加密标准（AES），AES 加密解密过程如图 2-10 所示。在 1997 年至 2000 年之间，NIST 组织了一场 AES 加密算法的竞赛，最终选择比利时密码学家所提出的算法作为 AES 的标准算法。AES 支持 128 位、192 位和 256 位的密钥长度，安全性和执行效率都得到了显著提升。

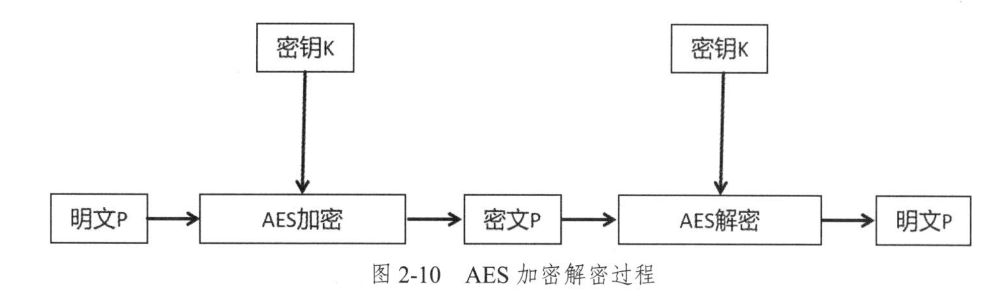

图 2-10　AES 加密解密过程

③ 除了 DES 和 AES，还有一些其他的对称加密算法在不同的应用场景下得到了广泛应用。例如，TDEA 是对 DES 进行三次加密以提高安全性；Blowfish 是一种快速且强大的对称加密算法；IDEA 是一种应用广泛的较早期对称加密算法；RC4 曾在无线网络和 SSL/TLS 中被广泛使用，但现已不推荐使用。

对称加密算法在过去几十年的时间里经历了从简单替换密码到经典分组密码，再到现代高级分组密码的发展过程，不断追求更高的安全性和更高的执行效率。至今，对称加密算法仍然是数据保护和信息安全领域的重要工具。对称加密算法的优点包括以下几点。

① 加密速度快。对称加密算法采用同一密钥进行加密和解密操作，因此处理速度非常快。

② 适用性广泛。对称加密算法已经成为保护数据安全的重要手段之一，广泛应用于各种通信和交换场景中。

③ 易于实现和使用。对称加密算法的实现和使用相对简单，因此非常方便。

当然，对称加密算法虽然有诸多优点，但是也存在着如密钥管理难度大、容易受到中间人攻击等缺点。对称密码的缺点包括以下几点。

① 密钥管理难度大。对称加密算法需要使用密钥进行加密和解密，如果密钥泄露或被破解，那么数据就会遭到攻击者的窃取或篡改。因此，密钥的生成、分发和管理是一个很大的挑战。

② 容易受到中间人攻击或重放攻击。由于对称加密算法使用同一密钥进行加密和解密，数据在传输的过程中容易被中间人截获并进行篡改或重放攻击。

③ 安全性受到密钥长度的限制。对称加密算法的安全性与密钥长度有关，如果密钥太短，则存在被暴力破解的风险。

为了克服对称加密算法的这些缺点，需要采取相应的安全措施，比如密钥交换、身份验证和安全协议配置等。同时，还可以采用其他加密方式，如非对称加密算法来增强数据的安全性。

非对称加密

2．非对称加密

非对称加密也被称为公开密钥加密，它需要使用两个密钥：公开密钥（Public Key）和私有密钥（Private Key）。这两个密钥在数学上是相关的，但无法从一个密钥推算出另一个密钥。当使用公开密钥对数据进行加密时，只有持有对应的私有密钥的用户才能解密该数据。相反，如果使用私有密钥对数据进行加密，那么任何拥有公开密钥的用户都可以解密该数据。这种特性使得非对称加密算法在数据传输和存储中，尤其是当需要在不安全的通道上交换数据时，具有极高的应用价值。非对称加密算法也常用于数字签名。例如，用户可以使用其私有密钥对消息进行签名，然后任何人都可以使用用户的公开密钥来验证该签名的有效性。这样，接收者可以确认消息是由特定的发送者发送的，并且保证消息在传输过程中没有被篡改。非对称加密算法的出现极大地提高了数据加密和数字签名的安全性，是现代密码学的重要组成部分。然而，由于其运算复杂性较高，通常会比对称加密算法消耗更多的计算资源。因此，在实际应用中，需要根据具体需求权衡安全性和计算资源之间的关系。非对称加密解密过程如图 2-11 所示。

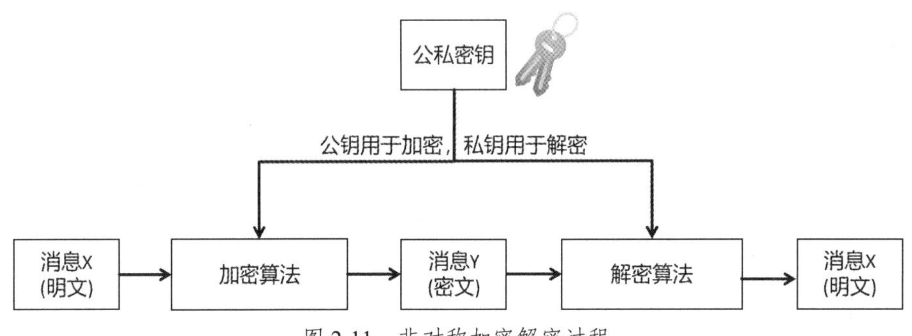

图 2-11　非对称加密解密过程

常见的非对称加密算法包括以下几种。

（1）RSA 算法（Rivest-Shamir-Adleman，RSA）

RSA 算法是最早的非对称加密算法之一，它是一种基于大整数分解难题的算法。RSA 广泛应用于数字签名、密钥交换和数据加密等领域。

（2）数字签名算法（Digital Signature Algorithm，DSA）

DSA 是 NIST 提出的一种非对称加密算法，用于确保数据的完整性和身份验证。

（3）椭圆曲线密码学（Eliptic Curve Cryptography，ECC）算法

ECC 算法是基于椭圆曲线数学理论的密码学算法。它在相同安全级别下具有更短的密钥长度和更高的计算效率，适用于资源受限的环境，如移动设备和物联网。

（4）ElGamal 算法

ElGamal 算法是一种基于离散对数难题的非对称加密算法，常用于密钥交换和数字签名。它在 1985 年由塔希尔·盖莫尔（Taher Elgamal）提出。这种算法在 GnuPG 和 PGP 等很多密码学系统中都有应用。

（5）DH（Diffie-Hellman）算法

DH 算法是一种密钥交换算法，通过协商一致的方式来生成共享密钥，不直接用于数据加密，常与对称加密算法结合使用。

非对称加密算法是在对称加密算法的基础上发展而来的，其历史可以追溯到 20 世纪 70 年代。以下是非对称加密算法的发展历程。

① DH 算法的提出

1976 年，惠特菲尔德·迪菲（Whitfield Diffie）与马丁·赫尔曼（Martlin Hellman）两位学者首次提出了非对称加密的概念，并发表了著名的 DH（Diffie-Hellman）算法。DH 算法允许两个用户在公开通道上协商出一个共享的密钥，而无须事先交换任何秘密信息。这

是非对称加密算法的雏形，为后来的发展奠定了基础。

② RSA 算法的诞生

1978 年，麻省理工学院的罗恩·里维斯特（Ron Rivest）、阿迪·沙米尔（Adi Shamir）和伦纳德·阿德曼（Leonard Adleman）共同发明了 RSA 算法。RSA 算法是基于大整数分解问题的复杂性的算法，其安全性得到了广泛的认可。RSA 算法的出现标志着非对称加密算法进入了一个全新的阶段，并迅速成为广泛使用的非对称加密算法之一。

③ ECC 算法的提出

随着密码学研究的深入，人们发现椭圆曲线上的离散对数问题比传统的有限域上的离散对数问题更难解决。因此，ECC 算法应运而生。ECC 算法具有密钥长度短、安全性高等优点。

④ 其他算法的发展

除了 DH、RSA 和 ECC 算法外，还有许多其他的非对称加密算法被提出和研究，例如 ElGamal 算法、DSA 算法等。这些算法各有特点，适用于不同的应用场景。

随着计算机技术和密码学理论的不断发展，非对称加密算法在信息安全领域中扮演着越来越重要的角色，并且得到了广泛应用。非对称加密算法的优点包括以下几点。

① 安全性高。由于非对称加密算法使用了公钥和私钥，只有私钥的所有者才能解密数据，因此安全性较高。

② 密钥管理方便。非对称加密算法中只需要保管好私钥即可，公钥可以公开发布，简化了密钥管理的复杂性。

③ 身份验证。非对称加密算法可以用于数字签名，通过私钥对数据进行签名，可以验证数据的完整性和身份的真实性。

虽然非对称密码算法有安全性高、密钥管理方便等优点，但是也存在着处理速度慢、密钥长度较大等问题。

① 处理速度慢。相对于对称加密，非对称加密算法的执行速度较慢，特别是在处理大量数据时。

② 密钥长度较大。为了保证安全性，非对称加密算法的密钥长度通常要大于对称加密算法，这增加了计算和存储的资源。

对称加密和非对称加密是密码学中的两种主要加密方式，它们在数据安全保护方面各有优势。而在区块链技术中，对称加密和非对称加密的应用确保了交易的安全性和数据的不可篡改性，为区块链的广泛应用奠定了坚实的基础。

2.2.2 椭圆曲线密码学

椭圆曲线密码学

椭圆曲线密码学是一种基于椭圆曲线数学问题的密码学体系，广泛应用于信息安全领域。椭圆曲线密码学利用椭圆曲线上的离散对数难题，提供了一种高效且安全的非对称加密、数字签名和密钥交换方法。ECC 算法相较于传统的 RSA 等加密算法，在相同的安全级别下需要更短的密钥长度，从而降低了计算和存储资源的要求，适合于资源受限的应用场景，如移动设备和物联网。同时，ECC 算法也具备强大的抵抗量子计算攻击的能力，被视为未来安全通信的重要技术之一，ECC 算法加密解密过程如图 2-12 所示。

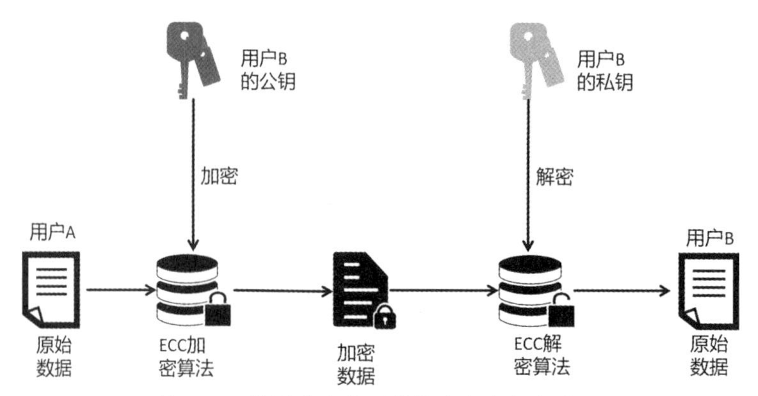

图 2-12　椭圆曲线密码学算法加密解密过程

在椭圆曲线密码学中，通过选择合适的椭圆曲线、定义运算规则和参数，可以实现安全的公钥加密、数字签名和密钥交换。常见的 ECC 算法有以下几种。

（1）椭圆曲线数字签名算法（Elliptic Curve Digital Signature Algorithm，ECDSA）

ECDSA 是一种基于椭圆曲线的数字签名算法，用于数据的完整性验证和身份验证。它使用私钥对数据进行签名，而对应的公钥可以验证签名的有效性。ECDSA 应用广泛，以下是一些具体的应用例子。

① 比特币：比特币可以使用 ECDSA 进行数字签名。比特币地址包括公钥哈希值和签名脚本，使用 ECDSA 对签名脚本进行验证，确保只有真正的比特币所有者才能交易比特币商品。

② 电子护照：电子护照可以使用 ECDSA 签发数字签名，以确保护照中数据的完整性、可验证性和抗否认性。签署方可以是国家签发机构或第三方机构。

③ SSL/TLS 协议：SSL/TLS 协议可以使用 ECDSA 进行数字签名，确保通信双方之间的身份正确性、数据完整性和保密性。ECDSA 是 TLS 1.2 标准中推荐的签名算法之一。

④ 物联网安全通信：物联网设备之间的通信涉及大量的数据传输和身份验证，需要使用安全加密算法来保障通信的安全。ECDSA 作为一种轻量级的加密算法，适用物联网安全通信的场景。

（2）椭圆曲线 Diffie-Hellman（Elliptic Curve Diffie-Hellman，ECDH）算法

ECDH 算法是一种密钥交换算法，用于安全地共享密钥。通过椭圆曲线上的运算，通信双方可以协商出一个共享密钥，用于后续的对称加密通信。ECDH 算法也被广泛应用于各种安全通信场景中，以下是一些具体的应用例子。

① 安全通信协议：ECDH 算法常用于安全通信协议中的密钥交换过程，如 TLS/SSL、IPsec 等。通信双方可以通过 ECDH 算法生成共享密钥，用于后续的对称加密通信，确保通信的机密性。

② 虚拟专用网络（VPN）：VPN 可以通过 ECDH 算法创建临时会话密钥，实现双方之间的安全通信，并在传输数据之前先进行身份验证和密钥交换。

③ 移动支付：在移动支付应用中，ECDH 算法可以用于生成安全的会话密钥，确保支付过程中数据的机密性和完整性，防止信息泄露和篡改。

④ 无线通信：ECDH 算法可以用于无线传感器网络、物联网设备等无线通信场景中，通过密钥协商生成对称密钥，保障通信的机密性和完整性。

⑤ 数字版权保护：ECDH 算法可以用于数字版权保护场景中，通过加密和密钥交换手段，确保内容的安全传输，并防止未经授权的访问和复制。

这些应用都需要在不安全的通信环境中进行密钥交换，以确保通信的安全性。ECDH 算法通过椭圆曲线上的运算，提供了一种有效的安全密钥交换机制。

（3）椭圆曲线集成加密方案（Elliptic Curve Integrated Encryption Scheme，ECIES）

ECIES 是一种基于椭圆曲线的集成加密方案，结合了对称加密和非对称加密的优势。发送方使用接收者的公钥对数据进行加密，而接收者使用自己的私钥进行解密。ECIES 是一种基于 ECC 算法的加密方案，在以下几个应用场景中得到了广泛的应用。

① 电子邮件：ECIES 可以用于保护电子邮件的机密性和完整性。发送方使用对接收方公钥加密的方式来进行消息加密，同时，接收方只需要使用其私钥即可解密邮件。

② 即时通信：ECIES 可以用于即时通信中，保证消息内容的机密性和完整性。发送方使用接收方公钥加密，而接收方则使用自己的私钥进行解密操作。

③ 移动支付：ECIES 可以用于移动支付应用中，以保护支付数据的机密性和完整性。参与方可以使用 ECIES 算法来实现支付信息的加密，并保证只有授权用户才能访问该信息。

④ 物联网：物联网设备间和传感器网络中的通信数据很容易被攻击者截获或者篡改，因此需要进行加密。ECIES 可以用于物联网环境下的数据传输加密，并确保数据传输过程中的安全。

ECIES 作为一种轻量级的加密方案，适用于各种需要加密和身份验证的场景。它可以通过 ECDH 算法生成共享密钥，使用对称加密算法生成会话密钥，以及使用公钥加密算法实现加密和数字签名，从而确保消息的完整性。

（4）椭圆曲线 Diffie-Hellman 临时密钥交换（Elliptic Curve Diffie-Hellman Ephemeral，ECDHE）算法

ECDHE 算法是一种临时密钥交换算法，在 TLS/SSL 等安全通信协议中应用广泛。它利用椭圆曲线运算生成临时密钥，以实现前向安全性和数据机密性。ECDHE 是一种基于椭圆曲线的 Diffie-Hellman 临时密钥交换算法，它主要应用于以下几个场景中。

① 安全通信协议：ECDHE 算法常用于安全通信协议中的密钥交换过程，如 TLS/SSL、IPsec 等。通信双方使用椭圆曲线上的点进行密钥交换，以生成一个共享密钥来确保通信的机密性。

② 虚拟专用网络（VPN）：VPN 可以通过 ECDHE 算法创建临时会话密钥，实现双方之间的安全通信，并在传输数据之前进行身份验证和密钥交换。

③ 移动支付：在移动支付应用中，ECDHE 算法可以用于生成安全的会话密钥，确保支付过程中的数据机密性和完整性，防止信息泄露和篡改。

④ 无线通信：ECDHE 算法可以用于无线传感器网络、物联网设备等无线通信场景中，通过密钥协商生成对称密钥，保障通信的机密性和完整性。

⑤ 数字版权保护：ECDHE 算法可以用于数字版权保护的场景中，通过加密和密钥交换手段，确保内容的安全传输，并防止未经授权的访问和复制。

ECDHE 算法通过椭圆曲线上点的运算，提供了一种有效的安全密钥交换机制，与传统的 DH 算法相比，ECDHE 具有更高的安全性和更小的计算量。与 ECDH 算法相比，ECDH 算法属于静态密钥交换，双方使用长期固定的私钥和公钥进行交换；而 ECDHE 算法则引入了

临时性的密钥对，每次进行密钥交换时都生成新的临时密钥对，提供了更高的安全性。ECDHE算法在安全通信中应用广泛，特别适用于保护会话的机密性和完整性。

这些算法在椭圆曲线密码学中具有重要的地位，应用于各种场景中。同时，为了确保安全性，选择适当的椭圆曲线参数（如曲线方程、基点和素数等）也是至关重要的。

2.2.3 默克尔树

默克尔树也称为哈希树，是一种数据结构，用于验证和检查大规模数据集的完整性。它以密码学家拉尔夫·默克尔（Ralph Merkle）的名字命名。1987 年，默克尔在他的论文“A Digital Signature Based on a Conventional Encryption Function”中首次介绍了这个概念。在这篇论文中，他描述了一种基于哈希函数的数字签名方法，这个方法后来演化为现代默克尔树的基础。随着时间的推移，默克尔树在密码学和数据结构领域得到了广泛的应用和研究。特别是在分布式系统、数据完整性验证以及区块链等领域，默克尔树成为了一个重要的工具。在 20 世纪 90 年代，默克尔树的应用开始扩展到文件系统中，如 Sun Microsystems 的 ZFS 文件系统就使用了默克尔树来对文件进行完整性验证以及数据去重。随着比特币的出现和区块链技术的兴起，默克尔树的应用得到进一步推广。比特币使用默克尔树来对交易进行有效性验证，并通过默克尔证明来保护交易的隐私。默克尔树在区块链中的应用逐渐被其他加密“数字货币”和分布式账本平台所采纳。此外，默克尔树还被广泛应用于分布式存储系统、点对点网络以及各种数据完整性验证和加密技术中。在过去几十年中，默克尔树得到了持续的发展和研究，并在密码学、数据结构和分布式系统等领域发挥着重要作用。随着区块链和其他分布式应用的兴起，默克尔树的应用前景仍然非常广阔，默克尔树结构图如图 2-13 所示。

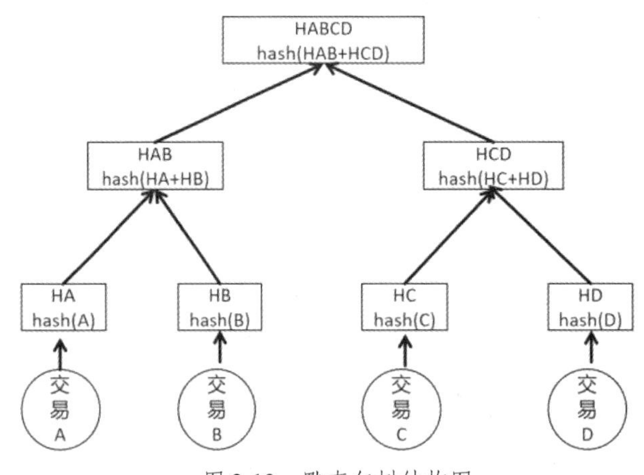

图 2-13 默克尔树结构图

默克尔树递归地将数据分成固定大小的块，并对每个块进行哈希计算来构建树状结构。树的叶节点包含原始数据的哈希值，而非叶节点则包含其子节点的哈希值。构建默克尔树的过程如下。

① 将原始数据分割成固定或可变大小的块。

② 对每个块进行哈希计算，得到块的哈希值。

③ 如果有奇数个块，复制最后一个块使得总块数为偶数。

④ 重复前两步，直到只剩下一个根节点，即默克尔树的根。

默克尔树的主要用途是验证大规模数据集中的特定数据是否存在且完整，而无须检查整个数据集。只需验证某个数据块的哈希值是否与默克尔树的根哈希值相匹配，即可确定数据的完整性。默克尔树具有以下特点。

（1）完整性验证

默克尔树能够验证数据的完整性。每个数据块都被哈希成一个固定大小的值，并逐层向上合并形成树状结构，最终形成一个单一的根哈希值。通过比较根哈希值，可以快速验证大量数据的完整性。如果数据发生了任何变化，包括单个数据块的修改、删除或添加，都会导致根节点的哈希值发生改变。

（2）效率高

默克尔树仅需要计算少量的哈希值便可对数据进行验证。只需计算树的顶部节点及与需验证数据相关的哈希节点，而无须对所有数据进行完整性检查。这种方式提高了效率。

（3）节省存储空间

默克尔树通过在树的底层使用重复的哈希值来节省存储空间。如果两个数据块具有相同的哈希值，它们可以共享同一个哈希值而无须重复存储。这种方式有助于减少数据存储的开销。

（4）易于更新

默克尔树可以很容易地更新单个数据块，只需重新计算叶子节点的哈希值，并重新计算所有与该节点相关的哈希值即可。

（5）容错性

默克尔树具有强大的容错能力，可以容忍单个数据块的错误或被恶意篡改。通过检测哈希值之间的差异，可以快速确定受损的数据块并进行修复或替换。

默克尔树应用广泛，例如区块链中的交易验证、文件系统的完整性校验等。通过快速计算和校验哈希值，默克尔树提供了一种高效、可靠的方法来确保数据的完整性和安全性。下面列举一些常见的应用场景。

（1）区块链

比特币和其他基于区块链技术的“数字货币”使用默克尔树来对交易进行验证，并通过默克尔证明保护交易的隐私。

（2）数据库系统

数据库使用默克尔树来对数据完整性进行验证，以确保在数据传输过程中不会出现任何错误或被篡改。

（3）文件系统

文件系统使用默克尔树来对文件进行完整性验证和数据去重，从而避免重复存储相同数据造成空间浪费。

（4）分布式存储

分布式系统使用默克尔树来对数据进行校验，以确保数据在分布式存储的过程中没有被篡改或损坏。

（5）点对点网络

点对点网络使用默克尔树来验证节点之间传输的数据的完整性，防止数据丢失或被篡改。

（6）数据备份

默克尔树可以对备份数据进行完整性验证，以确保数据备份的准确性。

（7）加密算法

某些加密算法使用默克尔树来对密钥进行验证，以确保密钥在传输过程中不会被篡改。

默克尔树通过哈希运算验证完成数据完整性、去重、共享数据以及保护数据隐私等功能，虽然默克尔树存在哈希碰撞等安全问题，但是仍然被广泛应用于区块链、分布式系统、数据备份等场景。

2.2.4 数字签名和数字证书

数字签名和数字证书是在信息安全领域中常用的方法，用于确认数据的完整性和可靠性。数字签名是一种用于验证数据真实性和完整性的技术，数字签名和验证示意图如图 2-14 所示。它使用非对称加密算法，由数据的发送者使用自己的私钥对数据进行加密生成签名，并将签名与原始数据一起发送给接收者。接收者可以使用发送者的公钥来解密签名，并比对签名是否与原始数据相匹配，从而验证数据的完整性和发送者的身份。数字签名不仅可以验证数据未被篡改，还可以验证数据来源的可信度。

数字证书是一种由可信任的第三方机构（如数字证书颁发机构）签发的电子文件，用于验证数据的身份和公钥的有效性。数字证书包含了数据的所有者名称、公钥以及颁发机构的数字签名等信息。通过验证数字证书的签名以及证书颁发机构的信任链，接收者可以确认数据发送者的身份，并获取发送者的公钥。这样接收者就可以使用发送者的公钥来验证数字签名，进而验证数据的完整性和发送者的身份。

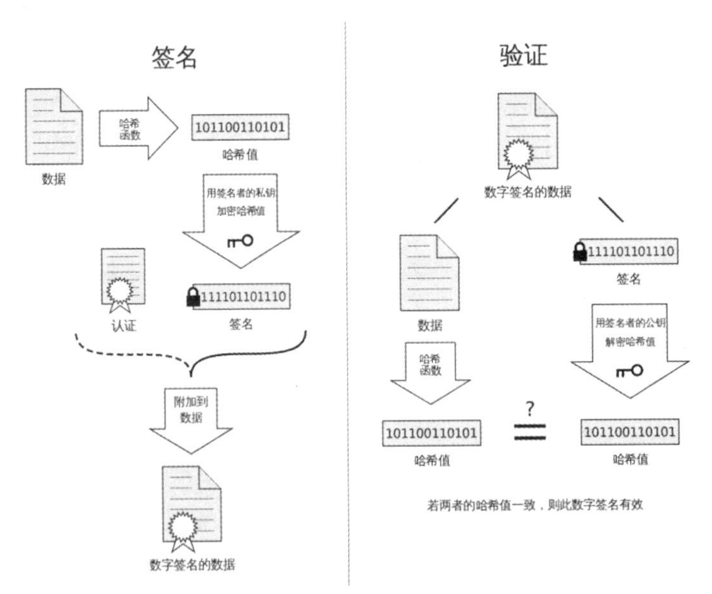

图 2-14　数字签名和验证示意图

数字签名和数字证书结合使用可以提供更高的安全性和可信度。发送者使用私钥生成数字签名，接收者使用数字证书验证签名和发送者身份。通过数字签名和数字证书的双重验证，确保了数据的完整性、真实性和发送者身份的可信度。这种方法在电子商务、网络通信等领域应用广泛，可确保数据的安全传输和交互。下面是对这两种方法的详细解释。

1．数字签名

数字签名是在数字证书基础设施的支持下实现的一种技术手段，用于验证数据的完整性、真实性和身份。它基于非对称加密算法，由数据的发送者使用私钥对数据进行加密生成签名，接收者使用公钥对签名进行解密和验证。数字签名和验证的具体过程如下。

（1）数据发送者使用自己的私钥对要发送的数据进行加密计算，生成唯一的数字签名，并将签名与原始数据一起发送给接收者。

（2）接收者使用发送者的公钥对签名进行解密，得到摘要信息。接收者对接收到的原始数据进行哈希计算，得到一个新的摘要信息。

（3）接收者比较解密得到的摘要信息与自己重新计算的摘要信息是否一致，来验证数据的完整性。如果摘要信息一致，则可以确认数据未被篡改，并且发送者是拥有相应私钥的合法实体。

通过数字签名，接收者可以确信数据在传输过程中没有被更改，同时也能确认数据发送者的身份。即使在公共网络中传输的数据，只要签名经过验证，就可以信任数据的来源与完整性。数字签名包括以下几个特点。

（1）非对称加密

数字签名使用非对称加密算法。该算法涉及私钥和公钥。私钥用于对数据进行签名，而公钥用于验证签名。

（2）数据哈希

数字签名不直接对原始数据进行加密，而是先对原始数据进行哈希计算。哈希函数将数据转换为固定长度的哈希值，这个哈希值就是待签名的数据摘要。

（3）签名生成

使用私钥对数据哈希值进行加密生成签名。私钥只有签名者拥有，确保签名的唯一性和不可抵赖性。

（4）签名验证

使用相应的公钥对签名进行解密验证。公钥可以被广泛分发，并且任何人都可以使用公钥验证签名。

（5）完整性和真实性验证

通过比对签名中的哈希值和重新计算数据的哈希值，可以验证数据是否完整且未被篡改。

（6）不可抵赖性

数字签名提供了不可抵赖的证据，即签名者无法否认其对数据的签署。

数字签名的这些特点可以有效地保证数据的安全性和可靠性。同时，数字签名的安全性还取决于公钥基础设施、密钥管理、哈希算法等因素。数字签名广泛应用于电子商务、电子文档认证、软件发布等领域。它能够有效保证数据的安全性和可信度，提供了一种非常可靠的数据验证机制。以下是一些更详细数字签名应用示例。

（1）电子邮件中的数字签名

Alice 想要向 Bob 发送一封加密的电子邮件。在发送之前，Alice 使用自己的私钥对邮件内容进行签名，并将签名附加到邮件中。Bob 收到邮件后，使用 Alice 的公钥解密签名，并使用相同的哈希算法对邮件内容进行哈希计算。如果哈希值与解密后的签名一致，Bob

就可以确认邮件内容没有被篡改，并且该邮件确实是由 Alice 发送的。

（2）在线合同签署

公司 A 和公司 B 达成了一项重要合作协议。双方决定使用数字签名来签署合同。首先，公司 A 使用自己的私钥对合同文档进行签名，并将签名附加到电子合同中。然后，公司 A 将签名后的合同发送给公司 B。公司 B 收到合同后，使用公司 A 的公钥解密签名，并验证签名的有效性。如果验证通过，双方可以确认合同是真实的、完整的，并且具有法律效力。

（3）数字版权保护

音乐创作者希望保护自己的音乐作品免受盗版和侵权，可以使用数字签名技术对音乐文件进行签名，并将签名信息存储在版权保护平台上。当其他人试图在互联网上发布类似的音乐作品时，版权保护平台可以对作品进行数字签名的验证，以确定作品其是否经过授权。通过数字签名，音乐创作者能够维护自己的权益，确保了合法的收益。

（4）在线支付安全

当用户在网上购物时，数字签名被用于确保支付交易的安全性。当用户提交支付请求时，支付网关会生成一个数字签名，用于验证支付请求的完整性和真实性。商家收到请求后，使用支付网关的公钥解密签名，并验证其有效性。这样可以确保支付请求没有被篡改，并且是由授权的用户发起的，从而保障交易的安全。

（5）数字标志验证

在在线服务注册或登录过程中，数字签名可以用于验证用户的身份。通过数字签名，用户可以证明自己的身份，有效避免冒充和欺诈行为。

数字签名技术的发展趋势主要包括改进算法、提升效率和安全性以及更广泛的应用推广等。随着区块链、物联网等新兴技术的兴起，数字签名将在更多的场景和领域中得到应用。

2. 数字证书

数字证书是用于验证公钥和身份的电子文件，它由可信的第三方认证机构（Certification Authority，CA）签发和管理。数字证书包含了公钥、证书持有人的身份信息以及数字签名等内容。数字证书的基本概念包含如下几部分内容。

（1）公钥：数字证书中包含了证书持有人的公钥，用于加密和验证数字签名。

（2）证书持有人的身份信息：数字证书中记录了证书持有人的身份信息，如姓名、组织机构等。

（3）数字签名：数字证书是由认证机构使用其私钥对证书内容进行数字签名的，以确保证书的真实性和完整性。

（4）认证机构：认证机构是一个受公众信任的第三方机构，负责签发和管理数字证书，确保证书的可信性。

（5）有效期限：数字证书通常具有有效期限，过期后需要重新申请新的证书。

数字证书的作用是建立起公钥和证书持有人身份之间的信任关系。通过验证数字证书的数字签名，可以确认证书的真实性，进而可以使用其中的公钥进行加密和解密操作。数字证书广泛应用于网络通信、电子商务、安全协议等领域，为数字身份验证、数据加密和安全通信提供了可靠的基础。值得注意的是，数字证书本身可能会存在风险，比如私钥被泄露或认证机构受到攻击。因此，使用数字证书时需要保护好私钥，确保证书的安全性和可信度。数字证书包含以下信息：数据所有者的名称或标识符；数据所有者的公钥；数字证书认证机构的名称或标识符；认证机构对数字证书进行签名的时间戳。

数字证书中最重要的信息是数字证书认证机构（CA）的签名。数字证书认证机构是一个受信任的第三方机构，它负责签署和验证数字证书，确保数字证书具有可靠性和安全性。当接收者获得数字证书时，可以使用数字证书认证机构的公钥来验证数字证书的签名。如果签名是有效的，接收者就可以信任数字证书中包含的公钥，并用它来验证数字签名。数字证书的工作原理基于公钥基础设施和非对称加密算法。以下是数字证书的工作原理，如图 2-15 所示。

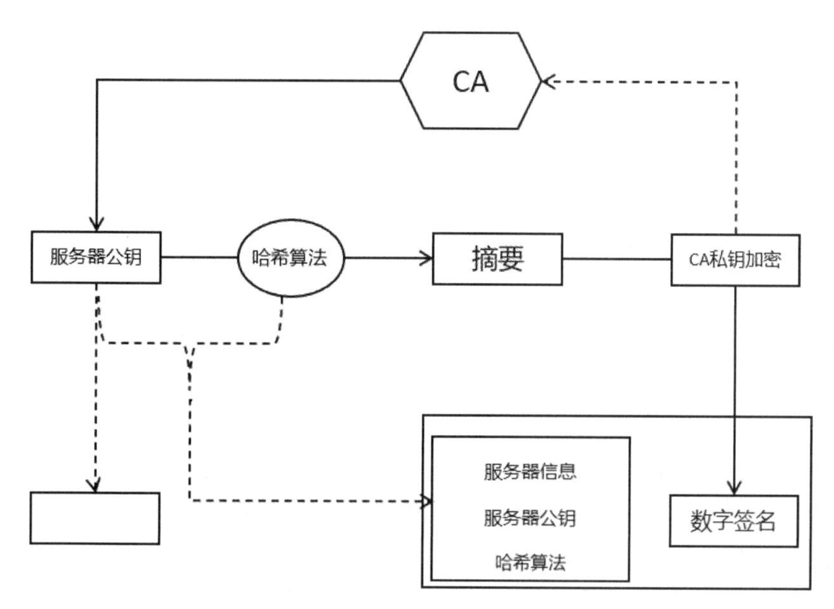

图 2-15　数字证书工作原理

（1）生成密钥对

首先，证书持有人生成一对密钥，包括公钥和私钥。公钥用于加密和验证数字签名，私钥用于解密和生成数字签名。

（2）提交证书请求

证书持有人向认证机构提交证书请求，其中包含个人身份信息和公钥。

（3）CA 核查身份

CA 对证书请求进行身份核查，确保请求者的身份合法与真实。

（4）发布数字证书

CA 使用其私钥对证书请求中的公钥及身份信息进行数字签名，生成数字证书。数字证书包含证书持有人的公钥、身份信息和 CA 的数字签名。

（5）数字证书分发

CA 将数字证书发送给证书持有人。证书持有人可以将其公开发布，供他人验证其身份。

（6）数字证书验证

当他人需要验证证书持有人的身份时，他们使用 CA 的公钥来验证数字证书的签名的真实性。如果验证成功，意味着证书是经过可信的 CA 签发的。

（7）公钥应用

在验证数字证书后，他人可以使用证书持有人的公钥进行加密通信或数字签名验证。

通过使用数字证书，人们可以实现身份验证、数据加密和安全通信等功能。数字证书提供了一种可靠机制，确保公钥的真实性和可信度，并为互联网上的各种安全应用提供了基础。同时，数字证书还解决了密钥分发的问题，简化了密钥管理的复杂性。数字证书在各种应用场景中起到了重要的作用。以下是数字证书常见的应用场景。

（1）网络通信安全

数字证书被广泛应用于 SSL/TLS 协议，用于保护 Web、电子邮件、即时通信等网络通信的安全性。通过使用数字证书进行身份验证和加密通信，人们可以确保通信的机密性、完整性和真实性。

（2）数字身份验证

数字证书可用于验证个人、组织或设备的身份。例如，在电子商务中，数字证书可以用于证明网站的合法性和所有者的身份，增加用户对网站的信任度。

（3）数字签名

数字证书中包含了私钥，用于生成数字签名。数字签名可以用于验证文件、数据的完整性和真实性，防止数据被篡改。数字签名在电子合同、电子文档、软件发布等场景中得到了广泛应用。

（4）无线通信安全

数字证书也被用于保障无线通信的安全性，如 Wi-Fi 网络的加密认证和数据传输的加密保护。

（5）VPN（虚拟专用网络）

数字证书可以用于建立 VPN 连接，确保远程访问和数据传输的安全性。

（6）数字版权保护

数字证书被用于数字版权保护的技术中，通过加密和数字签名保护电子内容的版权，并防止未经授权的复制和篡改。

（7）身份证明与电子身份

数字证书可用于个人身份验证，如电子身份证、电子护照等，实现了无纸化身份证明，方便了公民和企业在网上办理各类事务。

（8）代码签名

数字证书可以用于代码签名，确保软件或应用程序的来源和完整性，防止恶意软件的传播。

数字证书是保障信息安全和实现身份验证的重要工具，随着技术的不断进步，其应用场景会进一步扩大。

2.3 国密算法标准

商用密码作为密码技术的核心要素，其在捍卫国家安全和主权、驱动经济发展，以及保障民众福祉等方面，扮演着关键角色。而密码算法，作为这一领域的基石，其重要性不言而喻。我国的商用密码算法又称国密算法，如祖冲之（ZUC）、SM2、SM3、SM4 和 SM9 等，不仅在国内密码行业和国家标准中占据重要地位，更被国际标准化组织 ISO/IEC 采纳并正式发布，充分展现了我国在这一领域的国际影响力。2010 年底，国家密码管理局正式公布了我国自主研发的“椭圆曲线公钥密码算法”（SM2 国密算法），这标志着我国在密码算法领域取得了重大突破。为确保重要经济系统的密码应用安全，国家密码管理局于 2011 年发布了相关通知，明确要求在建和拟建的公钥密码基础设施电子认证系统和密钥管理系统必须使用国密算法，并在特定时间节点后，投入运行的信息系统必须使用 SM2 国密算法。自 2012 年起，国家密码管理局以《中华人民共和国密码行业标准》的形式，陆续发布了包括 SM2、SM3、SM4 等在内的密码算法标准及其应用规范。“SM”一词，代表“商密”，即这些算法是专为商用设计，不涉及国家秘密的密码技术，为国密算法的广泛应用提供了坚实的标准支撑。SM1 国密算法为对称加密，SM2 国密算法为非对称加密，SM3 国密算法为消息摘要加密，SM4 国密算法为分组密码加密。这些算法被广泛应用于信息安全领域，如数据加密、数字签名、认证等，以保护国家和企业的机密信息。国密算法是在保障国家信息安全和自主可控的基础上，针对国际上广泛使用的密码算法进行优化和改进而成的，国密算法与国际算法的对应关系见表 2-1。

表 2-1　国密算法与国际算法的对应关系

算法类型	国际算法	国密算法	应用场景及特点
非对称算法	RSA1024、RSA2048	SM2	具备防抵赖能力 应用场景：数字签名、数字信封
哈希算法	MD5、SHA-1、SHA-2	SM3	具备完整性能力，无法还原数据 应用场景：报文摘要、文件摘要等各类数据完整性验证
对称密码算法	TEDA、AES256	SM4	具备机密性和完整性能力，可还原数据 应用场景：敏感信息加密

相比于国际算法，国密算法具有以下几个优势。

① 安全性高：国密算法采用了更复杂和安全的数学算法，保证了加密数据的安全性。

② 自主可控：国密算法是完全自主研发的成果，不依赖于任何外部机构。

③ 便于推广应用：国密算法是国家标准，与国外标准不同，因此可以方便地在国内推广和应用。

目前，国密算法已被广泛应用于信息安全领域，如金融、电子政务、电子商务等。这些应用均取得了良好反响，为保护国家安全和企业信息安全起到了重要作用。SM1 国密算法为对称加密，该算法的算法实现原理没有公开，其加密强度和 AES 相当，需要调用加密芯片的接口才能使用。SM1 国密算法高达 128 位的密钥长度以及算法本身的强度和不公开性共同保障了通信的安全性。由于 SM1 国密算法不公开，我们无法知晓其内部的原理。SM1 国密算法由获得国密办资质认证的特定机构将算法封装在芯片中，并销售给指定的厂商。目前，市场上出现的智能 IC 卡、加密卡、加密机等安全产品，均采用了 SM1 国密算法。接下来将对其他国密算法进行详细的介绍。

2.3.1　SM2 国密算法

SM2 国密算法是国家密码管理局于 2010 年 12 月 17 日发布的椭圆曲线公钥密码算法。SM2 国密算法和 RSA 算法都是非对称加密算法，SM2 国密算法是一种更先进、更安全的算法，在我国的国密算法体系中被用来替换 RSA 算法。SM2 国密算法是在国际标准的椭圆曲线密码学理论基础上进行自主研发设计的，具备 ECC 算法的性能特点并进行了优化改进，其本质仍是椭圆曲线密码学。SM2 国密算法可以方便地用于信息安全领域的各种应用，如数字证书、数字签名、电子支付等。国际 RSA SSL（Secure Sockets Layer，安全套接层）和国密 SM2 SSL 证书的区别见表 2-2。SM2 国密算法不仅具有高度的安全性，还具有较快的执行速度，并且使用起来非常方便。SM2 国密算法通常包含以下功能。

（1）SM2 加密：用 SM2 公钥加密数据。

（2）SM2 解密：用 SM2 私钥解密数据。

（3）SM2 签名：用 SM2 私钥对数据进行签名。

（4）SM2 验签：用 SM2 公钥对签名进行验证。

表 2-2　国际 RSA 和国密 SM2 SSL 证书的区别

	国密 RSA SSL 证书（国际标准）	国密 SM2 SSL 证书（国家标准）
密码算法	采用国际标准 RSA 公钥算法体系	采用国家密码管理局公布的 SM2 国密算法体系
根密钥长度	RSA 2048 位	SM2 256 位，等同于 RSA 3072 位，远高于国际标准 RSA 的 2048 位
兼容性	支持所有浏览器及移动终端（Windows、安卓、iOS、JDK 以及 Firefox、Chrome 等各类浏览器、操作系统和移动终端）	支持业内主流国密浏览器（兼容 360 浏览器、沃通国密浏览器、红莲花浏览器等支持国密算法的浏览器，并与安恒 WAF 等网络安全产品适配）
应用场景	可用于网站 Web 应用、Web 信息系统、小程序、iOS/安卓 App 服务器、云计算应用等任何需要 HTTPS 加密传输的场景中	可用于网站 Web 应用、Web 信息系统及部分云计算应用场景。由于其适配情况，移动操作系统及相关应用场景（如 App、小程序等）还无法支持国密算法应用，但可以通过沃通 SM2/RSA 双证书方案兼容这类应用场景

下面是 SM2 国密算法的工作原理。

（1）椭圆曲线参数生成

SM2 国密算法首先生成一组椭圆曲线参数，包括椭圆曲线方程、基点坐标、椭圆曲线的阶等。这些参数是固定的，用于定义椭圆曲线群。

（2）密钥生成

使用椭圆曲线参数，SM2 国密算法可以生成一对公私钥。私钥是一个随机的整数，公钥是基于私钥通过椭圆曲线运算得出的点坐标。

（3）数字签名

在数字签名过程中，SM2 国密算法使用私钥对待签名的数据进行加密运算，从而得到签名值。具体步骤包括选择随机数、计算椭圆曲线上的点、计算哈希值、计算与随机数相关的参数、计算签名值。

（4）密钥协商

在密钥协商过程中，两个通信方使用各自的私钥和对方的公钥进行一系列的椭圆曲线运算，最终得到一个共享的密钥。

（5）加密与解密

SM2 国密算法可以利用对称加密数据，将要加密的数据与生成的密钥进行异或运算，实现数据的加密。而解密则是通过同样的方式使用生成的密钥对密文进行异或运算来恢复出原始数据。

SM2 国密算法通过选择合理的椭圆曲线参数，利用椭圆曲线上的运算，实现了公私钥的生成、数字签名、密钥协商和加密解密等功能。这些功能有效保障了数据的安全性，广泛应用于各种信息安全领域。如今各大互联网公司和金融机构都已经广泛使用 SM2 国密算法保护自己的敏感信息。因此，SM2 国密算法已经成为许多企业和开发者在信息安全领域中不可或缺的工具。以下是一些 SM2 国密算法主要的应用场景。

（1）金融领域

SM2 国密算法可以用于保护金融交易中的敏感信息，如密码、证书、数字签名等，确保金融数据的安全性和稳定性。

（2）电子政务

SM2 国密算法可以用于政务信息的加密、签名、认证和密钥管理等，保证政务数据的机密性、完整性和可靠性，以及政务系统的安全。

（3）电子商务

SM2 国密算法可以用于保护在线交易中的敏感信息，如用户密码、支付密码、订单信息等，确保电子商务的安全性和可靠性。

（4）物联网

SM2 国密算法可以用于物联网设备的身份验证、数据加密和解密等，保障物联网数据的隐私和安全。

随着信息化和智能化的不断发展，SM2 国密算法作为一种安全技术，其应用场景也在不断扩大。

2.3.2 SM3 国密算法

SM3 国密算法是国家密码管理局 2010 年 12 月 17 日发布的国密算法标准。该算法由王小云①等人设计，该算法输入为消息分组比特，该算法的输出为哈希值比特，采用 Merkle-Damgard 结构。它是在 SHA-256 基础上改进实现的一种算法，消息分组长度为 512bit，输出的摘要值长度为 256bit。压缩函数状态 256bit，共 64 步操作。SM3 国密算法是国家密码管理局发布的密码算法标准，其安全性和可靠性已得到了广泛认可。以下是 SM3 国密算法的基本概念。

SM3 国密算法核心是基于椭圆曲线群的运算和模运算。SM3 国密算法通过多轮迭代和置换运算，将输入数据分块处理并生成哈希值。

SM3 国密算法经过了严格的安全性评估和测试，是一种具有较高安全性的密码算法。

---

① 王小云，1966 年 8 月生于山东诸城，1993 年获山东大学数学博士学位，现任山东大学网络空间安全学院院长及清华大学高等研究院“杨振宁讲座”教授，2017 年当选中国科学院院士，2019 年当选国际密码协会会士（IACR Fellow）。兼任中国密码学会副理事长。

王小云教授是一位杰出的数学家和密码学家，她在网络安全领域作出了卓越的贡献。她的成功经历不仅体现了个人奋斗和坚持的精神，也展示了女性在科技领域中的能力和潜力。

首先，王小云教授的学术成就值得赞叹。她通过不断努力和探索，在密码学领域取得了重大突破，为网络安全作出了重要贡献。这告诉人们，要取得成功，必须具备坚持不懈和不断探索的精神。

其次，王小云教授的成功经历也表明，女性在科技领域同样可以取得卓越的成就。我们应该打破性别刻板印象，充分认识到女性的潜力和能力，为女性提供更多的机会和平台，让她们在科技领域发挥更大的作用。

最后，王小云教授还积极参与社会公益事业，担任多个社会职务，为社会的发展作出了贡献。这启示我们，应该多关注社会问题，积极参与公益事业，为社会的发展贡献自己的力量。

SM3 国密算法有很强的抗碰撞能力，即难以找到两个不同的输入数据产生相同的哈希值，也难以从哈希值推导出原始输入数据。SM3 国密算法具有以下特点。

（1）安全可靠

SM3 国密算法采用了基于 Merkle-Damgard 结构的哈希算法，其固有的数据混淆性、不可逆性和无冲突性，保证了算法的安全可靠。

（2）执行效率高

SM3 国密算法采用了位运算等高效算法，使得其执行速度相对较快。

（3）自主可控

SM3 国密算法是完全由中国自主研发的，不依赖于任何外部机构，保证了其自主可控性。

SM3 国密算法工作原理如图 2-16 所示。下面是应用 SM3 国密算法的具体步骤

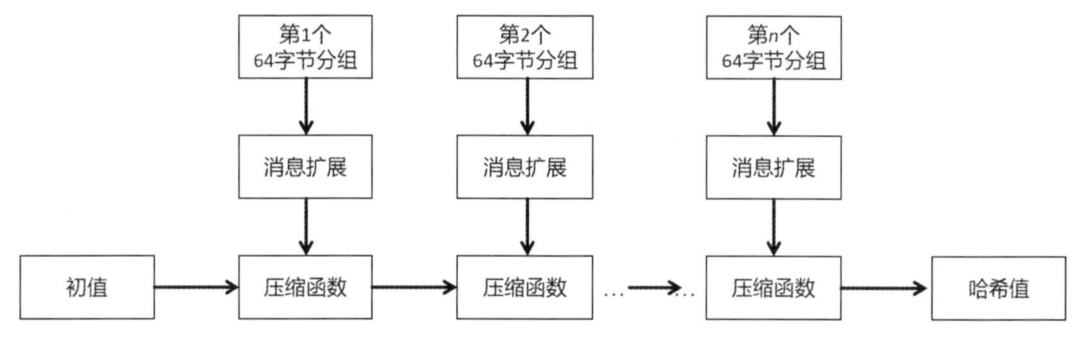

图 2-16　SM3 国密算法工作原理

（1）输入分组

将输入数据按照 512 位（64 字节）的长度进行分组。如果最后一组不足 512 位，则需要进行填充。

（2）初始向量

SM3 国密算法使用固定的初始向量。它是一个长度为 32 个 16 进制数（即 256 位）的常数，用来初始化哈希计算中的中间变量。

（3）消息扩展

对于每个消息分组，SM3 国密算法通过多轮迭代和置换运算，将初始向量和上一个消息分组的哈希值作为输入，产生一个新的哈希值。这个过程被称为消息扩展。

（4）压缩函数

SM3 国密算法中的压缩函数将消息扩展得到的哈希值进行压缩。压缩函数包含多轮迭代和置换运算，最终产生 256 位的新哈希值。这个新哈希值将作为下一个消息分组的初始向量。

（5）输出

当所有消息分组都经过了消息扩展和压缩函数的处理后，最后生成的哈希值即为整个消息的哈希值。

通过以上五个步骤，就可以实现 SM3 国密算法的应用。SM3 国密算法具有较强的抗碰撞性和安全性，广泛应用于信息安全领域，例如数字签名、身份验证等。目前，SM3 国密算法已成为国内众多企业、金融机构和政府部门在信息安全领域中应用广泛的哈希算法之一。它的具体应用场景如下。

（1）数字签名

SM3 国密算法可以用于生成和验证数字签名。通过对数据进行哈希计算，可以生成一个独一无二的哈希值，并利用私钥对哈希值进行签名。接收者可以使用相应的公钥验证签名的有效性，确保数据的完整性和可验证性。

（2）密码协议

SM3 国密算法可用于密码协议中的随机数生成、密钥派生等过程。SM3 国密算法提供了较高的安全性和随机性，可以保护协议的安全。

（3）消息认证码

SM3 国密算法可以用于生成和验证消息认证码（Message Authentication Code，MAC）。通过对消息进行哈希计算，并将哈希结果用密钥进行加密，生成一个认证码。接收者可以使用相同的密钥验证认证码的有效性，确保消息的完整性和可验证性。

（4）安全存储

SM3 国密算法可用于对数据进行安全存储和完整性校验。通过对数据进行哈希计算并存储哈希值，可以在需要时验证数据的完整性，防止数据被篡改。

（5）数字证书

SM3 国密算法可用于生成和验证数字证书。数字证书中常包含哈希值，用于验证证书的完整性和真实性。

2.3.3 SM4 国密算法

SM4 是一种 Feistel 结构的分组密码算法，其分组长度和密钥长度均为 128 位。加密和解密算法与密钥扩张算法都采用 32 轮非线性迭代结构。解密算法与加密算法的结构相同，只是轮密钥（每一轮加密的密码）的使用顺序相反，即解密算法使用的轮密钥是加密算法使用的轮密钥的逆序。SM4 算法是一种对称加密算法，使用相同的密钥进行加密和解密，SM4 国密算法是中国首次由专业密码机构公布并设计的国密算法，到目前为止，尚未发现有任何攻击方法对 SM4 国密算法的安全性产生威胁。SM4 国密算法的基本特征包含以下几部分。

（1）分组大小

SM4 国密算法的分组大小为 128 位（16 字节）。每个分组的长度固定，如果数据长度不满足要求需要对数据进行填充，使其符合分组大小要求。

（2）密钥长度

SM4 国密算法的密钥长度为 128 位（16 字节）。密钥长度固定，密钥生成过程需要满足严格的安全性要求。

（3）加密模式

SM4 国密算法支持多种加密模式，如 ECB、CBC、CFB、OFB 和 CTR 等。这些加密模式可以提供不同的数据保护方案。

（4）轮函数和迭代次数

SM4 国密算法使用 32 轮 Feistel 结构，每轮包括基本的轮函数和轮密钥的扩展操作。每一轮的操作都是迭代进行的，增加了密码算法的复杂性和安全性。

（5）S 盒和线性变换

SM4 国密算法使用非线性的选择替换操作（S 盒），混淆输入数据的关系。同时还使用线性变换和异或运算等操作，增加密码算法的扩散性和混淆性。

（6）密钥扩展

SM4 国密算法采用密钥扩展算法，将密钥扩展为 32 个子密钥，用于轮函数的运算。密钥扩展是密码算法中关键的部分，保证了对称加密的安全性。

SM4 国密算法具有安全可靠、高效快速和自主可控等特点。SM4 国密算法采用了 128 位密钥和 128 位分组长度，通过多轮迭代运算和非线性选择替换来保证较高的安全性；SM4 国密算法使用了位运算等高效算法，使其在硬件和软件上都能够获得较好的执行性能；SM4 国密算法是由中国自主研发的，不依赖于任何外部机构，保证了其自主可控性。SM4 国密算法的工作原理可以概括为以下几个步骤，SM4 国密算法工作原理如图 2-17 所示。

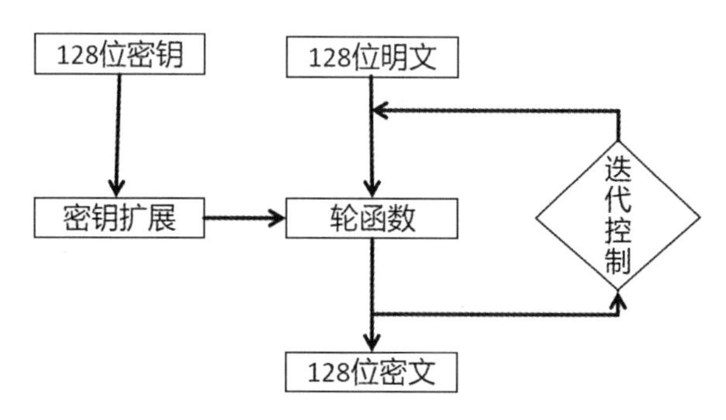

图 2-17　SM4 国密算法工作原理

（1）密钥扩展

首先，根据输入的 128 位（16 字节）密钥，进行密钥扩展操作，生成 32 个子密钥。这些子密钥将用于后续轮函数的运算。

（2）初始轮密钥

将输入的明文数据与第一个子密钥进行异或运算，得到初始的加密结果或解密结果。

（3）轮函数迭代

接下来，进行 32 轮的迭代运算。每一轮都包括 6 个基本步骤。

① S 盒置换：将当前分组进行 S 盒置换，通过查表的方式对单个字节进行非线性替换，增加混淆性。

② 线性变换：对结果进行线性变换，包括循环左移和位异或等操作，增加扩散性。

③ 子密钥运算：将当前轮次对应的子密钥与结果进行异或运算，引入密钥的影响，并增强密码算法的安全性。

④ 轮次更新：将当前轮次的结果作为下一轮的输入，进入下一轮的迭代运算。

⑤ 最后一轮处理：经过 32 轮的迭代运算后，得到最后一轮的加密结果或解密结果。

⑥ 输出：将最后一轮处理的结果作为输出，得到加密后的密文或解密后的明文数据。

SM4 国密算法通过密钥扩展和轮函数迭代的方式，对输入的数据进行加密或解密操作。每一轮的运算包括 S 盒置换、线性变换、子密钥运算和轮次更新等步骤，提升了密码算法的复杂性和安全性。最终得到加密后的密文或解密后的明文数据作为输出。这样可以确保数据的保密性和安全性。由于其安全性和高效性，SM4 国密算法已广泛应用于安全领域，如数据加密、网络通信保护、存储介质加密等。因此，SM4 国密算法是开发者在实现信息安全相关应用时的重要工具之一。以下是 SM4 国密算法的几个具体的应用场景。

（1）数据库加密

在数据库存储敏感数据时，可以使用 SM4 国密算法对数据进行加密，以确保数据的安全性。

（2）网络通信加密

在网络通信中，可以使用 SM4 国密算法对传输的数据进行加密，防止数据被窃听或篡改，确保通信的保密性和完整性。

（3）移动设备数据加密

对于移动设备存储的敏感数据，如用户的个人信息、银行账户信息等，可以使用 SM4 国密算法进行加密，防止数据泄露和被盗取。

（4）数字签名

在数字签名系统中，可以使用 SM4 国密算法对签名过程中的数据进行加密，以确保签名的安全性和可靠性。

SM4 国密算法已经被广泛应用于各种信息安全领域，例如数据加密、网络通信、身份验证和数字签名等。随着人们对信息安全的需求不断提高，SM4 国密算法的使用也将更加广泛。

思考题

一、选择题

（1）哈希算法在密码学领域中的主要作用是（　　）。

A. 对数据进行加密，保护数据的机密性

B. 将任意长度的数据转换为固定长度的哈希值，用于验证数据的完整性和确保数据的安全性

C. 实现对数据的可逆转换，可以从哈希值还原出原始数据

D. 用于生成随机数，增加数据的安全性

（2）哈希算法的一个重要特性是，即使输入数据发生微小的变化，生成的哈希值也会发生巨大的变化。这一特性被称为（　　）。

A. 固定长度　　B. 不可逆性

C. 雪崩效应　　D. 唯一性

（3）关于哈希算法，以下哪个描述是正确的？（　　）

A. 哈希算法生成的哈希值长度不固定，取决于输入数据的大小。

B. 通过哈希算法，可以从哈希值还原出原始数据。

C. 哈希算法生成的哈希值具有唯一性，不同的输入数据生成的哈希值通常不会相同。

D. 哈希算法在处理大量数据时，生成哈希值的效率较低。

（4）关于对称加密和非对称加密，以下哪个说法是正确的？（　　）

A. 对称加密在加密和解密过程中使用不同的密钥，而非对称加密使用相同的密钥对。

B. 对称加密的安全性主要依赖于密钥的保密性，而非对称加密的安全性依赖于公钥和私钥的管理。

C. 对称加密算法的执行速度通常比非对称加密算法慢，因此不适用于大量数据的加密。

D. 对称加密算法可以很容易地实现密钥的分发和管理，而非对称加密算法在这方面则面临困难。

（5）关于非对称加密的描述，以下哪个说法是正确的？（　　）

A. 非对称加密使用两个相同的密钥进行加密和解密。

B. 私钥用于加密数据，公钥用于解密数据，以实现数据加密的安全性。

C. 公钥用于加密数据，私钥用于解密数据，以实现数据的机密性和身份验证。

D. 非对称加密算法在运算复杂性上通常低于对称加密算法。

（6）以下关于椭圆曲线密码学的描述，以下哪个说法是正确的？（　　）

A. 椭圆曲线密码学相较于传统的 RSA 算法，在相同的安全水平下需要更长的密钥长度。

B. ECDSA 算法只能用于数据加密，无法用于身份验证和数据的完整性验证。

C. ECDH 是一种基于椭圆曲线的非对称加密算法，用于生成会话密钥。

D. ECIES 结合了对称加密和非对称加密的优势，适用于资源受限的环境。

（7）以下关于默克尔树（Merkle Tree）的描述，以下哪个说法是正确的？（　　）

A. 默克尔树是由密码学家 Ralph Merkle 在 20 世纪 90 年代提出的。

B. 默克尔树主要用于数据的加密和解密。

C. 默克尔树是一种用于验证大规模数据集完整性的数据结构。

D. 默克尔树无法应用于分布式存储系统。

（8）关于数字签名，以下哪个说法是正确的？（　　）

A. 数字签名使用对称加密算法对数据进行加密和解密。

B. 数字签名只能用于验证数据的完整性，不能验证数据的真实性。

C. 数字签名中的公钥用于生成签名，私钥用于验证签名。

D. 数字签名提供了数据的完整性、真实性和发送者身份验证的机制。

（9）关于数字证书的描述，下面哪个说法是正确的？（　　）

A. 数字证书中的公钥用于解密和验证数字签名。

B. 数字证书中的私钥由接收者保管，用于解密和生成数字签名。

C. 数字证书认证机构负责签发和管理数字证书，但不需要确保其可信性。

D. 数字证书只能用于网络通信安全，不能应用于其他场景。

（10）下面哪个说法是正确的？（　　）

A. SM1 国密算法的原理已经公开，并且其加密强度与 AES 相当。

B. SM2 国密算法是非对称加密算法，具有防抵赖能力，并主要应用于数字签名和数字信封。

C. SM3 国密算法是对称加密算法，主要用于报文摘要和文件摘要等数据完整性验证。

D. 国密算法完全依赖于外部机构，缺乏自主可控性。

二、简答题

（1）请简述 SM2 国密算法在数字签名中的应用流程。

（2）请简述 SM4 国密算法在数据加密中的应用流程。

第3章 共识机制

【本章导读】

在一个分布式系统中，多个节点相互通信和协作，但由于网络延迟、节点故障或恶意行为等原因，可能导致节点之间的数据不一致。共识算法的核心作用是确保系统中的所有节点能够就某个特定值或决策达成一致，即使在面临故障或恶意行为的情况下也能保持数据的一致性。共识算法可以确保系统的可靠性和可信度。

本章首先从多节点集群进行异步通信可能遇到的问题出发，引出了共识机制的概念，并根据分布式技术提出了分布式一致性问题和拜占庭将军问题。本章还讲解了分布式系统中的 FLP 和 CAP 理论。本章讲述了区块链中的硬分叉和软分叉的概念，并通过讲述硬分叉的三种经典案例来加深读者的理解。最后，本章介绍了 6 种由共识机制衍生的共识算法及共识机制的具体应用案例。

【知识要点】

第 1 节：共识机制，异步通信，分布式一致性，CAP 理论，BASE 理论，Gossip，SWIM，Raft，拜占庭将军问题，FLP，硬分叉，软分叉。

第 2 节：PoW，PoS，DPoS，PoA，PBFT，Raft。

第 3 节：比特币，以太坊，EOS，Cardano，NEO，Paxos 算法，Raft 算法，ZAB 协议，Gossip 协议，Cassandra 协议。

3.1 共识机制概述

3.1.1 共识机制的概念

共识机制的概念

当多个节点通过异步通信的方式组成网络集群时，这种异步网络通常默认是不可靠的，那么在这些不可靠的节点之间复制状态，需要采取一种机制，以确保每个节点的状态最终达成一致，并达成共识。

为什么认为异步网络默认是不可靠的？主要原因在于一个异步系统中，我们难以确切知道任何一个节点是否已停止工作，因为系统管理员往往难以区分节点或网络的性能下降与节点故障之间的区别，即无法可靠地检测到故障发生。但是，我们仍需确保系统的安全可靠。达成共识的过程越分散，其效率就越低，但满意度越高，因此也越稳定；相反，达成共识的过程越集中，效率越高，但容易出现独裁和腐败现象。一种方法是通过物质上的激励来达成共识，但是这种共识存在的问题就是容易被外界更大的物质激励破坏。还有一种就是群体中的个体按照符合自身利益或整个群体利益的方向对某个事件自发地达成共识，当然达成这种自发式的、以维护群体利益为核心的共识的过程是需要时间和环境因素的，但是一旦形成这样的共识，其共识结果就稳定了，不容易被破坏。

共识机制是区块链技术的基石，是区块链系统安全性的重要保障。区块链是一个去中心化的系统，共识机制通过数学的方式，让分散在全球各地成千上万的节点就区块的创建达成一致的意见。共识机制中还包含了促使区块链系统有效运转的激励机制，是区块链建立信任的基础。由不同的共识机制衍生了不同的共识算法。区块链中常用的共识算法有PoW、PoS、DPoS、PoA、PBFT 和 Raft，还有由多种算法混合而成的共识算法等。

3.1.2 分布式一致性问题

1．分布式系统的数据一致性问题剖析

随着分布式技术的成熟，组织级服务注册中心/配置中心的搭建，以及其他分布式中间件等应用广泛部署，数据一致性问题成为分布式环境下的共性问题之一。首先明确一下数据一致性概念。假设目前要建设一套具有多个节点的分布式系统，其中一个节点的数据发生了变化，如何让这个变化迅速同步到整个分布式集群环境？即如何让集群中所有节点的数据达到一致性状态？这就是在分布式环境下必须面对的数据一致性问题。由于数据在同步过程中会面临节点的运行状态异常、网络异常，以及要满足诸如同步效率要求等情况，使得数据一致性问题成为业界多年来一直在不断探索的复杂领域问题。

2．分布式系统与数据一致性相关的基础理论

（1）CAP 理论

CAP 理论被认为是分布式系统的理论基石。此理论的关键思想是一个分布式系统最多只能满足一致性（Consistency）、可用性（Availability）和分区容错性（Partition Tolerance）三项中的两项。

（2）BASE 理论

BASE 是基本可用（Basically Available）、软状态（Soft state）、最终一致性 （Eventually Consistent）的缩写。

① 基本可用

分布式系统在出现不可预知故障时将损失部分可用性，一般不会造成系统完全不可用。

② 软状态

允许系统中的数据存在中间状态，且认为该中间状态不会影响系统的整体可用性，即允许系统在不同节点之间进行的数据同步过程存在延时。

③ 最终一致性

强调所有节点在经过一段时间的同步后，最终能够达到一致的状态。

BASE 理论是对 CAP 理论中的一致性和可用性权衡的结果。其核心思想是即使无法做到强一致性，系统仍可以根据自身的业务特点，采用适当的方式使系统在相对短的时间内达到最终一致性。

3．主要协议或算法

（1）Gossip 协议

Gossip 协议最早在论文“Epidemic Algorithms for Replicated Database Maintenance”中被提出，也称为 Epidemic 协议。此协议为六度分割理论的应用实例之一。主要思路是如果一个节点需要向网络中其他节点同步信息，此节点可以周期性地随机选择一些节点作为信息同步的目标。这些收到信息的节点也以同样的方式再次传播信息。正如 Gossip 本身的含义一样，Gossip 协议的工作过程类似于流言或者流行病的传播。基于六度分割理论的数学推论，Gossip 协议可以在有限的传播周期内快速将信息同步到整个网络，实现最终一致性。

（2）SWIM 协议

SWIM 协议指的是可伸缩弱一致性传染式进程组成员协议（Scalable Weakly-consistent Infection-style Process Group Membership Protocol），此协议基于 Gossip 协议发展而来。SWIM 协议是一个成员协议，目的是维护一个不断变化的健康节点列表。在 SWIM 协议出现之前，维护集群中的健康节点列表基本是通过心跳机制，心跳消息会随着集群中节点数的增加而呈现指数级增长，进而引发节点数的扩展性问题。

（3）Raft 共识算法

Raft 共识算法是一种用于保证分布式系统中数据一致性的算法，它通过选举领导者（Leader）来处理所有的客户请求，并通过日志复制机制确保计算机系统集群中的其他节点与领导者状态一致。

3.1.3 拜占庭将军问题

1．拜占庭将军问题的背景

拜占庭将军问题（Byzantine Generals Problem）是一个重要的分布式一致性（Distributed Consensus）问题的描述，它涉及信息传递和共识达成的可靠性。背景可以追溯到拜占庭帝国时期，当时拜占庭帝国军队的将军们需要联合决策如何开展进攻。然而，由于存在着部分将军是背叛者的可能性，他们之间的信息传递和决策达成就面临着重大的挑战。

在拜占庭将军问题中，每个将军作为一个节点，彼此之间通过消息进行通信。问题的核心在于如何通过消息交流来达成共识，即使在部分节点是背叛者的情况下，仍能确保系统的可靠性和正确性。这是一个具有挑战性的问题，因为背叛者可能会发送错误的信息或者故意干扰其他节点的决策。为了解决拜占庭将军问题，研究者们提出了一系列的共识算法。其中著名的是拜占庭容错算法，它通过多个阶段的消息交流和投票机制来达成共识。这些算法在维护系统的可靠性和正确性方面发挥了重要作用，并在分布式计算领域得到了广泛应用。

拜占庭将军问题的背景使我们意识到，在分布式系统中，信息传递的可靠性和共识的达成是至关重要的。无论是在军事、金融还是其他领域，都需要确保系统可以在存在背叛或错误信息的情况下正常运行。因此，对拜占庭将军问题的研究和解决方案的探索具有重要意义，对于我们理解分布式计算的原理和应用有着深远的影响。

2．拜占庭将军问题的陈述

在拜占庭将军问题中，每个将军都面临着进攻还是撤退的抉择，而他们必须以一致的方式做出决策。但是，背叛者可能会向某些将军发送误导性消息，导致将军们无法达成共识，导致决策失败。为了解决这个问题，研究者们提出了一系列的算法，旨在确保将军们在没有共享信息平台、易受攻击以及部分信息缺失的环境中，依然能够做出正确的决策。

解决拜占庭将军问题的算法通常基于一种称为“原子广播”的技术。基本思想是通过对消息进行多次传递，并结合一定的规则和条件，来确保将军们达到一致的决策。其中，一种常见的算法是“拜占庭容错”算法，它使用了“拜占庭协调”和“分布式的容错性”两个关键概念。

拜占庭容错算法的基本原理是对将军们的决策和消息传递进行映射，并运用特定的协议和算法来验证消息的真实性和可靠性。在这个过程中，将军们必须达成共识，并确定一个正确的决策结果。然而，由于背叛者的存在和通信的不可靠性，算法必须能够容忍一定数量的将军接收错误的消息，以确保决策成功。在现实生活中，信息传递不可靠和存在不可信的实体是非常常见的。因此，研究拜占庭将军问题有助于我们设计更稳定、更可靠和更安全的分布式系统。

3．拜占庭将军问题的经典解决方案

拜占庭将军问题的经典解决方案由莱斯利・兰伯特（Leslie Lamport）、罗伯特・肖斯塔克（Robert Shostak）和马歇尔・皮斯（Marshall Pease）于 1982 年提出，它被广泛应用于分布式系统和区块链技术中。

拜占庭将军问题的经典解决方案的基本思想是通过一种智能合约的方式，要求每个拜占庭将军在达成共识之前都必须发出一份相同的命令。这个命令包括命令内容、发出命令的将军和一个“数字签名”，用于验证命令的来源。

解决拜占庭将军问题的协议基于以下 3 个关键假设。

（1）可以确定恶意的拜占庭将军占少数。假设不超过 1/3 的将军是恶意的。

（2）忠诚的将军都会遵循相同的协议。

（3）消息传递是可靠的，即消息可以按原样传递，并且消息不易被篡改。

解决方案包含了多个阶段的消息传递。在每个阶段中，拜占庭将军通过将他们的命令和视图（视图指一个对应于当前协议执行的轮次）传递给其他将军，以便达成一致的共识。

在每个视图中，每个拜占庭将军都需要按照以下规则执行协议。

（1）将自己的命令广播给其他拜占庭将军。

（2）收到来自其他将军的命令后，将其加入自己的命令列表。

（3）等待来自其他将军的消息，确保继续协议执行。

在每个视图中，拜占庭将军会选择一个共识命令，该命令将被认为是协议执行的结果。这个选择是通过一个多数投票机制来实现的，将军们会根据收到的命令数量进行投票。通过多个视图的协议执行，拜占庭将军最终会达成一致的共识，并选择相同的命令作为最终结果。

这个经典的拜占庭将军问题解决方案确保了在有限数量的恶意将军存在的情况下，所有的拜占庭将军可以达成一致的共识，即使他们之间存在一些不信任和不诚实的行为。这一解决方案为分布式系统和区块链提供了重要的共识算法思想，以确保数据的一致性和可靠性。

4．拜占庭将军问题与区块链

拜占庭将军问题与区块链之间存在着密切的关联。拜占庭将军问题是一种经典的分布式计算问题，而区块链技术被广泛应用于分布式系统中，其中解决拜占庭将军问题是确保数据一致性和可信性的关键。拜占庭将军问题与区块链之间的关系有以下几点。

（1）区块链技术作为拜占庭容错问题的解决方案

区块链技术被设计用来解决分布式系统中的共识问题。区块链的分布式特性、去中心化、透明性和不可篡改性使其成为一种有效的拜占庭容错解决方案。在区块链中，所有的交易和数据都被存储在分布式的账本中，通过共识算法确保数据的一致性，即使在网络中存在恶意节点。

（2）共识算法与拜占庭将军问题

区块链网络使用各种共识算法，如 PoW、PoS、DPoS 等来解决拜占庭将军问题。这些共识算法通过确保大多数诚实节点达成一致，防范恶意节点的行为，从而维护了网络的安全性和可信度。

（3）恶意节点模型

拜占庭将军问题的关键特征之一是恶意节点的存在，它们可能发送虚假信息、篡改数据或干扰共识过程。在区块链中，也存在恶意节点的问题，如双花攻击、51%攻击等，共识算法和防御机制旨在应对这些问题。

（4）区块链的分布式特性

区块链网络通常由多个节点组成，这些节点共同参与共识过程。这与拜占庭将军问题中的多个将军相对应，需要协同合作以达成一致。

（5）数据不易篡改性

区块链中的数据是不易篡改的，一旦数据被写入区块链，几乎无法修改。这与拜占庭将军问题中的数据完整性需求相关，确保数据不会被恶意节点篡改。

（6）去中心化

区块链的去中心化特性使得网络没有单一的控制点，从而增强了网络抵抗拜占庭将军问题的强度。拜占庭将军问题的解决需要去中心化的方法，以降低单一节点被控制的风险。

5．拜占庭将军问题的挑战与未来展望

拜占庭将军问题的核心在于如何在分布式系统中实现一致的决策，即使其中存在着恶意的节点或信息传递的不可靠性。传统的中心化解决方案无法解决这一问题。然而，区块链技术的出现为拜占庭将军问题的解决带来了新的方法和前景。

通过结合区块链的去中心化特性和密码学的安全机制，拜占庭将军问题得到了创新性的解决方法。例如，通过共识算法，区块链网络中的节点可以以分布式的方式达成对交易的一致认可。这使得恶意节点的攻击变得极为困难，从而提高了网络的可靠性和安全性。此外，区块链技术还具有可验证性和不易篡改性，使得拜占庭将军问题在分布式系统中变得更加透明和可信。通过在区块链上记录每一笔交易，节点可以通过验证区块链上的数据来判断信息的准确性和真实性。这种属性对于防止信息篡改和欺诈具有重要作用，为分布式系统提供了更高的安全性保障。

展望未来，拜占庭将军问题与区块链的结合将进一步推动分布式系统的发展和应用。

随着区块链技术的不断成熟，更多的领域和行业将会受益于其在解决拜占庭将军问题方面的优势。随着对分布式系统的需求不断增加，可以期待更多针对拜占庭将军问题的创新解决方案的出现。同时随着区块链技术的不断发展，我们可以对分布式系统的可靠性和安全性有更高的期望，并期待其在各个领域得到更广泛的应用。

3.1.4 FLP与CAP

FLP与CAP是分布式系统中的两个重要概念，用于描述系统的一致性、可用性和分区容错性。

1．FLP问题

FLP问题，即费希尔-林奇-佩特森（Fischer-Lynch-Paterson）问题，是分布式计算中的一个经典问题，由费希尔、林奇和佩特森于1985年提出。该问题阐述了在异步分布式系统中实现一致性的挑战，并且给出了一个不可能性结果。

（1）FLP问题的背景

分布式系统是由多个独立的计算机节点组成，这些节点通过网络互相通信以协同完成任务。在分布式系统中，一致性是一个关键概念，意味着不同节点上的数据应该保持一致。在强一致性的分布式系统中，所有节点在任何时间点看到的数据都是相同的，这通常需要在节点之间进行复杂的协调和通信。

（2）FLP问题的假设

FLP问题基于以下假设。

① 异步网络：分布式系统中的通信是异步的，没有全局时钟来同步节点的操作。这意味着消息的传递时间没有上限，消息可以在任何时间被延迟传递。

② 节点故障：节点可能会出现故障，包括宕机、崩溃等。

（3）FLP问题陈述

FLP问题的核心问题陈述如下：在一个异步网络中，即使只有一个节点发生了故障（宕机），设计一个分布式算法来达到一致性是不可能的。具体来说，如果在网络中存在一个故障的节点，那么没有分布式算法可以保证在有限的时间内使所有节点达到一致状态。这意味着，无论设计多么巧妙的算法，只要存在节点故障或不可达的情况，就无法避免在某些情况下无法实现分布式系统的一致性。这是一个重要的理论结果，它表明了在异步分布式系统中实现一致性的困难。

（4）FLP问题的结果

FLP问题的结果表明，异步分布式系统中的一致性无法在所有情况下都得到保证。这并不意味着分布式系统无法实现一致性，而是强调了在特定条件下，如节点宕机或网络故障时，无法设计一种算法来解决一致性问题。为了应对这个问题，实际的分布式系统通常会使用各种策略和权衡来处理故障情况，例如使用数据复制、容错技术、选主算法等，以减轻一致性问题的影响。但是FLP问题的不可能性结果仍然是一个重要的理论结果，提醒我们在设计分布式系统时必须仔细权衡一致性与可用性之间的关系。

2．CAP理论

CAP理论是由计算机科学家埃里克·布鲁尔（Eric Brewer）于2000年提出的一个关键

概念，用于描述分布式系统的特性和限制。CAP 理论指出，在分布式系统中，无法同时满足一致性、可用性和分区容错性这 3 个属性。

（1）CAP 理论的核心属性

① 一致性

一致性要求分布式系统中的所有节点在同一时间点看到的数据应该是相同的。也就是说，任何读操作都应该返回最近的写操作结果，即数据的一致性。在强一致性系统中，即使在分布式环境中，也能够保证所有节点都具有相同的数据视图。

② 可用性

可用性要求分布式系统能够持续对外提供服务，并且在接收到请求时能够迅速响应，而不会出现无响应或不可用的情况。可用性是系统持续提供服务的属性，即使某些节点故障或出现问题，系统仍然需要保持可用。

③ 分区容错性

分区容错性要求分布式系统能够在网络分区或节点故障等情况下继续运行。分区容错性意味着系统能够处理网络中的分区，确保数据能够在不同节点之间传递，并且系统不会因为分区而完全失效。

CAP 理论的核心观点是：在分布式系统中，最多只能同时满足其中两个属性，而无法同时满足所有 3 个属性。这意味着在面对网络分区（即必须满足分区容错性的需求）的情况下，必须在一致性和可用性之间进行权衡选择。

（2）具体的 CAP 组合

① CA（满足一致性和可用性，不满足分区容错性）：在没有网络分区的情况下，系统可以保持数据一致性并且可用，但如果发生网络分区，则系统可能会出现故障。

② CP（满足一致性和分区容错性，不满足可用性）：系统可以保持数据一致性并且在网络分区时继续运行，但可能会在某些情况下无法提供可用的服务。

③ AP（满足可用性和分区容错性，不满足一致性）：系统可以在网络分区时继续提供可用的服务，但可能无法保证数据的强一致性，允许部分节点之间的数据不一致。

（3）CAP 理论的应用

CAP 理论对分布式系统的设计和架构有着重要的指导意义。不同的应用场景和需求可能需要不同的 CAP 组合。例如，对于某些实时系统，可用性可能是首要考虑因素，而在金融交易系统中，一致性可能更加重要。因此，系统设计者需要根据特定需求和应用场景来权衡和选择合适的 CAP 组合，以满足用户的期望和业务需求。

3.1.5 硬分叉与软分叉

分叉

1. 什么是区块链分叉

分叉是区块链网络中一种独特的版本升级方式，就像我们生活中使用的互联网软件一样，使用了一段时间后，通常需要进行优化升级，从而去解决一些用户的使用问题。区块链也是这样，只不过它的升级比较特别，升级的时候会由参与的矿工共同决定，甚至可能产生多种版本，不像互联网一样一家独裁、没有选择的余地。简单来说，在区块链进行升级时，区块链社区成员间发生了意见分歧，从而导致区块链分叉。原有区块链被一分为二，根据分叉后的区块链是否兼容旧区块链，分叉又分为软分叉和硬分叉。

区块链是一个由数据块组成的链式结构。在升级时，区块链实际上会从某一个数据块开始，连到两个不同的数据块上，从而分成了两条链。就好像树枝一样，共享了树干上的数据，但是又有很多条树枝属于多条链，这个过程就叫分叉。对区块链来说，分叉相当于一个技术迭代的过程，鉴于区块链技术现有的限制，只有不断地升级和扩展，才能让区块链技术走向成熟。

2．软分叉

软分叉指在区块链或去中心化网络中向后兼容的分叉。新旧节点并存，但是不会影响整个系统的稳定性和有效性，软分叉是兼容性分叉，影响较小。向后兼容意味着当新共识规则发布后，在去中心化架构中，节点不一定要升级到新的共识规则，因为软分叉的新规则仍旧兼容旧的规则，所以未升级的节点仍旧能接受新的规则。

3．硬分叉

硬分叉指在区块链或去中心化网络中不向后兼容的分叉，这种分叉对系统的稳定性和有效性影响较大。硬分叉对加密货币使用的技术进行永久更改，这种变化使得所有的新数据块与原来的块不同，新分出来的区块一般有较大幅度的更改，形成一条新区块链。旧版本的区块不会接受新版本创建的区块，但是旧版本区块的数据依旧保留。要实现硬分叉，所有用户都需要切换到新版本协议上。如果新的硬分叉失败，所有的用户将回到原始数据块。

4．软分叉和硬分叉的区别

软分叉和硬分叉的主要区别在于向后兼容性、升级过程、风险与争议这 3 方面。

（1）向后兼容性

① 软分叉：具有向后兼容，旧节点能够识别和处理新生成的区块，尽管它们可能不支持新规则带来的新功能。

② 硬分叉：不具有向后兼容，旧节点无法识别或处理基于新规则生成的区块，这可能导致分叉后的区块链分为两个独立的网络。

（2）升级过程

① 软分叉：升级过程相对简单，只需要新规则的节点在网络中占主导地位，其他节点可以选择是否升级以与主导节点保持同步。

② 硬分叉：升级过程复杂，所有节点都必须升级到新规则，否则将无法参与网络。硬分叉通常需要协调和广泛的社区支持。

（3）风险和争议

① 软分叉：风险相对较低，因为旧节点可以继续工作，不会导致新的分叉链的创建。但在某些情况下，可能会引发争议，例如新规则可能不被某些社区成员所接受。

② 硬分叉：风险较高，因为它会创建两个不兼容的链，导致分叉。这可能会引发社区内部的分歧和争议，例如分叉链的支持者和反对者之间的分歧。

5．硬分叉的经典案例

（1）以太坊分叉——以太坊和以太经典

2016 年，以太坊遭受了一次重大的攻击，导致大量以太币被盗。以太坊社区在这次事件后选择进行硬分叉，以取消盗取资金的交易，从而保护投资者的利益。然而，一部分社区成员反对此硬分叉，认为以太坊这种做法违背了区块链的去中心化和不可篡改精神。因此，他们继续维护原有的以太坊链，从而形成两条链。这两条区块链在分叉后发展为两个独立的项目。其中，一条不承认回滚交易的链叫以太经典，而另一条承认回滚交易的链即以太坊。

（2）比特币分叉——比特币和比特币现金

2017 年 8 月 1 日，比特币经历了一次著名的硬分叉，导致新的区块链"数字货币"诞生，名为比特币现金。这个分叉的主要目的是提高比特币的交易处理能力，通过增加区块大小来加快交易确认速度。然而，这也导致了比特币社区的分裂，比特币持有者分为两派，一派继续支持比特币，另一派支持比特币现金。

（3）莱特币分叉——莱特币和莱特币现金

莱特币是比特币的一个分叉，旨在提供更快的区块生成时间和更高的交易吞吐量。然而，在 2018 年，莱特币经历了另一次硬分叉，创建了一个新的"数字货币"——莱特币现金。这个分叉主要是为了改进莱特币的挖矿算法和提高区块奖励，以吸引更多的矿工参与。

3.2 共识算法

3.2.1 PoW 共识算法

以比特币、莱特币等为代表的公有链加密货币采用的共识算法是 PoW。PoW 算法用于保证区块的生成和链的延展。在生成区块时，系统让所有节点公平地去计算一个随机数，最先寻找到随机数的节点即成为这个区块的生产者，并获得相应的区块奖励。由于哈希函数是散列的，求解随机数的唯一方法只能是穷举法，随机性非常好，每个人都可以参与协议的执行。由于默克尔树根的设置，哈希函数的解的验证过程也能迅速实现。因此，比特币、莱特币等的 PoW 共识算法门槛很低，无须中心化权威许可，人人都可以参与，并且每个参与者都无须身份验证。同时，中本聪通过 PoW 共识算法抵抗了无门槛分布式系统的"女巫攻击"。想要对系统发起攻击需要掌握超过 50%的算力，系统的安全保障较强。

PoW 算法的优点可归纳为如下几点。

（1）算法简单，容易实现，节点可自由进入，去中心化程度高。

（2）破坏系统需要投入极大的成本，因此安全性极高。

（3）选择区块生产者是通过节点求解哈希函数实现的，从提案的产生、验证到共识的最终达成过程是一个纯数学问题，节点间无须交换额外的信息即可达成共识，整个过程不需要人为干预。

比特币系统的设定在保证安全性的前提下，牺牲了一部分最终一致性。因此，PoW 共识算法也存在如下一些问题。

（1）为了保证去中心化程度，区块的确认时间难以缩短。

（2）缺乏最终一致性。PoW 共识算法需要检查点机制来弥补最终一致性，但随着确认次数的增加，达成共识的可能性也呈指数级增长。由于这两方面的问题，一笔交易为了确保安全，要在 6 个新的区块产生后才能在全网得到确认，也就是说一个交易的确认延迟时间大概为 1 小时，这无法满足现实世界中对交易实时性要求很高的应用场景。

（3）PoW 共识算法导致了大量硬件设备被浪费。随着比特币价值的增长，比特币算力竞赛经历了从 CPU 到 GPU，再到 ASIC 专用芯片的阶段。算力强大的 ASIC 芯片矿机将挖矿算法硬件化，而 ASIC 芯片矿机在淘汰后，失去了其他用途，造成了大量的硬件资源浪费。

3.2.2 PoS 共识算法

PoS，是一种由系统权益代替算力决定区块记账权的共识算法，拥有的权益越大则成为下一个区块生产者的可能性也越大。PoS 的合理假设是权益的所有者更乐于维护系统的一致性和安全性。如果说 PoW 把系统的安全性交给了数学和算力，那么 PoS 共识算法把系统的安全性寄托于人性考量。人性问题可以用博弈论来研究，PoS 共识算法的关键在于构建适当的博弈模型进行相应的验证算法，以确保系统的一致性和公平性。

2022 年 9 月 15 日，以太坊执行层（即此前主网）与共识层（即信标链）在区块高度 15537393 成功触发了合并机制，标志着以太坊“合并”（The Merge）的完成。合并后的以太坊从 PoW 共识算法的约束中解脱出来。最主要的转变就是共识算法从 PoW 过渡为 PoS。此次升级代表以太坊正式转向 PoS 共识算法。能源密集型的挖矿工作需求将消失，网络保护机制将通过质押加密货币的方式实现，并且获得更高的可扩展性、安全性和可持续性。

PoS 也是一种主流的公有链共识算法，相比 PoW，它有以下优点和缺点。

1．优点

（1）更加环保

与 PoW 算法需要强大的计算机算力不同，PoS 需要的只是节点持有一定数量的加密货币，因此能够在能源使用方面更加节省。

（2）更加安全

在 PoS 中，验证节点需要将自己的加密货币放在质押池中作为抵押。如果违反规则，加密货币将被没收，这意味着加密货币实际上是被锁定在 PoS 系统内部的，这样就能够有效防止双花攻击、51%攻击等潜在风险。

（3）提高效率

PoS 消除了挖矿工作，可以提高交易速度和系统处理能力。主链以外的分片链和 Side Chain 等功能的实现，也为共识算法提供了更多的应用场景。

（4）更加民主

PoS 允许任何人参与到网络中，持有更多加密货币的人会获得更多的奖励，同时能够更好地控制网络发展方向和决策。

2．缺点

（1）股权垄断风险

PoS 可能存在股权垄断风险，因为持有更多加密货币的人将掌握网络的大部分权利，这可能会导致中心化问题，从而影响网络的安全性和稳定性。

（2）更高的初始投入成本

由于 PoS 需要节点持有一定数量的加密货币才能参与，因此新进入的用户需要购买一定数量的加密货币，这种参与方式比起投入算力参与 PoW 在操作上更为简单，但同时也给初学者带来了更高的风险。

（3）需要更好的共识算法设计

在 PoS 中，加密货币数量越多的节点往往能够获得更多奖励，这需要更完善的设计来保证公平性和可持续性。

3.2.3 DPoS 共识算法

委托权益证明（Delegated Proof of Stake，DPoS）共识算法，是一种基于投票选举的共识算法，其运作方式类似代议制民主。在 PoS 的基础上，DPoS 将区块生产者的角色专业化，先通过权益选出区块生产者，区块生产者之间再轮流产生区块。DPoS 共识算法由比特股（BitShares）社区首先提出，它与 PoS 共识算法的主要区别在于节点选举若干代理人，由代理人验证和记账。相比 PoS，DPoS 大幅度提升了选举效率，以牺牲一部分去中心化特性换取了性能的提升。DPoS 共识算法不需要挖矿，也不需要全节点验证，而是由有限数量的验证节点进行验证，因此是简单、高效的。由于验证节点数量有限，DPoS 共识算法常被质疑过于中心化，在代理记账节点的选举过程中也存在巨大的人为操作空间。

由于 DPoS 是一种基于 PoS 的共识算法，它将加密货币持有者的投票权授权给了少数节点，所以 DPoS 有以下的优点和缺点。

1．优点

（1）更快的交易速度

DPoS 采用超级节点打包交易和生成区块，比其他算法更加高效。这种性能可用于各种应用，如日常支付和智能合约签名等。

（2）更低的计算成本

与 PoW 不同，DPoS 无须大量的计算工作，因此使用的能源和计算资源更少，对环境更加友好。

（3）更有效率

DPoS 允许节点进行专业化的处理任务，例如验证或存储数据，从而提高系统的效率。

（4）更加民主

DPoS 通过选举超级节点来控制网络方向和决策，这使具有加密货币和知识背景的人可以发挥影响力，促进了去中心化的实现。

2．缺点

（1）较高的集中化风险

DPoS 委派了固定数量的超级节点来管理网络，在这些节点受到攻击或出现错误时，整个系统都可能受到影响。而且，只有一小部分节点获得了控制权，这可能导致中心化问题，从而影响网络的公正性和稳定性。

（2）攻击风险

由于 DPoS 选举的节点数量少，容易受到 DDoS 攻击或其他恶意攻击的影响，这可能导致节点无法达成共识。

（3）技术挑战

DPoS 涉及许多技术问题，例如如何保护节点的隐私和数据安全等。此外，DPoS 可能需要更加复杂算法来实现。

3.2.4 PoA 共识算法

PoA（Proof of Authority，权威证明）共识算法是一种基于权威性的共识算法，它与其他共识算法如 PoW 和 PoS 存在显著区别。在 PoA 共识算法中，网络中的一些节点被授权，它们被称为权威节点，这些节点被认为是可信的，因此可以快速达成共识。

PoA 的工作原理是将网络中的节点分为两种类型：权威节点（也被称为验证节点）和常规节点。在 PoA 网络中，只有被信任的节点（即权威节点）才能验证交易和产生新的区块。这些权威节点通常由网络的创建者或入选者担任，并需要提供自身的身份信息作为背书。因而，如果验证节点表现出恶意行为，它们将被网络剥夺验证者的资格。所以 PoA 共识算法的核心是权威节点，这些节点是被授权的实体或组织，在网络中扮演着类似银行家的角色。在节点验证新块之前，它们必须先被授权，只有被授权的权威节点才能够参与到区块链网络中。权威节点需要承担多重职责，包括维护网络的安全性和稳定性，管理交易处理等。

在 PoA 共识算法中，由于权威节点间的交互速度更快，因此可以更快地达成共识。权威节点只需要进行少量的计算就能够确认交易，并且只要超过一定数量的权威节点同意某笔交易，它就会被确认并纳入区块链中。PoA 共识算法还可以提供更高的交易吞吐量，这是因为权威节点可以快速地处理每个交易。由于没有复杂的计算过程，因此整个网络可以更快地处理大量的交易。

一些人认为 PoA 共识算法可能导致网络变得过于中心化，因为权威节点可能会被控制或受到黑客攻击。此外，权威节点内部也有可能出现问题，从而影响整个系统的稳定性和安全性。因此，虽然 PoA 共识算法可以提高交易处理速度和吞吐量，但仍需要谨慎选择。

PoA 共识算法的应用场景包括企业级应用、私有链和联盟链等。在这些应用中，参与者彼此之间已经建立信任关系，并且可以选择合适的权威节点，从而确保了网络的安全性和可靠性。此外，在需要进行高频交易的场合，PoA 共识算法也有很好的性能表现。

总体来说，PoA 共识算法为区块链网络提供了一种有效的分布式共识方式，特别适合于需要高效，安全并且能够承受一定程度中心化的网络。它还提供了对于公开和透明的网络节点选择机制的可能性，这在一定程度上增加了网络的公平性和透明度。然而，它的主要缺点是可能导致网络中心化，这在某些应用中是需要避免的。

3.2.5 PBFT 共识算法

PBFT（Practical Byzantine Fault Tolerance，实用拜占庭容错）共识算法是一种被广泛应用于分布式系统中的拜占庭容错算法。它可以在存在一定数量（f）的恶意节点的情况下，仍能确保达成共识。拜占庭容错算法的目的是使所有诚实节点的最终状态一致并且正确。

要达到这样的目的，系统必须满足少数服从多数原则，诚实节点的数量要多于恶意节点的数量。在实际的开放网络环境中，不仅有恶意节点，还有由于网络堵塞或机器故障等原因而短暂失联的节点，也需要作为考虑的因素。因此，假设恶意节点和失联节点的数量均为 f，全网节点总数量为 N，那么按照少数服从多数原则，剩余的诚实节点必须满足 $N\text{-}f\text{-}f>f$，由此可得，$N>3f$，即 N 不少于 $3f+1$，也就是说 4 个节点的集群最多只能容忍一个节点作恶或者故障。

PBFT 算法是基于拜占庭将军问题提出的一种解决方案，其核心思想是通过多轮投票来达成共识。算法流程包括 5 个阶段：请求和预准备、准备、提交和确认。PBFT 算法流程如图 3-1 所示。

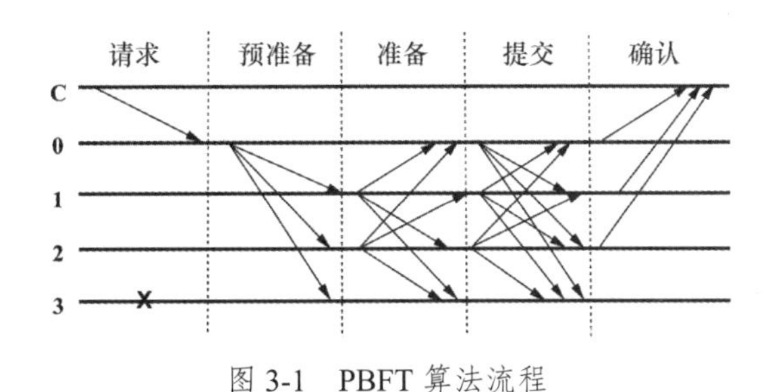

图 3-1 PBFT 算法流程

（1）客户端向主节点发送一条请求。

（2）主节点根据接收到的请求向备份节点发送预准备消息，并等待备份节点的响应。

（3）收到预准备消息后，备份节点进入准备阶段，表示它们已经收到了请求，并且认为请求是有效的，假设节点 3 为恶意节点，想通过不发送消息来干扰共识机制。

（4）各节点收到足够数量的准备消息后，向所有节点发送提交消息，表示已经收到了足够的同意。

（5）备份节点收到提交消息后，执行请求。

（6）各节点在收到足够数量的确认消息后，向客户端发送响应。

用户可以将 PBFT 算法看作一个状态机复制协议，其中每个节点都维护相同的状态，并通过相互之间的消息传递来达成共识。PBFT 算法的性能相对较高，但节点数量至少需要 $3f+1$ 个，这增加了系统的复杂度和成本。

3.2.6 Raft 共识算法

Raft 是一种旨在替代 Paxos 的共识算法。它比 Paxos 更容易理解，它也经过了正式的安全证明，并提供了一些额外的功能。Raft 提供了一种在计算系统集群中分布状态机的通用方法，确保集群中的每个节点都同意一系列相同的状态转换。Raft 通过选举一个领导者，然后给予其管理复制日志的全部责任来实现系统的一致性。

Raft 算法的基本思想是：每个节点都可以根据日志的复制状态判断自己在集群中的角色，并在必要的时候发起投票、认可新的领导者或更新日志。整个算法流程包括两个主要阶段：领导者选举和日志复制。

1．领导者选举阶段

（1）每个节点都初始化一个随机的任期编号，并开始作为跟随者（Follower）角色等待接收心跳信号。

（2）如果一个跟随者未在规定时间内接收到领导者的心跳信号，则开始成为候选者（Candidate）角色，并发起对自己的投票请求。

（3）其他节点在接收到请求后，如果没有投票给其他候选者，则会投票推选当前候选者为领导者，并更新任期编号。

（4）如果某个候选者在任期编号更新之后收到了领导者的心跳信号，则放弃竞选，并变为跟随者角色。

2．日志复制阶段

（1）领导者节点接收到客户端的请求后，在自己的日志中添加相应的日志条目，并向其他节点发送日志复制（AppendEntries）请求。

（2）如果跟随者节点接收到的日志复制请求合法，则复制领导者节点的日志，并发送成功响应的消息。

（3）如果跟随者节点接收到的日志复制请求不合法，则拒绝请求并返回错误信息，领导者会根据错误信息重新发送请求。

（4）当大多数节点成功复制了领导者的日志时，就可以认为该日志已经被成功提交，从而保证了所有节点的状态一致性。

Raft 算法易于理解和实现，同时在节点失效、网络分区等情况下也能快速恢复。然而，Raft 算法的缺点也很明显，领导者选举过程耗费时间长，可能导致一定的延迟；并且需要比节点数量更多的投票才能达成共识。

3.3 应用案例

3.3.1 在区块链中的案例

在区块链中的案例

在区块链领域中，共识机制发挥着至关重要的作用，确保了交易的有效性和一致性，以下是共识机制在区块链领域中的部分应用案例。

1．比特币

比特币是最早的区块链应用之一，采用了 PoW 共识算法。通过解决复杂的数学难题，矿工可以获得记账权，并为验证和打包交易付出算力。这个共识机制确保了比特币网络中的交易被验证和确认，从而避免了双花攻击。

2．以太坊

以太坊是一个智能合约平台，采用了 PoS 共识算法。在以太坊中，参与者通过抵押一定数量的以太币来获得记账权。持有更多以太币的参与者在出块和验证交易时有更高的胜出概率，这种机制减少了计算资源的消耗。

3．EOS

EOS （Enterprise Operating System）是一个基于区块链的去中心化应用平台，采用了

DPoS 共识算法。在 DPoS 中，代表节点（也称为见证人）被选举出来，它们负责验证和打包区块。这个算法提高了 EOS 的交易处理速度，减少了能源消耗。

4．Cardano

Cardano（ADA）是一个使用 PoS 共识算法的区块链平台，旨在提供更高的安全性和可扩展性。Cardano 采用了一种名为“Ouroboros”的共识协议，通过时间单位“槽”（Slot）的划分，选举出“槽领导者”（Slot Leader）负责生成区块和验证交易。

5．NEO

NEO（AntShares）是一个智能合约平台，采用了一种名为“委托拜占庭容错”（Delegated Byzantine Fault Tolerance，DBFT）的共识算法。在 DBFT 中，选举的节点（称为共识节点）负责验证和打包交易，并通过投票达成共识。这种算法具有更高的交易吞吐量和更低延迟。

3.3.2 在分布式数据库中的案例

在分布式数据库中，共识机制被广泛应用于确保数据的一致性和可靠性。以下是共识机制在分布式数据库中的部分应用案例。

1．Paxos 算法

Paxos 是一种用于分布式一致性的共识算法，被广泛应用于分布式数据库系统中。它通过消息传递和投票的方式，在存在故障节点的情况下，达成对复制数据库的一致性共识。Paxos 算法能够在异步网络环境下工作，并且具有高度的容错性。

2．Raft 算法

Raft 算法是一种常用的分布式一致性算法，也被广泛应用于分布式数据库系统中。与 Paxos 算法相比，Raft 算法的设计更加简单、易于理解和实现。通过选举一个领导者节点，Raft 算法确保了分布式数据库中的数据一致性，领导者节点负责处理客户端请求和复制日志。

3．ZAB 协议

ZAB（ZooKeeper Atomic Broadcast）协议是 Apache ZooKeeper 中使用的一种共识协议，用于实现高可用和一致性的分布式数据库。ZAB 协议通过领导者选举和原子广播的方式，确保集群中的所有节点都达成一致的系统状态。

4．Gossip 协议

Gossip 协议是一种基于随机化的共识协议，常用于分布式数据库中的数据复制和数据一致性维护。它通过节点之间的随机通信来传播信息，并通过迭代的方式使得整个系统最终达到一致的状态。

5．Cassandra 协议

Cassandra 是一个高度可扩展的分布式数据库系统，它使用了一种称为“Quorum”的共识协议来保证数据的一致性。Quorum 协议要求在读取和写入数据时，必须得到大多数节点的同意才能进行操作，从而确保数据的一致性。

3.3.3 在去中心化应用中的案例

共识机制在去中心化应用中的主要作用体现在确保系统的安全性、可靠性和公平性，以及实现去中心化的决策和治理。以下是共识机制在去中心化应用中的部分应用案例。

1．去中心化金融应用

去中心化金融应用利用共识机制来确保金融交易和合约的可靠性和安全性，而无须依赖传统的中心化金融机构。通过共识机制，参与者可以对金融交易进行验证和确认，从而实现跨国界的安全转账、借贷和理财等操作。

2．去中心化自治组织

去中心化自治组织（Decentralized Autonomous Organization，DAO）是基于区块链和共识机制的一种组织形式，它以智能合约的形式实现自动化的决策和治理。通过共识机制，成员可以参与投票和决策，而不需要中心化的权威机构的介入。共识机制确保了公平性和透明度，并有效防止了恶意行为和双重投票。

3．去中心化存储应用

去中心化存储应用通过共识机制来实现分布式存储和数据冗余，确保数据的可靠性和安全性。参与者可以将数据存储在多个节点上，并通过共识机制确保数据的一致性和可靠性，从而实现去中心化的存储服务。

3.3.4 在物联网中的案例

共识机制在物联网中的应用案例广泛，主要目的是确保设备间的协作和数据的可靠性，以及提供安全可信的物联网环境。以下是共识机制在物联网中的部分应用案例。

1．设备间通信

物联网中的设备需要进行数据交换和协作，共识机制可以确保设备之间通信和协作的可靠性。通过共识机制，设备可以达成一致，确保数据被准确传输和处理，从而有效避免数据丢失或篡改。

2．智能家居

在智能家居系统中，共识机制可以确保各个智能设备之间的协调和一致性。例如，通过共识机制，智能家居系统可以自动调节温度、照明和安全设备，以满足居住者的需求。

3．供应链管理

物联网在供应链管理中发挥着重要作用，共识机制可以确保多个供应链参与方之间的数据一致性和可信性。通过共识机制，供应链参与方可以共同验证和确认产品的制造、运输和交付过程中的数据，提高供应链的透明度和可靠性。

4．智能城市

在智能城市中，通过共识机制可以实现设备之间的合作和数据共享。例如，通过共识机制，交通信号灯可以根据实时交通情况进行智能调节，以优化交通流量，减少拥堵。

5．工业自动化

在工业自动化中，共识机制可以确保设备之间的协调和数据一致性。例如，在工厂环境中，共识机制可以确保各个机器和传感器之间的数据同步，以实现自动化生产和实时监控。

思考题

一、选择题

（1）（　　）是常见的共识算法，通过选举领导者和复制数据的方式确保了分布式数据库的一致性。

A. Paxos 共识算法　　B. Raft 共识算法
C. 一致性哈希算法　　D. PoW 共识算法

（2）共识机制在物联网中的主要作用是（　　）。

A. 提供设备间通信和协作　　B. 确保数据的安全和可靠性
C. 优化供应链管理　　D. 实现智能家居系统

（3）在比特币网络中，PoW 共识算法的主要目的是以下哪项？（　　）

A. 确保网络中的所有节点都能存储完整的区块链副本。
B. 快速确认交易，提高网络的交易吞吐量。
C. 通过解决复杂数学难题来达成网络共识。
D. 防止双重支付和其他欺诈行为。

（4）（　　）共识算法被用于保证区块的生成和链的延展。

A. PoW　　B. DPoS　　C. PoS　　D. PBFT

（5）共识机制的主要目标是（　　）。

A. 保证数据的安全和可靠性　　B. 提高系统的性能和吞吐量
C. 降低能源消耗　　D. 简化系统的设计和管理

（6）（　　）通过共识机制确保数据在分布式数据库中的一致性和可靠性。

A. Paxos 算法　　B. 哈希链
C. 分布式哈希表　　D. PoW

（7）共识机制在去中心化金融应用中的作用是（　　）。

A. 提供设备间通信和协作

B. 确保金融交易和合约的可靠性和安全性

C. 实现自动化的金融交易和合约

D. 优化供应链管理

二、简答题

（1）请简述共识机制在区块链中的作用和意义。

（2）请简述共识机制中的“51%攻击”是什么意思，以及它的影响。

（3）请简述 PoS 和 DPoS 的不同之处，并举例说明其应用场景。

第4章 智能合约

【本章导读】

在早期发展阶段，区块链主要以虚拟货币的形式在金融领域迅速获得应用，在世界范围内产生了数千种“数字货币”。通过应用区块链技术，支付过程实现了端对端的交易，省略了烦琐的中间机构处理环节，从而解决了货币和支付的去中心化问题。但由于技术的局限性，当时的区块链技术在其他行业和领域尚未形成大规模应用，直到智能合约的出现。

本章将从智能合约的产生背景讲起，首先讲述了智能合约概念的提出、智能合约与区块链的关系，再到以太坊的诞生带来的技术创新。接着，本书讲解了智能合约技术发展过程中，产生的不同类型的智能合约，包括比特币脚本语言、Solidity 合约、WebAssembly 合约、链码、Rust 语言和 Move 语言等，以及它们所依托的底层技术。最后，围绕智能合约的应用，讲述了智能合约的特点，智能合约的发展现状和前景。

【知识要点】

第 1 节：智能合约，核心特征，可信执行环境，分布式网络，比特币脚本，以太坊，图灵完备，以太坊智能合约，以太坊虚拟机，智能合约运行机制。

第 2 节：脚本型智能合约，图灵完备型智能合约，可验证型智能合约，比特币脚本语言，锁定脚本，解锁脚本，支付到公钥，支付到公钥哈希值，支付到脚本哈希值，Solidity 合约，EVM，Remix 编辑器，Web3.js，字节码，指令集，WebAssembly 合约，二进制指令集，WASM 虚拟机，IR，机器码，链码，Golang 语言，Node.js 语言，Java 语言，系统链码，用户链码，链码生命周期，Rust 语言，Move 语言。

第 3 节：资源模型，预言机，合约安全，合约监管，隐私保护，电子合同，供应链管理，物联网，数字版权。

4.1 智能合约的产生

智能合约的产生

自 2009 年比特币开启区块链时代以来，近十年间，随着技术与生态的发展，基于区块链的分布式应用呈现出蓬勃发展的趋势，而支撑其发展的底层技术就是“区块链+智能合约”。

智能合约与区块链的结合，被普遍认为是区块链领域中一次里程碑式的升级。第一个区块链与智能合约技术的结合平台——以太坊的诞生，标志着“区块链 2.0”时代的开启。

4.1.1 智能合约起源

智能合约的概念最初由尼克·萨博（Nick Szabo）[①]于 1994 年提出。他通过发表“Smart Contracts: Building Blocks For Digital Markets”论文，为这一概念奠定了基础。尼克·萨博对于智能合约的定义是：智能合约是一套以数字形式定义的承诺，包括合约参与方可以在上面执行这些承诺的协议。这里的“智能”和“数字形式”体现了自动化和计算机语言的思想，“合约”和“承诺”则表示参与者各方所约定的触发条件和对应的执行条款。这些“承诺”控制着数字资产，并包含了合约参与者约定的权利和义务。

尼克·萨博以自动售货机作为类比，形象地展示了智能合约的原始形态和核心特征。当消费者选择好需要购买的商品，并根据显示的商品价格完成支付后，即触发售货机的出货逻辑，用户得到选购的商品，整个过程无须人工参与，自动售货机工作示意图，如图 4-1 所示。这种机制体现了智能合约的核心思想：通过计算机代码自动执行合约条件。

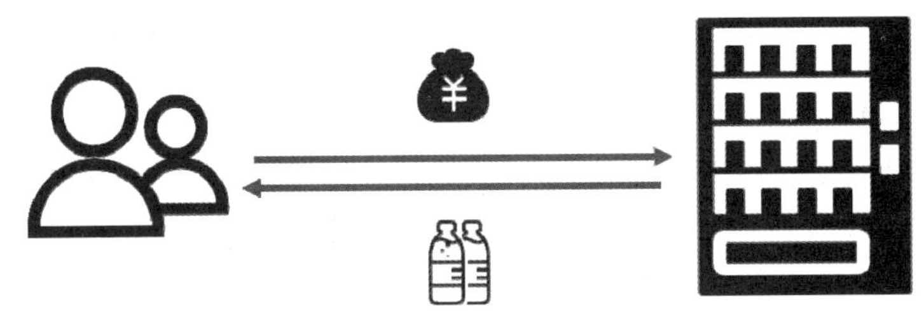

图 4-1　自动售货机工作示意图

简而言之，智能合约就是可编程的合同，即一段自动执行的条文合同。在计算机世界里，它就是一段可以自动执行的程序片段。这种数字化的形式更易于合约保存，并可以由确定的算法运行，给定输入就得到对应的输出，极大保障了合约的执行力。

4.1.2 智能合约与区块链

从智能合约概念的提出到区块链技术的广泛应用，经历了近 15 年的时间。就智能合约定义本身来说，与区块链技术关联不大。智能合约因为没有真正的可信执行环境而无法得以实际应用。常规合约的执行必须有第三方机构的参与才能进行。而第三方机构一旦参与进来，就无法真正发挥智能合约去中心化执行的效用。导致智能合约只能停留在理论层面，而不能成为真正的可行性方案。

在自动售货机的案例中，如果要破坏售货机的自动售货逻辑，需要物理手段去破坏售货机。然而，智能合约的本体是一份代码，非常容易被篡改。因此，智能合约要产生价值，需要一个最基本的前提，那就是存在一个不可被物理破坏的底层存储介质，用于确保合约的执行。

区块链技术的诞生为这种存储介质的出现提供了可能。比特币的实践证明了区块链可以在分布式网络环境下确保数据不可被篡改，高度符合智能合约所需要的执行环境。

---

① 尼克·萨博(Nick Szabo，1964～)是一位计算机科学家、法学家和密码学家，加密货币领域的先驱，被誉为“智能合约之父”。在中本聪研究院官网上关于比特币诞生前的理论文献中，尼克·萨博的贡献占据了大概五分之一的比重。从 1998 年至 2005 年，尼克·萨博提出并设计了一个去中心化的加密货币机制，称为比特黄金(Bit Gold)，这一机制被认为是比特币的前身。

这也是为什么在过去的十多年中，智能合约与区块链紧密关联的原因。区块链可以确保存储在链上的智能合约不可篡改，不仅合约内容不可篡改，每次调用记录也同样不可篡改。

另一方面，智能合约在编程上的灵活性极大地扩展了区块链技术应用的领域，推动区块链技术的发展。与智能合约结合后，使得区块链技术不再应用于单一的“数字货币”领域，可以进一步延伸到各个行业和领域。同时，这些丰富的应用场景也对区块链技术提出了新的挑战。

因此，智能合约与区块链技术相辅相成，密不可分。智能合约与区块链技术的结合，也促进了区块链技术进入 2.0 时代。

4.1.3 以太坊的诞生

2009 年诞生的比特币，凭借区块链等技术使“数字货币”快速普及，开创了区块链 1.0 时代。在比特币中用户可以通过脚本代码来完成交易操作，例如解锁一笔资金。这些脚本代码会随着交易一起打包上链，从而具有不可篡改性和确定性。所以从某种角度来说，这些脚本也可看作智能合约。但是，由于比特币脚本语言的局限性，无法使用复杂的逻辑编写合约。因此，比特币脚本只能被视为智能合约的初步形态。

首先，这些脚本代码不是图灵完备的，这限制了实现的功能；其次，脚本代码的开发门槛较高，编写复杂逻辑的体验会很差，就好像使用 JVM 字节码来写程序一样。

2013 年，维塔利克·布特林（Vitalik Buterin）①提出了以太坊，其核心是通过世界状态对区块链数据进行更新和验证。以太坊与比特币最大的不同在于可通过智能合约执行复杂的逻辑操作。

在以太坊上，智能合约的语言是 Solidity，它是一种图灵完备且较为上层的语言，极大地扩展了智能合约的能力范畴，降低了智能合约编写难度。

正因为此，以太坊的诞生，也标志着区块链 2.0 时代开启。随后，智能合约技术逐步扩展到了电子存证、供应链管理等应用场景。

4.1.4 以太坊智能合约

以太坊智能合约由 Solidity 语言编写，由一组代码（即合约的函数）和数据（即合约的状态）组成，并且运行在以太坊虚拟机上。

以太坊智能合约代码具有以下几种能力。

① 读取交易数据。

② 读取或写入合约自身的存储空间。

③ 读取环境变量，包括区块高度、哈希值、Gas 等。

④ 向另一个合约发送一个“内部交易”。

以太坊智能合约运行机制示意图如图 4-2 所示，主要包含以下阶段。

① 生成代码：智能合约一般具有值和状态两个属性，代码中用 if-then 和 what-if 语句

---

① 维塔利克·布特林，1994 年出生于俄罗斯莫斯科郊外的一个小镇，后移民加拿大，在多伦多长大。18 岁时，他与米哈伊·阿利西（Mihai Alisie）共同创办了《比特币杂志》，并为其撰稿，阿利西后来和布特林一同创办了以太坊。

预设了合约条款的触发场景和响应规则，在合约各方内容都达成一致的基础上，评估确定该合同是否可以通过智能合约实现，即“可编程”。然后由程序员利用合适的开发语言将以自然语言描述的合同内容转化为可执行的机器语言。

② 编译：利用开发语言编写的智能合约代码一般不能直接在区块链上运行，而需要在特定的执行环境（以太坊为以太坊虚拟机，超级账本为 Docker 容器）中执行。因此，在将合约文件上传到区块链之前，需要利用编译器对原代码进行编译，生成符合运行环境要求的字节码。

③ 提交：智能合约的提交和调用通过“交易”完成，当用户以交易的形式发起提交合约文件的请求后，该交易将通过 P2P 网络进行全网广播，各节点在验证后将其存储在区块中。

④ 确认：被验证后的有效交易被打包进新区块，通过共识机制达成一致后，新区块被添加到区块链的主链。根据交易生成智能合约的账户地址，之后可以利用该账户地址通过发起交易来调用合约，节点对经验证后有效的交易进行处理，并在执行环境中执行被调用的合约。

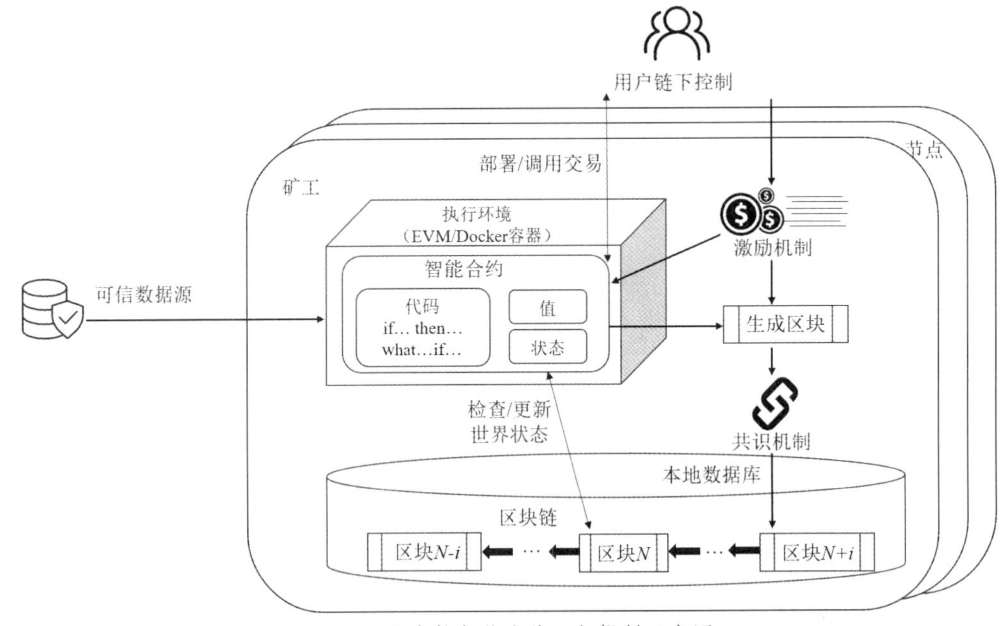

图 4-2　以太坊智能合约运行机制示意图

4.2 智能合约的分类

智能合约是一种简单的计算机程序，其工作原理类似于“if-then”或“if-else if”语句。其“智能”的方面来自这样一个事实：该程序的预定义输入来自区块链分类账本，如上所述，它是一个记录信息的安全可靠的来源。如有必要，程序可以调用外部服务或资源以获取信息，验证操作条款，并且仅在满足所有预定义条件后才执行。

在区块链系统开发中，智能合约是核心组成部分，可以在区块链上执行和验证交易。在智能合约的开发中，编程语言的选择至关重要，因为它直接关系到合约的安全性、可靠性和可扩展性。根据智能合约支持的编程语言特性或者执行环境，可以大致分为以下三类。

1．脚本型智能合约

比特币中的智能合约称为脚本型智能合约。由于比特币中的脚本仅包含指令和数据两部分，其中涉及的脚本指令只需要完成有限的交易逻辑，不需要复杂的循环、条件判断和跳转操作，功能有限但编写较为简单，支持的指令不到200条。

2．图灵完备型智能合约

类似于 Solidity 语言，具有条件语句、循环、变量和函数等基本操作和规则，可以模拟图灵机的所有功能的智能合约称为图灵完备型智能合约。脚本语言被设计成为仅在有限范围内执行有限功能的简单执行语言，是非图灵完备的语言。使用脚本语言编写的交易指令虽然能够满足比特币应用，但无法适应以太坊平台的开发需求。

3．可验证型智能合约

典型的可验证型智能合约是 Kadena 中的智能合约，可验证语言的语法类似于 Lisp 语言，用于编写运行在区块链 Kadena 上的智能合约，可实现合约的数据存储和授权验证等功能。为防止在复杂合约的编程过程中可能存在的安全漏洞以及因此而带来的风险，可验证合约型语言采用非图灵完备设计，不支持循环和递归。该语言编写的智能合约代码可以直接嵌入在区块链上运行，不需要事先编译成为运行在特定环境（如以太坊虚拟机）的机器代码。

4.2.1 比特币脚本语言

比特币脚本语言

在比特币系统中有一个脚本（Script）编程语言，它是一种基于逆波兰表示法的堆栈执行语言，代码中包含基于堆栈的一系列数据和操作符，用于锁定交易输出，而交易输入则提供了解锁输出所需的数据。

比特币脚本语言一方面可以解决多重签名问题，另一方面可以用于支持加密算法。此外，它已经具备一定的智能合约的能力。比特币脚本语言不是图灵完备的语言。

比特币的交易验证引擎依赖于两类脚本来验证比特币交易：锁定脚本和解锁脚本。

（1）锁定脚本

锁定脚本包含命令和收款人的公钥哈希值，它作为交易输出的花费条件，指定了未来花费这笔输出必须满足的条件。由于锁定脚本往往含有一个公钥或比特币地址（公钥哈希值），它也被称作脚本公钥（ScriptPubKey）。

（2）解锁脚本

解锁脚本包含付款人对本次交易的签名和付款人公钥，它是一个“解决”或满足锁定脚本在输出设置上的花费条件，并允许使用该输出。解锁脚本是比特币所有者的所有权证明。解锁脚本是每一笔比特币交易输入的一部分，而且往往含有一个由用户的比特币钱包（通过用户的私钥）生成的数字签名。由于解锁脚本常常包含一个数字签名，它也被称作脚本签名（ScriptSig）。

在当前的比特币生态中，锁定脚本与解锁脚本随着堆栈的传递被分别执行，来验证每一笔交易的过程。比特币交易组合脚本，如图 4-3 所示，展示了常见类型的比特币交易中，验证之前解锁和锁定脚本串联而成的组合脚本。

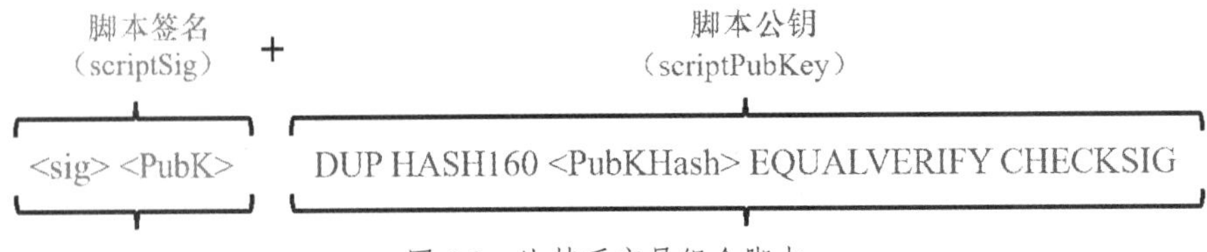

图 4-3 比特币交易组合脚本

在比特币早期的发展阶段，开发者对客户端可操作的脚本类型设置了一些限制。这些限制被编译为一个 Standard()函数，该函数定义了五种类型的标准交易，分别为 P2PKH、P2PK、P2SH、MS 和 OP_Return，在本书中将介绍前 3 种类型。

1．支付到公钥

P2PK（Pay-to-Public-Key），即支付到公钥，它的设计较为简单，主要作用是将资金锁定至特定的公钥。当需要以这种方式接收资金时，接收者需要向发送者提供对应的公钥，而不是比特币地址。

2009 年中本聪与哈尔·芬尼（Hal Finney）完成的第一笔交易就是 P2PK 交易。这种结构在比特币早期被广泛使用，现在已逐步被支付到公钥哈希值的方式所取代。

P2PK 交易的锁定脚本遵循以下格式：

```
<public key A> OP_CHECKSIG
```

其中<public key A> 为公钥，OP_CHECKSIG 会根据提供的公钥检查签名。

用于解锁的脚本则是一个简单的签名：

```
<Signature from Private Key A>
```

经由交易验证软件确认的组合脚本为：

```
<Signature from Private Key A> <Public Key A> OP_CHECKSIG
```

该脚本是对 CHECKSIG 操作符的简单调用，该操作主要是为了验证签名是否正确，如果正确，则返回为真（Ture）。

2．支付到公钥哈希值

P2PKH（Pay-to-Public-Key-Hash），即支付到公钥哈希值，它是比特币最常用的一个脚本，比特币网络上的大多数交易都是 P2PKH 交易，此类交易都含有一个锁定脚本，该脚本由公钥哈希值实现阻止输出的功能。由 P2PKH 脚本锁定的输出可以通过键入公钥和由相应私钥创设的数字签名得以解锁。这是比特币支付的核心机制：无须账户，也无须资金转移；只有一个脚本用于检查提供的签名和公钥是否正确。

P2PKH 脚本遵循以下格式：

```
<signature> <pubKey> OP_DUP OP_HASH160 <pubKeyHash> OP_EQUALVERIFY OP_CHECKSIG
```

这个脚本实际存储为两个部分内容：

第一部分为解锁脚本，<signature> <pubkey>为存储在输入的 ScriptSig 字段中；

第二部分为锁定脚本，OP_DUP OP_HASH160 <pubkeyHash> OP_EQUALVERIFY OP_CHECKSIG 存储在输出的 ScriptPubKey 里面。

只有当解锁脚本与锁定脚本的设定条件相匹配时，执行组合脚本才会返回结果为真。

3．支付到脚本哈希值

P2SH（Pay-to-Script -Hash），即支付到脚本哈希值，其重要特征是它能将脚本哈希值编译为一个地址，允许发送者将资金锁定到脚本的哈希值上，而无须了解脚本的具体内容。

P2SH 地址是基于 Base58 编码的一个含有 20 个字节的哈希值的脚本，就像比特币地址是基于 Base58 编码的一个含有 20 个字节的公钥。由于 P2SH 地址采用 5 作为前缀，这导致基于 Base58 编码的地址以"3"开头。P2SH 地址隐藏了脚本的复杂性，因此，运用其进行支付的人将不会看到脚本。

与其他直接使用复杂脚本来锁定输出的方式相比，P2SH 具有以下特点。

① 在交易输出中，复杂脚本被简短的电子指纹取代，使得交易代码变短。

② 脚本能被编译为地址，支付指令的发出者和支付者的比特币钱包不需要复杂的操作就可以执行 P2SH。

③ P2SH 将构建脚本的重担转移至接收方，而非发送方。

④ P2SH 将长脚本数据存储的负担从输出方（存储于 UTXO 集，影响内存）转移至输入方（存储在区块链里面）。

⑤ P2SH 将长脚本数据存储的时间点从当前（支付时）转移至未来（使用资金时）。

⑥ P2SH 将长脚本的交易费成本从发送方转移至接收方，接收方在使用该笔资金时必须包含赎回脚本。

4.2.2 Solidity 合约

Solidity 合约是基于以太坊区块链平台的智能合约编程语言。Solidity 受到了 C++、Python 和 JavaScript 等语言的影响，其语法接近于 JavaScript。它是一门静态类型的面向对象的语言，支持继承、库和复杂的用户定义类型等特性，还包括以太坊独有的类型，如 address 地址类型。除了以太坊区块链平台，还有很多区块链平台支持 Solidity 合约，如国内的 FISCO BCOS、长安链和百度超级链等。

Solidity 合约类似于面向对象语言中的类，包含存储持久化数据的状态变量和可修改这些变量的函数。调用不同的合约实例上的函数将执行函数调用，从而切换上下文，使得状态变量不可访问。

Solidity 合约的创建可以从"外部"进行，也可以从 Solidity 合约内部创建。使用集成开发环境，如 Remix 编辑器，可以轻松地创建合约。在以太坊上，合约的创建通常通过编程方式实现，例如使用 Web3.js 库中的 web3.eth.Contract 方法。

在编写 Solidity 合约时，首先要声明编译器版本，然后定义合约名称、状态变量和函数。构造函数是可选的，用于初始化合约，但每个合约只允许有一个构造函数，不支持重载。它的基础语法将在后续章节中详细介绍。

Solidity 合约的广泛应用使得区块链技术能够支持各种复杂的金融、供应链管理、身份验证等领域的应用。然而，在编写和使用 Solidity 合约时，开发者需要特别注意安全性问题，以避免潜在的漏洞和攻击。

以太坊内核实现了一个图灵完备的介于代码与主机之间的虚拟机，即以太坊虚拟机（Ethereum Virtual Machine，EVM），它由所有运行着以太坊客户端的计算机共同维护。它规定了从一个区块计算得到下一个有效区块的规则，它是以太坊得以运行的基本保障。

EVM 定义了一套通用的、确定性的指令，程序可以被编译成这些指令，并且可以在全世界任何一台计算机上运行。它是一种基于栈的虚拟机，其所有的操作都是与操作数栈直接交互。当把智能合约编译为字节码后，EVM 就会根据字节码来执行操作，包括从内存中取出变量到操作数栈、在操作数栈中对变量进行运算以及将变量再存储到内存中等一系列流程。EVM 运行原理，如图 4-4 所示。

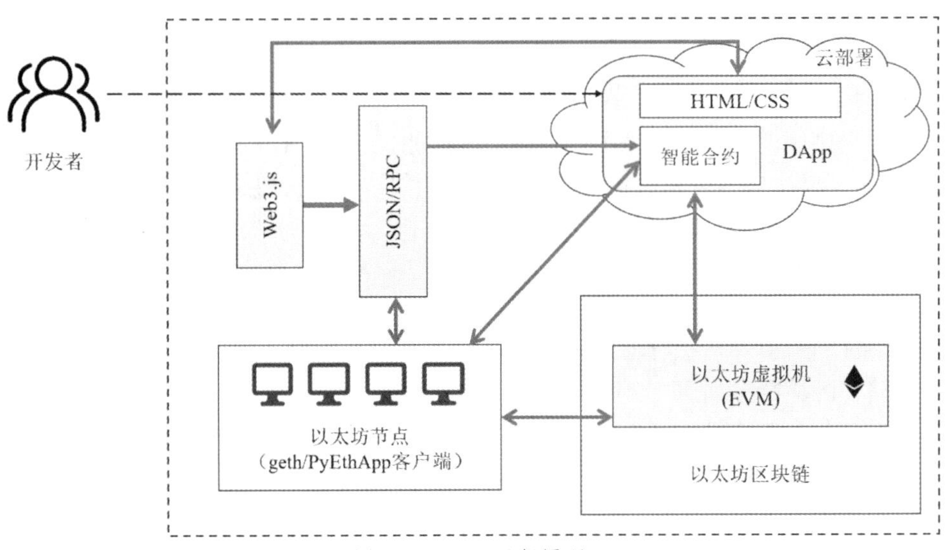

图 4-4　EVM 运行原理

传统计算机包含的指令集只接受 32 位或者 64 位的输入。EVM 与此不同，它是一台 256 位的计算机，这种设计是为了更易于处理以太坊的哈希算法，它会明确产生 256 位的输出。然而，实际运行 EVM 程序的计算机则需要把 256 位的字节拆分成其本地架构来执行智能合约，从而使得整个系统变得非常低效和不实用。关于 EVM 的基本结构和执行机制将在第 8 章中详细介绍。

4.2.3　WebAssembly 合约

Solidity 无疑是当前深受欢迎的智能合约语言之一，用于开发可以在 EVM 上运行的智能合约。由于其在设计上的漏洞导致多起安全事件，引发了广泛的质疑，同时，也催生了一批新的智能合约类型的兴起，典型的有 WebAssembly 合约。

WebAssembly（简称 WASM）合约是一种为栈式虚拟机设计的二进制指令集。WASM 具有紧凑的二进制格式，可以接近原生应用的性能运行，为 C/C++/Rust 等高级语言提供一个编译目标，以便它们可以在 Web 上运行。

WASM 按照字面意思就是 Web 汇编，是为 Web 浏览器定制的汇编语言，具有汇编语言的一些显著特点。

① 层次低，接近于机器语言，提高运行效率。

② 适合作为目标代码，由其他高级语言（如 C/C++/Rust/Go 等）编译器生成，扩大其适用性。

在 WASM 编译器中称为前端的部分会将不同语言编写的代码编译为一种中间表示

（Intermediate Representation，IR）代码。创建好 IR 代码后，编译器的后端部分接收 IR 代码并进行优化，然后将其转换为一种专用字节码，并存储到后缀为.wasm 的文件中，当这些文件加载至支持 WASM 的浏览器中时，浏览器会验证这个文件的合法性，然后将字节码编译为浏览器所运行的设备上的机器码。WASM 的工作原理，如图 4-5 所示。

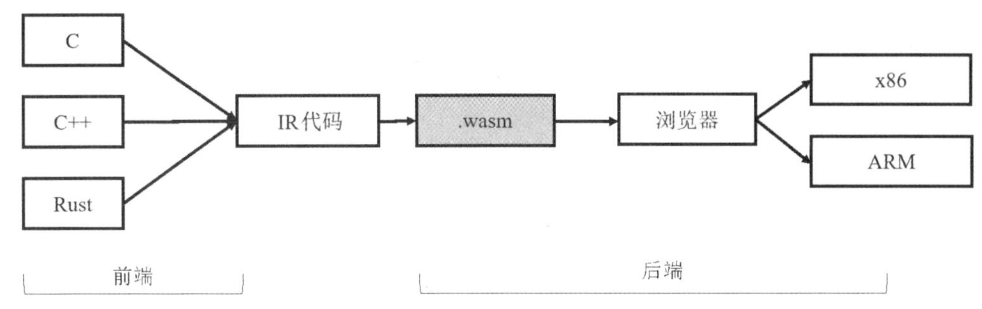

图 4-5　WASM 的工作原理

模块是 WASM 程序编译、传输和加载的基本单位。WASM 定义了两种模块格式。

① 二进制格式：是 WASM 模块的主要编码格式，文件以 .wasm 为后缀。由于其格式设计紧凑，可以减小二进制体积，拥有更快的传输和执行效率。

② 文本格式：文件以.wat 为后缀，相比于二进制格式更易于阅读。

EVM 在本质上是脚本程序，是基于栈的虚拟机，需要由编译程序翻译成指令后执行，即解释执行，这导致 EVM 的执行效率非常低。与之相对，WASM 虚拟机使用了编译执行的方式，采用了虚拟机/字节码技术，并定义了紧凑的二进制格式，拥有更快的智能合约执行速度。因此引入 WASM 极大地提高了整个合约的运行效率。

模块的划分使得 WASM 的组织结构更加清晰，解析更为方便，极大地提升了解析的效率。WASM 具有运行高效、内存安全、无未定义行为和平台独立等特点，在区块链领域，已经有一些公链项目，如 EOS 等，支持使用 WASM 来运行智能合约。

WASM 的优势主要体现在以下几个方面。

① 可读、可调试：WASM 是一门低阶语言，但是它有一种可读的文本格式，允许通过人工编写、读取及调试代码。

② 安全性：WASM 被限制运行在一个安全的执行环境中，且遵循浏览器的同源策略和授权策略。

③ 快速、高效、可移植：WASM 可以充分发挥硬件的能力，并在不同平台上能够以接近本地应用的速度运行。

④ 兼容性好：WASM 的设计原则是与其他网络技术和谐共处并保持向后兼容。

支持 WASM 虚拟机意味着开发智能合约不再局限于 Solidity 这一门语言，开发者可以使用多种高级语（如 C/C++/Rust 等）来编写智能合约，最后编译成 WASM 字节码就可以在区块链上运行，极大地降低了入门门槛和开发成本，同时也提高了智能合约的安全性。

4.2.4　其他合约语言

智能合约与区块链技术共同发展，不同的区块链平台使用的智能合约语言和运行环境也不尽相同，例如，超级账本 Fabric 中的链码运行在 Docker 容器中，Libra 区块链使用 Move 语言作为智能合约语言等。

1．链码

智能合约在超级账本 Fabric 中被称为链码（Chaincode），即链上代码。链码通常由开发人员使用 Golang 语言（也支持 Java、Node.js 等语言）编写，实现规定接口的代码，它是访问账本的基本方法，上层应用可以通过调用链码来初始化和管理账本的状态。链码被编译为独立的应用程序，运行在具有安全特性的 Docker 容器中，链码部署在超级账本 Fabric 的网络节点时，会自动生成链码的 Docker 镜像，以 gRPC 协议与相应的 Peer 节点进行通信，进而操作（初始化或管理）分布式账本中的数据。可以根据不同的需求开发出各种复杂的应用。

在超级账本 Fabric 中，链码一般分为两类，即系统链码和用户链码。

（1）系统链码

系统链码负责 Fabric 节点自身的处理逻辑，包括系统配置、背书、校验等工作。超级账本 Fabric 系统链码仅支持 Golang 语言，在 Peer 节点启动时会自动完成注册和部署。主要包括以下 5 种类型。

① 配置系统链码（Configuration System Chaincode，CSCC）：负责处理 Peer 端的通道配置。

② 生命周期系统链码（Lifecycle System Chaincode，LSCC）：负责用户链码的生命周期管理。

③ 查询系统链码（Query System Chaincode，QSCC）：提供账本查询 API，如获取区块和交易等信息。

④ 背书管理系统链码（Endorsement System Chaincode，ESCC）：负责背书（签名）过程，并支持对背书策略进行管理。对提交的交易提案的模拟运行结果进行签名，之后创建响应消息返回给客户端。

⑤ 验证系统链码（Validation System Chaincode，VSCC）：处理交易的验证，包括检查背书策略及多版本并发控制。

（2）用户链码

用户链码是指由应用程序开发人员根据不同场景需求及成员制定的相关规则，使用 Golang（或 Java 等）语言编写的，用于操作区块链分布式账本状态的业务处理逻辑代码。这些代码运行在链码容器中，通过 Fabric 提供的接口与账本状态进行交互。链码交互示意图，如图 4-6 所示。

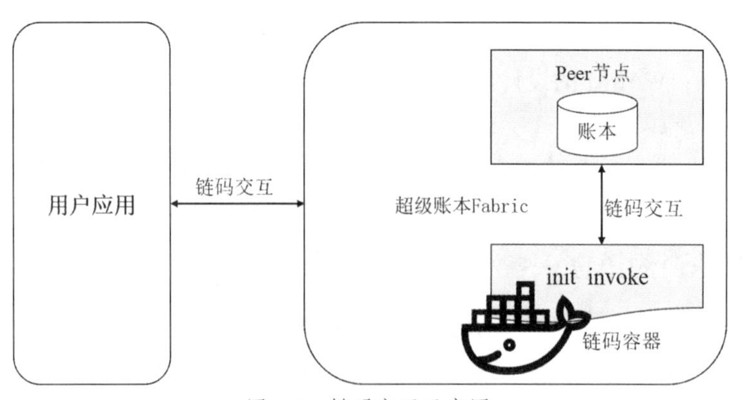

图 4-6　链码交互示意图

在用户链码编写完成后，必须经过一系列的操作后才能在超级账本 Fabric 网络中应用，进而处理客户端提交的交易。这一系列的操作由链码的生命周期来负责管理。

管理链码的生命周期共有 5 个命令。

① install：将已编写完成的链码安装在指定的 Peer 节点中。

② instantiate：对已安装的链码进行实例化。

③ upgrade：对已有链码进行升级，以适应需求变化。

④ package：对指定的链码进行打包。

⑤ signpackage：对已打包的文件进行签名。

链码调用执行的流程如图 4-7 所示，主要包括以下步骤。

① 客户端应用程序通过 SDK（Software Development Kit，软件开发工具包）向背书节点发送调用请求。

② 背书节点在接收到请求后，调用 Docker 接口。

③ 启动 Docker 容器，编译执行链码。

④ 链码与背书节点进行交互。

⑤ ESCC 进行背书签名。

⑥ 背书节点将结果返回给客户端。

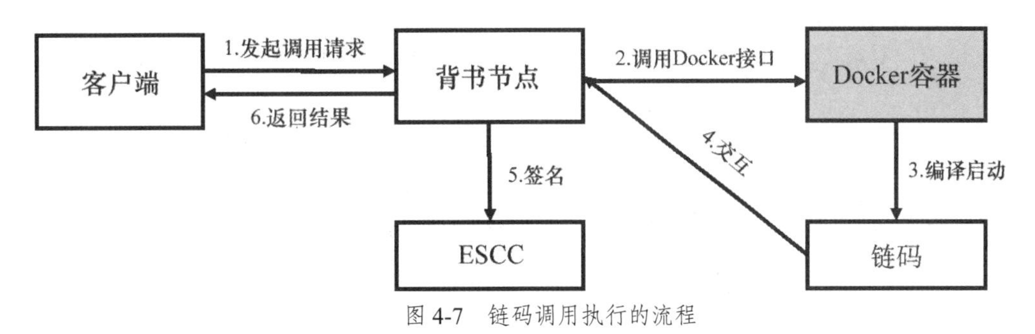

图 4-7 链码调用执行的流程

2. Rust 语言

Rust 是当前较为流行的智能合约编程语言之一，它最初由 Mozilla 员工格雷顿·霍尔（Graydon Hoare）在 2006 年设计和发布，旨在提供高性能和安全性，特别是针对安全并发的设计。Rust 的语法与 C++相似，并且可以在支持 WASM 的区块链平台上运行，如 EOS 区块链平台、国内的长安链等。

Rust 语言的可靠性依托于丰富的类型系统和所有权模型，以及强大的编译器，能够在代码编译期就可以捕获到经典错误。这使得开发者在编写智能合约的过程中，能够更准确地思考每行代码的正确性，并通过编译器进行验证，从而提高智能合约的安全性。同时，Rust 语言的高效性也赋予了 Rust 智能合约优秀的执行性能，有助于提升区块链网络的吞吐量和响应速度。

Rust 语言的主要特点可以归纳为以下 3 点。

① 发挥了静态语言的优势——相较于动态语言在调试和运行时的不确定性，静态类型的语言允许对数据及其行为预先进行编译器级别的检查和约束，在运行时只保留少量的类型检查，这极大地减轻了程序员的负担，同时有益于增强可维护性。

② 让并发更容易——当两个线程同时访问同一内存时可能引发数据竞争，导致不可预

测的行为。Rust 从编译阶段就将解决了数据竞争这一问题，保障了线程安全。

③ 卓越的内存安全特性——无垃圾回收器的内存安全机制是 Rust 经典且核心的设计之一。

3．Move 语言

Move 是一种新的编程语言，旨在为 Meta（原 Facebook）的全球超主权“数字货币”项目 Libra 区块链提供安全可编程的基础。

Move 是一个专为区块链设计的编程语言，它提供了更高的安全性，旨在避免许多 Web 3.0 用户可能遭受的各种攻击，包括但不限于重入漏洞（Re-entrancy Vulnerabilities）、毒令牌（Poison Tokens）和欺骗性令牌批准（Spoofed Token Approvals）等问题。它对于区块链最核心的 Token 资产进行了更为贴切的处理，弥补了 Solidity 在直观性和安全性方面的缺陷。

在 Move 语言中单独创建了 Resource 来定义链上资产，Resource 可以以数值或数据结构的形式被定义，同时，也支持以参数的形式被传递和返回，它的特殊性主要体现在于不能被复制、丢弃或重用，但是它却可以被安全地存储和转移，并且它的值只能由定义该类型的模块创建和销毁，因此它实现了资产的概念而非仅仅是数字，实现了程序与数字资产的直接集成，更适合用于数字资产的发行。

可以看出，Move 语言在 Solidity 的基础上，增加了很多的特性，具备极好的安全性和工程能力。Move 语言从 Solidity 的安全漏洞中吸取了宝贵的经验教训，在底层的安全设计上实现了重大创新。在保证语言表达能力和灵活性的同时，也使开源系统更加安全可靠。例如，在 Solidity 中，攻击者很容易利用漏洞轻易复制出更多的 Token，而在 Move 语言中，只要将 Token 定义成 Resource 类型，从虚拟机层面保证 Token 是不可以复制和修改的，攻击者就绝对不能通过复制来盗取 Token。

Move 语言目录由 5 个部分组成。

① 虚拟机（VM）：它包含字节码格式、字节码解释器和执行交易块的基础设施。该目录还包含生成创世区块的基础设施。

② 字节码验证器：它包含一个静态分析工具，用于拒绝无效的 Move 字节码。虚拟机在执行新的 Move 代码前，需要先运行字节码验证器，把结果和错误显示给用户。

③ Move 中间层表示（IR）编译器：它将可读的程序文本编译成 Move 字节码。

④ 标准库：它包含 LibraAccount 和 LibraCoin 等核心系统模块的 Move IR 代码。

⑤ 测试：用于虚拟机、字节码验证程序和编译器的测试。这些测试是用 Move IR 编写的，由测试框架运行，该测试框架从注释中编码的特殊指令解析运行测试的预期结果。

Move 代码需要运行在支持 MoveVM 的区块链环境中。MoveVM 是具有静态类型系统的堆栈机，它从几个方面来约束 Move 语言规范，包括文件格式、验证和运行时的约束。文件格式的结构允许定义模块、类型（资源和非限制类型）和函数。代码通过字节码指令表示，字节码指令可以引用外部函数和类型。

MoveVM 执行以 Move 字节码表示的交易。它有两个核心包：核心 VM 和 VM 运行时。MoveVM 核心包提供文件格式的定义以及与文件格式相关的所有实用程序。它的基本特点如下。

① 一个简单的 Rust 抽象文件格式（libra/language/vm/src/file_format.rs）和字节码。这

些 Rust 结构广泛用于代码库中。

② 文件格式的序列化和反序列化。这些定义了代码的链上二进制表示。

③ 友好的输出展示功能。

④ 文件格式的基本架构。

⑤ Gas 成本/综合基础设施。

4.3 智能合约的应用

当前，智能合约技术已经得到广泛的应用。金融领域是最早应用智能合约的领域之一，通过智能合约，可以实现去中心化的支付、借贷、保险等金融服务。供应链领域也是智能合约的应用场景之一，智能合约通过提供透明、可追溯的交易记录，使得供应链管理更加高效。此外，智能合约还可以应用于物联网、知识产权和能源交易等多个领域。

4.3.1 智能合约的特点

智能合约凭借于其独有的特性，可以实现多样化的业务逻辑，并使得智能合约在金融交易、供应链管理、物联网、数字身份验证等多个领域展现出广泛的应用前景。智能合约的特点主要体现在以下几个方面。

（1）规范性

智能合约以计算机代码为基础，能够最大限度地减少语言的模糊性，通过严密的逻辑结构来呈现。内容及其执行过程对所有节点均是透明可见的，后者能够通过用户界面去观察、记录、验证合约状态。

（2）不可逆性

一旦满足条件，合约便自动执行预定的计划，在给定的事实输入下，智能合约必然输出正确的结果，并在可见范围内被具象化。

（3）不可违约性

区块链上的交易信息公开透明，每个节点都可以追溯记录在区块链上的交易过程，违约行为发生的几率极低。

（4）匿名性

根据非对称加密的密码学原理，如零知识证明、环签名、盲签名等技术，在区块链上，虽然交易过程是公开的，但交易双方身份却是匿名的。

这些特点使得目前智能合约生态以链上资源的治理为核心。就像以太坊上各式各样的 ERC 标准与治理方案；EOS 上的各种资源模型，比如 CPU、RAM、NET 和 Rex 等。

显然，就目前的生态而言，智能合约对现实世界的影响力有限。但智能合约技术一直在向前发展。目前，已有许多致力于突破这些限制的研究，典型的如预言机（Oracle），它允许智能合约与链外进行交互，这样就能大大扩展智能合约的使用场景，仿佛一台计算机通上了网；再比如那些突破链自身性能瓶颈的尝试，例如支付通道、跨链、plasma、Rollup 等，它们都从不同角度打破了安全与性能的枷锁。

毋庸置疑，智能合约将发挥越来越重要的作用，未来随着以太坊 2.0 的落地，或许会开启区块链技术的新纪元。

4.3.2 智能合约的现状和前景

从编程角度而言，智能合约就是一段代码。相比常规代码，智能合约具备一些特殊性与限制，主要体现在以下几个方面。

① 单线程执行，影响系统执行效率。

② 代码执行时会消耗资源，不能超出资源限制。

③ 目前智能合约难以获取链外数据，例如取得天气信息、比赛结果等。

④ 其他限制，如 TPS（每秒事务处理量），将直接制约业务系统的应用场景。

除此之外，智能合约还面临其他诸多问题和挑战，如错误代码、安全性问题，以及难以适应当前法律和监管环境等。

① 安全性方面，系统虽然设计成无须信任的环境，但同时也增加了遭受攻击的风险，如何确保安全性和信任度成为关键问题；

② 私密性方面，区块链本身提供的透明度影响智能合约的隐私保护，如何有效利用区块链并保护合约的私密性将成为挑战；

③ 市场监管方面，智能合约仍存在操作不可逆、法律监管缺失等问题。

智能合约还将在跨链操作、隐私保护、更复杂的合同结构和逻辑、自动化合约管理以及多方合作的智能合约等方面发挥更大作用。这些趋势将推动智能合约技术的进一步发展和应用。

4.3.3 智能合约的应用场景

智能合约已广泛应用于各大区块链平台、去中心化交易所、保险、电子合同、供应链管理、物联网等众多领域。通过智能合约的自动执行、透明公开等特点，可以提高商业流程的安全性和效率，减少人为错误和欺诈行为，同时还可以降低交易成本和管理成本。

（1）基础应用

智能合约最直接的应用就是根据区块链技术发行 Token 以及发放基于 Token 的各种红利，还有数字资产的买卖。当项目方运用区块链技术进行 STO 等融资活动时，发行 Token 融资过程中必然需要部署智能合约，将所有发行条件与后续条款编入智能合约中，其中还包括成功发行后，在满足一定条件的情况下自动触发红利的分配条款。另外，不同货币之间的买卖，也是通过智能合约的执行，将不同的货币转移到双方各自的电子钱包地址中。

（2）去中心化场景

智能合约结合区块链技术的去中心化的特点，可以大幅度优化许多需要中心化主体参与的传统场景中的用户体验。例如，传统的就医后申请医保报销，或者车辆发生交通事故后申请保险理赔的过程中，申请人需要办理烦琐的申请手续，且多家中心化主体如医院、社保部门、车辆管理处、商业保险机构都需要参与进来，耗费大量的人力物力和时间成本来审核材料。智能合约可以将这种程序化的事宜化繁为简，各机构之间打通壁垒实现必要的信息共享后，设置好报销或理赔条款的计算机代码并部署上链，进而自动执行，大大节省申请人和其他主体的时间成本。

（3）公信力场景

智能合约结合区块链技术的无法撼动的可信任特点，也可以为一些需要依赖主体公信力的传统场景上一份保险。例如，第三方托管的监管金账户需要根据一定的指示进行放款或退回款项；信托的受托人需要根据委托人的指示来管理财产。这些场景下，受托机构的公信力是委托人可以倚靠的重要基础。应用智能合约之后，委托人的信任将多了一层保障，智能合约可以将受托人的处分权限制在一定范围内，或是在受托人的行为超过一定边界时，触发某些提前预设的警戒条款等。

（4）其他场景

在物联网时代，供应链上的身份识别、产品的跟踪管理、物流溯源等场景也可以大规模应用智能合约。此外，音乐等数字内容领域也可以应用智能合约，使得数字内容特有的复杂的权利归属、授权、使用报酬结算等问题变得可分割，更易操作。

思考题

一、选择题

（1）智能合约是在（　　）平台上首次提出的。

A. 比特币　　B. 以太坊　　C. 瑞波币　　D. 超级账本

（2）智能合约的主要特点不包括（　　）。

A. 自动执行　　B. 不可篡改　　C. 中心化控制　　D. 数据透明

（3）智能合约的执行环境通常是（　　）。

A. 虚拟机　　B. 真实物理机　　C. 云服务　　D. 区块链网络

二、简答题

（1）请列举一些常见的智能合约平台。

（2）Solidity 合约在设计和实施过程中面临的主要安全风险有哪些？

（3）以太坊的 EVM 和 EOS 的 WASM 是常见的两种区块链虚拟机。关于区块链虚拟机，回答下列问题：

① 请简述以太坊虚拟机 EVM 运行机制。

② 请简述 WASM 虚拟机工作原理。

③ 对比这两种虚拟机的异同。

（4）结合链码的不同生命周期，绘制各个生命周期转换流程。

（5）不同的区块链平台所使用的智能合约编程语言也不尽相同，请列举出几个常见的公链和联盟链所采用的智能合约编程语言，并分析它们各自的特点。

（6）列举智能合约在哪些领域有广泛的应用，并简要说明其应用优势。

（7）谈谈你对智能合约未来发展趋势的看法。

第5章 区块链安全与隐私

【本章导读】

近年来，随着数字化时代的到来以及互联网的普及，区块链技术作为一种去中心化的分布式账本技术，引起了广泛关注和研究。但同时，区块链技术也面临着新的挑战，例如51%攻击、智能合约漏洞、数据隐私泄露等问题，这些挑战对区块链技术的应用和发展造成了制约。

本章将深入介绍区块链技术的安全性和隐私保护等内容。首先，本章将重点分析区块链的安全问题，探讨各种可能的攻击手段，并探讨相应的防御机制。其次，本章关注区块链中的隐私保护问题，研究匿名性和数据隐私保护的方法，并讨论这些方法在实际应用中的可行性和效果。本章的主要内容包括以下三个方面：一是区块链安全威胁；二是区块链安全保障；三是区块链隐私保护。通过本章的学习，读者能够了解关于区块链技术的安全性和隐私保护的理论基础和解决方案，从而为推动区块链技术的广泛应用和发展做出贡献。

【知识要点】

第1节：区块链安全，数据安全性，网络安全性，智能合约安全性，权限与身份管理，物理安全与硬件安全，强加密算法，安全审计和监控，监管和合规性。

第2节：区块链安全威胁，网络层攻击，分布式拒绝服务攻击，节点隔离攻击，稳定性，可信度，网络安全，信息孤岛，共识机制，隐蔽性，影响范围。

第3节：加密技术，访问控制，权限管理，智能合约审计，静态代码分析，动态测试，形式化验证多重签名。

第4节：地址关联分析，交易内容的透明性，隐私保护协议，隐私链。

5.1 区块链安全概述

区块链安全是确保区块链系统稳定运行、数据完整性和交易安全性的关键要素。区块链技术凭借其分布式、去中心化、不可篡改等特性，为系统带来更高的安全级别。然而，这些特性同时也带来了一系列独特且复杂的安全挑战。简而言之，区块链安全主要涵盖以下几个关键维度。

（1）数据安全性

区块链中的每一笔交易和每一个数据块都被加密并连接在一起，形成一个不可篡改的数据链。这确保了数据的完整性和真实性，使得任何试图篡改数据的行为都能被迅速识别。

（2）网络安全性

区块链系统通过分布式的节点共识机制来抵御恶意节点的攻击。这意味着系统中的每个节点都需要达成共识，才能验证和添加新的数据块，从而防止了单一节点或少数节点对系统的控制。

（3）智能合约安全性

智能合约是区块链上自动执行的代码，负责处理交易和触发特定事件。然而，智能合约也可能存在编程错误或逻辑漏洞，导致资金损失或其他安全问题。因此，对智能合约进行安全审计和测试至关重要。

（4）权限与身份管理

区块链系统需要提供有效的权限和身份管理机制，以确保只有经过授权的实体才能访问和修改数据。这包括用户身份的确认、访问权限的控制以及数据隐私的保护。

（5）物理安全与硬件安全

尽管区块链的分布式特性降低了区块链对单个物理节点的依赖，但存储和运行区块链的硬件和设施仍需要受到保护，以防止物理攻击或窃取。

为了确保区块链的安全，需要采取一系列措施，包括使用强加密算法、实施严格的安全审计和监控措施、定期更新和修复系统漏洞，以及提供用户教育和培训等。此外，区块链的监管和合规性也是确保安全性的重要方面，需要确保区块链系统的运行符合相关法律法规的要求。区块链安全是一个复杂而多维度的领域，它涉及数据加密、网络安全、智能合约编程、权限管理等多个方面。通过综合应用这些技术和策略，我们可以构建出更加安全、可靠和高效的区块链系统。区块链安全是一个综合性问题，需要从技术、管理和用户等多个方面进行考量。只有全面认识并应对这些安全威胁，才能更好地保障区块链系统的安全和稳定运行。接下来，本章将从区块链安全威胁、区块链安全保障和区块链隐私保护等方面对区块链安全与隐私进行阐述。

5.2 区块链安全威胁

区块链安全威胁

区块链安全威胁是指在区块链系统、网络、应用或数据层面存在的能够导致系统不稳定、数据泄露、资金损失或业务中断的各种潜在风险。这些威胁可能源于内部因素，如编程错误或管理不当，也可能是外部因素，如黑客攻击等活动。下面将详细列举并分析区块链面临的主要安全威胁。

5.2.1 网络层攻击

随着区块链技术的广泛应用，其网络层的安全性问题也日益凸显。在众多网络层安全威胁中，分布式拒绝服务攻击和节点隔离攻击尤为引人关注。这些攻击方式不仅可能使区块链网络造成巨大的经济损失，还可能严重损害其稳定性和可信度。因此，深入了解这些攻击方式的特点和原理，以及采取有效的防范和应对措施，对于保障区块链技术的健康发展至关重要。接下来，本章将详细介绍分布式拒绝服务攻击和节点隔离攻击。

1. 分布式拒绝服务攻击

在区块链中，分布式拒绝服务（Distributed Denial of Service，DDoS）攻击是一种严重威胁系统安全性的攻击方式。这种攻击利用客户/服务器技术，将多个计算机联合起来作为攻击平台，对一个或多个目标发动攻击，从而成倍增强拒绝服务攻击的威力。攻击者通常使用偷窃的账号将 DDoS 主控程序安装在一台计算机上，在预定的时间内，主控程序会与大量代理程序进行通信。这些代理程序已经被预先安装在网络上的众多计算机上，当收到指令时，它们就会发动攻击。利用客户/服务器技术，主控程序能在短时间内激活大量代理程序，从而实现对目标的大规模攻击。在区块链场景下，DDoS 攻击的目的通常是为了降低网络速度，甚至迫使网络停止运作。攻击者可能针对特定的矿池或目标主机，试图使其从网络离线，从而影响挖矿活动或导致目标主机无法提供服务。这种攻击不仅会导致经济损失，还会对区块链网络的稳定性和可信度造成严重影响。

区块链网络中的 DDoS 攻击具有以下特点。

（1）分布式和协同性

DDoS 攻击不是单一主机发起的，而是多个被控制的计算机或网络节点协同作战，共同对目标发动攻击。这种分布式和协同的攻击方式大大提高了攻击的威力，使得防御更加困难。

（2）隐藏性和匿名性

攻击者在攻击过程中会利用各种手段隐藏自己，如使用假地址、伪造身份等，以逃避追踪。这使得确定攻击者的真实身份和追踪攻击源变得十分困难。

（3）高流量无用数据

DDoS 攻击的特点之一是制造高流量的无用数据，使得网络中充斥着大量的无效数据包。这些数据包可能来自不同的源地址，导致区块链网络无法正常处理有效请求，从而造成网络拥堵甚至瘫痪。

（4）对系统稳定性造成严重影响

由于 DDoS 攻击旨在耗尽目标网络的资源，因此它会对系统的稳定性造成严重影响。严重的攻击可能导致无法提供正常的服务或系统崩溃，给区块链网络带来巨大的经济损失和信任危机。

（5）防御困难

由于攻击者来自广泛的 IP 地址范围，且部分数据包可能逃避入侵检测系统的检测，因此防御 DDoS 攻击变得尤为困难。此外，攻击者可能利用区块链网络的漏洞或缺陷进行攻击，这也增加了防御的难度。

为了应对 DDoS 攻击，区块链系统需要采取一系列的安全保障措施。这包括加强网络防护，提升系统的抗攻击能力；完善数据保护机制，防止数据泄露和篡改；加强智能合约的编写质量和安全性，避免编程错误和逻辑漏洞；加强用户私钥管理和身份验证，防止私钥丢失和盗窃；以及加强物理设施和硬件设备的安全保护，防止设施被破坏和非法访问。总的来说，区块链中的 DDoS 攻击是一种严重的安全威胁，需要采取有效的措施来防范和应对。通过加强安全防护和监管，可以确保区块链系统的安全性和稳定性，推动其在各个领域的应用和发展。

2．节点隔离攻击

区块链技术的普及与发展使得其安全性问题逐渐受到关注，其中节点隔离攻击已成为一项严重威胁区块链网络安全的攻击方式。节点隔离攻击是一种针对区块链网络层的攻击方式，其核心原理在于通过特定的手段将区块链网络中的节点分隔开来，使其形成信息孤岛，从而破坏网络中的节点共识机制。这种攻击方式旨在通过破坏节点间的通信和交互，使得部分或全部节点无法正常进行信息交换和验证，进而对整个区块链网络的稳定性和安全性构成威胁。具体而言，攻击者可能会利用区块链网络中的漏洞或缺陷，通过发送恶意消息、篡改路由信息等方式实施攻击，来破坏节点间的连接和通信。一旦攻击成功，被隔离的节点将无法参与共识过程，也无法验证和更新区块链上的交易信息，从而导致网络陷入瘫痪状态。区块链的节点隔离攻击具有以下特点。

（1）针对性强

节点隔离攻击往往针对特定的节点或节点集合，旨在将这些节点从网络中隔离出来，使其无法正常参与区块链网络的运行。这种攻击方式具有较高的针对性，能够精确打击目标节点，从而对整个网络造成破坏。

（2）破坏共识机制

区块链网络的核心在于其共识机制，即所有节点共同维护一个账本，并确保账本的一致性和正确性。而节点隔离攻击正是通过破坏这一共识机制来达到其目的。被隔离的节点无法参与共识过程，导致网络中的账本无法保持一致，从而引发信任危机。

（3）隐蔽性高

节点隔离攻击通常在网络层进行，攻击者可能采用复杂的网络技术和手段来实施攻击，使得攻击行为难以被检测和发现。同时，由于区块链网络的去中心化特性，攻击者也可能通过控制多个节点来分散攻击行为，进一步增加其隐蔽性。

（4）影响范围广

一旦节点隔离攻击成功实施，其影响范围可能非常广泛。被隔离的节点不仅无法参与共识和交易验证，还可能导致整个网络的性能下降、延迟增加甚至完全瘫痪。这将对区块链网络的正常运行和用户体验造成严重影响。

节点隔离攻击是区块链网络面临的一种严重安全威胁，其原理和特点使得防御工作变得尤为复杂和困难。

DDoS 和节点隔离攻击是区块链技术在网络层面临的两大主要安全威胁。为了保障区块链系统网络层的安全和稳定，需要深入研究这些攻击方式的原理和特点，并制定针对性的防范和应对措施。同时加强技术研发和创新，提升区块链系统网络层的安全防护能力也是至关重要的。这样才能确保区块链技术在各个领域的广泛应用中发挥其最大价值。

5.2.2 数据层攻击

区块链技术的数据层攻击通过对区块链中的数据进行篡改、伪造或泄露，对整个系统的安全性和可信度构成严重威胁。数据层面临的主要攻击形式有 51%攻击、交易伪造与重放攻击以及数据泄露与篡改攻击等。接下来，本小节将对这些攻击进行简单的阐述。

（1）51%攻击

51%攻击是一种针对区块链网络的精心策划的攻击方式，其核心原理在于利用算力优势来篡改和控制区块链的交易历史。在区块链的运行机制中，算力扮演着至关重要的角色，用于验证和打包交易，形成新的区块。当攻击者成功控制超过网络总算力的 50%时，便能够利用这种算力优势，在短时间内生成比网络中其他节点更多的区块。这些虚假区块随后被添加到区块链中，形成一条新的链，该链在长度上超越了原有链，从而使得网络中的其他节点被迫接受攻击者控制的链作为最长有效链。通过这种机制，攻击者便实现了对历史交易记录的篡改，进而可以执行双花攻击等恶意行为，即同一笔“数字货币”被多次消费，严重损害了区块链系统的安全性和可信度。51%攻击具有以下特点：51%攻击具有显著的破坏性，一旦攻击成功，它将给区块链系统带来不可逆转的损害。攻击者可以肆意篡改历史交易记录，造成巨大的经济损失，甚至可能引发整个系统的崩溃。实施 51%攻击对攻击者的技术要求极高，他们需要掌握先进的算力技术和资源，以便在短时间内控制足够多的算力。这种高技术要求使得 51%攻击在现实中较难实施，但也不能完全排除其发生的可能性。此外，51%攻击还具有短期攻击性的特点。攻击者一旦成功篡改交易记录并完成双花攻击等恶意操作，往往会迅速撤离网络，以避免被其他节点发现。这种快速行动和撤退的策略使得攻击者能够在短时间内实现其目的，同时降低被发现和追踪的风险。

最后，51%攻击的成功将对区块链系统的信任带来严重挑战。用户对区块链系统的信任是建立在其去中心化、安全性和可信度的基础之上的。一旦攻击者成功实施 51%攻击，这将严重破坏用户对区块链系统的信任，可能导致用户流失和市场动荡，对区块链技术的推广和应用产生负面影响。因此，加强区块链系统的安全防护和提高算力分布的均匀性，是防止 51%攻击的关键措施。

（2）交易伪造与重放攻击

交易伪造与重放攻击，作为区块链领域的一类常见安全威胁，其核心原理在于攻击者通过伪造合法交易或重复已确认的有效交易，企图获取不当利益或制造网络混乱。在此类攻击中，攻击者可能利用篡改交易内容、伪造数字签名或重复广播已确认交易等手段，实施对区块链网络的恶意操作。通过伪造交易信息，攻击者企图将虚假交易注入区块链中，以窃取他人数字资产或误导其他用户。同时，攻击者还可能通过重复广播已确认的交易，引发双重支付等问题，从而破坏交易的可靠性和安全性。交易伪造与重放攻击具有以下特点。

① 技术门槛相对较低

相较于 51%攻击等高级技术手段，交易伪造与重放攻击对攻击者的技术要求相对较低。只需具备基本的密码学知识和计算能力，攻击者便有可能实施此类攻击，这在一定程度上增加了防范此类攻击的难度。

② 隐蔽性较高

交易伪造与重放攻击通常具有较高的隐蔽性，攻击者可以在不引起过多关注的情况下进行恶意操作。特别在交易量较大的区块链网络中，攻击行为更难以被察觉，增加了追踪和防范的难度。

③ 影响范围相对局限

尽管交易伪造与重放攻击可能对个别用户或少数交易造成直接损害，但由于其攻击方式和手段的限制，其影响范围通常较为局限。一旦攻击行为被发现，区块链网络的共识机制和监测系统能够迅速作出反应，追踪并阻止攻击行为，从而限制其对整个网络的影响。

④ 防御手段丰富多样

针对交易伪造与重放攻击，区块链系统可以采用多种防御手段。例如，加强交易验证机制，确保交易信息的真实性和完整性；利用数字签名技术，防止交易内容被篡改和伪造；通过智能合约等技术手段，实现交易的自动化执行和监控。此外，持续改进区块链系统的安全性，提高网络的整体防御能力，也是有效应对交易伪造与重放攻击的重要途径。

通过深入研究和探讨交易伪造与重放攻击的原理和特点，可以更好地认识和理解交易伪造与重放攻击安全威胁的本质。同时，加强防御手段和持续改进区块链系统的安全性，可以有效降低交易伪造与重放攻击带来的潜在风险，维护区块链网络的稳定运行和用户资产的安全。

（3）数据泄露与篡改攻击

区块链的数据泄露与篡改攻击，其核心在于攻击者企图获取或篡改存储在区块链上的数据信息，进而引发信息泄露或数据不可靠性的风险。攻击者可能利用非法手段，如系统漏洞、恶意软件等，获取用户身份信息、交易记录等敏感数据。此外，攻击者还可能试图修改已存在的交易数据或智能合约，以歪曲事实或欺骗其他用户，从而谋求私利或破坏区块链网络的正常运行。区块链中的数据泄露与篡改攻击具有以下特点。

① 隐蔽性显著

数据泄露与篡改攻击往往具有高度的隐蔽性。攻击者通常会采取谨慎的操作策略，尽量减少对区块链网络的直接干扰，以避免引起过多的关注和怀疑。这种隐蔽性使得攻击行为难以被及时发现和防范，增加了攻击成功的可能性。

② 风险巨大

数据泄露与篡改攻击对用户的隐私信息和资产安全构成严重威胁。一旦发生数据泄露或篡改，用户的信任度将大幅下降，可能导致法律纠纷和金融损失。此外，这种攻击还可能破坏区块链网络的稳定性和可信度，对整个生态系统造成严重影响。

③ 防范手段丰富

为应对数据泄露与篡改攻击，区块链系统采用了多种防范手段。首先，通过加密技术和访问权限控制，保护数据的机密性和完整性。其次，利用多重签名和分布式存储等技术，增强数据的抗篡改能力。最后，共识机制也发挥了重要作用，确保网络中的节点对数据的共识和验证。

④ 需持续监测与评估

为降低数据泄露与篡改攻击的风险，区块链系统需要建立持续的数据监测和审计机制。通过对网络中的数据流动和异常行为进行实时监控和分析，及时发现并应对潜在的攻击威胁。同时，定期对系统的安全性进行评估和审查，确保防范措施的有效性和适应性。

区块链的数据泄露与篡改攻击是区块链安全领域的重要挑战。通过深入研究其原理和特点，并通过加强防范手段和持续监测评估，可以有效降低数据泄露与篡改攻击带来的潜在风险，确保区块链网络的安全稳定运行。

区块链系统在面对数据层攻击时，需要不断加强安全防护意识和技术手段，采取有效的防御措施来保护系统的安全性和完整性。只有这样，区块链技术才能够持续健康、稳定地发展，为数字化社会提供更加可靠和安全的基础设施。

5.2.3 智能合约的安全风险

智能合约的安全风险涉及多方面，其中编程错误、逻辑漏洞以及合约调用依赖性是常见的问题。编写智能合约时可能存在错误或逻辑漏洞，导致未预料到的行为发生，如资金锁定或陷入无限循环调用等情况。此外，智能合约在执行过程中可能依赖外部数据源或第三方服务，若这些依赖出现问题或被篡改，就可能导致合约执行失败或资金损失。

（1）编程错误与逻辑漏洞

在智能合约的编写环节中，程序员可能由于各种原因造成编程错误或引入逻辑漏洞。这类问题可能源自代码逻辑的复杂性、数据处理的不当或语法错误等常见因素，而且可能因区块链技术的独特性而放大其影响。智能合约一旦部署至区块链网络，便具有不可篡改和不可撤销的特性，这使得任何潜在的编程错误或逻辑漏洞都可能被恶意攻击者所利用，从而引发资金锁定、无限循环调用等严重的安全问题。

编程错误往往涉及代码逻辑的复杂性、数据处理的准确性以及语法规则的遵守程度。在智能合约中，这些错误可能因区块链环境的高度透明性和不可更改性而被放大，任何微小的失误都可能造成合约执行中的不可预测行为，对合约的安全性和可靠性构成严重威胁。逻辑漏洞则更多地涉及合约业务逻辑的完整性和健壮性。若程序员对合约的业务需求理解不透彻，或在设计过程中存在疏忽，可能导致合约逻辑存在缺陷。这些缺陷一旦被攻击者发现，便可能被用于执行恶意操作，如资金盗取、合约篡改等，进而损害参与者的经济利益或破坏整个合约系统的稳定运行。

因此，程序员在编写智能合约时，必须保持高度的警惕性和责任感。程序员应通过全面的测试来验证合约的正确性和稳定性，同时利用代码审查等手段来识别和修复潜在的逻辑漏洞。此外，引入形式化验证和安全审计等先进技术，也能进一步提升智能合约的安全性和可靠性，确保其在区块链环境中的稳定运行和有效执行。

（2）合约调用依赖性与资金锁定

智能合约的安全性问题中，合约调用依赖性与资金锁定现象尤为关键。智能合约在运作过程中，不可避免地需要与外部数据源或第三方服务进行交互，以获取必要的信息或执行特定的功能。然而，这种依赖关系也带来了一定的风险。若外部数据源遭受攻击或篡改，或是第三方服务出现故障或不稳定，智能合约的执行过程可能遭受严重影响，甚至导致资金的不当分配或损失。

首先，智能合约对外部数据源的依赖，使其面临着数据可信度和一致性的挑战。一旦所依赖的数据源发生错误、被篡改，智能合约的执行结果将可能遭受重大干扰，引发资金的误分配或流失。为解决此问题，智能合约开发者在选择数据源时应格外谨慎，确保数据源的可靠性和稳定性。同时，合约内部应构建完善的数据验证机制，以确保所使用数据的真实性和完整性。其次，智能合约对第三方服务的依赖同样带来服务可用性和可靠性的风险。若依赖的第三方服务出现中断、故障或性能不稳定，智能合约可能无法正常执行，进而引发资金锁定或损失等严重后果。为应对这一风险，智能合约设计者在构建合约时，应考虑引入备用服务或自动切换机制。当主服务出现故障时，合约能够自动切换到备用服务，确保合约的连续性和稳定性。此外，智能合约的开发者还需加强对合约调用依赖性的审计和监控工作。通过定期对合约所依赖的数据源和服务进行审查，及时发现潜在的风险和问题，并采取相应的应对措施，可以有效降低依赖性带来的安全风险。

智能合约的开发者应充分认识到上述风险，并在合约设计和执行过程中采取相应的预防和应对措施。通过谨慎选择数据源、构建数据验证机制、引入备用服务以及加强审计和监控工作，可以最大程度地确保智能合约的安全性和可靠性，降低资金锁定和损失的风险。

智能合约的安全风险不容忽视。编程错误与逻辑漏洞可能导致合约在执行过程中出现不可预料的行为。此外，智能合约在执行过程中可能依赖于外部数据源或第三方服务，如果这些依赖项出现问题或被篡改，同样可能导致合约执行失败或资金损失。

5.2.4 用户安全与隐私泄露

随着区块链技术的广泛应用，用户安全与隐私泄露问题日益凸显，成为当前行业面临的重要挑战。其中，私钥丢失与盗窃、用户数据泄露与身份伪造等问题尤为严重，对用户的资产安全和隐私保护造成了极大的威胁。

用户的私钥作为控制其数字资产的核心要素，其安全性至关重要。一旦私钥丢失或被盗窃，用户将面临资金被盗或无法访问的困境。因此，必须高度重视私钥的安全管理，采用多重加密技术、安全存储方案等手段，以确保私钥的机密性、完整性和可用性，为用户提供坚不可摧的资产保障。同时，区块链系统中的用户数据也可能面临泄露风险。一旦攻击者获取了用户数据，不仅可能进行身份伪造，还可能发起钓鱼攻击等恶意行为，进一步侵害用户的权益。因此，必须完善区块链系统的安全防护机制，强化用户数据的保密性和完整性，以防止数据泄露和身份伪造等风险的发生。通过数据加密、访问控制等措施，确保用户数据的安全传输和存储，为用户打造一个安全、可信的区块链生态环境。除此之外，还应加强用户隐私保护意识教育，提升用户的安全防范意识。通过普及区块链知识、宣传隐私保护理念等方式，使用户了解区块链技术的运作机制和安全风险，掌握正确的使用方法，避免因操作不当而引发安全问题。

区块链技术在带来诸多优势的同时，也面临着来自网络、数据、智能合约及用户隐私等多个层面的安全威胁。这些威胁可能导致网络拥堵、数据泄露、合约执行错误、资金损失及系统稳定性受损等严重后果。因此，必须深入理解和全面应对这些安全威胁，确保区块链技术的健康、稳定和可持续发展。

5.3 区块链安全保障

区块链安全保障

鉴于区块链技术所面临的多重安全威胁，实施有效的安全保障措施显得尤为重要。这些措施旨在构建一套多层次、全方位的防护体系，从网络防护、数据保护、智能合约安全、用户隐私保护到物理设施安全等方面，全面提升区块链系统的安全性。通过加强技术研究和创新，结合严格的安全审计和监管，我们可以为区块链技术的健康发展筑牢安全防线，推动区块链在各个领域的应用和落地。

5.3.1 加密技术应用

在区块链系统中，加密技术是保障数据安全性和保护隐私的基石。它通过对数据进行加密处理，显著增强了数据的安全防护能力，有效降低了数据泄露和篡改的风险。首先，数据传输加密是加密技术应用的重要应用之一。在区块链网络中，节点间的通信和数据传输是频繁且关键的。通过采用诸如 TLS/SSL 等安全传输协议，结合对称加密或非对称加密技术，确保数据在传输过程中的机密性和完整性。这有效防止了数据在传输过程中被截获、篡改或窃取，保障了通信的安全性。存储加密同样是加密技术在区块链中的重要应用。区块链的不可篡改性和持久性要求数据在存储时也必须保持高度安全。通过采用加密存储技术，如全盘加密或文件级加密，将区块链数据以密文形式存储在物理介质上，防止了非法访问和数据泄露。即使存储介质被物理窃取，攻击者也无法轻易获取到明文数据，从而保障了数据的安全性。此外，身份验证也是加密技术在区块链中的关键应用之一。在区块链网络中，参与节点需要进行身份验证以确保只有合法用户才能参与网络的运作。利用非对称加密技术，为每个用户生成唯一的公私钥对，实现用户的身份验证和权限控制。只有持有相应私钥的用户才能对区块链进行操作，这极大增强了系统的安全性和可信度。在实际应用中，这些加密技术还需要结合具体的业务需求和技术特点进行设计和优化。例如，在选择加密算法时，需要考虑到算法的安全性、性能和兼容性等因素；在部署加密方案时，需要考虑到系统的架构、网络环境和用户习惯等因素。

加密技术在区块链系统中的应用涉及多个方面，通过采用先进的加密算法和技术手段，可以确保数据在传输、存储和身份验证等过程中的安全性，为区块链技术的广泛应用提供了坚实的安全保障。

5.3.2 共识机制选择

共识机制是区块链技术中的核心组成部分，它决定了节点间如何达成一致性以及如何维护系统的安全性。不同的应用场景和需求需要选择不同的共识机制，如 PoW、PoS 和 DPoS 等。选择合适的共识机制对于提高系统的效率和安全性至关重要。

PoW 是一种早期被广泛应用的共识机制。它要求节点进行大量的计算工作来验证交易和创建新的区块。这种机制确保了区块链的不可篡改性，但同时也存在能耗高、交易速度慢等问题。因此，PoW 更适用于需要高度安全性但对交易速度要求不高的场景。PoS 作为一种更为节能和高效的共识机制，近年来得到了广泛的应用。PoS 根据节点持有的“数字货币”数量和质量来分配共识权力，从而降低了能源消耗并提高了交易速度。PoS 适用于对交易速度要求较高且希望降低能耗的场景。DPoS 是一种更为集中化的共识机制。在这种机制下，持币者将他们的投票权委托给代表节点，由这些代表节点负责验证交易和创建新的区块。DPoS 进一步提高了交易速度并降低了能耗，但也可能导致中心化风险。因此，它适用于对交易速度有极高要求且能够接受一定程度中心化的场景。

在选择共识机制时，还需要考虑其他因素，如系统的可扩展性、安全性、去中心化程度以及节点参与度等。例如，对于需要处理大量交易并具备高度可扩展性的场景，可能需要选择支持并行处理和分片技术的共识机制。

选择合适的共识机制是确保区块链系统稳定运行和满足特定需求的关键步骤。根据应用场景和需求的不同，可以灵活选择 PoW、PoS 或 DPoS 等不同的共识机制。通过综合考虑系统的效率、安全性、去中心化程度等因素，可以确保区块链网络在保持高度一致性和安全性的同时，满足实际应用的需求。

5.3.3 权限管理

权限管理在区块链系统中扮演着至关重要的角色，它负责合理分配和管理用户的访问权限，确保只有经过授权的用户才能对系统资源和数据进行相应的操作。这一机制有助于防范未授权的访问和操作，从而维护系统的安全性和稳定性。在区块链系统中，权限管理通常涉及用户身份验证、角色划分以及访问控制策略等多个方面。

用户身份验证是权限管理的基础。通过验证用户的身份，系统可以确定用户的身份和权限级别。这通常涉及密码、数字证书或生物识别等技术的使用，以确保用户身份的真实性和准确性。角色划分是权限管理的核心环节。通过将用户划分为不同的角色，如管理员、普通用户或访客等，系统可以为每个角色分配不同的权限级别和操作范围。这种角色化的管理方式有助于简化权限管理过程，提高管理效率。访问控制策略是实现权限管理的关键手段。这些策略明确规定了哪些用户或角色可以访问哪些资源或执行哪些操作。通过制定合适的访问控制策略，系统可以实现对敏感数据和关键资源的保护，防止数据泄露和滥用。

在区块链系统中实施权限管理时，还需要考虑一些其他关键因素。首先，系统需要确保权限分配的灵活性和可扩展性，以应对不同应用场景和需求的变化。其次，系统还需要具备权限审计和追踪的能力，以便及时发现和处理潜在的安全风险。此外，隐私保护也是权限管理的一个重要方面，系统需要确保在授权过程中不会泄露用户的敏感信息。

权限管理是区块链系统中保障安全性和稳定性的重要环节。通过合理的用户身份验证、角色划分以及访问控制策略，系统可以有效地防范未授权的访问和操作，保障系统资源和数据的安全。同时，随着区块链技术的不断进步和应用场景的扩展，权限管理也将持续优化和创新，以适应新的挑战和需求。

5.3.4 智能合约审计

智能合约作为区块链系统的核心组件，负责执行和管理各种交易与业务逻辑。其安全性直接关乎到整个系统的稳定运行和用户的资产安全。因此，对智能合约进行严格的审计和测试是确保系统安全性的关键步骤。智能合约审计涉及对合约代码的详细审查，旨在发现潜在的安全漏洞、逻辑错误以及潜在的攻击路径。审计过程包括静态代码分析、动态测试、形式化验证等多个环节，以全面评估合约的安全性和可靠性。

在静态代码分析阶段，审计团队会仔细检查合约代码的结构、逻辑和函数调用，以寻找可能存在的安全隐患。这包括检查合约中的权限控制、数据验证、异常处理等，以确保代码的正确性和健壮性。动态测试则通过模拟实际交易和攻击场景，对合约进行实时测试，以发现潜在的漏洞和错误。审计团队会构造各种测试用例，包括正常交易、异常交易以及潜在的攻击场景，以全面测试合约的功能和安全性。形式化验证则是一种更为严格的审计方法，它运用数学逻辑和定理证明来验证合约的正确性和安全性。通过形式化验证，可以确保合约满足特定的安全属性和业务逻辑要求。除了技术层面的审计，智能合约审计还需要考虑合约的业务逻辑和实际应用场景。审计团队需要与合约开发者进行深入沟通，了解合约的设计初衷、业务逻辑和潜在风险，以确保审计的全面性和准确性。

智能合约审计是保障区块链系统安全性的重要环节。通过对智能合约代码的详细审查和测试，可以及时发现和修复潜在的安全风险，确保智能合约的可靠性和安全性。因此，在区块链系统的开发和部署过程中，智能合约审计应被视为一项不可或缺的工作。

5.3.5 多重签名

多重签名是区块链系统中一种重要的安全机制，旨在通过要求多个授权方共同参与和确认交易，来提高交易的安全性和可信度。在采用多重签名的区块链系统中，一笔交易需要多个私钥的签名才能成功执行，这有效防止了单点失误或恶意操作导致的资金损失。具体来说，多重签名机制允许在交易发起时指定多个签名者，每个签名者都拥有私钥并可以对交易进行签名。只有当预设数量的签名者（例如，两个、三个或更多）都提供了有效的签名时，交易才会被区块链网络接受并确认。这种机制确保了交易的合法性和授权性，即使某个签名者的私钥被盗或丢失，也无法单独执行交易。

多重签名在区块链系统中具有广泛的应用场景。例如，在企业管理中，多重签名可以确保公司资金的流转需要多个高层管理人员的共同确认，有效预防内部欺诈和误操作。在多人共有资产的场景下，多重签名允许资产的共同所有者共同管理资产，确保资产的安全和合理使用。此外，多重签名还可以提高区块链系统的信任度。由于交易需要多个签名者的共同确认，这增加了交易的透明度和可追溯性，使得交易更加难以被篡改或伪造。同时，多重签名也降低了交易风险，使得区块链系统更加稳健和安全。

通过要求多个授权方共同参与和确认交易，多重签名机制提高了交易的安全性和可信度。在实际应用中，多重签名可以广泛应用于企业管理、多人共有资产等场景，为区块链系统的安全和信任提供有力保障。

5.4 区块链隐私保护

区块链中的隐私保护问题涉及多个方面，其中地址关联分析是一个重要的问题。另一个问题是交易内容的透明性。由于区块链的不可篡改性可能导致个人隐私信息的泄露，尤其是当链上数据被关联和分析时。解决这些隐私保护问题需要结合密码学、匿名技术和隐私保护协议等手段来加强区块链的隐私保护能力。接下来，本章将从区块链隐私保护技术概述、匿名性与伪匿名性技术、隐私保护协议与隐私链，以及隐私保护的挑战四个方面，对区块链隐私保护技术进行阐述。

5.4.1 区块链隐私保护技术概述

区块链隐私保护技术的发展和应用对于提升区块链系统的安全性和隐私性至关重要。区块链隐私保护技术涉及多个方面，包括加密技术、零知识证明、安全多方计算、同态加密等。这些技术的发展和应用，将有助于提高区块链系统的安全性和隐私性。接下来，本小节将从加密技术在区块链中的应用、零知识证明、安全多方计算技术和同态加密技术四个方面来讲解区块链隐私保护。

1. 加密技术

加密技术在区块链中是一项非常重要的应用之一。在区块链上，数据的安全性和隐私性至关重要，而加密技术可以提供有效的解决方案。加密技术通过将信息转换为密文，然后使用密钥进行解密，以确保信息的保密性和完整性。区块链中使用的加密技术包括对称加密、非对称加密和哈希算法等。

对称加密是一种使用相同的密钥进行加密和解密的加密方式。在区块链中，对称加密主要用于保护区块链内部数据的机密性。例如，可以使用对称加密技术来防止恶意攻击者篡改网络中传递的交易数据。

与对称加密不同，非对称加密使用两个密钥，公钥和私钥。公钥可以被任何人使用来加密信息，而私钥只能由信息的拥有者使用来解密信息。在区块链中，非对称加密技术可以用于身份验证、数字签名和消息验证等方面。例如，数字签名可以用于验证交易数据的真实性，从而增加交易信息的可信度和安全性。

哈希算法则是一种将任意长度的消息转换为固定长度输出的算法。在区块链中，哈希算法可以用于检查数据的完整性。例如，在比特币区块链中，每个区块都包含了前一个区块的哈希值，这样一来，即使有人试图篡改某个区块，也会使整个区块链失效。

在实际应用中，加密技术可以对用户的个人信息进行加密，防止信息泄露、窃取和滥用。此外，加密技术可以被用于数据存储、身份验证、消息验证等方面，保护网络的安全性和用户隐私。虽然加密技术在区块链中的应用非常广泛，但是它并不是解决所有问题的唯一解决方案。为了实现更好的安全性和隐私性，还需要采取其他的措施，如零知识证明、多重签名等，来提高区块链的安全性和隐私性。加密技术在区块链中的应用无处不在，并且为保护用户数据的安全和保密性提供了有效的解决方案。

加密技术是保证区块链数据安全性和隐私性的重要手段，区块链中的主要加密技术、如图 5-1 所示。在区块链中，加密技术被广泛应用于“数字货币”交易、数据存储、隐私保护和节点通信等方面，为区块链的应用提供了强有力的支持。

由于在本书的第 2 章中已经对加密技术进行了详细的讲解，此处不再赘述，需要了解加密技术的读者可以查阅本书第 2 章内容。

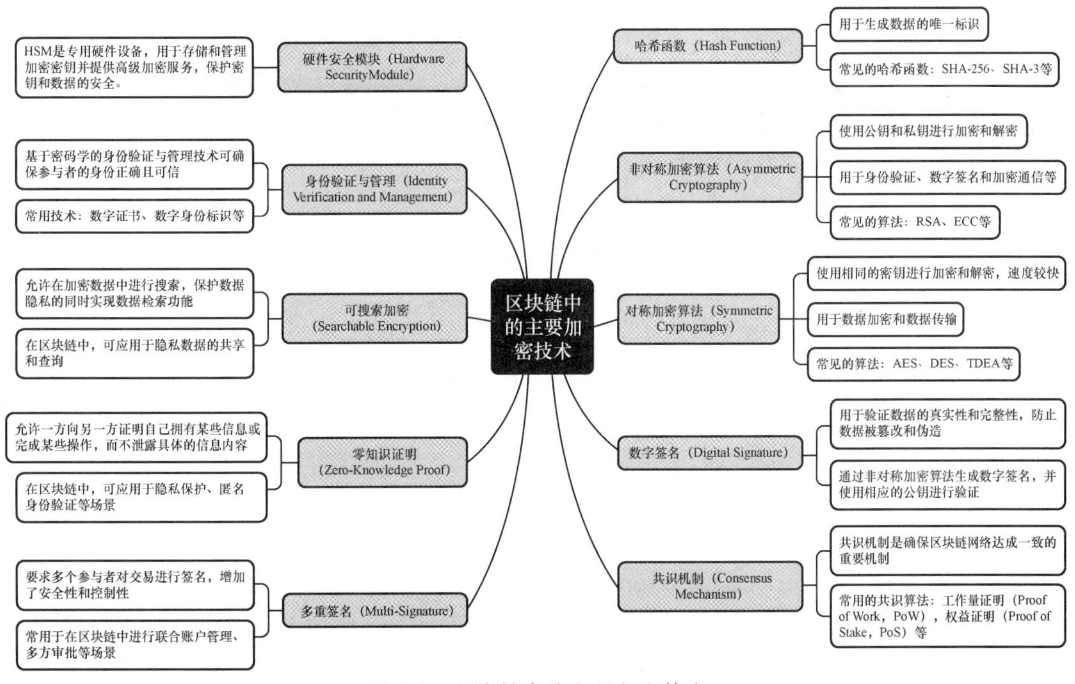

图 5-1　区块链中的主要加密技术

2．零知识证明

零知识证明（Zero-Knowledge Proofs，ZKP）是一种加密技术，它允许一个实体向另一个实体证明其拥有某个信息，而不需要泄露该信息的具体内容。简单来说，零知识证明技术可以在不向对方透露任何具体信息的情况下，证明自己的身份或能力。零知识证明技术是由计算机科学家莎菲·戈德瓦塞尔（Shafi Goldwasser）、希尔维奥·米卡利（Silvio Micali）和查尔斯·拉科夫（Charles Rackoff）于 1985 年首次提出的，它是一种基于密码学的验证协议，用于保护隐私和安全，并获得认证和授权，莎菲·戈德瓦塞尔和希尔维奥·米卡利于2012年获得图灵奖，如图5-2所示。零知识证明的主要应用领域包括密码学、数字签名、身份验证、比特币等区块链相关领域，以及人工智能、金融、物联网等领域。零知识证明技术可以证明一个实体知道某个信息，同时避免披露信息的内容，从而保护数据的隐私性和保密性。例如，在区块链中，零知识证明技术可以用于验证某个交易的有效性，同时保护交易的隐私信息不会被泄露。零知识证明技术的优点在于它可以提供高度的保密性和安全性，同时避免泄露关键信息。该技术可以大大提高数据安全和保护隐私的能力，在数字身份验证、安全交易等领域应用广泛。

图5-2　莎菲·戈德瓦塞尔和希尔维奥·米卡利获得图灵奖

零知识证明是密码学中的一项重要技术，用于证明某个陈述的正确性，同时不泄露陈述的具体内容。以下是零知识证明的发展历程和重要事件。

（1）零知识证明的提出

零知识证明最早由计算机科学家莎菲·戈德瓦塞尔、希尔维奥·米卡利和查尔斯·拉科夫在1985年提出。他们提出了一个理论框架，用于形式化地描述和证明零知识证明的概念，并定义了零知识证明系统的安全性属性。

（2）三色球问题

在1987年，莎菲·戈德瓦塞尔、希尔维奥·米卡利和查尔斯·拉科夫发表了一篇名为"The Knowledge Complexity of Interactive Proof-Systems"的论文，在其中引入了一个著名的例子：三色球问题。该问题演示了零知识证明的基本思想和原理。三色球问题是这样的：Alice有一袋红球、绿球和蓝球，她声称自己可以以某种方式对球重新着色，使得Bob无法确定她是否说的是实话。通过使用零知识证明，Alice可以向Bob证明她的声称是正确的，同时不泄露她对球的具体着色方案。

（3）图灵奖和混合协议

2012年，莎菲·戈德瓦塞尔和希尔维奥·米卡利因他们在密码学方面的工作，包括零知识证明的研究，获得了图灵奖。这次荣誉进一步推动了零知识证明的研究和应用。随后，其他学者进一步深化了零知识证明的理论基础，并提出了更加高效和实用的零知识证明协议，如零知识证明的混合协议（zk-SNARKs）。

（4）区块链中的应用

近年来，随着区块链技术的兴起，零知识证明在区块链领域得到了广泛的应用。例如，Zcash 等隐私保护型“数字货币”使用了零知识证明技术来保护交易的隐私性。通过零知识证明，用户可以证明其交易有效，而无须透露交易的具体细节，实现了匿名性和隐私保护。

零知识证明的交互流程如图 5-3 所示。在这个过程中，证明者能够向验证者证明其所拥有的知识，而验证者可以确认该陈述的真实性，但无法得知关于这个陈述的任何细节。接下来，本章将讲解零知识证明技术的基本原理。

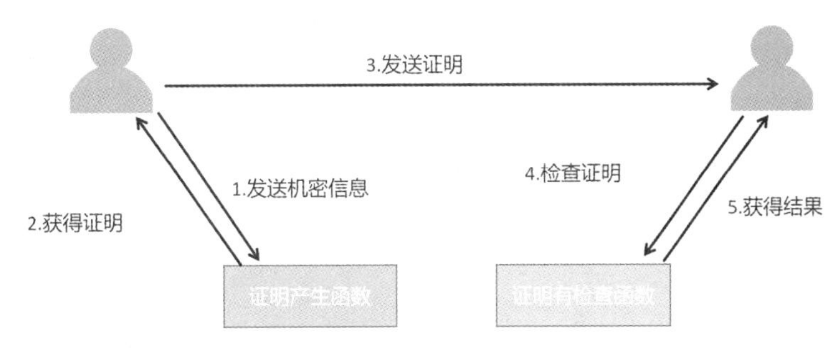

图 5-3　零知识证明的交互流程

（1）陈述

首先，证明者要证明一个特定的陈述，例如某个密码的正确性、某两个图形的颜色或两个数字相等。这个陈述可以被表示为一个布尔表达式。

（2）证明构建

证明者利用一系列数学运算，构建一个证明来支持该陈述的真实性。证明的生成过程通常通过一系列随机选择生成的“证明语言”来完成。

（3）交互验证

证明者将证明提供给验证者，并进行一系列交互验证的步骤。这些步骤旨在使验证者能够验证证明的有效性，并形成对陈述真实性的信任，同时不泄露陈述的具体信息。

（4）完备性

证明者需要确保通过交互验证后，验证者能够正确地得出结论。如果陈述是真实的，则验证者应该接受陈述的真实性。

（5）零知识性

在整个证明过程中，证明者不透露关于陈述的任何信息。验证者只能获得对陈述真实性的信任，而无法了解陈述的细节。换句话说，验证者不能从证明中获得任何关于陈述的信息。

通过以上步骤，零知识证明技术可以实现在证明者和验证者之间交流信息的过程中，验证者能够确认陈述的真实性，而证明者能够保护陈述的隐私性。需要注意的是，虽然零知识证明技术可以证明陈述的真实性，但它并不能提供陈述的来源或生成方式的证明。因此，在具体应用中，需要综合考虑陈述的背景和其他证据，以确定陈述的可信度。零知识证明技术通过交互验证的方式，实现了在不泄露具体信息的情况下证明陈述真实性的能力，保护了数据的隐私性和安全性。零知识证明技术可以在各种场景中应用，包括隐私保护、身份验证、防伪溯源等。

在上文中讲解了零知识证明技术的基本原理，接下来，本章将对零知识证明技术常见的应用进行阐述。

（1）区块链隐私保护

区块链的交易信息通常是公开透明的，但在某些应用中，用户希望保护其交易和个人身份的隐私。使用零知识证明技术，可以实现在验证交易有效性的同时，不泄露具体交易内容和交易双方的身份信息，从而有效保护用户的隐私。

（2）数字身份验证

在数字世界里，身份验证是一个重要的问题。零知识证明技术使得用户可以证明自己拥有某个身份属性（如年龄、国籍、资格等），而不需要披露具体的身份信息，从而增强了身份验证的隐私性和安全性。

（3）防伪溯源

在商品的生产、流通和消费过程中，往往存在着假冒伪劣产品的风险。使用零知识证明技术，可以帮助消费者证明其所购买的商品是正品，同时也能帮助生产商进行供应链的追溯管理。

（4）数据隐私

在数据共享和交换的过程中，保护用户个人数据的隐私尤为重要。零知识证明技术可以帮助实现数据共享的同时，保护用户个人数据的隐私，从而提高数据的可信度和使用效率。

零知识证明技术广泛应用于各种安全性、隐私性和可信性方面，可以帮助实现安全的数字身份验证、隐私保护、溯源追踪、数据共享等多种场景。随着技术的不断发展，零知识证明技术在未来还将在更多的领域中得到应用。在区块链领域，零知识证明技术也可以发挥重要的作用，特别是在隐私保护方面。以下是零知识证明在区块链隐私保护中的几个重要作用。

（1）隐私保护

区块链是一个公开透明的分布式账本，所有的交易信息都可以被任何参与者所查看。然而，在某些情况下，用户希望保护其交易和个人身份的隐私。采用零知识证明技术可以实现在验证交易有效性的同时，不泄露具体交易内容和交易双方的身份信息，从而保护用户的隐私。

（2）身份验证

在区块链中，身份验证是一个重要的问题。传统的身份验证方法往往需要公开披露个人的身份信息，这可能导致隐私泄露的风险。通过使用零知识证明技术，用户可以证明自己拥有某个身份属性（如年龄、国籍、资格等），而不需要披露具体的身份信息，从而增强了身份验证的隐私性和安全性。

（3）匿名性

对于一些特定的应用场景，用户可能希望在区块链上进行交易时能够保持匿名性。零知识证明技术可以实现匿名性的交易验证，即验证者可以确认交易的有效性，但无法得知具体的交易参与者和交易内容。

（4）可信性证明

在区块链中，有时需要证明某个特定的陈述为真，而不需要披露敏感的详细信息。使用零知识证明技术，可以通过提供一系列交互证明来支持陈述的真实性，而无须透露任何关于陈述的具体信息。

零知识证明技术为区块链提供了更强大的隐私保护机制，可以帮助用户保护其交易信息和身份隐私，同时保持了区块链的公开透明特性。这对于促进数字资产交易、个人数据保护和企业间的安全合作具有重要意义。然而，需要注意的是，为了充分发挥零知识证明技术的作用，需要在系统设计和隐私协议方面进行仔细考虑，并结合其他隐私保护技术进行综合应用。

3．安全多方计算

安全多方计算（Secure Multiparty Computation，SMC）是一种密码学技术，旨在允许多个参与方在不暴露私密数据的情况下进行计算。它的核心目标是保护参与方的隐私，同时实现计算结果的正确性。安全多方计算基础技术包括秘密共享（Secret Sharing，SS）、不经意传输（Oblivious Transfer，OT）和混淆电路（Garbled Circuit，GC）等。这些技术旨在确保数据的安全性和隐私性，防止未经授权的访问或使用。

① 秘密共享是将一个秘密分成多个部分，并将它们分发给参与者，每个参与者只能获取属于自己的那一部分的秘密。这样可以将秘密分散管理，从而减少潜在的风险。

② 不经意传输是在不引起注意的情况下进行数据的传输，例如在浏览网页时自动下载安装包或者在发送电子邮件时自动附加附件等。这种行为可以绕过传统的安全措施，防止被恶意软件窃听或拦截。

③ 混淆电路是通过混淆加密和解密的规则和算法，使得攻击者无法确定明文和密文的对应关系，从而达到保护数据的目的。这种技术在某些情况下可以提高密码的安全性，防止被破解或盗用。

这些技术都是实现安全多方计算的基础，可以帮助保护数据的安全性和隐私，防止未经授权的访问和使用。然而，需要注意的是，这些技术并不能完全保证数据的安全性和隐私性，还需要结合其他的安全措施来共同保障。在安全多方计算中，每个参与方持有自己的输入数据，并希望通过与其他参与方的协作计算得到特定的结果，而不泄露他们的私密输入。安全多方计算示意图，如图 5-4 所示。在安全多方计算中涉及以下几个关键概念。

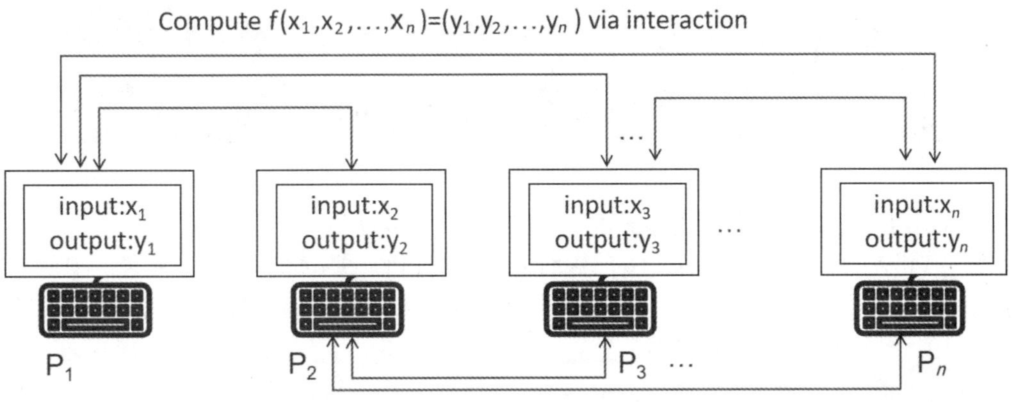

图 5-4　安全多方计算示意图

隐私保护：安全多方计算注重保护参与方的个人隐私。参与方不会将其输入数据直接共享给其他人，而是通过使用密码学协议和技术对其数据进行加密、混淆和保护，以确保其他参与方无法获知其私密信息。

分布式计算：安全多方计算涉及多个参与方之间的分布式计算。每个参与方持有自己的输入数据，并根据协议规定的步骤和规则进行计算。参与方在计算过程中交换加密的消息，协同完成计算任务，并最终得到计算结果。

安全协议和密码学原语：安全多方计算使用各种安全协议和密码学原语来实现隐私保护和计算结果的正确性。例如，零知识证明、秘密共享、同态加密等技术被广泛应用于安全多方计算中，以确保参与方在不相互泄露私密数据的情况下进行计算。

信任模型：在安全多方计算中，通常假设参与方之间相互合作是可信的，但对计算协议的中心化组织或其他非参与方持怀疑态度。这种信任模型允许安全多方计算在不依赖单一可信实体的情况下进行，提高了协作计算的可扩展性和安全性。

安全多方计算技术经历了从理论到实践的发展过程。随着时间的推移，安全多方计算的理论基础得到了持续完善，应用领域逐渐扩大，并逐步走向商业化和标准化。接下来，本章将介绍安全多方计算技术的发展历史。

（1）1982 年，安全多方计算的提出

安全多方计算最早由计算机科学家姚期智①院士在 1982 年提出。他在论文“Protocols for Secure Computations”中引入了安全多方计算的概念，并提出了基于密码学的协议来实现多方之间的安全计算。姚期智院士如图 5-5 所示。

图 5-5 姚期智院士

（2）20 世纪 90 年代，理论基础的建立

在 20 世纪 90 年代，安全多方计算的理论基础得到了进一步的夯实和完善。众多学者在此期间提出了具体的安全多方计算协议，如秘密共享、不经意传输、混淆电路、同态加密等。

（3）21 世纪 00 年代，实用性的提升

在 21 世纪初，研究者们开始关注如何将安全多方计算技术应用于实际场景中。他们提

① 姚氏百万富翁问题作为一个经典问题，来源于“Protocols for secure computations”。姚期智院士是一位杰出的计算机学者，他于 2000 年获得图灵奖，是首位也是至今唯一一位获得该奖的华人学者，研究方向涵盖了计算理论及其在密码学和量子计算中的应用。

出了更高效、更实用的安全多方计算协议，并在电子投票、隐私保护数据挖掘、云计算等领域进行了广泛应用和实验验证。

（4）21 世纪 10 年代，商业化和标准化进程

在 21 世纪 10 年代，安全多方计算技术逐渐引起了商业界的重视。一些初创公司和大型企业开始将安全多方计算技术应用于数据隐私保护、安全云计算等领域，并推动了安全多方计算技术的商业化进程。同时，标准化组织和学术界也开始制定安全多方计算的标准和规范，以促进技术的使用和发展。例如，国际标准化组织 ISO/IEC 于 2015 年发布了《信息安全技术——多方协议》（ISO/IEC 29100）标准，针对多方计算提供了通用框架和指南。

当前，安全多方计算技术正不断拓展其应用领域，如金融、医疗、人工智能等。同时，研究者们也在努力优化安全多方计算的性能和效率，以提高其在实际场景中的适用性。

安全多方计算技术通过使用密码学协议和技术，来实现多方之间计算和协作，同时保护参与方的隐私和输入数据，两方安全计算模式如图 5-6 所示。在安全多方计算中，参与方之间相互通信的消息是加密的，并且参与方不会直接访问其他参与方的私密输入数据。安全多方计算技术通常使用同态加密、秘密共享、零知识证明等密码学技术。这些技术保障了计算过程中参与方的私密数据的安全，并验证计算结果的正确性。安全多方计算的工作原理可以概括为以下几个步骤。

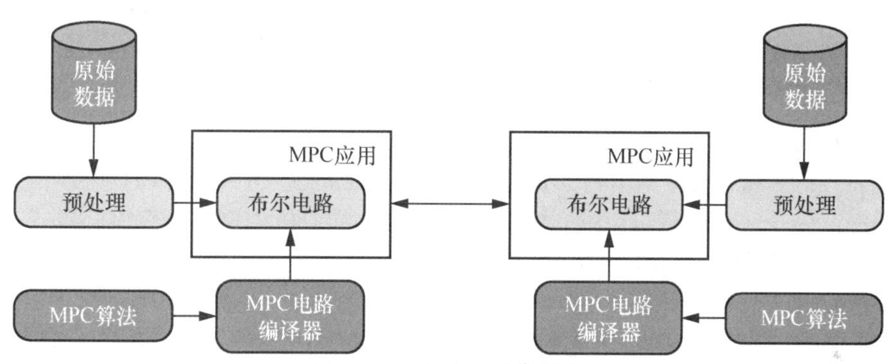

图 5-6　两方安全计算模式

（1）隐私保护

在安全多方计算中，每个参与方首先对其输入进行加密、掩盖和保护，以确保其他参与方无法获知其私密信息。这个步骤通常使用同态加密、秘密共享等密码学技术来实现。

（2）协作计算

在隐私保护措施实施后，参与方开始进行协作计算。根据协议规定的步骤和规则，参与方交换加密的消息，并计算出结果。在计算过程中，每个参与方可以只了解自己保持的输入数据和收到的加密消息，而无法获知其他参与方的输入。

（3）计算验证

计算完成后，参与方需要对计算结果进行验证，以确保计算结果的正确性。这个步骤通常使用零知识证明等技术来实现。

（4）结果输出

经过验证后，计算结果可以输出给参与方或其他相关方。

需要注意的是，安全多方计算作为一种高级密码学技术，实施起来通常比较复杂，并且可能会受到计算效率和可扩展性的制约。安全多方计算的组成如图 5-7 所示，从图中也

能了解到安全多方计算的复杂性。因此，在具体应用中需要综合考虑安全性、效率和可行性等因素。然而，由于安全多方计算技术具有隐私保护、数据共享、分布式计算、可证明安全和去中心化等优点。它能够在保护参与方隐私的同时，实现数据的共享和计算，将计算任务分布到多个节点以提高效率，并通过验证机制确保计算结果的正确性。此外，它是一种去中心化的计算方式，不需要依赖第三方或中心化的机构，增强了系统的安全性和可信度。因此，安全多方计算技术在许多领域中得到应用，以下是其中一些常见的应用场景。

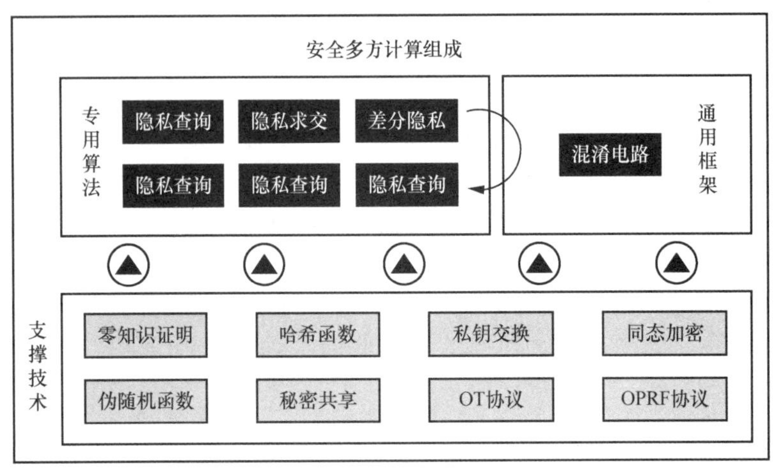

图 5-7　安全多方计算的组成

（1）隐私保护

安全多方计算可以用于保护个人隐私，特别是在涉及敏感数据的场景中。例如，医疗保健领域中，多个医疗机构可以通过安全多方计算共同分析病例、研究疾病模式，而无须公开或共享患者的个人信息。

（2）数据共享与合作计算

安全多方计算可以实现跨组织之间的数据共享和合作计算，同时保护了参与方的数据隐私。例如，在金融行业中，多个银行可以通过安全多方计算来进行欺诈检测和风险评估，共同分析交易数据，以发现异常模式，而无须向对方透露客户的敏感信息。

（3）机器学习和数据挖掘

安全多方计算可以保护参与方的数据隐私，并允许多方共同训练机器学习模型或进行数据挖掘任务。这使得不同组织之间可以共享数据，提高模型的准确性，同时保护数据的隐私。

（4）拍卖和投票协议

安全多方计算可以用于设计安全的拍卖协议和投票协议。参与方可以在不泄露自己的出价或选票的情况下进行拍卖或投票，保证公正性和隐私性。

（5）云计算安全

安全多方计算可以应用于云计算场景，实现对用户数据的隐私保护。用户可以将数据加密并分布在多个云服务器上，然后利用安全多方计算技术进行计算，确保云服务器无法访问用户的明文数据。

4．同态加密

同态加密是一种先进的加密技术，与传统的加密方式不同，它允许在加密数据的状态下对其进行计算，最终得到的结果与未加密数据的计算结果是相同的。1978 年，李维斯特（Rivest）、阿德尔曼（Adleman）（RSA 中的“R”跟“A”）与德图佐斯（Dertouzos）提出了全同态加密的设想，最初称为“隐衷同态”，并于 2009 年由克雷格·金特里（Craig Gentry）首次成功构建。同态加密具有以下特点。

（1）安全性强

同态加密采用了先进的数学算法和加密技术，能够有效保护数据的隐私和安全。

（2）计算效率低

同态加密的计算效率相对较低，但是随着技术的发展和优化，已经可以在实际应用中得到广泛的使用。

（3）可扩展性高

同态加密可以对多个加密数据进行计算，并得出正确的计算结果，这使得它在安全多方计算和云计算场景中具有广泛的应用。

同态加密是一种允许对加密数据进行计算并得到加密结果，而不需要解密的加密方式。根据实现方式的不同，同态加密可以分为三类：完全同态加密、部分同态加密和近似同态加密。完全同态加密允许对加密数据进行计算并得到加密结果，当正确解密结果时，原始数据和计算结果的解密等价。即，如果对同态加密的密文进行相同的运算，那么可以得到正确的明文结果。这种加密方式可以提供很高的安全性，但实现难度较大，计算成本较高。部分同态加密允许对加密数据进行某些特定的计算，并得到加密结果，然后正确解密部分结果。这种加密方式可以在某些特定场景下提供较高的安全性，实现相对容易，计算成本较低。近似同态加密允许对加密数据进行近似计算，并得到近似的加密结果，然后正确解密部分结果。这种加密方式可以在某些特定场景下提供较低的安全性，但实现相对容易，计算成本较低。

同态加密经历了从理论到实践的发展过程。随着时间的推移，同态加密的理论基础得到了完善，应用领域逐渐扩大，并逐步走向标准化和商业化。接下来，本章将阐述同态加密的发展历史。

（1）1978 年，同态加密的理论提出

同态加密最早由美国密码学家李维斯特、阿德尔曼和德图佐斯于 1978 年提出。他们在论文“On Data Banks and Privacy Homomorphisms”中首次介绍了同态加密的概念，并探讨了同态加密对于保护隐私和数据计算的重要性。

（2）2000 年，理论到实践的突破

尽管同态加密的理论基础在 20 世纪已经建立，但由于其复杂性和低效性，直到 21 世纪初，才有了更具实用性的突破。2009 年，克雷格·金特里在其博士论文“A Fully Homomorphic Encryption Scheme”中首次提出了可实现完全同态加密（Fully Homomorphic Encryption，FHE）的方案。这一突破引起了广泛的关注和研究。

（3）2010 年，同态加密的改进和应用

2010 年之后，同态加密得到了进一步的改进和应用。研究者们提出了更高效和实用的同态加密方案，并在云计算、数据隐私保护、安全计算等领域进行了广泛的实验和

应用。

目前，同态加密仍处于研究和发展阶段，但已经吸引了学术界、工业界和政府部门的广泛关注。标准化组织和密码学专家正在努力制定同态加密的标准和规范，以推动技术的应用和商业化发展。展望未来，同态加密有望在更多领域得到广泛应用，如数据隐私保护、安全云计算、医疗保健等。同时，研究者们也在不断提升同态加密的性能和效率，以提高其在实际场景中的可用性和可扩展性。

同态加密已经应用于安全多方计算、云计算、物联网等众多领域，为数据的隐私保护提供了可靠的解决方案。同态加密的工作原理是通过特殊的加密算法，它将明文数据加密成密文，并设计了特殊的运算规则，使得数据在密文状态下可以进行加法、乘法等计算，并得到正确的计算结果。同态加密实现了在保护数据隐私的同时，对加密数据进行计算。同态加密的工作原理主要涉及两个方面：加密和计算。同态加密过程如图 5-8 所示。

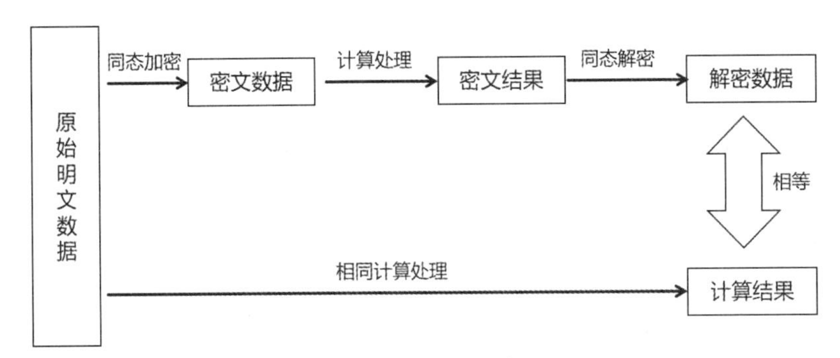

图 5-8　同态加密过程

（1）加密

同态加密通过特殊的数学运算和密码学算法，将明文数据加密成密文。在同态加密中，加密算法需要满足一定的数学性质，使得即使数据在密文状态下，仍然可以对其进行计算并得到正确的结果。常见的同态加密方案包括 RSA 同态加密、Paillier 同态加密等。

（2）计算

在同态加密中，可以对密文进行计算操作，例如进行加法、乘法等运算。同态加密算法的设计要求数据在密文状态下能够保持计算的正确性，并且保证计算结果仍然是密文形式。为了实现这一目标，同态加密方案通常采用了巧妙的算法和数学原理。

在具体的计算过程中，同态加密方案通常提供了相应的加法和乘法运算规则。例如，在加法运算时，可以使用同态加密算法中特定的加法运算规则对密文进行加法计算；在乘法运算时，可以使用同态加密算法中特定的乘法运算规则对密文进行乘法计算。通过这种计算方式，可以得到与未加密数据进行相同计算的结果。需要注意的是，同态加密的计算过程通常比明文计算要复杂且更耗时。因此，在实际应用中，我们需要权衡安全性和计算效率之间的关系。同态加密在数据安全和隐私保护领域具有广泛的应用，以下是一些常见的应用场景。

（1）安全云计算

同态加密允许用户将数据上传到云服务器进行计算，而无须将数据进行明文传输。云服务器在密文状态下执行计算操作，并返回计算结果，用户随后使用私钥解密得到最终结果。这样可以确保数据在云端的安全性和隐私性。

（2）数据隐私保护

同态加密可以在不暴露数据内容的情况下对数据进行计算操作。例如，在医疗、金融等领域中，可以使用同态加密对敏感数据进行计算，如医疗记录统计、金融数据分析等，同时保护个人隐私。

（3）安全多方计算

同态加密为多个参与方之间进行安全计算提供了解决方案。参与方可以在保持各自数据的隐私性的前提下，对共享加密数据进行计算，并获取加密的计算结果。

（4）机器学习模型保护

同态加密可以用于保护机器学习模型和数据的安全性。在模型外包或协作训练的场景中，可以使用同态加密对模型和数据进行加密，实现安全的模型训练和推断过程。

（5）数据共享与合作

同态加密可以实现在加密的数据上进行计算，从而允许跨组织或个人之间共享数据并进行合作。参与方可以使用同态加密后的数据进行计算操作，而无须直接访问对方的明文数据。

同态加密在计算效率方面存在一定的局限性，因此在区块链应用中需要权衡安全性和计算效率之间的关系。随着技术的不断发展和改进，同态加密的性能和可用性将会逐步提高，为更多的区块链应用提供支持。同态加密在区块链隐私保护中发挥着重要作用，它能够在保证区块链分布式特性的同时，对交易数据进行保密处理。以下是同态加密在区块链隐私保护中的主要应用。

（1）隐私保护

同态加密可以将交易数据加密成密文，在区块链上存储和传输，保护用户的隐私。由于同态加密支持加法、乘法等运算操作，因此密文的计算可以在不暴露原始数据的情况下完成。

（2）数据共享

同态加密使得区块链参与方可以在保护数据隐私的前提下进行数据共享，提高区块链应用的可靠性和效率。例如，在供应链管理中，参与方可以在同态加密保护下共享物流信息、生产信息等数据，以提升供应链的透明度和效率。

（3）智能合约

智能合约是区块链的核心功能之一，同态加密可以实现在智能合约执行过程中对数据的保密处理。例如，在保险合约中，同态加密可以保护用户的个人信息，防止数据泄露和滥用。

（4）去中心化身份验证

同态加密可以用于去中心化身份验证。在传统身份验证方式中，将用户信息发送到中心服务器进行验证，存在安全风险。而同态加密可以在保护隐私的情况下完成验证操作，提高了身份验证的安全性和效率。

5.4.2 匿名性与伪匿名性技术

区块链隐私保护涉及匿名性与伪匿名性技术。匿名性技术主要包括零知识证明和环签名，零知识证明允许参与者向验证方证明某个陈述的真实性，而无须透露具体信息；环签名允许多个参与者中的一个对一条消息进行签名，而无法确定具体是哪个参与者进行的签名。区块链匿名性交易示意图，如图 5-9 所示。伪匿名性技术包括隐身地址技术、混币技术和隐私币等，隐身地址技术使每个接收者都可以生成唯一的临时地址用于接收加密货币，混币技术旨在打乱交易的路径，使得交易的追踪变得困难，隐私币是一类专注于隐私保护的加密货币，如 Monero、Zcash 等。这些技术在区块链隐私保护中起到了重要作用，但仍存在一定的隐私泄露风险。由于技术本身的局限性，在使用这些技术时，需要谨慎考虑并采取适当的安全措施。接下来，本章将对区块链隐私保护技术中的匿名性和伪匿名性技术进行详细的阐述。

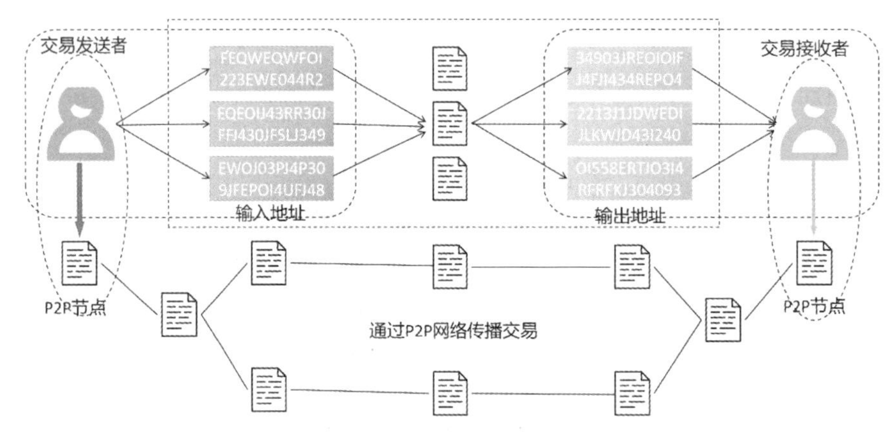

图 5-9 区块链匿名性交易示意图

区块链保护技术中的匿名性技术是指在区块链上进行交易时，参与者的身份和交易信息能够得到一定程度的隐匿，使得交易的参与者之间难以被追踪和辨识。区块链交易的匿名性与伪匿名性技术主要包括零知识证明、环签名、隐身地址、混币和隐私币等。这些技术通过不同的方式增强了交易的安全性，使得交易参与者的身份和隐私信息得到了保护。然而，这些技术并非绝对安全，仍然存在一定的风险。因此，在使用这些技术时，需要综合考虑安全性和可用性，并遵守相关的法规和政策。需要注意的是，在公共区块链中完全实现匿名性往往较为困难，因为交易数据是公开的，并且区块链是一个去中心化的分布式系统。接下来，本章将对混币和环签名这两种区块链交易的常用技术进行介绍。

1．混币技术

混币技术是一种旨在增强区块链交易的隐私性和伪匿名性的技术，混币技术示意图如图 5-10 所示。该技术通过将多个交易进行混合和重新分配，使得交易的路径变得复杂，从而增加交易的混淆度，保护参与者的真实身份和交易关联关系。混币技术的工作原理通常如下。

（1）用户选择一个混币技术提供商，并向其发送一定数量的加密货币。

（2）混币技术提供商将用户的加密货币与其他用户的货币混合，形成一个混币池。

（3）混币技术提供商将从混币池中取出一定数量的混合货币，并按照一定的算法和规则重新分配给用户。

（4）用户从混币技术提供商那里收到重新分配的加密货币，这些货币已经与其他用户的货币混合在一起，难以追踪和辨识。

混币技术可以帮助用户打破交易路径上的关联性，使得交易参与者之间的关系变得难以识别。由于混币技术将交易混合在一起并重新分配，外部观察者难以准确确定特定的发送者、接收者和交易金额等信息。这为用户提供了一定程度的伪匿名性和隐私保护。然而，需要注意的是，使用混币技术也存在一些风险和限制。首先，不同的混币技术提供商可能采用不同的混币算法和安全措施，其安全性和可靠性有所差异。用户需要选择可信的混币技术提供商，并了解其隐私保护政策和安全措施。其次，使用混币技术可能涉及一定的手续费和延迟时间。最后，需要注意的是，特定的监管机构可能对混币技术存在法律法规要求，用户需遵守当地的规定。

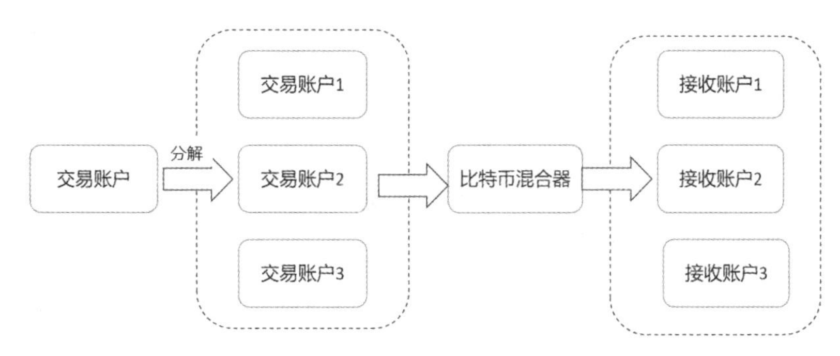

图 5-10　混币技术示意图

2．环签名技术

环签名技术是一种密码学技术，旨在实现匿名性和不可否认性。环签名最早由李维斯特等人在文章“How to Leak a Secret”中提出，它是一种简化的群签名。但与传统的群签名方案不同，环签名不需要设置可信中心，签名者可以独立完成签名过程，无须其他成员的参与协助，同时实现消息签名与隐私保护。环签名允许一个成员在一个固定大小的成员集合中，使用自己的私钥对消息进行签名，从而生成一个签名，而无须暴露自己的身份。环签名技术实现原理，如图 5-11 所示。环签名技术的基本思想是在一个成员集合中创建一个加密的环，该环包含了至少一个真实成员和其他虚拟成员。签名者使用自己的私钥和环中的其他成员的公钥来生成签名，但外部观察者无法确定签名的真实发起者是谁。具体而言，环签名技术涉及以下 3 个步骤。

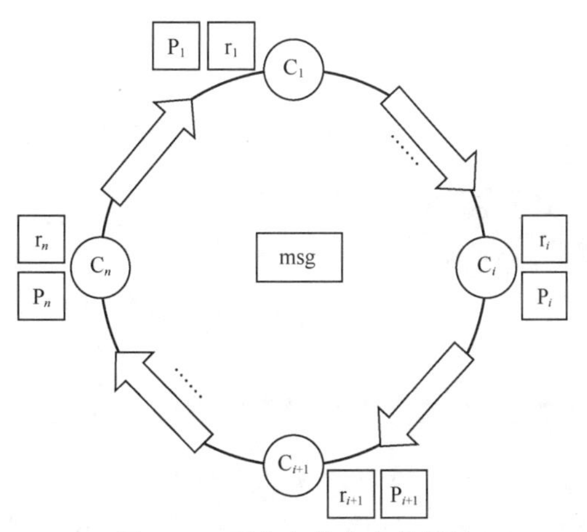

图 5-11　环签名技术实现原理

（1）构建

首先，选择一个成员集合，并为每个成员生成一个公钥和私钥。然后，将这些公钥构成一个加密的环。

（2）签名生成

当一个成员要对某个消息进行签名时，他可以选择一个随机的虚拟成员作为混淆，并使用自己的私钥和环中的其他成员的公钥来生成签名。

（3）签名验证

其他人可以使用成员集合的公钥和签名来验证签名的有效性，但无法确定签名的真实发起者身份，因为环中的成员可能是真实成员，也可能是虚拟成员。

环签名技术的优点在于能够实现匿名性和不可否认性。通过将签名者混淆在一个加密的环中，环签名隐藏了真实发起者的身份，使得签名结果对外部观察者来说是不可区分的。同时，环签名具有不可否认性，即签名者不能否认自己生成的签名。然而，环签名技术也存在一些限制和注意事项。首先，环签名需要构建和维护成员集合，因此它的效率可能较低。其次，环签名可能面临相关的法律方面的挑战，特别是在需要追踪和识别特定参与者的场景中。

5.4.3 隐私保护协议与隐私链

区块链的隐私保护协议与隐私链是加密货币领域中的重要概念，旨在保护用户的交易隐私和数据安全。这些协议和链通过采用一系列创新技术，确保交易的匿名性和隐私安全。隐私保护协议是指在区块链系统中建立的一种约定，用于保护参与者的隐私。隐私链则是专注于用户隐私保护的加密货币项目，如门罗币（Monero）和大零币（Zcash）。这些项目通过创新技术手段，确保交易的完全匿名性和隐私安全。接下来，本章将详细介绍区块链中的隐私保护协议和隐私链。

1．隐私保护协议

区块链隐私保护协议旨在保护用户隐私和数据安全，采用加密、零知识证明等技术手段达成这一目标。RingCT 和 Mimblewimble 是常见的隐私保护协议，可实现用户匿名和交易隐私保护，防止恶意攻击和数据泄露。区块链中的隐私保护协议思维导图如图 5-12 所示。

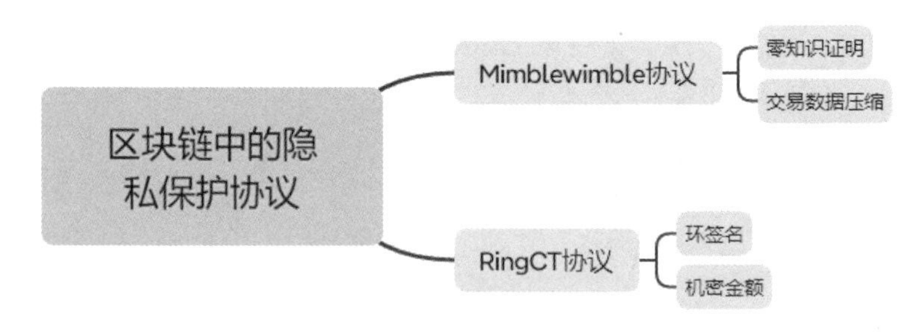

图 5-12　区块链中的隐私保护协议思维导图

隐私保护协议是指在区块链系统中建立的一种约定，以保证参与者的隐私不会被泄露或侵犯。具体来说，隐私保护协议可以采用加密、零知识证明、混淆等技术手段，通过对交易数据和身份信息进行隐藏和保护，实现用户身份匿名、交易隐私保护等目的。在实际应用中，RingCT 协议和 Mimblewimble 协议是两种较为常见的隐私保护协议。RingCT 协议是一种基于环签名技术和机密金额技术的匿名交易协议，它可以在保护参与者身份隐私的同时，实现交易验证和防止双花攻击。Mimblewimble 协议则是一种基于交易数据压缩技术和零知识证明技术的隐私保护协议，它可以实现完全隐私保护和区块链交易数据的压缩存储。RingCT 协议通过在交易输入和输出之间创建环形账户，使得任何人都无法确定哪个交易输出是与该交易相关联的。这种方式可以有效保护参与者身份隐私和交易隐私。具体来说，Mimblewimble 协议将区块中的所有交易数据进行混淆，并使用一种特殊的密码学算法来实现交易验证和防止双花攻击，同时还可以实现完全隐私保护。区块链中的隐私保护协议是非常重要的，它可以保护参与者的隐私和数据安全，防止恶意攻击和数据泄露。RingCT 协议和 Mimblewimble 协议是两种常见的隐私保护协议，下面将对其作详细介绍。

（1）RingCT 协议

RingCT 协议是一种基于环签名技术和机密金额技术的隐私保护协议，主要应用于隐私保护型区块链系统中。它目的是在保护参与者身份隐私的同时，实现交易验证和防止双花攻击。RingCT 协议实现了交易金额保密和用户身份保密，均采用环签名技术完成。

在 RingCT 协议中，交易的输入金额和输出金额都是经过加密处理的。机密金额技术使得交易金额不可读，只有交易的发送者和接收者才能解密出真实的交易金额。这样可以保护交易的隐私，防止外界观察者通过对交易金额的分析来获得参与者的身份或敏感信息。此外，RingCT 协议还采用了环签名技术，它允许多个参与者共同生成一个环形的签名，使得外界无法确定签名中的具体参与者是谁。这进一步增强了交易的隐私保护。

需要指出的是，RingCT 协议并不是完全匿名的，因为参与者从已有的其他交易中选择签名环，这样会导致某些可能的信息泄露。但相比于传统的公开区块链交易，RingCT 协议仍然提供了较高程度的隐私保护。

RingCT 协议在隐私保护型区块链系统中起到了重要的作用。RingCT 协议的工作原理可以分为两个主要部分：环签名和机密金额。首先，RingCT 协议采用了环签名技术，以保护参与者身份隐私。

假设交易 A 需要进行环签名，参与者包括发送方和其他人，那么步骤如下。

① 发送方将交易 A 的输出公钥发送给其他参与者。

② 其他参与者生成一个公钥和一个私钥。

③ 其他参与者使用交易 A 的输出公钥和自己的私钥生成一个临时的公钥。

④ 所有参与者向其他每个参与者发送自己的临时公钥并且其他参与者将这些临时公钥集合在一起，形成一个环。

⑤ 发送方使用该环中每个参与者的公钥及其自身的私钥，生成一个环签名。

⑥ 生成的环签名和交易 A 的输出公钥都会被记录区块链中，以供验证交易的时候使用。

其次，RingCT 协议还采用了机密金额技术，以保护交易金额隐私。在 RingCT 协议中，交易的输入和输出都是经过加密处理的，使得交易金额隐藏且不可读。

机密金额技术的实现方式是：交易输入被分成多个部分，每个部分都与一个盲域相乘，该盲域由接收方提供。接收方知道每个盲域，并能够恢复出真实的交易输入。这样，只有发送方和接收方才能知道真实的交易输入和输出金额，从而确保了交易的隐私性。

综上所述，RingCT 协议的工作原理主要是通过环签名技术和机密金额技术来实现隐私保护。其中，环签名技术使得参与者身份匿名，而机密金额技术使得交易金额保密。这两种技术联合起来，能够有效地保护参与者的隐私和数据安全。

（2）Mimblewimble 协议

Mimblewimble 协议是一种基于零知识证明技术和交易数据压缩技术的隐私保护协议，旨在解决比特币等传统区块链的隐私问题。Mimblewimble 协议是一种针对加密货币的隐私扩展协议。它由一位匿名开发者在 2016 年提出。Mimblewimble 协议的主要目标是提供更好的隐私保护和可扩展性。该协议采用了一种称为“Confidential Transactions”的技术，通过隐藏交易金额和输入/输出地址，从而实现更加隐私的交易。此外，Mimblewimble 还使用了“Cut-Through”和“Aggregating Signatures”等技术来优化区块链的大小，提高整体的可扩展性。针对 Mimblewimble 协议的实现有很多项目，其中知名的是 Grin 和 Beam。这些项目都旨在构建具有隐私保护功能的去中心化加密货币，吸引了许多开发者和用户的关注。接下来，本章将从特点、原理和发展历史 3 个方面介绍 Mimblewimble 协议。

① Mimblewimble 协议特点

Mimblewimble 的名称来源于《哈利波特》中的一句魔法咒语，意在阻止被施咒者谈论某一话题。Mimblewimble 协议的主要目标是提高用户隐私的安全性和可扩展性。Mimblewimble 协议具有以下特点：隐私性，Mimblewimble 协议通过其强大的加密原语提供卓越的隐私性，使得从交易的公开信息无法追踪交易金额、发送方和接收方；可扩展性和高效性，该协议采用 Utxo 删减和最小化交易数量（小于 100 字节内核）的方式，与其他区块链相比能节省大量空间；强大的密码学基础，Mimblewimble 只依赖于椭圆曲线密码学，这是一种经过数十年的测试的密码学技术。

② Mimblewimble 协议工作原理

Mimblewimble 协议的核心思想是通过压缩交易数据来保护用户隐私。与比特币等传统区块链不同，Mimblewimble 协议并不将每个交易都公开记录在区块链上，而是采用了一种称为“Confidential Transactions”的加密技术。

在 Mimblewimble 协议中，所有交易输入和输出被隐藏在名为“Kernel”的结构中，而不会直接暴露在区块链上。这些 Kernels 只包含交易总金额的加密摘要，而不显示具体的输入和输出信息。这种方式有效地隐藏了交易的真实细节，保护了用户的隐私。

此外，Mimblewimble 协议还使用了零知识证明和去中心化交易验证方法，可以在不泄露实际交易信息的情况下，确保交易的有效性和区块链的一致性。

③ Mimblewimble 协议发展历史

Mimblewimble 协议的首个实现是 Grin 和 Beam 这两个项目。Grin 于 2019 年 1 月发布，采用了 Mimblewimble 协议作为底层技术，并在区块链社区引起了广泛关注。Beam 也于同年发布，致力于提供可商业化的隐私保护解决方案。

自 Mimblewimble 协议的提出以来，它逐渐成为区块链隐私保护领域的重要研究方向。越来越多的项目开始探索和应用该协议，以提高区块链的隐私性和可扩展性。

2．隐私链

目前，众多加密货币项目都在积极探索隐私链技术和其应用，例如 Monero、Zcash、Grin 等。隐私链的出现为加密货币领域带来了更好的隐私保护和安全性，将进一步推动加密货币的普及和发展。接下来，本章将详细介绍两种隐私链。

（1）Monero 隐私链

Monero 隐私链是一种以隐私保护为核心的加密货币，它采用了一系列技术手段来确保交易的匿名性和隐私安全，Monero 隐私链也被称为门罗币。Monero 隐私链使用的技术包括环签名技术、一次性地址、交易金额混淆等，使得交易的发送者、接收者和交易金额都无法被追踪，从而为用户提供更安全可靠的交易环境。Monero 隐私链是一种专注于用户隐私保护的加密货币，它通过创新的技术手段确保交易的完全匿名性和隐私安全。首先，Monero 采用了一次性地址的概念，即每个接收者生成一个独特且仅用一次的地址，使得交易的追踪变得极为困难。其次，Monero 隐私链使用环签名技术，其中每个交易涉及多个成员的公钥，使得外界观察者无法确定真实发送者，从而保护了交易的发送者隐私。另外，Monero 隐私链还运用了交易金额的混淆机制，将每笔交易金额分成多个部分并与其他交易混合在一起，使得交易金额的具体数值无法被识别，从而增加了交易的匿名性。总之，Monero 隐私链提供了一种高度保护用户隐私的加密货币解决方案，确保用户可以进行安全、私密的交易。下面介绍 Monero 隐私链的特点和工作原理。

① Monero 隐私链的特点

隐私保护：Monero 隐私链致力于保护用户的交易隐私，确保发送者、接收者以及交易金额的匿名性。

环签名：Monero 隐私链使用环签名技术来隐藏交易的真实发送者。在交易过程中，除了真实发送者之外，还会包含其他成员的公钥，当成员签署交易时，外界观察者无法确定真实发送者的身份。

一次性地址：Monero 隐私链采用一次性地址来提高交易的隐私性。每个接收者都会生成一个独特且仅用一次的地址，从而使得交易的追踪变得困难。

隐藏交易金额：Monero 隐私链使用环签名技术来隐藏交易的金额。每笔交易的金额被分成多个部分，然后与其他交易混合，使得外界观察者无法确定具体的交易金额。

② Monero 隐私链的工作原理

匿名地址生成：Monero 隐私链中的每个接收者都会生成一个一次性地址，该地址是由发送者的公钥和随机生成的数据计算得出的。

环签名技术：在构建交易时，发送者会从区块链上选择一些与其拥有相同金额的交易作为混淆集合。然后，通过环签名技术，发送者会使用这些交易的公钥来创建一个匿名签名，隐藏发送者的真实身份。

混币：Monero 隐私链网络中的节点会协作进行交易混币。每个新交易都会与之前的交易进行混合，使得交易关联变得模糊，增加了追踪的难度。

隐藏金额和手续费：Monero 隐私链使用保密技术来隐藏交易金额，并确保交易金额的总和保持相同。同时，手续费也被隐藏在交易中，使得外界观察者无法确定具体的手续费金额。

③ Monero 隐私链发展历程

Monero 隐私链是一个去中心化的加密货币，旨在提供更强大的隐私保护。以下是 Monero 隐私链发展的历程。

2014 年，Monero 隐私链项目由比特币社区的一些开发者发起，最初被称为 Bitmonero。

2016 年，Monero 隐私链实施了“钱包隔离”（Wallet Isolation）方案，使用户的资金更加安全。

2017 年，Monero 隐私链使用了隐形地址技术，使得用户的交易地址变得不可追踪。此外，还实施了“结合挖矿”（Merged Mining）方案，与另一个加密货币 Bytecoin 共享挖矿资源。

2018 年，Monero 隐私链实现了“隐私硬分叉”（Bulletproofs）技术，使得交易验证时间缩短，并且降低了交易费用。此外，还实施了“动态块大小限制”（Dynamic Block Size Limit）方案，以提高整个网络的可扩展性。

2019 年，Monero 隐私链实现了“Triptych”协议，进一步提高了交易的隐私保护能力和交易速度。

2020 年，Monero 隐私链实现了“隐私硬分叉 2”（CLSAG）技术，使得交易的大小更小，并提高了整个网络的可扩展性。此外，Monero 隐私链还加入了“可脚本性”（Scriptability）的特性，允许开发者使用智能合约等功能。

Monero 隐私链的发展历程中，不断提升着对隐私保护和可扩展性的追求，成为了加密货币领域的一大亮点。它的隐私保护机制仍在不断完善，将继续吸引更多用户和投资者的关注。

（2）Zcash 隐私链

Zcash 隐私链是一种基于区块链技术的加密货币，它专注于保护用户的交易隐私和匿名性。Zcash 隐私链使用零知识证明技术来确保交易中的发送者、接收者以及交易金额都是匿名的，从而保护用户的交易信息不被泄露。同时，Zcash 隐私链也提供了公开交易的选项，使得需要透明度的场景也可以得到满足。下面从特点、原理和发展历史几个方面来讲解 Zcash 隐私链。

① Zcash 隐私链特点

Zcash 隐私链是一种基于隐私链技术的加密货币，旨在提供更强大的隐私保护。它采用了零知识证明（Zero-Knowledge Proofs）和 zk-SNARKS 等技术，使得交易记录变得无法解读和追踪。以下是 Zcash 隐私链的特点。

匿名性。Zcash 隐私链允许用户使用匿名地址进行交易，从而隐藏其真实身份。

零知识证明。Zcash 隐私链使用了零知识证明技术，允许用户在不泄露任何信息的情况下证明其交易合法性。这使得交易记录无法被解读和追踪。

zk-SNARKS。Zcash 隐私链采用了 zk-SNARKS 技术，使得交易发起者可以在不泄露任何信息的情况下证明其拥有足够的资金进行交易。这项技术使得交易金额无法被查看，进一步增强了交易的隐私保护。

透明地址。除了匿名地址外，Zcash 隐私链还支持透明地址。透明地址的交易记录是公开的，所有人都可以查看。这样，用户可以根据需要在匿名地址和透明地址之间进行转换。

分层设计。Zcash 隐私链的隐私机制是在一个分层设计中实现的，使得不同类型的用户可以选择不同的隐私保护级别。这种设计可以为用户提供更大的自主选择权。

② 原理

Zcash 隐私链的隐私保护基于零知识证明技术，即 zk-SNARKs（零知识可争议的非交互式证明）。这种技术允许使用者验证某个命题的真实性，而无须泄露关于该命题的任何具体信息。在 Zcash 隐私链中，zk-SNARKs 被用于验证交易的有效性，但不需要揭示交易的详细内容。

具体来说，Zcash 隐私链的 zk-SNARKs 技术通过创建一个只有发送者和接收者知道的加密证明，证明交易的合法性，同时隐藏了交易的具体细节。这意味着在区块链上，交易的发送者、接收者和交易金额都是保密的，只有相关参与者才能解密和阅读交易的详细信息。

③ 发展历史

Zcash 隐私链项目始于 2016 年，由一群密码学家和开发人员组成的团队（最初为 Zerocoin Electric Coin Company，现为 Electric Coin Company）进行开发。该项目最初是基于 Zerocoin 协议的改进版本，后来演变为 Zerocash 协议，最终发展成了 Zcash 隐私链。

Zcash 隐私链于 2016 年 10 月正式发布，并在当时引起了广泛的关注。它是首个实现零知识证明技术的主流加密货币，并成为隐私保护领域的重要里程碑。自发布以来，Zcash 隐私链团队不断改进和优化其协议和系统，致力于提供更高级别的隐私保护和性能。

（3）Monero 隐私链和 Zcash 隐私链的异同之处

Monero 隐私链和 Zcash 隐私链都是基于区块链技术的加密货币，旨在提供更强的隐私保护。它们之间的异同可从以下几个方面来分析。

① 隐私保护机制

Monero 隐私链和 Zcash 隐私链都采用了不同的隐私保护机制。Monero 隐私链使用了环签名技术等，这些技术可以隐藏交易中发送者、接收者和金额等信息。Zcash 隐私链则使用零知识证明（zk-SNARKs）技术，可以隐藏交易的具体细节。总体来说，Monero 隐私链与 Zcash 隐私链采用了不同但同样有效的技术来实现交易的隐私性。

② 开发团队和社区

Monero 隐私链和 Zcash 隐私链均拥有自己的核心开发团队和社区支持。Monero 隐私链社区分布在全球，并且比较自治。Zcash 隐私链则由 Electric Coin Company 负责开发和支持，该公司是该加密货币的创始者与主要贡献者之一。两个项目都拥有非常活跃的开发者社区和用户基础，可以提供对其协议和系统的支持和建议。

③ 安全性和匿名性

由于 Monero 隐私链和 Zcash 隐私链采用了不同的隐私保护机制，它们的安全性和匿名性也略有不同。Monero 隐私链的环签名技术等在保护交易隐私方面十分出色，并且安全性得到广泛认可。而 Zcash 隐私链采用的 zk-SNARKs 技术尚处于相对较新的阶段，安全性和可扩展性方面需要进一步发展和优化。

思考题

一、选择题

（1）区块链面临的安全威胁中，（　　）通过多个计算机联合对目标发动攻击，以成倍地提高拒绝服务攻击的威力。

A. 节点隔离攻击　　B. 分布式拒绝服务攻击

C. 路由篡改攻击　　D. 编程错误

（2）DDoS 攻击的主要目的是（　　）。

A. 篡改区块链数据　　B. 窃取用户私钥

C. 减慢网络速度或迫使网络停止运作　　D. 增加挖矿难度

（3）节点隔离攻击主要针对区块链的（　　）进行攻击。

A. 应用层　　B. 数据层　　C. 网络层　　D. 共识层

（4）区块链节点隔离攻击的核心原理是（　　）。

A. 通过篡改交易信息来破坏网络

B. 将区块链网络中的节点分隔开，形成信息孤岛

C. 盗取用户资金

D. 干扰挖矿过程

（5）区块链系统中，加密技术的应用主要是为了保障（　　）的安全性。

A. 节点稳定性　　B. 交易速度

C. 数据安全性和隐私保护　　D. 共识机制效率

（6）在区块链系统中，权限管理的主要目的是（　　）。

A. 确保交易速度　　B. 简化系统架构

C. 保护系统资源和数据的安全　　D. 提高节点的计算能力

（7）下列关于智能合约审计的描述，（　　）是正确的。

A. 智能合约审计只需要对合约代码进行一次简单的检查即可

B. 静态代码分析是智能合约审计的唯一环节

C. 智能合约审计的目标是发现潜在的安全漏洞和逻辑错误

D. 智能合约审计不需要考虑合约的实际应用场景

（8）在区块链中，（　　）允许一个实体向另一个实体证明他拥有某个信息，而不需要泄露该信息的具体内容。

A. 加密技术　　B. 哈希算法

C. 零知识证明技术　　D. 安全多方计算

二、简答题

（1）请简述区块链中的隐私保护技术主要涉及哪些方面，并举例说明其中一项技术在保护隐私方面的应用。

（2）请简述区块链系统中权限管理的重要性，并说明权限管理通常包括哪些关键环节。

第6章 分布式账本

【本章导读】

分布式账本的背景源于对传统中心化数据管理模式的挑战与反思。传统中心化系统容易受到单点故障和数据篡改的威胁，而分布式账本的出现则打破了这一局面。分布式账本是一种创新性的技术，它不仅在金融领域引起了广泛的关注，也被应用到了众多的行业中。分布式账本是一种去中心化的数据存储方式，它将数据分散存储在多个节点上，确保了数据的安全性和可靠性。该技术的核心思想是将数据的副本保存在网络中的多个节点，每个节点都有完整的数据副本，并负责验证及记录交易和数据的变化。这样，即使某个节点出现故障或被攻击，其他节点仍然能够正常运行，确保了数据的可用性和稳定性。分布式账本的应用范围非常广泛，无论是金融、供应链管理还是物联网等行业，都可以借助这项技术实现数据的共享和交换。由于其去中心化的特点，分布式账本能够消除中间环节，提高交易效率，降低成本，保护用户隐私。

本章从传统账本所带来的种种问题出发，首先阐述了分布式账本的定义，并阐述了分布式账本的优点。接下来，讲解了分布式账本中的技术要点，包括分布式账本中的去中心化、数据验证和安全性、数据一致性和可靠性。最后，讲解了分布式账本在超级账本、OpenLedger、金融领域、物流领域、供应链领域和数字身份验证领域的应用案例。

【知识要点】

第 1 节：个人账本，家庭账本，企业账本，银行账本，分布式账本，账本副本，商业账本，资产，数据篡改，去中心化。

第 2 节：分布式存储，开放与透明，自我执行和验证，数据验证和安全性，数据一致性和可靠性。

第 3 节：超级账本，OpenLedger，应用，信息不对称，供应链，物流信息，可追溯，可验证，数字身份验证。

6.1 基本概念

6.1.1 分布式账本的定义

1. 账本的定义与特点

在深入解释分布式账本之前，首先需要了解什么是账本。账本，作为会计的基础，其历史非常悠久。账本在帝国、庄园甚至是部落时代就已经存在，它是记录财务信息（如现金流、投资收益流入、支付流出、开销等）的金融系统。其记录媒介曾经是黏土、木棒、石头、莎草纸、纸张等。当计算机在 20 世纪 80 年代普及后，纸本记录的方式便逐渐转为数字化，通常通过手动输入数据的方式实现。这些早期的数字分类账本（Digital Ledger）模仿了纸本世界的编目和会计方式，并且也说明数字化更多的是应用了纸本文件的既有做法，而非创建新方式。基于纸本记录的方式仍是社会的支柱：现金、印鉴、亲手签名、账单、证书和复式簿记（Double-Entry Bookkeeping）等。在生产生活中，不同类型的账本有着不同的特点。

（1）个人账本

个人账本是最简单的一种记账方式，主要用于记录个人的收入和支出。

（2）家庭账本

相比于个人账本，家庭账本在多人共同记账时，需要关注每一笔账的收入与支出对象。另外，家庭账本还需要处理多个家庭成员同时收入和支出的情况，避免出现记账错乱的问题。

（3）企业账本

相比家庭账本，企业账本更为复杂，需要增加账期和科目的属性。账期可以帮助企业统计一段时间内账户权益的变化，例如财年。

（4）银行账本

银行账本需增加权益主体，即交易发起人。银行账本不是记录自身的收支，而是用于记录用户存款、贷款、转账等交易记录，因此银行记账的主体是用户。个人用户可以自己发起交易，银行负责记账；企业用户的多个会计、出纳等可以发起同一个账户的交易。

2．分布式账本的概念

分布式账本与区块链的区别

随着信息化时代的到来，计算能力与密码学的突破，以及新算法的发现与应用，分布式账本技术得以成功创建。分布式账本技术（Distributed Ledger Technology，DLT）是一个分布式数据库，由一组通常被称为节点的计算机在网络中点对点连接，从而能够直接、双边地共享数据。区块链就应用了分布式账本技术。分布式账本与传统账本具有完全相同的目的——跟踪财务记录。基于去中心化的框架，使得分布式账本有更多元的应用场景及方式。

分布式账本是一种创新性技术，它是一种去中心化的数据存储方式。与传统的中心式账本不同，分布式账本没有单一的管理权威，而是由多个参与者共同维护和验证。这些参与者分布在网络中的各个节点上，彼此之间进行交互和共识达成，从而保证了账本的安全性和透明度。也就是说分布式账本通常完全公开透明，任何用户都可以看到其上的所有交易历史。分布式账本是不可篡改的，这一点与传统账本不同。在传统账本中，会计师可以修复或者更改以前的记录，而分布式账本则完全依赖代码来验证交易是否正确。即使更新分布式账本，也只能影响未来的交易，而不会影响过去已经发生的交易，更新账本本身也要求参与记录的大多数节点达成共识。因此，分布式账本并没有一个集中的实体。分布式账本与中心式账本的对比图，如图 6-1 所示。

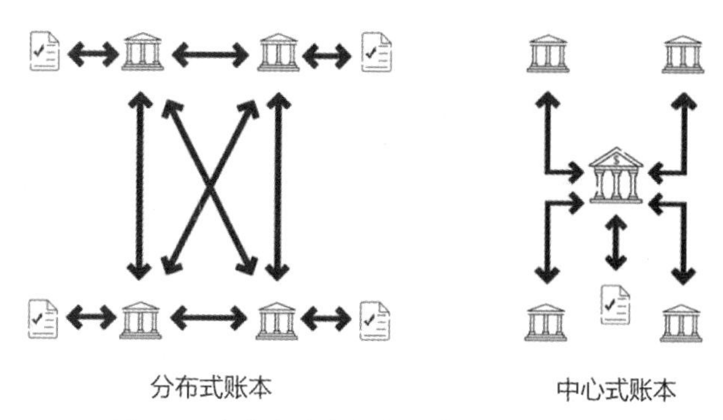

图 6-1　分布式账本与中心式账本的对比图

3．分布式账本的特点

分布式账本是通过"分布式"的副本和密码学来实现的。与依赖于中央系统的传统集中式分类账本不同，分布式账本将网络上的信息存储在无数个不同的计算机上，这些计算机独立运行但又相互连接，共同维护同一份事实记录。这些计算机上的记录实时同步更新，每台计算机都持有各自的密钥，密钥可以用来访问信息，维护交易内容的自动验证。如果黑客想要攻击一个分布式账本，那么他需要同时攻击所有相连接的硬件。因此，分布式账本在安全性方面是更胜于中心式账本。这意味着在分布式账本的架构中，每个节点都保存着完整的账本副本，任何一方都可以查看和验证整个账本的历史记录。这种去中心化的结构不仅消除了传统中心化账本的单点故障风险，还能有效防止账本数据被篡改和伪造。由于每个节点都具有相同的账本副本，因此即使某些节点发生故障或被攻击，其他节点仍然能够继续工作并保持账本的完整性。

但是，分布式账本也存在一些缺点。分布式账本系统的一个缺点是记录数据通常比较慢，因为网络需要通过共识机制对新条目的有效性达成一致。此外，分布式账本的治理可能很复杂，因为参与者需要建立一个公平的系统，例如，制定协议升级和其他更改的实施规则。

6.1.2　分布式账本的目的

1．商业账本的作用

在如今的互联一体化世界中，经济活动通常是在跨越国家、地理和司法边界的业务网络中进行的。业务网络通常汇聚在参与者（比如生产者、消费者、供应商、合作伙伴、造市者/推动者以及其他项目干系人）云集的市场中，这些项目干系人能够拥有、控制并行使他们在价值对象（也称为资产）上的权力。

资产可以是有形的物理资产，比如汽车、住房或计算机，也可以是无形的虚拟资产，比如契约、专利和证券。资产所有权的转移会在业务网络中创造价值，这个过程被称为交易。

交易通常涉及不同参与方，比如买家、卖家和中介（比如银行、审计员或司法人员），他们的商业协议和合约记录在账本中。一个企业通常使用多个账本来跟踪资产的所有权，以及在其不同业务中的参与者之间的资产转移。账本是企业的经济活动和利益的记录系统。

2. 当前商业账本存在的问题

商业账本主要是指中央化的账本系统，它由一个或多个中央实体维护和控制，记录和管理着各种商业交易和财务信息。然而，这种中央化的账本系统存在着一些问题，限制了其适用性和可靠性。

首先，商业账本易于被攻击和篡改。由于中央化的特性，商业账本的控制权集中在一个或少数几个实体手中，这使得账本容易受到黑客攻击和数据篡改的威胁。一旦账本数据被篡改，将无法得知具体信息的真实性，这对于商业交易的可信度和可靠性造成了很大影响。

其次，商业账本存在单点故障的风险。由于中央化的设计，商业账本在遇到故障或停止运行时，所有的交易和财务流程都会受到影响。这种单点故障的风险使得商业账本的运行容易中断，从而导致交易延误和信息丢失。

最后，商业账本的中央化特性还导致信息的不透明和不平等。商业账本的记录和管理权由中央实体决定，这种集中控制使得账本的信息不透明，难以让各参与方获得公平和对等的交易环境。这种信息的不对称性和不平等影响了商业交易的公正性和效率。

3. 分布式账本的目的

相比之下，分布式账本通过将交易和财务信息分布在网络中的多个节点上，实现了更加安全和透明的管理方式。分布式账本的数据由多个节点共同维护和验证，使得账本更难受到攻击和篡改；同时，分布式账本的节点之间具有相对独立性，避免了单点故障的风险，从而提高了系统的稳定性和可用性。另外，分布式账本的特性也使得信息的透明度和公平度得到了提升，各参与方能够共享和访问同样的信息，实现了公正和对等的交易环境。

分布式账本的目的在于解决传统中心化账本存在的许多问题和限制。首先，传统中心化账本容易遭受篡改和攻击的风险，因为它们存储在中心服务器或数据库中，攻击者可以通过黑客攻击或利用内部人员的不当操作来篡改或删除账本数据。而分布式账本通过将账本数据分散存储在多个节点上，提供了更强的安全性，使得篡改一个节点上的数据变得困难，且几乎不可能同时攻破所有节点。

此外，分布式账本还可以增加账本的透明度和可追溯性。中心化账本通常由某个组织或个人控制，账本的记录和变更往往是不透明的。分布式账本采用共识机制，所有节点都需要对账本的变更达成一致意见，从而确保了账本的公正性和透明度。每一次账本的变更都可以被追溯和证明，从而增加了账本数据的可信度和可审计性。

同时，分布式账本还可以增加数据的可用性和可靠性。传统的中心化账本如果中心服务器或数据库出现故障，将导致账本数据不可用，进而影响业务的正常进行。而分布式账本数据被复制存储在多个节点上，即使某些节点出现故障，也有其他节点可以提供数据服务，从而确保了账本数据的可用性和可靠性。

6.1.3 分布式账本的作用

1. 数据安全性提升

在分布式账本中，数据被分布式存储在网络中的多个节点上，而不是集中存储在单个中心化的服务器上。这意味着，即使某些节点出现故障或遭受攻击，数据仍然可以在网络中的其他节点上恢复，从而提高了数据的冗余性和容错能力。同时，分布式账本使用加密技术来保护数据的安全性。每个交易都使用加密算法进行签名和验证，确保只有授权用户才能访问和修改数据。此外，加密技术还可以确保数据在传输和存储过程中的机密性和完整性。

分布式账本通过共识机制来确保网络中的所有节点对数据的一致性达成共识。常见的共识机制包括 PoW、PoS 和 DPoS 等。这些机制要求网络中的节点遵循一致的协议，以确定哪些交易被包含在区块中，以及哪个节点有权添加新的区块到链上。分布式账本还采用了一种不可篡改的数据结构。一旦数据被写入区块链，就几乎不可能对其进行修改或删除，因为这会破坏整个链的一致性。因此，任何试图篡改数据的行为都会立即被网络中的其他节点识别出来，并被拒绝。最重要的是，分布式账本通常部署在去中心化的网络上，这意味着没有单一的集中式攻击目标。此外，由于网络中存在大量的节点，攻击者需要同时攻击多个节点才能成功，从而增加了攻击的难度和成本。

2. 去中心化的信任机制

传统的中心化数据库依赖于中心化机构来保证数据的可靠性和真实性，而分布式账本的去中心化信任机制是通过共识算法和密码学技术来实现的。这些机制消除了对单一中心化机构或实体的信任，而是依赖于网络中的多个节点共同达成一致的协议。这种去中心化信任机制通过使网络中的多个节点共同参与共识过程，确保数据的安全性和一致性，从而消除了对中心化实体的信任需求。然而，每种机制都有其优缺点，因此选择适合特定应用场景的共识机制是至关重要的。分布式账本通过共识算法来实现去中心化的信任机制。节点之间通过相互验证和共识达成对数据的一致认可，从而避免了单点故障和过于依赖中心化机构的风险，使得数据更加公正、透明，也提升了人们对数据的信任度。

3. 降低交易成本

由于分布式账本的去中心化特性，使得交易的中间环节变少，从而降低了交易的成本。传统的跨境交易、金融支付等通常需要中心化机构的参与，而分布式账本的出现可以直接实现点对点的交易，提高了效率并降低了费用。分布式账本通过一系列机制和特性降低了交易成本，主要体现在以下几个方面。

（1）中心化机构的消除

分布式账本不需要中心化机构来验证和记录交易，因为交易是由网络中的节点通过共识机制完成的。这意味着消费者和企业不再需要支付中心化机构（如银行或支付处理公司）的服务费用，从而降低了交易成本。

（2）节省人力成本

自动化和智能合约的使用可以减少交易过程中的人力需求。智能合约是一种在区块链上自动执行的合约，它们根据预定的条件自动执行交易，而无须人工干预。这降低了人力成本，并且加快了交易速度。

（3）降低支付网络费用

在传统的金融体系中，跨境支付和跨国支付通常需要支付高额的手续费和汇款费用。使用分布式账本，可以在国际支付中减少或完全消除这些费用。

（4）降低潜在的欺诈成本

分布式账本的不可篡改性和透明性可以减少欺诈行为的发生。因为所有的交易都被记录在区块链上且不可修改，这降低了欺诈发生的风险，从而节省了与欺诈调查和纠正相关的成本。

（5）高效的结算系统

由于分布式账本实现了实时交易处理和结算，因此可以减少传统金融系统中的结算延迟时间和相关的成本。这对于需要快速结算的行业（如证券交易）尤为重要。

通过这些机制和特性，分布式账本有效地降低了交易的成本，为个人、企业和金融系统提供了更高效、更经济的交易方式。然而，值得注意的是，虽然分布式账本可以降低许多交易成本，但在某些情况下，也可能会引入新的成本和挑战，例如特定共识机制下的能源消耗和技术实施成本。

4. 拓展应用场景

分布式账本主要应用于"数字货币"领域，如比特币和以太坊等。它通过使用密码学技术，确保了交易的安全性和匿名性。不同于传统银行系统需要通过中心化机构来完成交易，分布式账本通过智能合约，实现了点对点的交易。这种去中心化的交易方式，极大地提高了交易效率，减少了中间环节产生的费用和风险。

除了"数字货币"领域，分布式账本还被广泛应用于供应链管理、物联网等领域。通过将分布式账本与物联网技术结合，可以实现对物品的全生命周期追踪和溯源。这对于监管和保证产品质量具有重要意义。此外，分布式账本还可以用于投票系统、权益证明、数字身份验证等领域，为社会的公正性和透明度提供技术支持。

6.1.4 分布式账本与区块链

1. 区块链：分布式账本的一种应用

区块链只是分布式账本的一种形式，区块链分布在点对点的网络上并由其管理。由于区块链是一个分布式账本，因此可以在没有中央服务器管理的情况下运行，并且可以通过数据复制和信任计算来维护其数据质量。但是，区块链的结构使它有别于其他类型的分布式账本。区块链上的数据被分组并以区块的形式组织起来，这些区块按照时间顺序依次连接形成一条链，并使用密码学技术对其进行安全保护。

区块链本质上是一个不断增长的记录列表，它的数据记录使用"仅可添加"的结构，即只允许将数据添加到链上，要更改或删除已经录入的数据是不可能的。密码签名和将记录连成链是区块链和分布式账本的主要区分。简而言之，区块链实际上是分布式账本的一个子集。每个区块链都是一个分布式账本，但不是每个分布式账本都是区块链。区块链使用了分布式记账这种技术，同时区块链还使用了其他技术，例如运用密码学技术来保证区块链的有序性、公开性和不可篡改性。也就是说，分布式账本在技术上是去中心化的，但在运营层面可以保持中心化。而区块链则在技术和运营方面都是去中心化的。就像比特币，在没有中心管理者的情况下依旧平稳运行了十多年。

2．分布式账本与区块链的区别

分布式账本和区块链都被广泛应用于“数字货币”领域，而且两者具有开放、去中心化和加密等共同特点，很容易让人误认为它们是同一种技术。对于专家和开发人员来说，作为比特币技术基础的区块链比分布式账本更具创新性。另一方面，对于那些不常与“数字货币”接触的专业人士来说，与区块链的当前更偏投机属性的技术相比，分布式账本是更贴近实际应用的技术。

区块链和分布式账本之间有两个主要差异。

首先，区块链是完全公开的，这意味着任何人都可以查看交易历史并参与网络活动。区块链是一个不需要访问权限的网络。任何人都可以成为验证者（也称为节点或矿工），只需要他们拥有相关技术知识和硬件条件。

而部分分布式账本，只有选定的参与者才能访问和使用相关网络的功能，这些参与者通常是特定的企业或组织所组成的联盟，他们通过分布式账本共享信息是为了提升运作效率，但其中仍有许多机密是无法透露的，这在一定程度上也限制了分布式账本的部分应用和规模。

通常来说，在区块链中，任何人都可以使用和访问区块链上的信息，任何人都可以成为区块链上的矿工或节点运营者，任何运营者都可以成为区块链治理机制的一部分，使整个结构更加去中心化、民主化，并且能够抵抗统一、中心化的控制。然而分布式账本技术通常不会为公众开放这些功能。它限制了谁可以使用和访问账本，以及谁可以运营节点。在许多情况下，治理决策仅由单个公司或中心机构来做出。

与去中心化的公共区块链相比，分布式账本的存在只是为了服务一小部分参与者的利益，这就是为什么它是传统公司的首选，因为它允许公司对系统进行某种形式的治理和资料共享。

6.2 技术要点

分布式账本中的去中心化——分布式存储

6.2.1 分布式账本中的去中心化

分布式账本中的去中心化主要是指在分布式账本中，不存在一个集中化的中心机构来管理和控制数据，所有的数据都是由网络中的多个参与者共同维护和记录的。具体来说，分布式账本的去中心化特点包括以下几个方面。

1．分布式存储

分布式账本中的分布式存储是指将数据分散存储在多个节点上的技术。在分布式账本中，数据被分割成小块，并在网络中的多个节点上存储副本。这些节点可以是物理服务器、云服务器或区块链网络中的节点。

采用分布式存储的好处是提高了数据的可靠性和可用性。由于数据被复制到多个节点上，即使某个节点发生故障，数据仍然可以从其他节点获取，确保了数据的可用性。同时，分布式存储还提供了数据冗余和容错性，即使多个节点同时发生故障，数据也可以恢复。

分布式存储在分布式账本中发挥了重要的作用。在区块链中，数据被以块的形式分散存储在多个节点上，每个节点都有完整的账本副本。这种方式确保了账本的去中心化和防篡改特性。同时，分布式存储还可以提高区块链网络的性能和扩展性，因为数据可以并行地从多个节点读取和处理。

2．开放和透明

在开放式账本中，账本的数据和交易信息对所有参与者都是可见和可审查的。这种开放性和透明性是分布式账本技术的核心特征之一。在传统的中心化账本系统中，数据和交易信息通常由中心化的机构或组织控制和管理，参与者需要依赖这些中心化实体来获取信息或验证交易。而在分布式账本中，所有的参与者都可以获取到完整的账本副本，并可以自主验证和审查其中的数据和交易信息。分布式账本的开放性意味着任何人都可以加入网络，成为参与者。这种开放性使得任何人都可以参与到账本的维护和验证中，从而实现了去中心化的管理模式。同时，分布式账本的透明性保证了所有的数据和交易信息都是公开可见的。每个参与者都可以查看账本中的历史记录、交易详情和账户余额等信息，而且这些信息是不可篡改的。这种透明性可以提高信任和透明度，降低欺诈和错误的风险。

3．自我执行和验证

分布式账本中的自我执行和验证是指账本系统能够自动执行和验证交易，并确保交易的合规性和正确性。在传统的中心化账本系统中，交易需要通过中心化的机构或组织进行验证和执行。而在分布式账本中，交易被编码为智能合约，并由网络中的节点自动执行和验证。

自我执行是指智能合约在符合预定条件时会自动执行相应的操作或交易。智能合约可以通过预先设定的规则和逻辑来定义交易的条件和执行结果。一旦满足条件，智能合约会自动触发相应的操作，如转移资金、分发数字资产等。这种自动化执行可以减少中间环节和人为干预，提高交易的效率和准确性。

自我验证是指分布式账本中的节点对交易进行验证，并确保其合规性和正确性。每个节点都有完整的账本副本，并通过算法和共识机制来验证交易的合法性。通过共识算法，节点能够就交易执行达成一致，并将其记录到账本中。这种自我验证的机制确保了分布式账本的安全性和一致性。自我执行和验证的特性使得分布式账本能够实现去中心化的交易处理和管理。它们提供了高效、准确和安全的交易执行和验证机制，同时降低了人为错误和欺诈的风险。

6.2.2 数据验证和安全性

分布式账本中的数据验证和安全性是分布式账本体系中的重要组成部分。

1．数据验证

在分布式账本中，数据验证是确保账本中的数据的合法性和正确性的过程。它是通过共识机制和算法来实现的。在一个分布式账本网络中，多个节点共同维护账本的完整副本。当有新的交易发生时，这些节点会对该交易进行验证。验证的过程通常包括以下几个步骤。

（1）交易广播

交易发生时，一个或多个节点进行广播，将交易信息传播到整个网络中的其他节点。

（2）共识达成

网络中的节点使用共识算法来达成一致，确定交易的顺序，并验证交易的合法性。通过共识机制，节点可以确定哪些交易被接受，哪些被拒绝，并将达成的共识记录在账本中。

（3）交易验证

节点在达成共识后，对交易进行验证。验证的过程可能涉及检查交易的有效性、确认交易双方的身份、验证交易的签名等。节点会使用预先设定的规则和逻辑来验证交易的合规性，确保交易满足特定的条件和约束。

（4）数据一致性检查

节点会检查交易中涉及的数据是否与账本中已有的数据一致。这可以防止数据的篡改或伪造。

（5）安全性检查

节点还会对交易进行安全性检查，防止恶意攻击或双重支付等风险。

一旦交易通过验证，它就会被记录在账本中，并成为不可篡改的区块链的一部分。这样，账本中的数据是合法的、经过验证的和可信的。

2．安全性

在分布式账本中，安全性是一个非常重要的考虑因素，并且相比中心化账本系统，分布式账本通常具有更高的安全性。

首先，分布式账本中的数据是以分散的方式存储在多个节点上，而不是集中存储在单个中央服务器上。这种分散存储使得攻击者很难通过攻击单个节点或服务器来篡改或破坏整个账本的数据。即使某个节点受到攻击或发生故障，其他节点仍然具有完整的账本副本，可以保持系统的正常运行和数据的完整性。

其次，分布式账本使用了共识机制来验证和确认交易的合法性。共识机制确保了网络中的节点就交易的顺序和内容达成一致，防止了篡改和双重支付等恶意行为。常见的共识机制包括 PoW、PoS 和 PoA 等。这些机制使得攻击者需要控制网络中多数节点的算力或权益才能对账本进行恶意操作，从而增加了攻击的难度。

最后，分布式账本中的交易记录是不可篡改的。一旦交易被记录在账本中，并经过共识验证，就会被永久性地存储在区块链上，难以修改或删除。这种不可篡改的特性使得分布式账本具有高度的数据安全性和可信度，防止了数据的篡改和欺诈行为。

6.2.3　数据一致性和可靠性

分布式账本中的数据一致性和可靠性是分布式账本体系中的核心特性。

1．数据一致性

在分布式账本中，数据一致性是指在整个网络中的各个节点之间保持账本数据的一致性和准确性。由于分布式账本的特性，不同节点可能存在网络延迟、断连、恶意攻击等挑战，因此如何确保数据一致性是一个重要的问题。

为了实现数据一致性，分布式账本系统使用共识机制来达成共识，并确保所有节点在账本的数据上达成一致。在共识过程中，节点需要达成一致的顺序和内容，以确定哪些交易应该被添加到账本中。节点通过网络广播和交换消息来传达交易信息和达成共识。以下是实现数据一致性的简要过程。

（1）交易广播

当有新的交易发生时，交易会被广播到网络中的所有节点。

（2）共识达成

网络中的节点使用共识算法进行数据验证和排序，以确定交易的顺序和内容。这个过程可能涉及节点之间的投票、计算、验证等操作。最终，节点达成共识，确定了一个区块或一系列交易，并将其添加到账本中。

（3）数据验证

在共识过程中，节点会对交易进行验证，包括检查交易的有效性、确认交易双方的身份、验证交易的签名等。节点运用预先设定的规则和逻辑来验证交易的合规性，确保交易满足特定的条件和约束。

（4）数据同步

一旦共识达成，节点会将新的区块或交易记录添加到自己的账本副本中，并将其广播给其他节点。其他节点接收到新的数据后，也会进行验证和同步。

（5）数据一致性检查

节点会检查账本中的数据是否与其他节点的数据一致。这可以通过比较账本的哈希值或其他机制来实现。如果发现不一致，节点会尝试解决冲突并重新达成一致。

通过以上步骤，分布式账本系统可以确保网络中的各个节点之间达成数据的一致性。节点在共识过程中验证交易的合法性，并确保所有节点的账本副本是相同的。这种数据一致性保证了账本的可信度和可靠性。

然而，需要注意的是，数据一致性并不意味着实时性。由于网络延迟和其他因素，不同节点之间的数据同步可能存在一定的延迟。因此，在某些情况下，节点之间可能存在短暂的数据不一致，但通过共识机制和同步过程，这种不一致性会逐渐得到解决，最终实现数据一致性。

2．可靠性

在分布式账本中，可靠性是指系统能够持续、稳定地提供正确的服务和功能，不会因为节点故障、攻击或其他异常情况而导致数据丢失或不可用。

分布式账本系统将数据分散存储在多个节点上，使得即使某个节点发生故障或被攻击，其他节点仍然可以继续提供服务。这种分布式的数据存储架构提高了系统的可靠性和容错性。并且分布式账本系统通常具有数据备份和容灾机制，确保即使在节点故障或灾难性事件发生时，数据依然可以恢复和可用。备份可以是在同一地理区域内的不同节点上，也可以分布在跨地理区域的多个备份节点上。分布式账本系统通过共识算法来达成一致，确保网络中的节点在交易顺序和数据内容上达成共识。共识算法通常具有容错性，即使部分节点出现故障或恶意行为，系统仍然能够继续运行并保持数据的一致性。同时，分布式账本系统采用各种安全性措施和防御机制来保护数据和系统免受攻击。这包括加密算法、数字签名、访问控制、防火墙、入侵检测系统等。这些安全性措施和机制提高了系统对恶意攻击的抵抗能力。分布式账本系统通常配备监控和故障处理机制，用于实时监测系统运行状态、节点的可用性和性能。一旦发现故障，系统可以及时采取措施进行处理和修复，确保系统的可靠性和连续性。但是，尽管分布式账本系统具有较高的可靠性，但仍然需要持续的监控、维护和更新，以应对新的威胁和风险。定期的备份、灾难恢复演练和安全审计等活动也是确保系统可靠性的重要环节。

6.3 应用案例与领域

6.3.1 超级账本

在区块链领域，人们常能听到或看到一个词“超级账本”，并且总能看到一些明星企业高调宣布加入“超级账本”，貌似贴上了“超级账本”的标签就意味着该企业已经成为区块链领域的特种部队。2015 年 12 月，致力于推动开源操作系统 Linux 发展的非营利组织——Linux 基金会宣布，将开设一个新项目，用于发展区块链技术，这个项目就是超级账本。

超级账本项目是首个面向企业应用场景的开源分布式账本平台。在 Linux 基金会的支持下，超级账本项目吸引了包括 IBM、Intel、Cisco、DAH、摩根大通、R3 等在内的众多科技和金融巨头的积极参与，这个项目在银行、供应链等领域得到了广泛的应用实践。超级账本成立之初，就收到了众多的开源技术贡献。IBM 贡献了 4 万多行的 Open Blockchain 代码，Digital Asset 则贡献了企业和开发者相关资源，R3 贡献了新的金融交易架构，Intel 也贡献了与分布式账本相关的代码。

作为一个联合项目，超级账本由面向不同目的和场景的子项目构成。在超级账本这个庞大的组织里已经孵化了 15 种区块链技术，包括分布式账本框架（区块链技术框架）、智能合约引擎、用户数据库、图形界面等。超级账本的项目体系如图 6-2 所示。这些项目根据不同的应用范围和功能，主要分为：分布式账本、数据库、工具、特殊领域四个技术类别。目前超级账本中的所有项目都遵守 Apache v2 许可，并约定共同遵守重视模块化设计、代码可读性和可持续的演化路线这 3 项基本原则。

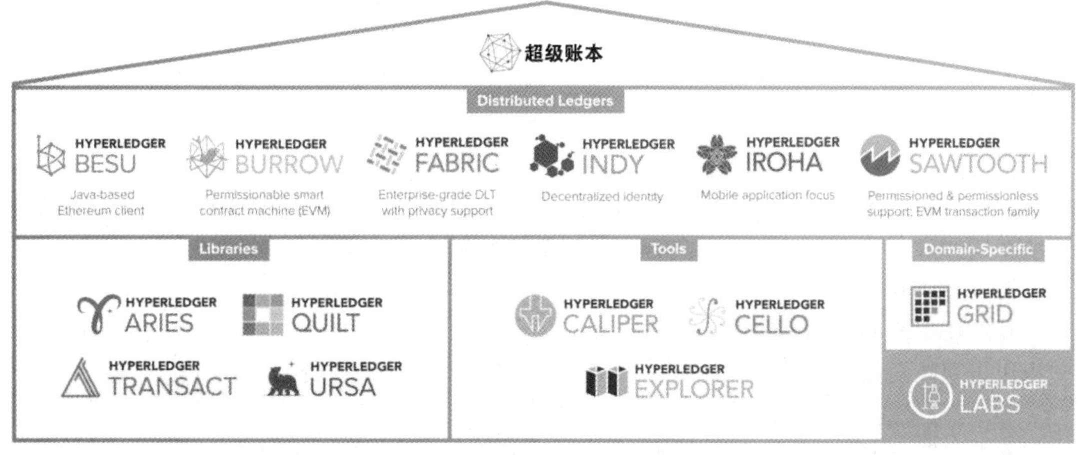

图 6-2 超级账本的项目体系

如果说以比特币为代表的“数字货币”提供了区块链技术应用的原型，以太坊为代表的智能合约平台延伸了区块链技术的功能，那么进一步引入权限控制和安全保障的超级账本项目则开拓了区块链技术的全新领域。超级账本首次将区块链技术引入到了分布式联盟账本的应用场景，这就为未来基于区块链技术构建高效率的商业网络奠定了坚实的基础。

超级账本项目的出现，实际上宣布区块链技术已经不仅局限在单一应用场景中，也不仅局限在完全开放的公有链模式下，区块链技术已经正式被主流企业市场认可并在实践中采用。同时，超级账本项目中提出和实现了许多创新设计和理念，包括完备的权限和审查管理、精细化的隐私保护，以及可扩展的实现框架，对于区块链相关技术和产业的发展都将产生深远的影响。

在超级账本的各个子项目中，有如下 5 个项目被视为成熟项目。

（1）超级账本 Fabric

超级账本 Fabric 是一个可扩展、可定制的企业级区块链框架，旨在支持构建多方参与的商业网络。其设计理念包括隐私性、权限控制和可扩展的共识机制和灵活的身份管理。超级账本 Fabric 采用智能合约作为商业逻辑的定义和执行方式，提供多语言支持，使开发者能够根据实际需求进行开发。该框架通过分层架构和通道机制，实现了高度可扩展性和出色的性能，允许参与方在各自的通道中进行交易。超级账本 Fabric 采用基于账本状态的存储模型，仅存储交易执行后的最终状态，从而提高了存储效率。此外，超级账本 Fabric 还提供了丰富的隐私性和权限控制机制，使得数据的访问和处理受到严格的控制。通过这些特性，超级账本 Fabric 成为企业级区块链应用开发中的首选框架，可以应用于各种领域，包括供应链管理、金融服务、物联网和医疗等。在后续的章节中，我们将详细讲解超级账本 Fabric 的技术原理、链码开发与应用举例。

（2）超级账本 Sawtooth

超级账本 Sawtooth 是一种开源的企业级区块链平台，属于超级账本项目的一部分。它提供了一个可扩展、灵活且模块化的框架，用于构建和部署分布式应用和商业网络。超级账本 Sawtooth 的设计目标之一是可支持多种共识算法，使得参与方可以根据实际需求选择适合的共识算法。该平台采用了一种称为“事务族”（Transaction Family）的机制，允许开发者定义和编写特定的智能合约来处理各种业务逻辑。超级账本 Sawtooth 还提供了身份验证和权限管理机制，以确保参与方的安全性和可信度。它还具有易用性和开发友好性，支持多种编程语言和开发工具。通过这些特性，超级账本 Sawtooth 成为了构建创新、可扩展的企业级区块链应用的理想选择，可应用于供应链管理、金融服务、物联网和数字资产管理等各个领域。超级账本 Sawtooth 有如下 3 个特点。

① 并行交易执行

许多区块链使用串行交易执行来确保网络上每个节点的排序一致，而 Sawtooth 遵循先进的并行调度器，将交易分类为并行流，使交易处理性能提升。

② 应用与核心分离

超级账本 Sawtooth 通过将应用层与核心系统层分离，简化了应用的开发和部署流程。它提供了智能合约抽象，允许开发人员用自己选择的编程语言创建合约逻辑。

③ 自定义事务处理器

在超级账本 Sawtooth 中，每个应用程序都可以定义自定义事务处理器，以满足其特定需求。它提供了交易家族作为底层功能的方法，如存储链上权限、管理全链设置，以及保存区块信息和性能分析等特殊应用。

（3）超级账本 Besu

超级账本 Besu 是一个基于以太坊的企业级区块链客户端，在 Apache 2.0 许可下开发，用 Java 编写，它是超级账本项目中的一个重要组件。超级账本 Besu 旨在为企业提供一个可扩展、灵活且安全的区块链解决方案。作为以太坊的企业级实现，超级账本Besu支持以太坊虚拟机和Web3 API，使得开发者可以轻松地构建和部署智能合约。超级账本Besu还支持以太坊的共识算法，包括PoW和伊斯坦布尔·拜占庭容错算法（Istanbul Byzantine Fault Tolerance，IBFT）等，以满足不同场景下的共识需求。此外，超级账本Besu还提供了丰富的权限管理和身份验证机制，确保参与方的安全性和数据的隐私性。平台还具备高度可配置性和可定制性，使得企业能够根据自身需求进行定制开发。超级账本Besu可以广泛应用于金融服务、供应链管理、数字资产交换等领域，为企业实现安全、高效和可扩展的区块链解决方案提供了强大支持。超级账本Besu实现了企业Ethereum联盟（EEA）规范。EEA规范的建立是为了在以太坊内的各种开源和闭源项目之间建立共同的接口，以确保用户不会被供应商锁定，并为构建应用程序的团队提供标准接口。

（4）超级账本Indy

超级账本Indy是一个开源的、基于分布式身份验证的区块链项目，旨在为数字身份验证和个人数据隐私提供可信的解决方案。超级账本Indy专注于解决身份验证和信任的问题，为个人提供可自主控制的数字身份，并促进个人数据的安全共享。该项目提供了标准化的身份模型和协议，使得参与方能够建立可互操作的身份验证系统。超级账本Indy的核心特性之一是去中心化的身份注册机构（DID），它允许用户拥有自己的独立身份标志，并与其他参与方进行交互，而无须依赖中心化的身份验证机构。此外，超级账本Indy还提供了安全的加密技术和零知识证明，确保个人数据的隐私和机密性。超级账本Indy的应用场景广泛，包括数字身份验证、数据共享、医疗记录管理等领域，为建立可信任的数字身份生态系统提供了强大的基础。通过超级账本Indy的支持，个人能够拥有更大的控制权和数据隐私保护，同时实现更高水平的互操作性和可信度。超级账本Indy有如下几个显著的特点。

① 身份抗关联性

根据官方文档，超级账本Indy是完全抗身份关联的。因此，用户不需要担心不同身份之间的连接或混合。也就是说，无法连接两个不同身份，也无法在账本中找到两个有关联的身份。

② 去中心化

根据超级账本Indy的官方文档，所有的去中心化标识符（DIDs）都是全球可解析的，是唯一的，不需要任何中心方参与其中。这意味着，超级账本Indy平台上的每一个去中心化身份都会有一个独特的标识符。因此，没有人可以代表用户索取甚至使用用户个人的身份。所以，这将杜绝身份被盗的机会。

③ 零知识证明

在零知识证明的帮助下，用户可以只透露必要的信息，而不透露任何其他信息。所以，当用户需要证明自己的凭证时，可以根据要求方的情况，只选择公开需要的信息。例如，用户可以选择只与一方分享自己的出生数据，而将自己的驾驶证和财务文件发布给另一方。总之，超级账本Indy为用户提供了极大的灵活性，可以随时随地分享私人数据。

（5）超级账本Iroha

超级账本Iroha是一个开源的分布式账本技术平台，旨在提供简单、易用和高效的解决方案，以满足企业级区块链应用的需求。超级账本Iroha设计的目标之一是易于集成和使用，它通过提供简洁的 API 和 SDK，使得开发者能够快速构建和部署区块链应用。该平台采用了共享账本模型，其中参与方共享一个统一的账本，可以实现高度的可扩展性和卓越性能。超级账本 Iroha 还提供了灵活的权限管理机制，允许定义细粒度的访问控制策略，以确保数据的安全性和隐私性。此外，超级账本 Iroha 还支持多种共识算法，包括 YAC（Yet Another Consensus）和 Sumeragi BFT 算法等，以满足不同场景下的共识需求。超级账本 Iroha 适用于多个领域，包括金融服务、供应链管理、数字资产管理等，为企业构建高效、可信和可扩展的区块链应用提供了强大的基础。通过超级账本 Iroha 的简单性和易用性，企业能够更快地实现区块链技术的应用，并在业务中获得更大的价值。超级账本 Iroha 有如下几个特点。

① 易用性

用户可以轻松创建和管理简单及复杂的数字资产，如“数字货币”或个人医疗数据。

② 内置的智能合约

用户可以使用内置的智能合约（称为“命令”）轻松地将区块链集成到业务流程中。因此，开发人员无须编写复杂的智能合约，可以直接利用这些预定义的命令。

③ BFT

超级账本 Iroha 使用 BFT 共识算法，这使得它适合那些需要以低成本实现可验证数据一致性的企业。

6.3.2 OpenLedger

1. 定义

OpenLedger（WebankBlockchain-OpenLedger，简称 OpenLedger）聚焦链上的“用户、业务方、权益、账户和账本”，建立与实际业务相匹配的账本体系，承载数字化权益的完整生命周期，以此形成多方参与的可信分布式账本。OpenLedger 以区块链作为底层平台，用层次化、模块化的设计思路，充分整合区块链全栈开源技术体系。在治理方面，支持灵活的角色和权限设计，帮助用户和业务方安全、稳妥地管理链上账户，具备全面的审计监管能力。

2. OpenLedger 特性

① 安全性设计

OpenLedger 的安全性设计重点在于保护用户资产和隐私信息，让用户始终使用自己的私钥进行签名，并在区块链上验证签名，确保数据在复杂网络中的安全传输。另外，OpenLedger 的安全性设计还结合了灵活的权限管理，使得账户管理责任更加清晰，有效降低了私钥泄露的风险，并降低了机构内部的账户管理难度。这种设计不仅保证了用户的安全，也确保了服务的合规性和网络整体的安全性。

② 账户类型

区块链平台通常仅提供一种账户，账户与账户没有差别，每个账户与一对公私钥唯一对应。只有通过私钥签名才能操作账户内的资产，这种账户适合个人使用。但是在很多商业场景中，机构是更常见的参与者，因为机构本身也是独立的实体，机构拥有自己的账户和资产。机构根据岗位划分职责，授予业务员管理机构资产的权限，位于同一岗位的不同的业务员可以执行相同的业务操作。为了更好地满足商业业务的需要，OpenLedger 增设了企业账户。机构可以根据业务需要，授予多个业务员操作企业账户的权限，而每个业务员仍然拥有自己的公私钥对，系统根据业务员自己的公私钥进行身份验证和管理权限。

③ 增强 KYC 管理

OpenLedger 实施了更为严格的 KYC（Know Your Customer，了解你的客户）管理措施，要求个人或机构在享用某项服务前，必须先完成注册。注册过程中，服务提供机构作为用户账户的管理者，负责验证用户的身份信息并帮助其完成注册。一旦注册完成，只有该机构才有权修改用户的基本信息，其他机构无权进行修改，这样的设计增强了用户信息的安全性，有效防止身份盗用和欺诈行为，同时也满足了监管要求，确保了服务的合规性。

④ 保管人

链上数据与链下的资产不一致一直是区块链的突出问题。为了解决该问题，OpenLedger 引入了保管人角色，每种资产都有唯一的保管人，保管人负责链上数据与链下资产的一致性，包括资产的增加与减少。一般账户所用人只能通过转账等操作转移链上数据。

3. 核心组件

OpenLedger 内部顶层核心模块包括 Project、Asset、Org、Account 和 Book 等组件，OpenLedger 核心组件关系图，如图 6-3 所示。

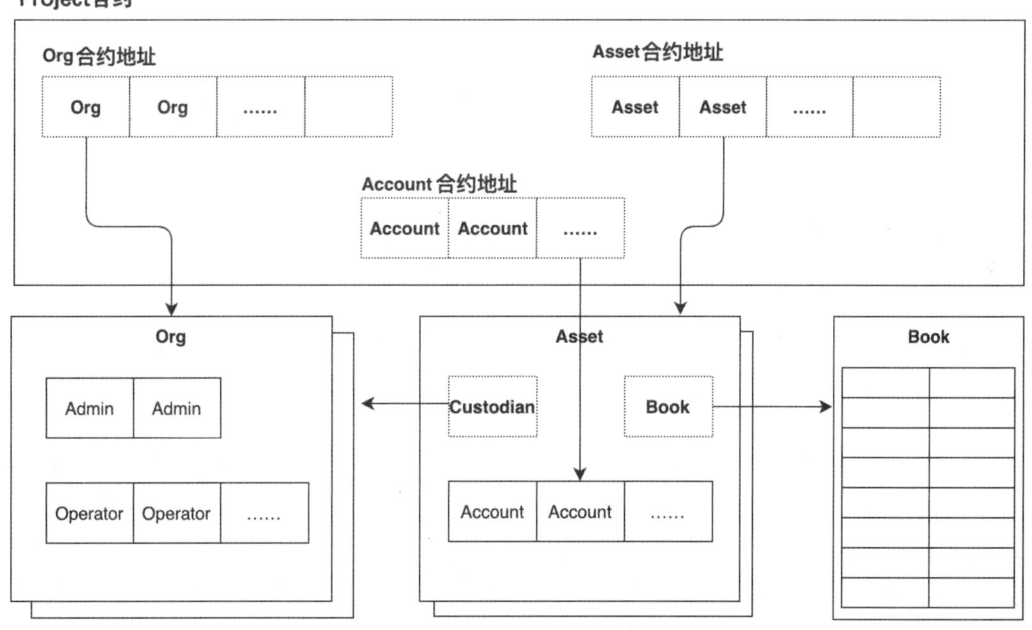

图 6-3 OpenLedger 核心组件关系图

（1）Project

项目（Project）是不同的参与者通过 OpenLedger 相互协助实现商业业务活动的统称，例如商户和银行合作发行消费券、资产证券化等，都是一个项目。Project 合约是不同项目间数据的隔离墙，也是项目的总访问入口。Project 合约需要在项目初始化的时候部署，可以通过 OpenLedger 部署工具或者 SDK 部署。

参与该项目的机构、项目涉及的资产、账号等数据要在项目内注册。Project 合约能很好地实现业务数据的独立性，即使是不同的 Project 合约注册在同一个群组内，不同 Project 合约的数据也不会混淆。用户不需要重新连接区块链，只需要访问不同的 Project 合约，就可以达到切换项目业务的目的。

（2）Org

Org 代表机构，每个参与机构需注册一个 Org 合约。在 Org 内，可以注册管理员和业务员两种角色。管理员用于管理本机构的业务员，可以增加、删除业务员。业务员代表机构执行具体的业务操作。

（3）Asset

Asset 代表资产，一个 Asset 合约代表一类资产，不同合约的资产是不同的。每种资产有唯一的保管者（Keeper），该保管者是一个机构。只有保管者才有权限对该资产进行“存款”与“取款”的操作，其他用户只能通过“转账”功能将资产从自己的账户转移给其他账户，或接收他人转入的资产。

（4）Account

Account 代表账户，账户用来存放与记录用户资产，用户经过 KYC 注册后，开通账户，每个账户有一个唯一的账号标志。账户可以是个人账户也可以是企业账户。账户内可以存放一种或者多种资产。

（5）Book

可追溯性是区块链的最吸引人的特性之一，但是区块链中资产变化的历史记录是分散的，而且也没有提供方便的接口供用户查询。OpenLedger 设计了台账（Book）用于记录资产的交易记录。每种资产有一个台账，台账中的交易记录不能删除和修改，通过台账可以追溯资产的所有变化历史，增强了可追溯性。Book 支持多种查询接口，可以方便地按照不同的查询条件查询历史记录。

4. 核心技术

（1）基于公私钥的可扩展 ID 设计

OpenLedger 采用统一 ID 标志设计，确保账号在全账本范围内的唯一性。这使得数字资产、账户、所有人等可以贯穿全产业链，也是实现穿透式监管的保证。

（2）安全可信的账户体系

OpenLedger 基于 ID 设计了由企业账户、个人账户组成的灵活账户体系，让组织内个人也可以用自己的私钥来管理同一个企业账户的数据。

（3）双重签名

OpenLedger 设计了双重签名功能，以实现离线交易。启用双重签名时，用户仍然可以使用自己的私钥对交易进行签名，签名后的交易可以安全地通过公网传递到 OpenLedger SDK，经 OpenLedger SDK 进行二次签名后提交给区块链系统。

（4）职责分离的资产模型

OpenLedger 基于职责分离的资产模型，构建了可信的托管人机制。所有数据资产都有确定的托管人，托管人负责记录数字资产的上链和下链过程。数字资产在链上的流转，则由账户所有人自己负责。

（5）支持同质化和非同质化资产交易与记账

OpenLedger 提供同质化与非同质化资产的通用接口，实现托管与非托管模式下资产交易的合规化记账，确保业务逻辑升级不影响账本数据，保障账本数据完整性与安全性，方便实现自动清算、结算操作，友好、平稳地进行场景切换。

（6）开放的技术体系

OpenLedger 立足传统业务场景，融合微众技术体系下的区块链权限治理组件、智能合约敏捷开发组件、隐私保护等技术解决方案，旨在成为实际业务场景与区块链技术体系之间的连接纽带，为传统业务场景提供一站式的分布式账本。

5．OpenLedger 典型应用场景

（1）信贷资产证券化

权益有两种，一种是资金权益，另一种是证券权益。资金权益涉及资金的流转，借款人需要将钱先给借款银行，借款银行划拨给托管银行，托管银行收到钱后，计算相关税费、本息等，并本息支付到托管机构，托管机构再支付给投资人，由此完成资金的流转。而证券权益则涉及证券的流转，贷款银行将贷款打包出售给信托公司，信托公司将贷款设计成证券，证券公司负责把它销售给投资人，从而实现证券的流转。

如果应用 OpenLedger 技术来处理，只需设计资金和证券两类权益账本。分别由这两个组织来担任权益账本的托管人，进行账本的维护。其他机构只需开设一个账户，对于个人权益，直接由个人来发起转账交易，对于机构权益，则由机构的业务员来操作机构的账户，发起交易。

（2）对职责分离强需求的业务场景

正如上述所提到的，个人可以是账户的所有人，直接管理自己的账户，用私钥发起签名来进行交易；也可以是某个组织，代表组织进行转账业务。它可能是资金托管机构或者贷款银行，主要负责把收到的钱及时从托管账户转到资金保管银行的账户。

投资人开户会直接与证券公司发生业务联系，因此需要通过证券公司来代理，证券公司会维护投资人的个人信息，个人信息在 OpenLedger 中是无法被其他组织所访问的，只能通过账户进行业务操作。一旦投资人的资料丢失，在传统区块链中这个账户就无法继续使用，但是在 OpenLedger 分布式账本中，它可以通过账户体系的设置，进行私钥重置，用户仍然可以使用原账户，而权益也不会丢失。

6.3.3 金融领域

分布式账本技术将数据的存储和管理分散在多个节点上，确保数据的安全性和透明性。近年来，分布式账本技术在金融领域中的应用得到了广泛关注和探索。

在金融领域中，分布式账本技术有诸多优势。首先，由于分布式账本的去中心化特性，金融交易可以实现更高的安全性和防篡改性。传统金融系统往往依赖于中心化的第三方机构进行数据存储和交易验证，而分布式账本则通过多个节点的共识机制来确保交易的可信性和数据的不可篡改性。

其次，分布式账本技术解决了传统金融系统中的信息不对称问题。在传统金融系统中，交易双方往往无法完全信任对方，需要依赖第三方机构进行验证和监管。而分布式账本技术通过记录所有交易的历史数据，并对交易进行共享和透明化，可以实现信息的对等传递，

降低了交易双方之间的风险和不确定性。

最后，分布式账本技术还可以提高金融交易的效率和便捷性。在传统金融系统中，特别是跨境交易中，常常需要依赖多个中介机构进行操作，导致交易时间长、手续费高。而分布式账本技术通过智能合约和自动化执行机制，可以实现实时结算和全球性的即时交互，大大提高了金融交易的效率和便捷性。

然而分布式账本技术在金融领域中的应用也面临一些挑战。首先是安全性和隐私保护问题。分布式账本技术的公开透明特性可能导致隐私信息的泄露风险。其次是扩展性和性能问题。目前的分布式账本技术在处理大规模交易和高并发性能方面还存在一定的限制。

未来随着技术的不断发展和成熟，分布式账本技术在金融领域中的应用也将持续拓展和完善。例如，可以通过引入隐私保护机制和优化性能的技术手段来解决上述挑战。此外，还可以进一步探索分布式账本与其他前沿技术的结合，如人工智能和物联网，以实现更多创新性的应用场景。

分布式账本技术在金融领域中的应用具有巨大潜力和优势。它为金融交易带来了更高的安全性、透明性和效率性，将改变传统金融系统的运作方式，促进金融创新和发展。然而，也需要充分认识和解决其面临的挑战，以推动分布式账本技术在金融领域的持续应用和进一步完善。

6.3.4 物流领域

物流行业一直都面临着信息不对称、信任问题以及中介环节过多等挑战。而分布式账本技术的出现可以帮助解决这些问题。分布式账本可以建立在物流领域的各个环节中，记录每一个节点的交互信息，实现信息的共享和共识，从而提高物流业务的效率和准确性。

首先，分布式账本可以实现物流信息的实时共享。传统物流业务中，各个环节的参与者需要通过文件传输、传真等方式来共享信息，而这些方式存在着信息传递不及时、易丢失等风险。而采用分布式账本技术，每一个节点都可以及时地记录并更新信息，其他参与者可以实时查看和验证信息的真实性，从而实现信息的共享和协同操作。

其次，分布式账本可以提高物流信息的准确性和安全性。通过区块链技术构建的分布式账本，每一个记录形成一个区块，而这些区块通过密码学算法相互链接，形成一个不可篡改的链条。这意味着任何一次信息的修改都需要经过网络中大多数节点的共识验证，极大降低了信息被篡改的风险。在物流领域中，确保信息的准确性和安全性对于保障货物的安全和防止欺诈行为具有重要意义。

最后，分布式账本可以降低物流成本和提高效率。传统物流业务中，涉及的各个环节有很多中介机构参与，而这些中介机构的服务需要支付一定的费用，同时还会增加操作的时间和成本。而采用分布式账本技术可以实现去中心化，消除中介环节，从而降低物流成本。另外，分布式账本的信息共享和实时性可以提高物流业务的运作效率，减少信息传递的时间和延误的概率。

分布式账本在物流领域的应用具有很大的潜力和优势。通过实时共享信息、提高准确性和安全性以及降低成本和提高效率，分布式账本可以为物流行业带来更高的效益和更好的用户体验。随着技术的进一步发展和应用场景的扩大，相信分布式账本技术将在物流领域发挥越来越重要的作用。

6.3.5 供应链领域

在供应链领域中，分布式账本的应用已经开始得到广泛关注和实践。分布式账本技术的出现为供应链的管理和追溯提供了新的解决方案。传统的供应链管理存在一些问题，例如中心化的数据容易被篡改，难以实现真实可信的信息共享等。而分布式账本技术的应用则能够有效地解决这些问题。

首先，分布式账本技术使得供应链中的数据变得可追溯和可验证。通过将每一次交易的记录保存在区块链上，供应链参与者可以通过查询分布式账本，快速了解商品从原料采购到生产、仓储、物流等环节的全过程。这种透明化的信息共享，增强了供应链的可信度和可视性，有助于减少欺诈和流通环节中的问题。此外，分布式账本还能够确保每一次修改或添加记录都是不可篡改的，确保了信息的真实性和完整性。

其次，分布式账本技术为供应链的交易和结算提供了新的模式。在传统的供应链管理中，由于涉及多个环节和参与者，交易和结算往往较为烦琐且耗时。而通过应用分布式账本技术，供应链中的交易可以依托智能合约实现自动化的交易执行和结算。这不仅提高了效率，减少了人为错误和延误，还降低了交易成本和信任成本，促进了供应链的快速流通和物流的顺畅运作。

最后，分布式账本技术为供应链中的众多参与者提供更加便捷和可靠的合作方式。在传统的供应链管理中，由于信息的不透明和难以共享，供应链中各个环节的协作往往面临困难。而通过应用分布式账本技术，供应链参与者可以直接在区块链上进行信息共享和合作，无须通过烦琐的中介机构或第三方验证。这种去中心化的合作方式，不仅使得合作更加高效、灵活，还能够提升整个供应链的竞争力和应对市场变化的能力。

分布式账本技术在供应链领域中的应用，正逐渐改变着传统的供应链管理和运营方式。它能够提供更加可追溯、可验证的信息共享方式，实现自动化的交易和结算，促进众多参与者间的便捷合作。分布式账本技术的应用为供应链管理带来了全新的可能性和挑战，同时也为行业的发展带来了巨大的机遇。

6.3.6 数字身份验证领域

在数字身份验证领域，分布式账本技术可以发挥重要作用，可以用于构建更安全、透明和可信的身份验证系统，从而带来了更多的优势和技术创新。以下是分布式账本在该领域中的主要应用。

首先，在去中心化身份管理系统中，分布式账本技术可用于建立去中心化的数字身份管理系统。传统的身份验证系统通常依赖于集中式的身份验证机构，如政府机构或私营公司，这可能导致安全性和隐私性方面的问题。通过分布式账本，每个个体可以拥有自己的数字身份，这些身份信息分散地存储在区块链网络中，而不是集中存储在单个实体中。每个身份都由一个唯一的加密密钥对进行标识，并且所有的身份验证和交易都被记录在区块链上，确保身份信息的安全性和可信度。个人可以通过私钥来授权或撤销对其身份信息的访问权限，从而提高了对个人数据的控制权。

其次，分布式账本可作为数字身份验证的基础架构，用于验证和确认个人身份信息的真实性和有效性。用户的身份信息以加密的方式存储在区块链上，只有持有相应私钥的用户才能访问和修改其身份数据。数字身份验证过程更加安全、透明和可靠，可以应用于各种场景，如登录授权、金融服务、医疗保健等。

再次，分布式账本技术保障了身份数据的安全交换与共享。分布式账本技术可以确保身份信息的安全和隐私，在用户之间实现安全的身份数据交换和共享。用户可以选择性地授权第三方访问其身份信息，而无须重复提供相同的信息，从而减少了数据泄露和滥用的风险。

最后，分布式账本中的不可篡改性确保了用户的身份记录不被篡改，从而保障了身份信息的完整性和可信度。一旦身份信息被记录在分布式账本中，几乎不可能被修改或删除，为身份验证提供了更高的安全保障。

思考题

一、选择题

（1）分布式账本是通过（　　）实现数据的共享和同步。

A. 中心化服务器　　B. 对等网络

C. 数据中心　　D. 云计算平台

（2）分布式账本的主要特点是（　　）。

A. 高度可信任　　B. 高度集中化

C. 高度隐私保护　　D. 高度互操作性

（3）（　　）不是分布式账本的应用领域。

A. 金融服务　　B. 供应链管理　　C. 社交媒体　　D. 物联网

（4）分布式账本的共识算法用于解决（　　）问题。

A. 数据隐私保护　　B. 数据同步一致性

C. 数据备份和恢复　　D. 数据加密和解密

（5）（　　）技术被广泛应用于分布式账本中的数据保护。

A. 对称加密　　B. 非对称加密　　C. 哈希函数　　D. 压缩算法

（6）（　　）技术被用于保证分布式账本中的数据一致性。

A. 共识算法　　B. 隐私保护机制　　C. 容错算法　　D. 加密算法

（7）超级账本 Fabric 是（　　）。

A. 一种分布式账本平台　　B. 一种虚拟货币

C. 一种数据存储技术　　D. 一种网络协议

二、简答题

（1）请简述分布式账本的工作流程。

（2）分布式账本的应用领域有哪些？

（3）请简述区块链与分布式账本的区别是什么？

第7章 比特币

【本章导读】

比特币的核心技术是区块链技术。中本聪提出了使用区块链作为比特币交易的公共账本的解决方案。在比特币网络中，矿工通过计算复杂的数学问题来“挖掘”新区块，并获得比特币作为奖励。这个机制旨在防止欺诈行为并保护网络免受攻击。2009年1月3日，比特币的创世区块被挖出，标志着比特币的区块链网络正式启动。这个创世区块中包含了一条消息：“The Times 03/Jan/2009 Chancellor on brink of second bailout for banks.”，这也被视作对传统银行体系的批判。

比特币的核心技术是区块链技术。在比特币网络中，矿工通过计算复杂的数学问题被称为挖矿，挖矿后可获得比特币作为奖励。这个机制旨在防止矿工的欺诈行为。2009年1月3日，比特币的创世区块被挖出，标志着比特币的区块链网络正式启动。比特币的总发行量被设定为2100万枚，这些比特币通过挖矿来逐渐释放到市场上。随着时间推移，挖矿的难度逐渐增加，需要更多的计算资源和电力消耗。

本章将深入探讨比特币的各个核心组成部分。首先，我们将从比特币技术原理讲起，再介绍比特币的架构。接下来，我们会剖析比特币的运作机制，并讲解比特币密钥、比特币钱包和交易模型等概念。最后，我们将对比特币的网络进行全面讲解。通过本章的学习，读者将能够全方位地理解比特币的运作方式及其背后的技术细节。

【知识要点】

第1节：区块链，矿工节点，全节点，轻节点，挖矿，共识算法，工作量证明，默克尔树。

第2节：私钥，公钥，比特币地址，比特币钱包，硬件钱包，软件钱包，网络钱包，纸质钱包，交易签名。

第3节：对等连接，矿机，矿池，矿场，分叉，侧链。

7.1 比特币的技术原理

比特币的技术原理

比特币采用了一种称为区块链的分布式账本技术。区块链是一个由多个区块组成的链式结构，每个区块包含了一定数量的交易记录。比特币的架构是去中心化的，没有中心机构控制和发行货币。所有的交易和账户余额都被记录在区块链上，由全网的节点共同维护和验证。比特币的交易是点对点的，即直接从发送方发送到接收方，无须经过第三方中介机构。这些交易被广播到整个网络，经过验证和打包后加入到区块链中。

比特币通过挖矿来生成新的比特币和验证交易。挖矿是一种计算密集型的过程，参与者需要解决数学难题以获得比特币奖励。比特币采用了工作量证明的共识机制。只有计算能力达到一定水平的矿工才能参与挖矿和验证交易，并且他们的算力决定了哪个区块能被添加到链上。

比特币用户使用钱包来管理和存储比特币。钱包可以是软件钱包、硬件钱包或网络钱包等，用于生成和保存用户的私钥和公钥对，并签署和广播交易。它提供了一种全新的“数字货币”解决方案，旨在实现更快、更方便和更安全的交易方式。

7.1.1 比特币架构

比特币是一种基于区块链技术的加密货币，其架构主要包括 4 部分：区块链、网络节点、挖矿、共识算法。

1．区块链

比特币的核心是一个分布式的公共账本，称为区块链。区块链记录了所有比特币交易的历史，并通过去中心化的方式进行验证和存储。通俗来说，比特币区块链就像一本账本，它记录了每一笔比特币交易的信息，以及这些交易之间的关系，同时保证了交易的安全性和真实性。比特币区块链的运作原理如下。

（1）区块链由区块组成

比特币区块链由多个区块组成，每个区块包含了多笔比特币交易信息、该区块的唯一标识符（哈希值），以及前一个区块的哈希值。

（2）区块链采用共识机制确保交易的安全性

比特币区块链使用工作量证明的共识机制，即矿工通过计算复杂的数学问题来添加新的区块。只有当超过 50%的矿工节点认可一个新区块的有效性时，它才会被添加到区块链中，从而确保交易的安全性和真实性。

（4）区块链具有不可篡改性

由于每个区块都包含了前一个区块的哈希值，因此任何尝试更改早期交易的行为都会破坏整个区块链的一致性。这种设计使得比特币区块链具有不可篡改性。

（5）区块链保护用户隐私

比特币交易通常不包括交易双方的真实身份信息，而只包含一个比特币地址。因此，在比特币区块链上进行交易时，用户的隐私将得到保护。

2．网络节点

比特币网络由众多节点组成，这些节点通过互联网连接在一起。节点可以是矿工节点、全节点或轻节点。矿工负责验证交易并将其打包到区块中，全节点可存储完整的区块链副本，轻节点只存储部分区块链数据。

（1）矿工节点

比特币的矿工节点负责验证和打包交易，并通过工作量证明机制参与比特币的挖矿过程。矿工节点需要进行大量的计算工作来解决复杂的数学问题，以便添加新的区块到比特币的区块链中。矿工节点通常使用专用的硬件设备（如 ASIC 矿机）来完成这些计算任务。矿工可以获得比特币作为挖矿奖励。

（2）全节点

比特币的全节点是指完整地存储并维护比特币区块链的节点。全节点具有完整的区块链副本，并能够验证和传播交易信息。全节点还可以验证矿工所创建的新区块是否符合比特币的协议规则。全节点对于保持比特币网络的去中心化和安全性至关重要。然而，全节点需要较大的存储空间（目前超过 400GB）和较高的带宽要求。

（3）轻节点

比特币的轻节点是指不存储完整区块链的节点。轻节点在与全节点进行交互时，只请求自己感兴趣的区块和交易数据，而不需要下载和验证整个区块链。轻节点可以通过简化的验证方法来确保交易的有效性，从而减少了存储和计算资源的需求。轻节点主要用于轻量级的比特币钱包和移动设备，以提供更快的同步速度和较低的资源消耗。

3. 挖矿

比特币的挖矿是指通过解决复杂的数学问题来创建新的比特币和验证交易。挖矿需要大量的计算能力，并且矿工可以通过挖矿获得新的比特币作为奖励。具体挖矿流程如下。

（1）配置矿机

要进行比特币挖矿，需要购买一些专门的矿机，如 ASIC 矿机。矿机的配置要求较高，需要具有较高的算力和稳定的网络连接。

（2）下载比特币钱包

在进行比特币挖矿之前，需要下载一个比特币钱包。比特币钱包是存储、发送和接收比特币的软件应用程序，它可以记录所有比特币交易并管理比特币地址。

（3）加入矿池

为了提高挖矿效率，大多数矿工会加入矿池。矿池是由一组矿工组成的集体组织，他们共享奖励，并根据各自的贡献分配收益。矿池会提供矿工所需的计算资源，并分配挖矿任务给矿工。

（4）开始挖矿

一旦加入了矿池，就可以开始挖矿了。矿机会不断计算复杂的数学问题，以验证比特币交易并获得新的比特币奖励。每当矿池中的一位矿工成功解决一个问题时，矿池就会将这个问题的解答提交到比特币网络中进行验证和确认。

（5）获得比特币奖励

矿工成功验证比特币网络上的交易并添加新的区块后，他们将获得一定数量的比特币奖励，这是挖矿的主要目的之一。随着时间的推移，比特币挖矿的奖励逐渐减少，但交易费用是矿工的另一种收入来源。

4. 共识算法

比特币网络利用一种名为工作量证明的共识机制来确保交易的有效性和安全性，这种共识机制衍生的算法为工作量证明共识算法。矿工通过解决数学难题来竞争创建新的区块，并且最长的链被认为是有效的链。以下是相关机制的详细介绍。

（1）工作量证明

工作量证明是一种通过计算复杂的数学问题来获得权益或奖励的机制。在比特币网络中，矿工需要通过解决一个难度极大的哈希函数问题，将新的区块添加到区块链中，并获得比特币奖励。

（2）区块链结构

比特币区块链由多个区块组成，每个区块包含了多笔比特币交易信息、该区块的唯一标识符（哈希值），以及前一个区块的哈希值。由于每个区块都包含了前一个区块的哈希值，因此任何尝试更改早期交易的行为都会破坏整个区块链的一致性。

（3）矿工的贡献

矿工通过计算复杂的数学问题来添加新的区块到区块链中，从而确保比特币交易的真实性和安全性。矿工的计算能力越强，他们获得新的比特币奖励的概率就越大。

（4）网络节点协作

在比特币网络中，每个节点都可以参与到交易确认和区块验证的过程中。当一个区块被矿工添加到区块链中后，网络中的其他节点会对该区块进行验证和确认，以确保其合法性。只有当超过 50%的节点认可一个新区块的有效性时，它才会被添加到区块链中，从而确保交易的安全性和真实性。

7.1.2 区块结构

比特币区块的数据结构是由区块头和交易列表两部分组成。

1．区块头

比特币区块头含了区块的元数据信息，用于验证区块的合法性和生成区块的哈希值。比特币区块头由 6 个字段组成。

（1）Version

Version 字段用于标识当前区块的版本号，是一个 4 字节的整数。比特币中的区块链技术是不断发展的，每次升级都会增加新的功能和特性，因此，Version 字段的作用就是标识当前区块所使用的协议版本，比特币协议版本历史见表 7-1。

表 7-1 比特币协议版本历史

协议版	功能变化
1	最初的比特币协议版本，具有基本的 P2P 和挖矿功能
2 ~ 3	引入了比特币改进建议（Bitcoin Improvement Proposal，BIP）和简单支付验证功能
4 ~ 5	增加了默克尔树和 getblocks 消息等功能
6 ~ 8	添加了 Coinbase 交易规则等功能
9 ~ 10	增加了 BIP 30 和 getheaders 消息等功能
11 ~ 12	添加了 BIP 37 和 Bloom 过滤器等功能
13 ~ 14	增加了 BIP 70、BIP 35 等功能
15 ~ 16	添加了 BIP 141 隔离见证等功能
17 ~ 18	增加了 BIP 152 区块压缩等功能
19 ~ 20	增加了 BIP 157 和 BIP 158 等功能，实现了 Schnorr 签名和 Taproot 功能

比特币网络中不同节点使用的协议版本可能会影响网络的性能和安全性。较旧的协议版本可能会存在一些限制或缺陷，从而导致网络的不稳定性和存在安全隐患。为了确保比特币网络的稳定性和安全性，节点应尽可能升级到最新的协议版本。

（2）Previous Block Hash

Previous Block Hash 字段是通过对前一个区块的区块头进行哈希运算得到。这个哈希值是使用 SHA-256（Secure Hash Algorithm 256-bit）等加密算法计算出来的固定长度字符串，通常表示为一个 64 位的十六进制数。当新的区块被添加到区块链中时，比特币网络中的所有节点将会验证这个区块的“Previous Block Hash”字段与实际前一区块的哈希值是否一致。如果一致，说明这个区块是基于有效的前一区块构建的，并且可以被认可为合法的区块。由于比特币区块链采用链式结构，每个区块都包含上一个区块的哈希值，这样可以将所有区块串联起来，形成一个不可篡改的链。因此，Previous Block Hash 字段也是验证区块是否合法的重要条件之一。

（3）Merkle Root

Merkle Root 用于存储交易记录的哈希树根节点的哈希值，是一个 32 字节的二进制数。比特币区块中包含了很多交易记录，为了减少存储空间和计算量，采用了默克尔树的数据结构来存储这些交易记录。Merkle Root 字段存储的就是这个哈希树的根节点的哈希值。默克尔树是一种二叉树的数据结构，由区块链中的交易信息构建而成。它通过将一组数据（比如交易）进行哈希计算，并逐层合并计算结果，最终形成一个根节点的哈希值。默克尔树可以有效地验证数据的完整性和快速定位数据的位置。构建默克尔树的过程如下。

① 将所有的交易按特定顺序排列。

② 对每个交易进行哈希计算，得到交易哈希值。

③ 如果交易数量为奇数，复制最后一个交易并重复上述步骤，直到交易总数量为偶数。

④ 两两合并相邻的交易哈希值，再对合并结果进行哈希计算，直到只剩下一个根节点的哈希值。

通过比较根节点的哈希值，可以快速验证整个数据集是否完整，即使数据量非常庞大，也可以通过比较两个哈希值来验证数据是否完整。默克尔树可以有效地减少需要传输和存储的数据量，提高了数据传输和验证的效率。同时，由于默克尔树的结构特性，即使只有部分数据发生更改，也可以快速定位到具体的位置。

（4）Timestamp

Timestamp 用于存储当前区块的时间戳，是一个 4 字节的整数，采用 UNIX 时间戳格式，表示从 1970 年 1 月 1 日 00:00:00 到当前时间的秒数。比特币区块链中的时间戳精确到秒级别，即记录了每个区块被创建或挖掘的具体时间。

然而，由于网络传输和节点同步的延迟，可能存在一定的时间差，导致不同节点对同一区块的时间戳略有不同。比特币区块链中的时间戳可以被其他节点用于验证区块的合法性和顺序。如果一个区块的时间戳明显早于前一个区块的时间戳，那么这个区块很可能是无效的或者被篡改的。因此，节点会根据时间戳来验证区块的先后顺序，并拒绝接受异常的时间戳。此外，比特币的挖矿难度调整算法会根据区块的时间戳来调整挖矿难度，以保持大约 10 分钟产生一个区块的稳定速度。

（5）Bits

Bits 字段用于存储当前区块的难度目标值，是一个 4 字节的整数。比特币采用了工作量证明机制来保证区块链的安全性和可信度，而难度目标值指矿工产生区块需要满足的条件。由于比特币网络中的矿工数量和算力不断变化，难度目标值也需要动态调整，以保证新的区块可以在约 10 分钟内产生。Bits 字段存储的就是当前难度目标值。它的计算步骤如下。

① 获取前一个区块的 Bits 字段值：首先，需要获取前一个区块的区块头，并从中提取出 Bits 字段的值作为初始值。

② 将 Bits 字段的值进行解码，得到一个紧凑表示的难度目标值。解码过程是将 32 位整数转换为一个 256 位的大整数。

③ 将目标难度值除以最大目标难度值，得到一个实际难度值。这个实际难度值表示了当前难度相对于最大难度的比例关系。

④ 根据实际难度值和一个预定义的时间间隔（10 分钟），使用难度调整算法来计算新的目标难度值。

⑤ 将新的目标难度值进行编码，得到一个 32 位的整数值，作为新的 Bits 字段的值。

每产生 2016 个区块，比特币网络会根据实际挖矿时间与目标挖矿时间的差异来调整难度目标值，以保持大约每 10 分钟产生一个新的区块。通过这个难度调整算法，比特币网络可以自适应地响应矿工的算力变化，保持挖矿的稳定性和公平性。

（6）Nonce

Nonce 用于存储随机数，是一个 4 字节的整数。在比特币中，为了满足难度目标值，矿工需要不断尝试不同的随机数，直到找到一个符合要求的哈希值。而 Nonce 字段就是存储这个随机数的，每次尝试都会改变 Nonce 的值，直到找到符合要求的哈希值为止。计算步骤如下。

① 需要确定区块头的其他字段的数值，包括 Version、Previous Block Hash、Merkle Root、Timestamp 和 Bits。这些字段的数值是由网络中的节点共识算法确定的，每个节点都必须使用相同的数值来构建区块头。

② Nonce 字段的初始值可以是任意值，通常从 0 开始，逐步递增。

③ 将区块头中的所有字段（除了 Nonce 字段）组合到一起，得到一个完整的区块头数据。然后，对这个完整的区块头数据进行哈希运算，通常使用 SHA-256 算法进行哈希计算。得到的哈希值是一个固定长度的二进制数。

④ 将计算得到的哈希值与当前区块的难度目标进行比较。难度目标是一个表示挖矿难度的数值，通过 Bits 字段来确定。如果计算得到的哈希值小于难度目标，说明找到了一个符合条件的哈希值，挖矿过程结束。

⑤ 如果计算得到的哈希值不满足难度目标，那么需要调整 Nonce 值再次进行计算。通常，Nonce 值会递增，然后重新计算哈希值。这个过程可以循环进行，直到找到一个满足条件的哈希值或者达到了挖矿的时间限制。

⑥ 一旦找到了一个满足条件的哈希值，Nonce 字段的值以及其他区块头字段的数值都确定下来，就完成了挖矿过程。这个区块可以被广播到网络中，并添加到比特币的区块链中。

2. 交易列表

（1）交易列表

每个比特币区块都包含一个交易列表，用于记录在该区块中发生的所有交易。这些交易可以是比特币的转账交易，也可以是其他类型的交易，例如合约交易或代币交易。

（2）交易哈希值

每个交易都有一个唯一的交易哈希值。交易哈希值是通过对交易的内容进行哈希运算而生成的固定长度的字符串，用于标识和验证交易的唯一性。

（3）输入

交易列表中的每个交易都包含一个或多个输入。输入指定了要使用的比特币之前的输出，也称为未花费的交易输出（Unspent Transaction Output ，UTXO），作为本次交易的输入。每个输入包含了一个引用前一笔交易输出的交易哈希值和输出索引，以及一个数字签名来证明该交易的合法性。

（4）输出

交易列表中的每个交易都包含一个或多个输出。输出指定了接收比特币的地址和金额。每个输出包含了一个比特币地址和一个金额值。在接收方使用私钥签名后，这些输出可以成为新的未花费的交易输出（UTXO），可以被未来的交易引用和消费。

（5）手续费

交易列表中的某些交易可能包含额外的输出，其金额超过了交易输入所需的金额。这些额外的金额将被视为手续费，并作为奖励发给验证和打包该区块的交易的矿工。手续费是激励矿工为网络提供安全性和确认交易的经济激励手段。

3. 区块高度

每个区块在区块链中都有一个唯一的高度值，表示该区块在区块链中的位置。区块高度从创世区块开始递增。区块高度是指区块在区块链中的位置，它是一个数字，表示该区块在区块链中是第几个区块。比特币网络是一个不断增长的链式结构，每个新产生的区块都会被加到链的末尾，因此区块高度也会随之增加。

当一个比特币节点接收到新的区块时，它会验证该区块中的所有交易是否合法，并将该区块添加到自己的区块链中。此时，该节点会将自己的区块高度更新为最新的区块高度。

比特币网络中的区块高度是非常重要的，因为它可以用来确定一个交易是否已经被确认。当一个交易被打包进一个区块中并被添加到区块链上后，该交易就被视为已经被确认了。交易的确认数是指该交易所在区块的高度距离当前区块的高度之差，确认数越高，表示该交易越不可能被篡改。一般来说，比特币的一笔交易需要得到 6 个区块以上的确认才能被视作安全确认。

7.2 比特币的运作机制

比特币的运作机制

比特币运作过程中涉及两个主要的参与者，即发送者（也称为付款方）和接收者（也称为收款方）。发送者想要将一定数量的比特币发送给接收者，会创建一笔交易，并通过将交易信息广播到比特币网络中的节点来宣布这笔交易。收到信息的节点将交易信息广播给其他节点，以便整个网络都能知晓这笔交易。比特币网络中的矿工节点会对接收到的交易进行验证。他们会检查交易是否符合比特币的规则和协议，例如检查发送者是否有足够的比特币余额来执行交易。经过验证的交易被打包进一个区块。矿工通过使用算力解决数学难题，从而获得打包新区块的权利。一旦矿工找到正确的答案，他们就可以创建一个新的区块，并将验证的交易添加到区块中。新的区块将被广播到网络中，其他节点会接收并验证该区块。一旦区块被大部分节点接受，并达到一定的确认数（通常为6个确认），交易就会被视为有效并添加到比特币的区块链中。一旦交易被添加到区块链中，发送者和接收者之间的比特币转移就完成了。接收者可以使用他们的私钥来控制和管理收到的比特币。

7.2.1 比特币密钥

1．私钥生成

比特币私钥是用于访问和控制比特币的“数字货币”的加密密钥。它是一个256位的随机数，通常表示为64个十六进制字符。私钥是生成比特币地址的重要组成部分。使用椭圆曲线数字签名算法将种子或熵转换为私钥。在比特币交易中，私钥用于签署交易，并证明拥有比特币的所有权。

比特币私钥需要妥善保管，因为任何人获得私钥就能够完全控制该私钥对应的比特币地址内的所有比特币。如果私钥丢失或泄露，则对应的比特币也会永久丢失。因此，建议使用冷钱包（离线存储的钱包）来管理比特币私钥，以确保其安全性和保密性。

（1）比特币私钥的生成过程如下。

① 随机数生成：首先需要生成一个随机的256位数字，通常称为种子或熵。这个种子必须是随机的，不能被预测或重复。

② 私钥计算：使用椭圆曲线数字签名算法将生成的种子转换为比特币私钥。

③ 编码格式转换：将生成的私钥转换为不同的编码格式以便使用和显示。

（2）比特币私钥主要的编码格式如下。

① WIF格式：全称为Wallet Import Format，是一种将私钥进行压缩和编码的方式，WIF格式包含了以下几个部分。

版本号（1字节）：WIF格式的版本号，用于标识该私钥是哪种类型的地址所对应的私钥。

私钥数据（32字节）：比特币私钥的实际数值，通常使用32个字节表示。

压缩标识（1字节，可选）：用于标识该私钥是否被压缩过。如果该字节存在，则表示该私钥是经过压缩的。

校验和（4字节）：用于校验WIF格式是否正确的4个字节的校验和。计算方式为先将版本号和私钥数据拼接起来，再对拼接后的结果进行两次SHA-256哈希运算，然后取前4个字节作为校验和。

② Base58格式：基于Base58算法进行编码的私钥。与WIF格式相比，Base58编码更加紧凑，而且不包含版本号和校验号，具体编码过程如下。

获取私钥的字节数组：首先，将比特币私钥（通常为32字节）转化为一个字节组。

添加前缀0x80：在字节数组的前面添加一个字节0x80，标识该私钥属于比特币网络。

计算校验和：对添加了前缀的字节数组进行两次SHA-256哈希运算，然后取结果的前4个字节作为校验和。

添加校验和：将校验和附加到字节数组的末尾。

Base58编码：将上述得到的字节数组进行Base58编码，得到最终的私钥字符串。

Base58编码使用58个字符集，去除了易混淆的字符（如0、O、I、l等），以及可能导致人类输入错误的字符（如+、/）。常见的Base58字符集包括以下字符：

```
123456789ABCDEFGHJKLMNPQRSTUVWXYZabcdefghijkmnopqrstuvwxyz
```

③ Hex 格式：Hex 是一种十六进制编码格式，它表示私钥的每个字节都用两个十六进制字符表示，没有版本和校验和。

比特币私钥三种编码格式见表 7-2。

表 7-2　比特币私钥三种编码格式

编码格式	编码值
Hex	0x80C2FDCB5A1E54BFB4CA2A7AC7DA2B43D8C10CFEF3A6645A9D24D3A8D4A87B48
WIF	KwGh3Q4Y9uPCv54No6JKdStVFTiA6zQ5UEmP5zrSX6bP8QJ8tbQ3
Base58	5KkYmitTcCjT6LZcHJGQKg4evoUrM59Wf1UooyqzKQyNwTTVtGy

2．公钥生成

在比特币的加密算法中，使用了椭圆曲线密码学算法。该算法通过私钥生成对应的公钥，再通过公钥生成比特币地址。公钥可以公开分享给其他人，而私钥必须保持机密性。

比特币公钥由两个坐标值组成，通常表示为（x, y）。这些坐标值通过椭圆曲线上的数学计算而得出，确保了公钥的唯一性。

比特币公钥分为压缩公钥和非压缩公钥，非压缩公钥由椭圆曲线上的坐标值（x, y）组成，每个坐标值都是 32 字节长。一个完整的非压缩公钥将占用 64 字节的空间，并以 04 开头。例如，下面是一个非压缩公钥的示例：

```
04a3e84f6d0c5b5b148043f9c8f7c2e419c6d4db3e361cbe4b37a3d06b9c82a5
8fa56ef5f7e8490a7c4786c28eaa108ce3413f04612fc2e1a8d9ae2cf2e9253c
```

压缩公钥使用了一种更紧凑的表示方法，只存储 x 坐标值和一个用于标识 y 坐标值奇偶性的前缀。压缩公钥以 02 或 03 开头，后面跟着一个 32 字节的 x 坐标值。例如，下面是一个压缩公钥的示例：

```
02a3e84f6d0c5b5b148043f9c8f7c2e419c6d4db3e361cbe4b37a3d06b9c82a5
```

3．地址生成

比特币地址是由公钥哈希值生成的。它是一个经过 Base58 编码的字符串，通常以“1”开头（旧版地址）、“3”开头（P2SH 地址），以及以“bc1”开头（Bech32 地址）。比特币地址是用户在交易中接收比特币的标识。比特币使用地址而不是直接使用公钥，这样可以隐藏用户的公钥，提高隐私性。在比特币交易中，发送方和接收方之间只需要知道彼此的比特币地址，而不需要直接暴露公钥。

以下是几种常见的比特币地址类型及其详细解释和举例说明。

（1）普通支付地址（Pay-to-Public-Key-Hash，P2PKH）

普通支付地址是最常见的比特币地址类型，以数字 1 开头。它是通过对公钥进行哈希运算而生成的，确保地址的安全性和隐私。普通支付地址使用 Base58 编码表示，由 26～35 个字符组成。例如：

```
1BvBMSEYstWetqTFn5Au4m4GFg7xJaNVN2
```

（2）隔离见证支付地址（Pay-to-Witness-Public-Key-Hash，P2WPKH）

隔离见证支付地址是一种新的比特币地址格式，以 bc1 开头。它使用了比特币网络的隔离见证（Segregated Witness）技术，可以提高交易效率和安全性。隔离见证支付地址使用 Bech32 编码表示，由 42 个字符组成。例如：

```
bc1qar0srrr7xfkvy5l643lydnw9re59gtzzwf5mdq
```

（3）多重签名地址（Multi-Signature Address，P2SH）

多重签名地址是一种需要多个私钥共同签名才能完成交易的地址。它以数字 3 开头，并使用 Base58 编码表示。多重签名地址在比特币中常用于多方合作、资金管理等场景。例如：

```
3J98t1WpEZ73CNmQviecrnyiWrnqRhWNLy
```

（4）隔离见证多重签名地址（Pay-to-Witness-Public-Key-Hash，P2WSH）

隔离见证多重签名地址是隔离见证和多重签名的结合，以 bc1 开头，并使用 Bech32 编码表示。它结合了隔离见证和多重签名的优势，可提供更高的交易效率和安全性。例如：

```
bc1qspnzxf6srn5wz202nkjyv9e3c26xj4w7qg2pwpq6z2ugr9je8cvs4t7d9
```

4．HD 密钥

在普通密钥生成模式下，用户只需生成一个随机私钥，就可以直接使用该私钥来管理比特币。这种方式简单直接，适用于只需要一个密钥对的场景，如个人用户或小规模交易。在普通密钥生成模式下，如果私钥泄露或丢失，用户将无法恢复比特币资产。此外，如果用户频繁使用相同的私钥进行交易，也会增加私钥被攻击的风险。

比特币核心开发者 BIP32 提出了密钥树（Hierarchical Deterministic，HD）生成模式的概念，并将其在 BIP44 中进一步扩展和规范化。密钥树生成模式允许用户通过一个根种子生成大量的子密钥对，为用户提供了更多管理选项和灵活性。用户可以根据需要生成多个密钥对，并使用不同的派生路径来管理和跟踪密钥。这种方式适用于需要管理多个密钥对或进行更复杂操作的场景，如商户、交易所等。密钥树生成模式通过使用根种子和派生路径来派生密钥对，可以更安全地管理比特币资产。用户只需备份好根种子，并可以方便地生成新的密钥对，而无须担心私钥泄露或丢失的问题。此外，使用不同的派生路径和子密钥对可以增加用户的安全性。

HD 密钥具体生成规则如下。

（1）种子

种子是一个随机数或者助记词。种子经过哈希函数处理（通常使用 SHA-512 算法），生成 512 位的熵值。种子应当保密存储，并且备份以防止丢失。

（2）主扩展密钥

从种子导出的主扩展密钥是一个 256 位的数据，分为左右两部分，左边部分称为 m/0'，右边部分称为 m/1'。主扩展密钥可以派生出所有的子密钥对。

（3）子密钥派生

子密钥派生使用分层确定性算法（Hierarchical Deterministic Algorithm，HDA）。派生路径采用类似文件系统的表示方式，例如 m/0'/1/2'。每一级的派生都通过哈希函数、加密算法和索引号进行计算。

（4）扩展私钥

扩展私钥包含了私钥和链码，它们共同用于派生子密钥。扩展私钥的数据结构是由父级扩展私钥、父级公钥、索引号和链码组成。

（5）扩展公钥

扩展公钥包含了公钥和链码，同样用于派生子公钥。扩展公钥的数据结构是由父级扩展公钥、父级公钥、索引号和链码组成。

7.2.2 比特币钱包

比特币钱包是一种数字钱包，用于存储、管理和与比特币网络进行交互。它允许用户管理他们的比特币资金，接收和发送比特币，并监视他们的交易历史。比特币钱包实际上并不存储比特币本身，而是存储了比特币的私钥。私钥是一串数字，用于控制与钱包地址关联的比特币资金。只有私钥的持有者才能使用该钱包地址中的比特币。

比特币钱包通常由一个或多个钱包地址组成。钱包地址是由一个公钥通过哈希函数转换生成的一串字符，具有唯一性。它类似于银行账号，使得比特币的发送者能够将比特币发送到指定地址。比特币钱包还包含助记词，这是一组随机生成的单词序列，用作生成和恢复钱包的私钥。通过备份助记词，用户可以在需要时恢复整个钱包的私钥。

1．硬件钱包

硬件钱包是一种离线存储设备，通常采用 USB 接口连接到计算机或移动设备上。它们提供了更高的安全性，因为私钥是存储在硬件设备中，不会被黑客攻击或恶意软件盗取。硬件钱包的使用方法较为简单，用户只需将设备连接到计算机或移动设备上，并输入密码就可以完成交易。目前，市场主流的硬件钱包见表 7-3。

表 7-3　市场主流的硬件钱包

名称	说明
Ledger Nano	支持多种加密货币，并提供安全的离线存储和交易签名功能
Trezor	提供更高级的安全性和用户友好的界面
KeepKey	具有直观的用户界面和强大的安全保护措施

硬件钱包使用基本流程如下。

（1）购买和准备

选择一款适合用户需求的比特币硬件钱包，并确保从官方渠道购买。收到硬件钱包后，确保未被篡改，并阅读使用手册以了解更多详细信息。

（2）设置和初始化

连接硬件钱包到用户的计算机或移动设备，并按照说明进行设置和初始化。通常需要创建一个新的钱包，并为其设置 PIN 码（Personal Identification Number）。

（3）备份种子词

在初始化过程中，硬件钱包将生成一组备份种子词。这些词是用来恢复钱包的关键，务必将其安全地备份在纸张或其他离线存储介质上。

（4）接收比特币

在硬件钱包上生成一个新的比特币接收地址，并将该地址提供给其他人，以便向用户发送比特币。

（5）发送比特币

如果要发送比特币，打开用户的比特币钱包软件，创建一笔新的交易，并使用硬件钱包进行交易签名。然后将签名的交易发送到网络上进行广播。

（6）安全保护

确保将硬件钱包存放在安全的地方，远离潜在的盗窃或损坏风险。并定期检查硬件钱包的固件更新，及时进行升级以获得最新的安全补丁和功能改进。

2．软件钱包

软件钱包是比特币钱包中最常见的类型，可以运行在计算机、手机等多种设备上。软件钱包的私钥存储在用户的设备上，用户需要对其进行备份以防止数据丢失。由于软件钱包与互联网相连，存在被黑客或恶意软件攻击的风险。因此，选择可信的软件钱包非常重要。使用软件钱包时，用户需要下载和安装钱包软件，并创建一个新的比特币地址，即可开始发送和接收比特币。目前，市场主流的软件钱包见表 7-4。

表 7-4　市场主流的软件钱包

名称	说明
Bitcoin Core	比特币网络的官方钱包软件，也是一个全节点钱包
Electrum	是一款轻量级的比特币钱包，具有快速启动和简化的界面
Coinbase	是一家知名的加密货币交易平台，它提供比特币钱包服务

软件钱包使用基本流程如下。

（1）下载和安装钱包应用软件。

（2）启动软件，创建一个新钱包或恢复现有钱包。

（3）创建或导入钱包地址，生成一个私钥作为访问和管理比特币资产的凭证。

（4）将用户的比特币地址提供给他人，他们可以向用户发送比特币。

（5）在钱包中选择发送选项，输入目标地址和发送金额，确认交易的详情和费用，然后提交交易。

（6）定期更新软件以获取新功能和安全性修复。

3．网络钱包

网络钱包是运行在 Web 浏览器中的在线钱包，用户可以通过互联网访问这些钱包。与软件钱包不同，网络钱包存储于第三方服务器上，并由第三方提供服务。使用网络钱包时，用户需要在第三方提供的网站上注册并创建账户。尽管网络钱包非常方便，但它们具有被黑客和恶意软件攻击的风险。目前，市场主流的网络钱包见表 7-5。

表 7-5　市场主流的网络钱包

名称	说明
Blockchain	用户掌握私钥、高度安全和匿名性
BitPay	支持比特币和比特币现金，并提供了简单易用的界面和安全的存储机制

网络钱包使用基本流程如下。

（1）注册账户

（2）创建钱包

（3）备份钱包（通常是通过生成助记词）

（4）接收比特币

（5）发送比特币

4．纸质钱包

纸质钱包是一种离线存储的比特币地址和私钥，通常是由一个随机私钥生成器生成的。

纸质钱包是最安全的比特币钱包之一，因为它们完全离线，不会受到网络攻击的威胁。然而，使用纸质钱包需要谨慎，因为如果私钥丢失或被盗，比特币将永久丢失。用户可以将其备份在多个安全的地方，如保险箱、防火柜等。这样即使原始纸质钱包丢失或损坏，用户仍然可以通过备份恢复比特币资产。目前，市场主流的纸质钱包见表 7-6。

表 7-6　市场主流的纸质钱包

名称	说明
BitAddress	支持多种印刷格式
WalletGenerator	支持多种加密货币的钱包生成

纸质钱包使用基本流程如下。

（1）选择在线工具

选择一个信任的在线纸质钱包生成工具。

（2）生成钱包

在网站上按照指示生成比特币的钱包地址和私钥。通常会提供生成多个地址的选项。

（3）打印纸质钱包

将生成的钱包地址和私钥打印到纸张上。确保打印时没有被他人看到，以防泄露私钥。

（4）保护纸质钱包

将打印好的纸质钱包存放在安全的地方，远离潜在的损坏和盗窃风险。建议将其放入防水袋或密封袋中，以防止受潮或损坏。

（5）存储备份

制作钱包的多个副本，并将它们存放在不同的安全位置，以备份和恢复比特币资产。

此外比特币钱包还可以按照区块链数据与密钥的存储位置划分为以下 3 类。

（1）完全节点钱包

完全节点钱包下载并存储比特币的完整区块链，提供最高的安全性和去中心化程度。它需要较大的存储空间和较长的同步时间。

（2）轻量级钱包

轻量级钱包不需要下载完整的区块链，通过与网络上的完全节点进行通信来验证和交互。它们通常需要少量的存储空间和较快的同步时间，但安全性较低。

（3）网页钱包

网页钱包是基于网络的钱包应用程序，可以直接在网页浏览器中使用。它们提供方便的访问和操作，但私钥存储在服务器上，安全性较差。

7.2.3　交易模型

区块中包含了多个交易。每个交易记录了比特币网络中的交易信息，包括发送者、接收者和交易金额等。交易还可以包含其他的元数据，例如输入输出脚本和签名等。

1．交易结构

比特币交易由输入和输出组成。输入是指之前的交易产生的输出，作为本次比特币交易的来源。输出则指定了将要转移的地址和金额。每个输出都有一个相应的解锁脚本（Unlocking Script），用于证明该输出的所有权。当一个交易的输入能够满足解锁脚本的要求时，该交易被认为是有效的。

（1）交易版本号（Version）

交易版本号用于标识交易所使用的比特币网络协议版本。它是一个整数值，用于指示交易所遵循的协议规范。

（2）输入计数

输入计数是一个整数值，表示交易中输入的数量。每个输入都引用了之前交易输出的交易 ID 和输出索引号。

（3）输入列表

① 前一笔交易的输出引用（Previous Transaction Output）：指向之前交易输出的交易 ID 和输出索引号。

② 解锁脚本（Unlocking Script）：用于验证当前交易的合法性，并提供对应的签名和公钥。

③ 序列号（Sequence Number）：用于控制交易输入的时间锁定（Time Lock）行为。

（4）输出计数

输出计数是一个整数值，表示交易中输出的数量。

（5）输出列表

① 接收方的比特币地址（Bitcoin Address）：指定接收比特币的账户。

② 锁定脚本（Locking Script）：指定接收方满足的条件，必须提供相应的签名和公钥才能花费该输出。

③ 金额：指定输出的比特币数量。

（6）锁定时间

锁定时间是一个整数值，用于控制交易的有效时间。如果锁定时间小于等于当前区块的块高度，交易将立即生效；否则，需要达到指定的锁定时间才能生效。

（7）签名

交易输入需要提供相应的签名以证明其拥有对应的私钥。签名用于验证交易的合法性和真实性，确保只有合法的所有者才能花费比特币。

2．交易脚本

比特币交易脚本是指包含在输入和输出中的脚本，用于验证交易的有效性。它们基于一种叫作 Script 的编程语言，可以执行各种不同的操作和条件。

（1）解锁脚本（Unlocking Script）

解锁脚本也被称为 SigScript 或 Witness Script，是交易输入中的一段脚本。它包含了必要的信息，以证明该交易所引用的输出所有权属于签署该交易的人。

解锁脚本通常由以下几个部分组成。

① 签名（Signature）：使用私钥生成的签名数据。

② 公钥（Public key）：与签名对应的公钥。

③ 脚本（Script）：任何其他必要的脚本代码，如多重签名脚本。

解锁脚本的目的是提供一些必要的信息，使得解锁当前交易输入所引用的输出变得有效。例如，在使用单重签名时，解锁脚本中必须包含一个签名和对应的公钥，才能证明该交易的有效性。

（2）锁定脚本（Locking Script）

也被称为 PubScript 或 Output Script，是交易输出中的一段脚本。它定义了接收方可以花费这些比特币的条件。

锁定脚本通常由以下几个部分组成。

① 地址（Address）：接收方的比特币地址。

② 脚本（Script）：任何其他必要的脚本代码，如多重签名脚本或其他自定义脚本。

锁定脚本的目的是限制比特币的使用权限。例如，在使用单重签名时，锁定脚本中将包含一个公钥哈希值，只有能够解锁该脚本的私钥才能花费这些比特币。

以下是比特币解锁脚本堆栈执行的一个例子。

设有一个 P2PKH 交易，其中输入引用了一个输出，并且输出的锁定脚本如下：

```
OP_DUP OP_HASH160 <PubKeyHash> OP_EQUALVERIFY OP_CHECKSIG
```

其中<PubKeyHash>是接收方的公钥哈希值。

现在，需要提供一个解锁脚本来解锁该输出。假设有一个包含签名和公钥的解锁脚本，如下所示：

```
<Signature> <PublicKey>
```

其中 <Signature> 是使用私钥生成的签名，<PublicKey> 是对应的公钥。

解锁脚本堆栈执行的具体过程如下。

创建一个空堆栈。将解锁脚本中的 <Signature> 和 <PublicKey> 依次推入堆栈中。此时堆栈的状态如下：

```
<PublicKey>
<Signature>
```

开始执行锁定脚本。首先，从堆栈中弹出两个元素，即 <Signature> 和 <PublicKey>，并将 <PublicKey> 哈希运算后的结果推入堆栈中。此时堆栈的状态如下：

```
<PubKeyHash>
<Signature>
```

接下来，执行 OP_EQUALVERIFY 操作符。它从堆栈中弹出两个元素，比较它们是否相等。如果它们不相等，则该交易无效。否则，继续执行下一个操作符。在我们的例子中，假设 <PubKeyHash> 与输出锁定脚本中的 <PubKeyHash> 相等，因此该操作成功。

最后，执行 OP_CHECKSIG 操作符。它从堆栈中弹出两个元素，即 <Signature> 和 <PublicKey>，并使用公钥验证签名是否有效。如果签名无效，则该交易无效。否则，该交易有效。

3. 交易签名

比特币签名的目的是确保交易的发送者具有相应的权限，并且保证交易的完整性和安全性。通过应用椭圆曲线密码学算法，比特币签名提供了一种高效、安全和可靠的方式来验证比特币交易。依据签名数据的不同，可以分为 4 类签名类型，具体如下。

（1）SIGHASH_ALL

使用场景：最常见的哈希类型标志位，适用于大多数交易情况。

签名规则：对所有输入和输出进行签名，包括交易的锁定脚本和序列号。

示例场景：普通的比特币交易，涉及多个输入和输出的交易。

（2）SIGHASH_NONE

使用场景：适用于构建未确定输出数量的交易。

签名规则：对输入进行签名，但是不对任何输出进行签名。输出部分的脚本和金额将被视为空。

示例场景：多重签名交易，其中输出的数量和地址尚未确定，需要后续签名者添加。

（3）SIGHASH_SINGLE

使用场景：适用于链式交易或特定输出的交易。

签名规则：只对与当前输入相关的输出进行签名，而其他输出视为空值。

示例场景：链式交易，其中每个输入都与前一个输出相关联，或者只对特定输出进行签名的交易。

（4）SIGHASH_ANYONECANPAY

使用场景：适用于多重签名交易中的部分签名者。

签名规则：只对当前输入进行签名，不考虑其他输入。

示例场景：多重签名交易，其中每个签名者只对自己的输入进行签名，而不考虑其他签名者的输入。

4．交易验证

比特币交易验证是确保交易有效性和安全性的过程，经过验证的交易才能被添加到区块链上。以下是交易验证具体步骤。

（1）检查交易结构

首先，验证者会检查交易的基本结构，包括交易 ID、输入和输出数量等。如果交易结构不正确或缺少必要的信息，验证将被拒绝。

（2）验证输入引用的输出

对于交易中的每一个输入，验证者会检查其引用的输出是否存在，并获取相应的锁定脚本。

（3）执行解锁脚本

验证者会执行交易输入中的解锁脚本，并将相关数据推入堆栈。这些数据可能包括签名、公钥等，具体取决于锁定脚本的要求。

（4）执行锁定脚本

验证者会执行交易输出中的锁定脚本，并使用堆栈中的数据进行计算和比较。这些计算和比较的结果将决定解锁脚本是否能成功解锁锁定脚本。

（5）验证交易条件

基于锁定脚本的计算结果，验证者会判断交易是否满足特定的条件。这些条件可能包括验证签名、验证时间戳、验证交易费用等。

（6）检查双重支付

验证者会检查交易的输入是否已被之前的交易使用过，以防止双重支付问题的发生。这涉及检查交易输入引用的输出是否已经被花费。

（7）验证交易手续费

验证者会检查交易是否支付了足够的手续费。如果手续费不足，矿工可能会忽略该交易。

（8）验证脚本和规则

验证者会应用比特币协议中的脚本和规则来验证交易。这包括执行标准脚本、限制脚本大小和复杂度、执行隔离见证等。

（9）验证区块链状态

验证者会检查交易在当前区块链状态下是否有效。这涉及检查 UTXO（未花费的交易输出）集合、验证区块高度等。

（10）完成交易验证

如果交易通过了上述所有步骤的验证，验证者将认为该交易是有效的，并将其转发给网络中的其他节点。

5．交易确认

比特币交易确认是指在比特币网络中，通过矿工将交易信息添加到区块链中，并得到区块链网络的确认。下面是比特币交易确认的详细过程。

（1）交易广播

交易首先由交易发起方通过比特币网络广播出去，将交易信息传播给网络中的其他节点。

（2）交易池接收

其他节点收到广播的交易后，会将其添加到自己的交易池中，等待进一步处理。

（3）矿工选择

矿工是负责打包交易成区块并添加到区块链的参与者。矿工从交易池中选择一些交易来包含在自己的区块中，通常根据交易手续费率和其他优先级进行选择。

（4）区块挖矿

选定交易后，矿工开始进行区块挖矿。他们将交易打包成一个区块，并使用工作量证明算法（如 SHA-256 算法）进行计算，以找到符合难度目标的区块哈希值。

（5）挖矿成功

当某个矿工找到符合难度目标的区块哈希值后，他会将该区块广播给网络中的其他节点。

（6）区块验证

其他节点收到新的区块后，会对其进行验证，确保区块的结构正确、区块哈希符合规则，并且其中包含的交易有效。

（7）确认高度增加

一旦区块通过验证，它将被添加到区块链的最长链中，整个网络将接受该区块作为最新的有效区块。此时，交易也被确认，并且其所在区块的高度会相应增加。

（8）多次确认

随着后续的区块被挖掘和添加到区块链上，交易会得到越来越多的确认。一般来说，交易经过 6 个区块的确认后，被认为是高度安全和不可逆转的。

需要注意的是，交易确认时间的长短取决于网络拥堵程度、交易费用、矿工参与度等因素。较低的交易费用可能导致交易被延迟或者被更低费用的交易替代。因此，较高的交易费用通常能够吸引更多的矿工关注并提高交易确认的速度。

6．交易费用

比特币交易费用是指在比特币网络中发送交易时支付给矿工的费用。

（1）交易费用的作用

比特币交易费用是激励矿工处理和打包交易的一种方式。由于比特币网络中有限的区块空间，每个区块只能容纳有限数量的交易。因此，支付交易费用可以提高交易被矿工挖掘和确认的概率。

（2）交易费用的计算

比特币交易费用通常以每字节的形式来计算。交易的大小取决于交易的输入和输出数量、脚本的复杂度等因素。较大的交易将占用更多的区块空间，因此通常需要支付更高的交易费用来吸引矿工的注意。

（3）交易费用的设定

交易发起方可以根据自己的需求设定交易费用。通常，钱包软件会根据当前网络拥堵程度和矿工费用市场的情况，为交易提供一个推荐的默认费用。交易发起方也可以手动设置更高或更低的费用，以达到更快或更慢的确认速度。

（4）矿工选择交易

当矿工打包区块时，他们会优先选择具有较高交易费用的交易。这是因为矿工可以通过收取更多的交易费用来获得更高的经济回报。相反，较低的交易费用可能导致交易被延迟或被更高费用的交易替代。

（5）交易费用的市场

比特币交易费用是由市场供需关系决定的。当网络拥堵程度较高时，交易费用通常会上升，以吸引更多的矿工参与处理交易。反之，当网络拥堵程度较低时，交易费用可能会下降。

（6）交易费用的影响因素

影响交易费用的因素包括网络拥堵程度、交易的紧急性和交易大小等。

7.3 比特币进阶

比特币进阶

比特币网络没有中心机构或中心化的服务器控制。它由全球范围内的节点组成，这些节点通过互联网连接在一起，并共同维护比特币的区块链账本。每个节点都具有完整的区块链副本，并可以独立验证交易。比特币网络中的节点可以是普通用户的钱包软件或专用的矿工节点。矿工节点负责通过解决数学难题来挖矿并创建新的区块。其他节点则参与交易广播、区块验证和网络安全的维护。当用户发送比特币交易时，该交易将通过节点广播到整个网络中。节点接收到交易后，会对其进行验证，包括检查交易的有效性、双重支付和签名等。一旦被验证通过，交易将被纳入待确认的交易池中等待矿工将其打包进新的区块。比特币的交易被打包成区块，并被链接成一个不断增长的区块链。每个区块包含了一系列交易记录和前一个区块的哈希值，形成了一个不可篡改的链式结构。当矿工成功解决数学难题时，他们会将待确认的交易打包成一个新的区块，并广播到网络中。其他节点接收到新区块后进行验证，并将其添加到自己的区块链上。比特币网络使用工作量证明机制来确保网络安全。矿工通过解决复杂的数学问题来创建新区块，并获得比特币作为奖励。这个过程需要巨大的计算能力和电力消耗，从而确保网络的安全性和抵御攻击的能力。

比特币网络中的分叉可能源于不同的矿工对于共识规则的解释或升级版本有分歧。这可能导致不同的矿工在同一时间内产生了不同的区块，从而导致分叉的发生。当发生分叉时，比特币网络中的节点会自动选择最长的链作为主链，并将其视为有效的区块链。这是因为最长的链代表了网络中最大的计算工作量。

7.3.1 比特币网络

比特币对等通信网络是一种分布式网络，由众多节点组成，每个节点都有相同的权力和责任。以下是比特币对等通信网络的主要机制。

1．对等连接

比特币节点之间通过建立对等连接实现点对点的通信，每个节点都可以直接连接到其他节点，而不依赖于中心化的服务器。对等连接基于比特币协议进行通信，并通过 TCP/IP 协议栈进行数据传输。当比特币网络中的两个节点建立对等连接时，它们通过以下通信过程进行交流。

（1）握手协议（Handshake Protocol）

握手协议是建立对等连接的第一步。节点 A 向节点 B 发送握手消息，其中包含了节点 A 的版本信息、区块链高度、时间戳等。节点 B 收到握手消息后，会回复一个握手消息，其中包含了节点 B 的版本信息和其他相关信息。

（2）版本握手（Version Handshake）

当节点 A 收到来自节点 B 的握手回复后，它们会进行版本握手。在版本握手中，节点 A 和节点 B 确认彼此的版本号和支持的功能，以便适应彼此的通信需求。

（3）地址交换（Address Exchange）

节点 A 和节点 B 交换彼此的网络地址信息，以便将来能够直接连接到对方。这些信息通常包括 IP 地址和端口号。

（4）数据交换

一旦对等连接建立成功，节点 A 和节点 B 可以开始进行数据交换。这包括交易和区块的广播、区块链的更新同步以及请求和响应其他节点的数据查询等。

（5）区块同步（Block Synchronization）

节点 A 和节点 B 可以互相发送消息来请求缺失的区块数据。如果节点 A 拥有某个缺失的区块，它会将该区块发送给节点 B。节点 B 接收到区块后，会验证其有效性并将其添加到自己的区块链中。

2．网络发现

比特币节点需要知道其他节点的存在，以建立对等连接。节点利用种子节点（Seed Nodes）来发现其他节点的 IP 地址。以下是网络发现的主要机制。

（1）Seed 节点

Seed 节点是比特币网络中预定义的一组节点，它们用于引导新节点加入比特币网络。比特币客户端程序会预先定义一组 Seed 节点，包括 IP 地址和端口号。新节点启动时，会尝试连接到一个或多个 Seed 节点，以获取更多可用节点的信息。

（2）DNS Seed

DNS Seed 是一种通过 DNS 服务来提供可用节点列表的机制。比特币客户端程序会预定义一些 DNS Seed 域名，这些域名会返回一组可用节点的 IP 地址。节点可以通过查询这些域名来获取可用节点列表。

（3）Getaddr 消息

Getaddr 是一种比特币协议消息，节点可以使用该消息向已连接的节点请求更多的可用节点信息。当节点收到 Getaddr 请求时，它会响应并返回自己所知道的其他节点的地址信息。这样，节点可以通过交换 Getaddr 消息来扩展自己的节点列表。

（4）随机选择

节点在选择要连接的节点时，通常会进行随机选择。这样可以使节点的连接具有一定的分散性，避免节点集中于特定的节点或区域。随机选择还有助于提高网络的抗攻击性和安全性。

（5）连接限制

为了防止恶意行为和拒绝服务攻击，比特币节点会对连接进行一些限制。例如，节点可以限制与同一 IP 地址的最大连接数，以避免一个 IP 地址控制过多的连接。此外，节点也可以设置最大入站和出站连接数，以限制其资源使用。

3．消息传播

比特币节点通过发送和接收消息来传播交易和区块数据。当一个节点发现新的交易或区块时，它会将这些信息广播到与之相连的其他节点。这样，交易和区块可以迅速传播到整个网络，确保所有节点都能及时获得最新的数据。以下是消息传播涉及的机制。

（1）P2P 连接

比特币网络是一个点对点网络，节点通过建立 P2P 连接来相互通信。每个节点可以与其他节点建立多个连接，以便在网络中传播消息。节点之间的 P2P 连接可以通过配置参数来设置最大连接数，以限制节点的资源使用。

（2）Inv 消息

当节点有新的交易或区块等消息时，它会使用 Inv 消息通知其他节点。Inv 消息包含了消息的类型和哈希值，用于告知其他节点有哪些消息可供获取。其他节点收到 Inv 消息后，可以选择请求具体的消息内容。

（3）Getdata 消息

当节点收到 Inv 消息并选择请求消息内容时，它会发送 Getdata 消息来获取具体的交易或区块。Getdata 消息包含了待请求的消息类型和哈希值，节点会将该消息发送给广播该消息的节点。

（4）数据广播

节点在收到新的交易或区块后，会根据一定的规则将其广播给已连接的其他节点。广播的方式可以是先发送 Inv 消息通知其他节点，然后收到请求后再发送相应的消息内容。

（5）Bloom Filter

Bloom Filter 是一种过滤器，用于在比特币消息网络中筛选交易和区块的传播。每个节点都会维护一个 Bloom Filter，用于筛选出其关注的交易和区块消息。当有新的交易或区块消息进入网络时，节点会将其发送给所有关注该消息的节点，而不是广播给整个网络。

（6）区块下载

当节点收到 Inv 消息并请求具体的区块内容时，它可以通过块下载的方式从其他节点获取完整的区块数据。节点可以选择多个来源来下载区块，以提高下载速度和网络稳定性。

7.3.2 挖矿模式

比特币挖矿的历史可以追溯到 2009 年，当时比特币网络中只有少数节点在进行挖矿。最初，比特币挖矿使用的是 CPU（中央处理器）计算能力。这种方式仅适合于网络初期，因为网络中的节点数量较少，挖矿难度较低，使用普通计算机的 CPU 可以轻松完成挖矿任务。

随着比特币的逐渐流行，网络中的节点数量不断增加，挖矿难度也不断上升。CPU 的计算能力无法满足挖矿的需求，于是人们开始使用 GPU（图形处理器）进行挖矿。GPU 相对于 CPU 来说，具有更高的并行计算能力，在比特币挖矿中能够快速计算出哈希值，提高了挖矿效率。

但是，即便使用 GPU 进行挖矿，仍然需要大量的计算资源和电力支持。为了更好地利用计算资源和降低成本，人们开始使用专业的比特币矿机来进行挖矿。比特币矿机采用专门设计的芯片和硬件，能够更快速地计算出哈希值，提高了挖矿效率。同时，矿机的功耗也相对较低，可以更好地控制成本。

随着比特币网络的不断发展，为了更加稳定地进行挖矿并提高效率，人们开始组建比特币矿池。矿池是由多个矿工共同参与的挖矿组织，矿池会将所有矿工的计算资源整合在一起，共同挖掘区块，并按照贡献程度分配比特币奖励。矿池可以更好地平衡收益和风险，并提高挖矿效率和稳定性。

最后，为了更好地利用电力、降低成本和提高效率，人们开始建立比特币矿场。比特币矿场是由大量矿机组成的挖矿基地，通常位于电力资源充足的地区。矿场可以通过集中管理、优化设备、降低能耗和降低维护成本等方式来提高挖矿效率和盈利能力。

目前，比特币矿机主要分为 ASIC 矿机和 GPU 矿机两种类型。ASIC 矿机是专门为比特币挖矿而设计的，采用专门的芯片和硬件，能够快速计算出哈希值，提高了挖矿效率。GPU 矿机则是使用普通的显卡进行挖矿，相对于 ASIC 矿机来说，效率较低。

比特币矿池有多种运营模式，主要包括按照提交的工作量分配奖励、按照提交的工作量和时间长度分配奖励等。不同的矿池运营商会根据自己的需求和实际情况选择适合自己的运营模式。

比特币矿场的构建需要考虑多个因素，如电力资源、设备采购、设备维护以及安全性等。同时，矿场还需要考虑设备的采购、维护和安全等问题，以确保矿场的稳定运行和盈利能力。

1．矿机

（1）比特币矿机有如下几个主要性能参数。

① 算力：算力是指矿机每秒能够计算出的哈希值次数。它通常以哈希率（Hashes per second，H/s 或 Hash/s）来衡量，也可以用其他单位，如千兆哈希（TH/s）、百兆哈希（MH/s）

等。较高的算力意味着矿机能够更快速地进行哈希计算，从而增加挖矿成功的机会。

② 功耗：功耗是指矿机在运行过程中消耗的电力。通常以瓦特（W）为单位。功耗直接影响挖矿的成本和效率，较低的功耗可以减少电费开支，并提高挖矿的收益。

③ 效率：效率是指矿机在产生算力时的能源利用效率。通常用每瓦特的算力（Hashrate per Watt， H/W 或 Hash/W）来表示。较高的效率意味着在相同的功耗下，矿机能够提供更多的算力，从而提高挖矿的效率和盈利能力。

（2）以下是当前一些主流的比特币矿机型号及其性能参数。

① ASIC 矿机

Bitmain Antminer S19 Pro：算力为 110 TH/s，功耗为 3250W。

Bitmain Antminer S19：算力为 95 TH/s，功耗为 3250W。

MicroBT Whatsminer M30S++：算力为 112 TH/s，功耗为 3472W。

Canaan AvalonMiner 1246：算力为 90 TH/s，功耗为 3420W。

Bitmain Antminer S17 Pro：算力为 53 TH/s，功耗为 2094W。

② GPU 矿机

Nvidia RTX 3080：算力约为 85 MH/s，功耗约为 320W。

Nvidia RTX 3070：算力约为 60 MH/s，功耗约为 220W。

AMD Radeon RX 6900 XT：算力约为 65 MH/s，功耗约为 250W。

AMD Radeon RX 6800 XT：算力约为 60 MH/s，功耗约为 300W。

Nvidia RTX 3060 Ti：算力约为 55 MH/s，功耗约为 200W。

2．矿池

为了提升挖矿成功的概率，许多矿工选择加入矿池。矿池是由多个矿工共同组成的网络，他们共同合作解决数学难题，并共享挖矿奖励。通过加入矿池，矿工可以在获得稳定收益的同时减小个体挖矿的风险。

矿池主要的奖励分配方式有如下几种。

（1）PPS（Pay Per Share）

PPS 是一种按份额支付的奖励分配方式。矿工根据他们所提交的有效份额（即解决了挖矿难题的工作量证明）获得固定的奖励。无论矿池是否成功挖到新的比特币块，矿工都会收到相应的奖励。这种方式对于矿工来说较为稳定，但矿池可能会因为风险而设置较高的费率。

（2）PPLNS（Pay Per Last N Shares）

PPLNS 是一种按最后 N 份额支付的奖励分配方式。矿工的奖励取决于他们在一段时间内（通常是几个小时）提交的份额数量。每当矿池成功挖到一个新的比特币块时，该时间段内的份额会被计算，奖励将按比例分配给参与挖矿的矿工。这种方式对于长期参与矿池的矿工来说比较公平，但奖励可能会有波动。

（3）PROP（Proportional）

PROP 是一种按份额比例支付的奖励分配方式。矿工会根据他们提交的有效份额数量占总份额的比例来获得相应的奖励。当矿池成功挖到一个新的比特币块时，奖励将按矿工所占份额的比例分配。这种方式适用于长期挖矿的矿工，但可能对短期挖矿的矿工不太友好。

（4）PPS+（Pay Per Share Plus）

PPS+是一种结合了 PPS 和 PROP 的奖励分配方式。矿工首先按照 PPS 方式获得固定的奖励，然后根据他们的份额比例获得额外的奖励。这种方式在保障稳定收益的同时，也给予了矿工一定的份额奖励。

3．矿场

比特币矿场是指大规模集中运营的挖矿设施。矿场通常包括大量的矿机、冷却系统、电力供应系统以及其他必要的设备和基础设施。由于挖矿需要大量的计算能力和电力消耗，矿场通常会选择在电力成本较低的地区建设。

以下是当前比特币市场主要的矿场。

（1）比特大陆（Bitmain）

比特大陆成立于 2013 年，总部位于中国北京。它由吴忌寒和詹克团共同创办，最初专注于比特币矿机的设计和制造。比特大陆通过推出 Antminer 系列矿机迅速崭露头角，并成为全球最大的比特币矿机制造商之一。比特大陆也在全球范围内建立了大型的比特币矿场，拥有庞大的挖矿算力。比特大陆的矿池“Antpool”也是全球最大的比特币矿池之一。

（2）币印矿业（BTC.com）

币印矿业是蚂蚁金服旗下的比特币矿池，成立于 2016 年。蚂蚁金服是中国阿里巴巴集团的金融科技子公司。币印矿业是全球最大的比特币矿池之一，支持多种加密货币的挖矿。该矿池提供稳定的挖矿服务，并采用 PPS+的奖励分配方式，为矿工提供较为稳定的收益。此外，BTC.com 还开发了一系列的挖矿工具和服务，方便矿工进行挖矿操作。

（3）ViaBTC

ViaBTC 成立于 2016 年，总部位于中国深圳。该公司是全球知名的比特币矿池和矿机制造商之一。ViaBTC 是一家综合性的“数字货币”服务商，旗下拥有比特币、以太坊、莱特币等多个矿池。ViaBTC 的矿池提供稳定的挖矿服务，并采用 PPLNS 奖励分配方式，为矿工提供公平的收益。此外，ViaBTC 还提供云挖矿服务和矿机销售等其他相关服务。

（4）Slush Pool

Slush Pool 成立于 2010 年，是全球最早的比特币矿池之一。它由捷克共和国的比特币社区支持。Slush Pool 采用 PPS+奖励分配方式，为矿工提供较为稳定的收益。该矿池注重矿工的隐私和安全，提供了多种挖矿协议和选项，以满足不同矿工的需求。Slush Pool 还积极参与比特币社区的各种活动和改进。

7.3.3 分叉与侧链

1．分叉

比特币的几次重要分叉主要源于比特币社区内部对于网络扩容、交易速度、手续费以及治理等方面的争议和分歧，以下是 4 次重要的分叉介绍。

（1）比特币现金

原因：分歧源于对比特币的扩容问题。支持者认为增加区块大小限制可以提高交易速度和降低费用。

解决方案：通过将区块大小从 1MB 增加到 8MB，提高每个区块的容量，以加快交易速度和降低费用。

实际效果：分叉后的比特币现金的交易速度相对较快，并且交易费用通常较低。它吸引了一部分支持者，但未能与比特币竞争。

（2）比特币黄金（Bitcoin Gold）

原因：旨在实现更广泛的去中心化的挖矿，减少对专业矿工的依赖。

解决方案：采用 Equihash 算法，使更多人参与挖矿，提高去中心化程度。

实际效果：Bitcoin Gold 未能达到预期的去中心化目标，挖矿仍然集中在少数大型矿池，而且遭遇了一些安全性问题。

（3）比特币钻石（Bitcoin Diamond）

原因：旨在提高交易速度和隐私保护。

解决方案：采用 X13 挖矿算法和增强隐私功能。

实际效果：Bitcoin Diamond 并没有取得广泛认可，其影响力相对较小，交易量有限。

（4）SegWit2x

原因：旨在提高比特币的交易处理能力和实现区块链扩容。

解决方案：引入隔离见证（Segregated Witness）技术和计划增加区块大小。

实际效果：SegWit2x 最终取消，未能实施。隔离见证技术已在比特币网络上实施，以提高交易处理能力。取消 SegWit2x 的事件导致了一定程度的市场波动。

2．侧链

由于比特币区块链的设计，每个区块的大小有限，而且区块生成的时间间隔也是固定的，这导致了比特币网络在处理大量交易时可能会出现延迟和高昂的交易费用。为了解决这些问题，人们开始探索构建能够与比特币区块链互操作的第二层解决方案，即侧链。侧链技术的出现旨在通过构建一个独立于比特币主链但又与之兼容的平行链，来提供更快速、低成本的交易，并且为比特币网络增加更多的功能和灵活性。

比特币侧链产生的背景主要包括以下 3 个方面。

（1）交易扩展性问题

比特币区块链的每个区块大小有限，每笔交易需要等待被打包确认，这导致了交易处理速度较慢和交易费用偏高的问题。

（2）功能丰富性需求

人们希望在比特币网络上实现更多的功能，如智能合约、更快的交易确认等，而这些功能难以直接在比特币主链上实现。

（3）技术创新和竞争

随着区块链技术的发展，人们开始尝试探索能够解决比特币局限性的技术方案，并希望能够在比特币网络上进行创新和竞争。

比特币的两个重要侧链是闪电网络（Lightning Network）和 RSK（Rootstock）网络。

（1）闪电网络

基本原理：闪电网络是建立在比特币区块链之上的第二层协议，旨在提高比特币网络的扩展性和交易速度。它通过创建一系列的双向支付通道，使用户可以在通道内进行快速、低成本的交易，而不需要将每笔交易都记录在比特币主链上。

工作方式：闪电网络的支付通道是由用户之间直接建立的，并通过智能合约保证安全性。当两个用户在同一支付通道上进行多次交易时，这些交易只会在通道关闭时才会被提交到比特币主区块链，从而大大减少了区块链的负担。

（2）RSK 网络

基本原理：RSK 网络是一个建立在比特币区块链上的智能合约平台，旨在为比特币网络提供类似以太坊的智能合约功能。RSK 使用与以太坊相似的虚拟机来执行智能合约，但其代币（RBTC）是与比特币一对一锚定的。

工作方式：RSK 网络通过与比特币实现双向锚定，使得用户可以将比特币转换为 RBTC 并在 RSK 网络上执行智能合约，同时还能够随时将 RBTC 兑换回比特币。这样一来，用户可以在比特币网络上享受智能合约的便利性。

思考题

一、选择题

（1）比特币是一种（　　）。

A. 中央银行发行的法定货币　　B. 被全球接受的实物货币

C. 基于区块链技术的加密货币　　D. 股票市场交易的金融衍生品

（2）比特币的发行总量被限定在（　　）。

A. 100 万枚　　B. 2100 万枚

C. 1 亿枚　　D. 没有上限

（3）比特币的交易是通过（　　）技术实现的。

A. 区块链　　B. 人工智能

C. 云计算　　D. 虚拟现实

（4）比特币的价格是由（　　）决定的。

A. 政府政策　　B. 全球经济状况

C. 市场供需关系　　D. 所有选项都对

（5）比特币的交易记录是公开透明的，这意味着（　　）。

A. 所有交易都是匿名的　　B. 交易无法被追溯

C. 交易可以被追踪和审计　　D. 交易记录是加密的，无法被查看

（6）比特币的挖矿（　　）。

A. 通过购买比特币获得收益　　B. 通过参与交易获得收益

C. 通过解决复杂算法获得新的比特币　　D. 通过向中央银行申请获得比特币

（7）比特币的交易速度通常是（　　）。

A. 立即确认　　B. 几分钟

C. 几小时　　D. 几天

（8）比特币在我国的法律地位是（　　）。

A. 合法货币　　B. 非法货币

C. 法律尚未明确规定　　D. 不受法律限制

（9）比特币的分割单位被称为（　　）。

A. 以太坊　　B. 瑞波币

C. 比特　　D. 萨特希

二、填空题

（1）比特币是一种____________，它基于____________技术而存在。

（2）比特币的发行总量被限定在____________枚，这意味着它具有稀缺性和____________，这也是比特币价格上涨的一个原因。

（3）比特币的交易是通过____________来验证和记录的。矿工通过解决复杂的数学问题来获得新的比特币，并确保交易的安全性和可信度。

（4）比特币的价格是由市场供需关系和____________等因素共同决定的。政府政策、投资者情绪和全球经济状况都可能对比特币的价格产生影响。

（5）比特币的匿名性是指用户可以保持相对的隐私，但比特币的交易记录仍然__________，这意味着交易可以被追溯和审计。

三、简答题

（1）解释一下比特币的挖矿流程。

（2）如何理解比特币系统交易的不可篡改性？

（3）比特币交易验证过程中默克尔树的作用是什么？

第8章 以太坊

【本章导读】

以太坊的区块链结构和比特币类似，但仍有一些关键区别。比特币是一种基于区块链技术的“数字货币”，但其设计目的主要是作为一种去中心化的电子现金系统。然而，比特币的智能合约功能相对有限，只能支持一些简单的交易和条件逻辑。以太坊的出现则进一步扩展了区块链的可编程性，它引入了智能合约，这是一种可以自动执行预设逻辑的程序代码。智能合约通过 EVM 运行，使得开发者可以在区块链上构建和执行更加复杂的应用逻辑。此外，比特币的区块大小和交易确认时间限制了其处理能力和可扩展性。以太坊则采用了更灵活的区块链设计，实现了更高的交易吞吐量，并且具备更短的区块确认时间。同时，以太坊还引入了一种称为 Gas 的机制，用于控制交易和智能合约的执行成本，这使得以太坊的网络更具弹性和可调整性。

以太坊的目标是成为一个去中心化的全球计算平台，为开发者提供构建和部署应用程序的基础设施。与比特币专注于交易属性不同，以太坊更注重于支持各种去中心化应用，包括去中心化金融、数字身份验证、供应链管理等。

【知识要点】

第 1 节：区块链，网络节点，EVM，智能合约，交易列表，状态根。
第 2 节：共识算法，EVM，Gas 费用，ETH。
第 3 节：合约模型，Solidity 语言。

8.1 以太坊的技术原理

以太坊的技术原理

以太坊是一个去中心化的全球计算平台，其架构基于区块链技术。以太坊使用区块链作为数据存储和交易记录的基础。每个区块都记录了一系列的交易，而这些交易又被分组成块，并按照时间顺序链接在一起。以太坊引入了智能合约，它是一种可以自动执行预设逻辑的程序代码。智能合约通过以太坊虚拟机（Ethereum Virtual Machine，EVM）运行，并使用 ETH 作为交互的媒介。以太坊的本地加密货币是 ETH，它被用于支付交易费用和奖励矿工。

8.1.1 以太坊架构

以太坊旨在为开发者提供构建和部署去中心化应用的基础设施，其架构主要包括 4 部分：区块链、网络节点、EVM、智能合约。

1. 区块链

以太坊中的区块链是一个分布式账本系统，所有网络参与者都可以共享和验证交易数据。每个节点都有完整的区块链副本，任何一笔交易在被确认之前都必须得到网络中多数节点的认可。

（1）区块

区块是以太坊区块链的基本单位，包含了一系列交易记录和其他元数据。每个区块都包含一个指向上一个区块的引用，这样就形成了一个链式结构。新的区块被矿工挖掘出来后会被添加到区块链的末尾。

（2）交易

以太坊中的交易是在区块链上进行的价值转移的操作。交易可以包括发送 ETH 或调用智能合约的请求。每个交易都包含发送方、接收方、交易金额和其他必要的参数信息。

（4）状态

以太坊中的状态是指区块链的一个快照，反映了每个账户的余额和合约的状态。当一个新的区块被添加到区块链上时，相关的状态会根据区块中的交易和智能合约执行结果进行更新。

（5）共识机制

目前，以太坊使用的是 PoS 共识算法。2022 年，以太坊使用的共识算法从之前的 PoW 正式切换到 PoS，这一转变被称为“The Merge”。在以太坊中，验证者通过质押一定数量的以太币（ETH）来获得创建新区块的权利，而不是通过能源密集型的挖矿过程。这一转变大幅降低了以太坊的能源消耗，并提高了以太坊的可扩展性和安全性。以太坊的这一升级是其发展路线图的一部分，旨在通过一系列技术改进，将其转变为一个完全规模化、极具弹性的平台。

2. 网络节点

以太坊的网络节点是指参与以太坊网络的计算机设备或服务器。每个节点都可以连接到以太坊网络，并与其他节点进行通信和交互。在以太坊网络中，节点扮演着重要的角色，它们共同构成了一个去中心化的网络。节点之间通过点对点连接进行信息传递和数据同步，确保了网络的安全性和可靠性。

（1）全节点

全节点是以太坊网络中最基本的节点类型。它们存储了完整的以太坊区块链数据，包括所有的交易记录和智能合约代码。全节点可以验证和广播交易，并参与共识机制的运行。全节点需要较大的存储空间和计算资源，因此对于一般用户来说，运行一个全节点可能相对困难。

（2）轻节点

轻节点是一种不存储完整区块链数据的节点类型。它们通过与全节点进行交互，仅下载并验证感兴趣的区块和交易。轻节点可以提供基本的区块链查询功能，但如果想要执行复杂的智能合约和验证交易来说，需要依赖全节点的支持。

（3）矿工节点

矿工节点是专门用于挖矿的节点。它们负责验证交易、打包交易进入区块，并通过解决数学难题来竞争出块权。矿工节点需要较高的计算能力和存储资源，以及稳定的网络连接。矿工通过挖矿获得 ETH 作为奖励。

（4）验证节点

验证节点是以太坊 2.0 中引入的新节点类型。它们参与以太坊 2.0 的共识机制，即权益证明。验证节点需要抵押一定数量的 ETH，并负责验证和确认区块链上的交易。验证节点相比矿工节点，能够更加节能且环保。

3．EVM

EVM 是一个用于执行智能合约的运行环境，是以太坊区块链的核心组成部分之一。关于 EVM 的具体介绍将在 8.2.2 小节展开。EVM 是一个基于栈式架构的虚拟机，可以在以太坊网络上执行智能合约的字节码指令。其主要特点和功能如下。

（1）基于栈式架构

EVM 使用基于栈式架构的虚拟机模型，其中所有操作都发生在一个固定大小的栈上。这种模型简单、高效，并且易于实现和优化。

（2）状态转换

EVM 通过执行智能合约来更新状态。合约执行中的所有状态变量都存储在一个全局的状态数据库中，并且在每个区块的结束时进行同步更新。

（3）字节码指令集

EVM 支持一组自己的字节码指令集，包括基本的算术操作、比较操作、逻辑操作、跳转操作等。这些指令构成了智能合约的基本操作和控制流程。

（4）永久存储

EVM 提供了永久存储数据的能力，这些数据可以在智能合约之间传递和共享，并且可以在智能合约的生命周期内保持不变。

（5）执行环境

EVM 提供了一个执行环境，包括当前的合约地址、调用者地址、区块哈希、时间戳等上下文信息。这些信息可以用于智能合约的逻辑判断和控制流程。

（6）异常处理

EVM 支持异常处理机制，可以在智能合约执行过程中捕获异常并提供相应的异常处理机制。这有助于提高智能合约的可靠性和容错能力。

4．智能合约

以太坊智能合约是一种在以太坊区块链上运行的自动化计算代码。它们部署在基于 EVM 的智能合约平台。智能合约可以看作是一套规则和条件，用于定义和执行在区块链上进行的交易和操作。通过智能合约，用户可以在没有第三方干预的情况下进行可靠的交易和协议。其主要特性如下。

（1）自动执行

智能合约在区块链上实现自动执行，无须第三方进行干预。合约的执行结果可以被所有参与者验证和审查，确保透明性和公正性。

（2）透明性

智能合约的代码和执行结果都是公开的，任何人都可以查看合约的源代码和交易记录。这种透明性增强了信任度，并有助于检测和纠正潜在的安全漏洞。

（3）去中心化

智能合约在整个以太坊网络中的节点上运行，而不是依赖单一的中心化服务器。这将大大降低单点故障的风险，合约的执行是分布式的、不可篡改的。

（4）存储和状态

智能合约可以存储和修改数据，这些数据被保存在合约的状态变量中。合约的状态通过区块链上的交易进行更新，并持久保持。

8.1.2 区块结构

以太坊的区块结构主要包含区块头、交易列表、状态根等字段。这些字段共同构成了以太坊的区块数据，用于实现交易、状态更新和区块链的连接。

1．区块头

以太坊的区块头（Block Header）是一个固定长度的数据结构，它包含了区块的元信息和验证信息。以下是以太坊区块头结构的主要字段及其特点。

（1）父区块哈希

这个字段指向上一个区块的哈希值。通过这个字段，将区块链中的各个区块连接在一起，形成一个不可篡改的链条。

（2）默克尔根

默克尔根是通过对区块中所有交易的哈希值而生成的。它用于验证区块中包含的所有交易数据的完整性。

（3）状态根

状态根是一个哈希值，表示当前区块中所有账户的状态。通过这个字段，可以验证账户的余额、合约的存储和代码等信息的准确性。

（4）交易树根

交易树根是一个哈希值，表示所有交易的默克尔根。它用于验证区块中的交易数据的完整性。

（5）提议者

这个字段标识了当前区块的提议者或矿工的地址。提议者是通过共识机制选出来的，目前在以太坊中采用的是 PoS 共识机制。

（6）难度

难度字段表示挖矿过程中需要满足的工作量证明难度目标。它用于控制挖矿的速度，确保区块产生时间大致保持在固定的时间间隔内。

（7）时间戳

时间戳记录了区块的创建时间。它以 Unix 时间格式表示，精确到秒级。

（8）额外数据

额外数据字段可以包含一些附加的信息，如区块的标签、备注等。这个字段的主要作用是提供一些额外的元数据，没有特定的规定用途。

（9）随机数

随机数字段是一个 32 位的无符号整数，用于挖矿过程中尝试找到合适的哈希值，以满足难度目标。通过不断调整随机数的值进行尝试，矿工可以获得合适的哈希值。

2．交易列表

以太坊的交易列表是一个包含一系列交易的数据结构。每个交易描述了从一个账户向另一个账户的资金转移、合约调用或其他操作。以下是以太坊交易列表的主要字段及其描述。

（1）发送者

发送者字段指定了发起交易的账户地址。这个地址必须是有效的以太坊账户地址，并且发送者必须拥有足够的 ETH 用于支付交易费用。

（2）接收者

接收者字段指定了接收交易资金的账户地址。这个地址也必须是有效的以太坊账户地址。

（3）数量

数量字段表示交易涉及的“数字货币”数量。对于简单的资金转移交易，这个字段指定了发送者向接收者转移的 ETH 数量。

（4）数据

数据字段用于存储交易的附加信息。对于合约调用交易，这个字段包含要执行的合约代码和参数。对于简单的资金转移交易，这个字段可以为空。

（5）签名

签名字段是发送者对交易进行的数字签名。它用于验证交易的真实性和完整性，确保交易未被篡改。

（6）Gas 限制

Gas 限制字段指定了交易执行所能消耗的最大 Gas 数量。Gas 是以太坊网络中的计算资源单位，每个操作需要消耗一定数量的 Gas。

（7）Gas 价格

Gas 价格字段表示发送者愿意支付的每单位 Gas 的价格。这个价格决定了交易的优先级，高 Gas 价格字段的交易会被矿工优先打包进区块中。

（8）随机数

随机数字段是一个 32 位的无符号整数，用于防止重放攻击。每个账户都有一个相关联的随机数，确保每个交易只能被执行一次。

3．状态根

以太坊状态根的构建是通过 Merkle Patricia Tree 实现的。Merkle Patricia Tree 是一种高效的哈希树结构，它将需要存储的键值对映射到一个树状结构中，并使用哈希函数来确保节点的完整性。在以太坊中，状态树中的每个节点都有一个唯一的 256 位的哈希值，用于表示该节点的内容。

以太坊状态树的根节点是一个特殊的节点，称为“空节点”，它没有任何实际的内容。当需要更新状态树时，以太坊会复制一个新的状态根节点，并将其所有子节点进行复制和修改。这样做的好处是可以保持原来的状态树不变，同时也可以避免多次读取和计算哈希值的开销。

具体来说，以太坊状态根的构建过程如下。

（1）创建空的状态根节点，并将其哈希值作为初始状态根。

（2）对每个交易进行处理，包括验证交易的有效性、更新交易涉及的账户状态等。

（3）将所有被更新的状态节点放入一个内存池中。

（4）使用 Merkle Patricia Tree 算法，递归地对内存池中的所有节点进行哈希计算，生成一个新的状态根节点。

（5）将新生成的状态根节点的哈希值写入区块头中。

在以太坊中，状态树中的每个节点都有一个 256 位的哈希值用于表示该节点的内容。Merkle Patricia Tree 算法递归地对节点进行哈希计算，将所有节点的哈希值组合成一个根节点的哈希值。这个根节点的哈希值就是最终的状态根。

由于 Merkle Patricia Tree 的结构可以高效地支持节点的添加、删除和查询等操作，因此以太坊的状态树可以方便地进行动态更新和维护。同时，通过验证状态根的哈希值，以太坊网络可以确保数据在传输过程中不被篡改，从而确保了网络的安全性和可靠性。

在以太坊中，每个区块都包含一个状态根字段。当新的区块产生时，状态根会根据区块中的交易和状态更新进行相应的更新。具体来说，每个交易都会改变一个或多个账户的状态，例如增加或减少账户的余额、执行合约代码等。这些状态的改变会在状态树中进行更新。当一个新区块被添加到区块链中时，它的状态根会被记录在区块头中。通过比较不同区块的状态根，可以验证区块链中每个区块的完整性和正确性。如果有人试图篡改某个区块的状态，那么相应的状态根也会发生变化，从而破坏了区块链的一致性。状态根是确保以太坊网络安全性和一致性的关键之一。

8.2 以太坊的关键技术

以太坊的关键技术

以太坊使用了区块链技术作为其底层技术基础，通过分布式记账的方式记录和验证交易信息。区块链技术具有去中心化、不可篡改等特点，使得以太坊能够实现分布式智能合约的执行。智能合约是以太坊的核心技术之一，是一种自动执行合约的计算机程序。在以太坊中，智能合约可以使用 Solidity 等编程语言编写，并且可以被部署到区块链上执行。智能合约可以自动执行各种合约规则，例如管理数字资产、进行投票决策等。目前以太坊使用的是基于 PoS 共识机制的 PoS 共识算法，相比于之前使用的 PoW 共识算法，现在以太坊的能源效率显著提高，安全性和可扩展性也得到进一步改进。这些技术共同构成了以太坊的基础设施，为其提供了支持和保障。

8.2.1 共识算法

基于不同的共识机制衍生出许多共识算法，共识算法的作用是确保区块链网络中的所有节点都同意新的交易和区块。共识算法确保了区块链的安全性、可靠性和一致性，使得不同的节点能够达成共识，维护整个网络的稳定运行。

共识算法通过解决双重支付问题和确定哪个节点有权创建区块来维护整个网络的一致性。在区块链网络中，每个节点都会验证新的交易和区块，只有经过共识算法验证的交易和区块才会被接受和添加到区块链中。

共识算法可以有效地防止欺诈行为，如攻击者试图在网络中创建伪造的交易或区块。共识算法还可以保证网络的安全性，防止黑客攻击和其他恶意行为，以及确保网络的高度去中心化。以太坊使用过的共识算法发展经历了几个阶段，每种算法都具有不同的特性和适用场景。以下是对以太坊使用过的主要共识算法的详细解释。

1. PoW 共识算法

原理：在 PoW 共识算法中，矿工通过解决一个复杂的数学难题来证明他们在计算上做了大量的工作。这个难题是根据上一个区块的哈希值和一些其他参数计算得出的，矿工需要不断尝试不同的参数组合，直到找到符合条件的哈希值。一旦找到，矿工可以将新的区块添加到区块链上，并获得相应奖励。

特点：PoW 算法的一个重要特点是安全性高。由于参与者需要耗费大量的计算能力和电力资源来解决难题，攻击者想要篡改区块链历史记录将变得非常困难。此外，PoW 算法还具备去中心化和抗 DDoS 攻击等特性。

场景：PoW 算法最典型的应用是比特币，以及其他一些公有链和开放式区块链平台。它适用于需要高度安全性和去中心化的场景，但也面临着能源消耗大、处理速度相对较慢的问题。

2. PoS 共识算法

原理：在 PoS 共识算法中，参与记账的节点（也称为验证者）不再需要通过解决数学难题来获得出块权，而是根据他们所持有的货币数量来获得权益。具有较高权益的节点将更有可能被选为下一个出块节点。节点可以通过将自己的货币锁定在网络中来展示他们对系统的承诺，并获得相应的奖励。

特点：PoS 算法相较于 PoW 算法具有能源消耗低、处理速度快的优势。此外，PoS 共识算法还能有效避免 51%攻击等问题，并且可以减少挖矿带来的硬件成本和竞争。

场景：PoS 算法适用于对能源消耗敏感的环境，以及需要快速交易确认和高吞吐量的场景。

3. PoA 共识算法

原理：PoA 算法类似于授权节点，但参与者需要提供一定数量的权益股份来作为验证和出块的凭证。权益股份可以由中心化的管理机构分配给参与者，具有较大权益股份的参与者将有更高的概率被选为出块节点。验证者根据权益股份数量获得出块权，并获得相应奖励。

特点：PoA 算法相对于 PoW 和 PoS 算法具有更低的资源需求，速度更快。它适用于不需要去中心化的场景，例如内部测试链、开发链等。

场景：PoA 算法适合用于需要快速交易确认和低资源消耗的内部测试链、开发链等环境，其中参与者相互信任并且不需要去中心化的特性。

4．混合共识算法

原理：混合共识算法结合了多种共识机制的特点，旨在兼顾各种需求。例如，以太坊在其过渡阶段采用了 PoW 和 PoS 的混合共识算法，通过逐步引入 PoS 来平稳过渡到完全的 PoS 共识机制。

特性：混合共识算法可以根据实际需求和网络发展的不同阶段进行灵活调整，以平衡安全性、性能和可持续性。

应用场景：混合共识算法适用于需要在不同的阶段应对不同需求的区块链网络，例如以太坊 2.0 的过渡阶段。

8.2.2 EVM

EVM 提供了一个安全、可移植和一致的执行环境，使得开发者可以编写并在以太坊网络上部署智能合约。通过使用 EVM，以太坊实现了分布式应用程序的可编程性和可扩展性。EVM 可以与区块链网络进行交互，包括读取和写入区块链状态，发送和接收交易，以及与其他智能合约进行通信。这使得智能合约可以实现复杂的逻辑，并与其他合约进行交互。

EVM 是一个隔离的执行环境，无法直接访问外部资源，如网络、文件系统等。这是为了确保智能合约的安全性和可预测性。EVM 为以太坊平台提供了一个统一的执行环境，使得开发者可以在不同的节点上运行相同的智能合约代码，保证了合约的可移植性和一致性。下面是对 EVM 的具体介绍。

1．基本结构

EVM 是一个基于堆栈的虚拟机，执行过程中使用一个操作数栈（Stack）来存储和处理数据。每个操作数都以字节序列的形式推入堆栈，并通过执行指令进行计算和操作。EVM 还提供了一组指令，用于访问和修改堆栈上的数据。其基本结构主要包含如下 3 部分。

（1）指令集

EVM 使用一组操作码（Opcode）来执行智能合约中的操作。指令集包含了各种算术、逻辑、位运算、内存访问、存储访问和控制流等指令。每个指令都有一个唯一的操作码，例如加法指令的操作码是 0x01，乘法指令的操作码是 0x02。开发者可以根据需要使用这些指令来编写智能合约的逻辑。

（2）存储空间

EVM 提供了存储空间来保存智能合约的状态和数据。存储空间被视为一个巨大的字节数组，每个位置都可以读取和写入。智能合约通过使用存储指令来访问和修改存储空间中的数据。

（3）内存空间

EVM 还提供了内存空间，用于在执行过程中临时存储计算中的数据。内存空间是一个字节数组，可以通过内存指令来动态分配和释放内存。智能合约可以使用内存指令来读取和写入内存中的数据。

2．执行机制

EVM是一种图灵完备的虚拟机。图灵完备性是指一个系统或计算模型具备足够的能力来实现任何可计算的问题。简而言之，图灵完备性意味着 EVM 可以执行任何可以用算法描述的计算任务。

EVM 的图灵完备性基于以下几个特点。

（1）支持条件判断和循环

EVM 提供了条件判断和循环结构，如 if 语句和 for 循环等。这使得智能合约可以根据不同的条件执行不同的操作，并进行迭代计算。

（2）支持递归调用

EVM 允许智能合约在执行过程中调用自身或其他合约。这种递归调用的能力使得智能合约能够实现复杂的计算逻辑和算法。

（3）支持数据结构

EVM 支持各种数据类型和数据结构，如整数、浮点数、字符串、数组和映射等。这些数据结构的支持使得智能合约能够处理和组织复杂的数据。

（4）支持外部调用和接口

EVM 允许智能合约与外部世界进行交互，通过外部调用和接口来获取外部数据或执行外部操作。这使得智能合约可以与其他合约、用户或外部系统进行通信和合作。

这些特点使得 EVM 成为一个功能强大且灵活的计算平台，可以实现各种复杂的计算任务和智能合约逻辑。无论是进行数学计算、加密算法、逻辑推理还是复杂的数据处理，EVM 都具备足够的能力来满足需求，并在以太坊区块链上执行智能合约。以太坊虚拟机执行机制具体分为以下几个方面。

（1）执行环境

在执行智能合约之前，EVM 会准备一个执行环境。执行环境包括合约的数据（如输入参数）、合约的代码以及当前区块的信息（如时间戳、难度）等。执行环境还包括一个操作数栈（Stack）用于存储和处理数据，以及一个存储空间用于保存合约的状态数据。

（2）Gas 和 Gas 成本

EVM 引入了 Gas 的概念，用于计量合约的执行成本。每个操作码都消耗一定数量的 Gas，执行过程中的计算和存储操作都需要消耗 Gas。Gas 的目的是限制计算复杂度和防止恶意行为。每个交易都有一个 Gas 限制，执行智能合约时消耗的 Gas 不能超过该限制。每个 Gas 单位都有一个对应的 Gas 成本，用以计算交易的费用。

（3）指令解析和执行

EVM 从合约的代码起始位置开始执行指令。它会逐条解析指令，并根据指令的操作码执行相应的操作。执行过程中，EVM 会根据指令消耗的 Gas 且更新剩余的 Gas 数量，并检查 Gas 是否足够。如果 Gas 不足，执行将停止，并将未使用的 Gas 退还给交易发起者。在执行过程中，EVM 会根据指令访问和修改操作数栈、存储空间和内存空间中的数据。

（4）异常处理

在执行过程中，如果发生错误或异常情况，EVM 将触发异常处理机制。例如，当遇到无效的操作码、栈溢出或除以零等错误时，EVM 会触发异常并停止执行。异常信息会被返回给调用者，以便处理错误情况。

（5）状态更新和事件

智能合约执行完毕后，EVM 会根据合约的执行结果更新状态。状态包括存储空间中的数据、合约的余额和合约的代码等。如果合约的执行过程中产生了事件（如日志记录），EVM 会将这些事件写入区块链，并提供给其他合约或用户查看。

3．安全优化

尽管 EVM 已经采取了多种安全机制来保护智能合约的执行，但仍然存在一些潜在的安全风险。以下是 EVM 可能的安全问题及相应的解决方案。

（1）智能合约漏洞

智能合约可能存在代码逻辑错误或漏洞，这些漏洞可能导致合约产生不当行为或被攻击者的恶意利用。典型的智能合约漏洞包括重入攻击、整数溢出、未经验证的用户输入等。

解决方案如下。

① 安全审计：对智能合约进行系统性的安全审计，以识别和修复潜在的代码逻辑错误和漏洞。

② 遵循最佳操作流程：遵循以太坊开发者社区的最佳操作流程，如确定性编程、避免重入攻击、使用安全的数学库等。

③ 测试：进行全面的测试，包括单元测试、集成测试和负载测试，以确保合约的正确性和性能。

（2）依赖库漏洞

智能合约通常依赖于外部库或合约，这些依赖库可能存在漏洞或被攻击。如果依赖库存在漏洞，则智能合约也可能受到影响。

解决方案如下。

① 审查依赖库：审查和验证所使用的外部库或合约是否存在已知的漏洞，并持续对其更新和修复。

② 限制权限：限制对依赖库的调用权限，仅允许必要的操作，减少潜在的攻击面。

（3）Gas 耗尽攻击

攻击者可以通过设计计算密集型的操作或循环来消耗合约的 Gas，从而使合约无法执行完毕。这种攻击称为 Gas 耗尽攻击，可以导致合约无法完成预期的操作或造成服务拒绝。

解决方案如下。

① 合理设置 Gas 价格：根据合约的预期执行成本，合理设置 Gas 价格，以防止恶意用户通过消耗大量 Gas 来拖延合约的执行。

② 优化合约：优化合约的代码和算法，减少不必要的计算和存储操作，以降低 Gas 消耗。

（4）交易顺序依赖

当多个交易同时提交到以太坊网络时，交易的执行顺序可能会对合约的状态和结果产生影响。攻击者可以利用交易顺序依赖来实施双重支付或其他欺诈行为。

解决方案如下。

① 使用事务管理器：使用事务管理器来确保合约的交易按照预期的顺序执行，减少交易顺序依赖带来的风险。

② 使用合约接口：使用合约接口和交互模式，避免直接依赖于交易的执行顺序。

（5）不安全的随机数生成

在智能合约中，随机数的生成通常是一个挑战性的问题。如果随机数生成不安全，攻击者可能能够预测或操纵合约的随机行为。

解决方案如下。

① 使用链外随机数源：通过与链外的随机数源进行集成，获取更安全和不可预测的随机数。

② 基于区块链信息：利用区块链的时间戳、挖矿难度等信息生成伪随机数。

（6）未知的安全漏洞

尽管 EVM 经过广泛测试和审计，但仍然可能存在未知的安全漏洞。这些未知漏洞可能被攻击者发现并利用。

解决方案如下。

① 社区参与：积极参与以太坊社区，及时了解最新的安全漏洞和修复措施。

② 安全更新：根据以太坊基金会和开发者社区的推荐，及时更新 EVM 和相关工具。

8.2.3 交易模型

1．交易类型

以太坊上有多种类型的交易，每种交易类型都有其独特的特点和适用场景。以下是常见的以太坊交易类型及其特点描述。

（1）普通交易（普通转账交易）

特点：最常见的交易类型，用于在以太坊网络上进行 ETH 或代币的转账。

适用场景：适用于一般的价值转移，例如用户之间的支付、转账等。

（2）合约创建交易

特点：用于在以太坊网络上创建新的智能合约。

适用场景：适用于需要部署新智能合约的场景，例如创建去中心化应用等。

（3）合约调用交易

特点：用于调用已存在的智能合约中的函数。

适用场景：适用于与已部署的智能合约进行交互，执行特定的合约操作，例如购买商品、投票等。

（4）合约自毁交易

特点：用于销毁已存在的智能合约。

适用场景：适用于不再需要某个智能合约，需要从以太坊网络中彻底移除合约的情况。

（5）增加合约 Gas 交易

特点：用于增加合约执行操作所需的 Gas 限额。

适用场景：当一个合约执行操作需要更多Gas时，可以使用此交易类型来增加Gas限额。

（6）链上数据存储交易

特点：用于将数据存储在区块链上，形成永久且不可篡改的记录。

适用场景：适用于需要将数据保存在区块链上，确保数据的安全性和透明性，例如存证、身份验证等。

（7）合约代码交易

特点：用于更新已存在的智能合约的代码。

适用场景：适用于需要修改已部署的智能合约的场景，例如修复漏洞、添加新功能等。

2．Gas

在以太坊中，Gas 是一种计算和存储操作成本的度量单位。Gas 既可以表示交易执行过程中的计算和存储资源消耗，也可以作为交易费用的计价单位。以太坊中 Gas 费用的单位是“Wei”。Wei 是 ETH 的最小单位，1 个 ETH 等于 1×10^{18}Wei。Gas 消耗量乘以 Gas 价格就得到了交易费用，而 Gas 限制决定了交易的复杂性和执行时间。

为什么要抽象出 Gas 而不直接使用加密货币表示？这是因为使用 Gas 能够提供以下几个好处。

（1）灵活性

Gas 的引入使得以太坊可以根据操作类型和复杂度来调整交易费用。不同的操作需要消耗不同数量的 Gas，这样就能够根据实际资源消耗情况来确定交易费用，使网络更加公平和高效。

（2）防止滥用

通过 Gas 机制，以太坊可以限制交易与智能合约的计算和存储资源消耗，防止恶意行为和滥用资源，确保整个网络的稳定运行。

（3）避免货币价值波动影响

如果直接使用货币（如 ETH）作为交易费用，由于货币价值的波动，很难确定具体的交易费用，并且可能导致交易费用波动过大。

以下是 Gas 具体的使用和计算流程。

（1）Gas 限制设置

在发送交易时，交易发起者需要指定交易的 Gas 限制，即允许该交易执行的最大数量。这个值决定了交易的复杂性和执行时间。

（2）Gas 价格设置

交易发起者还需要设定 Gas 价格，即愿意支付的 Gas 单价。较高的 Gas 价格能够激励矿工优先打包和验证该交易。

（3）执行计算和存储操作

当交易被矿工打包进区块后，进行执行时，每个操作（例如计算步骤、存储数据）都会消耗一定数量的 Gas。不同的操作类型和复杂度对应着不同的 Gas 消耗量。

（4）Gas 消耗计算

以太坊虚拟机会追踪交易执行过程中消耗的 Gas 数量。如果 Gas 消耗量超过了交易设定的 Gas 限制，交易将被回滚，但手续费仍然会被支付。

（5）Gas 费用计算

交易费用等于 Gas 消耗量乘以 Gas 价格。矿工通过验证交易并将其写入区块链来获得这笔费用作为报酬。

3．ETH

ETH 是以太坊网络的本地加密货币。ETH 在以太坊网络中具有多种作用。首先，ETH

作为交易费用，用于支付执行智能合约和发送交易时所产生的 Gas 费用。其次，ETH 也可以作为奖励给验证和打包交易的矿工，以激励他们参与区块链的维护和确保网络的安全性。此外，ETH 还可以用于购买和出售非同质化代币、参与去中心化金融应用、进行投资等。以太坊的智能合约功能使得 ETH 有更多的用途扩展。通过智能合约，可以创建和执行各种去中心化应用，如数字身份验证系统、去中心化交易所、预测市场、游戏等。智能合约是基于以太坊区块链的可编程逻辑，使用 ETH 进行驱动和操作。

ETH 的总发行量没有上限，但每年的发行量是有上限的。在以太坊 1.0 时代，采用了 PoW 共识机制，通过挖矿来产生新的 ETH。然而，在 2022 年 9 月 15 日，以太坊执行层（即此前的主网）与共识层（即信标链）在区块高度为 15537393 时成功触发合并机制，也就是说以太坊“合并（The Merge）”已经完成，这标志着以太坊 2.0 时代的来临。合并后的以太坊，将从 PoW 共识机制的约束中解脱出来。最主要的转变就是共识机制从 PoW 过渡到 PoS。

8.3 以太坊智能合约

以太坊智能合约

以太坊和比特币是两种不同的区块链网络，它们有不同的设计目标和应用场景。比特币主要专注于作为一种去中心化的“数字货币”，而以太坊则更多地关注去中心化应用和智能合约的功能。以太坊智能合约是可编程的，这意味着开发者可以使用 Solidity 等编程语言创建自定义的智能合约逻辑。这使得以太坊生态系统更加灵活和多元，可以构建各种去中心化应用，如去中心化金融应用、游戏、数字身份验证系统等。以太坊智能合约是图灵完备的，这意味着它可以支持复杂的计算和逻辑操作。相比之下，比特币的智能合约功能较为有限，只能执行简单的事务和条件。

8.3.1 合约模型

以太坊 DApps 合约是在以太坊区块链上运行的智能合约，用于定义和实现 DApps 的业务逻辑和功能。它们被广泛应用于代币发行、去中心化金融、游戏、身份验证等领域，为构建分布式应用和经济系统提供了强大的工具。DApps 合约是使用 Solidity 语言编写的以太坊智能合约模型，部署在以太坊区块链上，并通过以太坊网络进行交互。它定义了 DApps 的业务逻辑和功能，包括用户权限、数据存储、交易处理等。

1．代币合约

以太坊代币合约是一种智能合约，广泛应用于加密货币项目、募资活动、奖励系统等场景。它为众多加密货币提供了基础架构，使得用户可以安全地存储、转移和交易代币。通过创建自定义的代币合约，用户可以定义代币的名称、符号、小数位数和总供应量等属性，以反映代币的特性和用途。以太坊代币合约允许用户在区块链上进行代币的转账和交易。用户可以使用合约中定义的 transfer 方法将代币发送到其他地址，并通过查询余额信息来跟踪代币的流动。用户还可以在代币合约中定义代币的发行策略。例如，选择在合约创建时预先分配一定数量的代币，或者实现一种机制，根据一定的规则或条件来动态发行代币。

ERC-20 是以太坊上最常见的代币合约标准，它定义了一组规范和接口，用于实现代币的基本功能和互操作性。ERC-20 代币合约通常包含以下几个关键属性和方法。

（1）totalSupply：代币的总供应量。

（2）balanceOf（address）：查询指定地址的代币余额。

（3）transfer（address, amount）：将指定数量的代币从合约拥有者账户转移到目标地址。

（4）allowance（owner, spender）：查询授权给某个地址可以使用的代币数量。

（5）approve（spender, amount）：授权某个地址可以使用指定数量的代币。

（6）transferFrom（from, to, amount）：从一个地址向另一个地址转移指定数量的代币，前提是已经获得了授权。

2．DeFi 合约

以太坊的 DeFi 合约是构建在以太坊区块链上的智能合约，用于实现去中心化金融应用和服务。其主要应用场景如下。

（1）去中心化交易

DeFi 合约提供了去中心化交易的功能，允许用户在不依赖传统中心化交易所的情况下进行资产交换。这些合约通常基于自动做市商（Automated Market Maker，AMM）协议。

（2）借贷和抵押

DeFi 合约通过智能合约实现借贷和抵押功能。用户可以将数字资产抵押给合约，以获取借贷资金或利息收益。合约会根据用户的抵押物价值和风险评估为他们提供借贷机会。

（3）去中心化稳定币

DeFi 合约支持发行和管理去中心化稳定币。这些稳定币的价值通常与其他资产挂钩，以实现价格稳定性。

（4）去中心化衍生品

DeFi 合约还支持去中心化衍生品交易，例如期权、期货和合成资产。这些合约允许用户进行杠杆交易、对冲风险和获得投资回报。

（5）去中心化基金管理

DeFi 合约为去中心化基金管理提供了平台。用户可以通过投资和赎回代币来参与基金，并由智能合约自动执行资金分配和收益分享。

（6）治理和投票

部分 DeFi 合约提供了治理功能，允许代币持有人参与协议的决策和投票过程。这种机制使社区成员能够共同管理和改进协议。

3．DAO 合约

以太坊的 DAO 合约为社区和组织提供了一种新的方式来实现组织治理和决策过程。它们可以用于创建基于共识和透明度的组织形式，促进社区参与和集体决策。然而，需要注意合约的安全性和风险管理，以确保组织的顺利运行和资产的安全。以下是以太坊 DAO 合约组成与功能。

（1）组织结构

DAO 合约定义了一个去中心化的组织结构，由持有代币的成员通过投票来决定组织的发展方向和运营策略。成员可以根据其持有的代币数量来获得相应的投票权。

（2）决策机制

DAO 合约规定了组织的决策机制，通常是基于投票制度。成员可以通过投票来决定重要事项，如资金分配、协议更新、合约变更等。投票方式可以是简单多数、加权多数或其他自定义规则。

（3）资金管理

DAO 合约允许成员投票决定资金的使用和分配。资金可以是 ETH 或其他代币，可以用于项目开发、社区支持、激励措施等。资金流动通常在合约内部进行，以确保透明度和提供审计能力。

（4）治理协议

DAO 合约可以使用特定的治理协议，以规范和管理组织的决策过程。这些协议定义了投票规则、提案程序、参与门槛等，确保组织的决策过程公正和透明。

（5）自动执行

DAO 合约中的决策可以自动执行，无须人工干预。例如，一旦投票通过，合约将自动分配资金、更新协议或执行其他指令。

（6）社区参与

DAO 合约鼓励社区成员参与组织的决策和运营。任何持有代币的人都可以成为 DAO 的成员，并参与投票和治理过程。这种模式促进了去中心化和民主性。

（7）安全性和审计

编写安全的 DAO 合约是至关重要的，以防范潜在的漏洞和攻击。DAO 合约开发者应遵循最佳操作流程，并进行安全审计，以确保合约的可靠性和可信度。

4．游戏合约

以太坊游戏合约是基于以太坊区块链的智能合约，用于构建去中心化的游戏应用。这些合约通常由 Solidity 语言编写，并在以太坊虚拟机上执行。以太坊游戏合约的具体实现方式和功能取决于游戏的设计和要求。开发者可以根据自己的需求选择和定制不同的合约模型和功能，以构建独特且吸引人的去中心化游戏应用。以下是以太坊游戏合约中常见的功能和组件。

（1）游戏资产和代币

以太坊游戏合约可以定义和管理游戏中的资产和代币。这些资产可以是虚拟道具、数字艺术品、角色等。通过使用 ERC-20、ERC-721 或 ERC-1155 等标准，开发者可以创建和交易这些游戏资产。

（2）游戏规则和逻辑

以太坊游戏合约可以实现游戏的规则和逻辑。例如，合约可以定义游戏中的角色行动、战斗机制、成就系统、任务等。这些规则和逻辑由智能合约代码控制，确保游戏操作的公平性和可验证性。

（3）用户交互和交易

以太坊游戏合约可以处理用户之间的交互和交易。合约可以实现玩家之间游戏资产的交易、道具租赁等功能。这些操作通常使用 ETH 或代币作为交易媒介，并通过以太坊网络进行验证和执行。

（4）游戏进度和存档

以太坊游戏合约可以记录和管理游戏的进度和存档。这使得游戏的状态可以被保存在区块链上，确保游戏数据的安全性和持久性。玩家可以在不同设备之间无缝切换，并从上次离开的地方继续游戏。

（5）奖励和激励机制

以太坊游戏合约可以设计奖励和激励机制，以鼓励玩家参与游戏。这些机制可以包括分发游戏代币、提供游戏内奖励、创建竞赛和排行榜等。智能合约的自动化和透明性，确保了玩家可以获得公平的奖励。

8.3.2 Solidity 语言

1. 简介

Solidity 语言是一种为实现智能合约而设计的高级编程语言，它受到了 C++、Python 和 JavaScript 等编程语言的启发，专门为 EVM 设计。Solidity 语言具备以下特点。

（1）静态类型

Solidity 是一种静态类型语言，这意味着在编译时期就需要确定所有变量的类型。这有助于捕获类型错误，并提高代码的安全性。

（2）合约导向

Solidity 专为编写智能合约而设计，提供了许多与合约相关功能，如状态变量、函数、修饰器（Modifier）、事件（Event）和错误处理机制等。

（3）安全性

安全性是 Solidity 设计的一个重点。它提供了一些特性来帮助开发者编写更为安全的智能合约，例如对整数溢出和下溢的检查、对重入攻击的防护等。

（4）自动执行

智能合约部署在区块链上后，其代码是公开的，任何人都可以验证。一旦满足预设的条件，合约内的函数就会自动执行，无须第三方干预。

（5）去中心化

Solidity 智能合约运行在去中心化的以太坊网络上，不依赖于任何中心化的服务器或权威机构，确保了合约的透明性和数据的不可篡改性。

（6）可互操作性

Solidity 编写的智能合约可以与其他合约进行交互，实现复杂的业务逻辑和功能。这种互操作性是构建复杂去中心化应用的基础。

（7）可移植性

Solidity 专为 EVM 编写，这意味着任何用 Solidity 编写的智能合约都可以在任何支持 EVM 的区块链平台上运行，这大大增强了智能合约的可移植性。

（8）社区支持

Solidity 拥有一个活跃的开发者社区，提供了丰富的资源和工具，如编译器、调试工具、开发框架等，这些资源和工具有助于开发者更高效地开发和测试智能合约。

2．开发环境

（1）Solidity 开发环境有多种选择，下面是各种常见的开发环境与工具的介绍。

① Remix

Remix 是以太坊官方提供的在线 Solidity IDE，无须安装配置即可在浏览器中进行 Solidity 合约开发。它提供了代码编辑器、编译器、调试器等功能，并可以直接与以太坊网络进行交互。

② Visual Studio Code （VS Code）和 Solidity 插件

使用 VS Code 作为集成开发环境，并安装 Solidity 插件，用户可以在本地进行 Solidity 合约的开发和测试。Solidity 插件提供了语法高亮、智能提示、编译和调试等功能，方便开发者进行合约开发。

③ Ganache （前身是 TestRPC）

Ganache 是一个以太坊私有链的快速开发测试工具，可以模拟以太坊网络环境，方便开发者进行合约开发和测试。它提供了一个本地区块链节点，支持合约部署、交易模拟和调试等功能。

（2）VS Code 下 Solidity 开发环境的搭建与配置。

① 安装 VS Code

首先需要在 VS Code 官网下载并安装适合自己操作系统的编辑器版本。

② 安装 Solidity 插件

在 VS Code 的扩展商店中搜索并安装“Solidity”插件，该插件提供了 Solidity 语法高亮、智能提示、编译和调试等功能。

③ 安装 Node.js 和 npm

Solidity 编译器和 Truffle 框架需要在 Node.js 环境下运行，因此需要安装 Node.js 和 npm。可以从 Node.js 官网下载适合自己系统的 Node.js 安装包，并按照提示进行安装。

④ 安装 Ganache

Ganache 是一款以太坊私有链的快速开发测试工具，可以方便地模拟以太坊区块链网络，并进行智能合约开发和测试。开发人员可以从 Ganache 官网下载适合自己系统的安装包，并按照提示进行安装。

⑤ 创建 Solidity 项目

在任意目录下创建一个新的文件夹，作为 Solidity 项目的根目录。

⑥ 初始化项目

打开 VS Code，单击菜单栏的“文件”，选择“打开文件夹”，然后选择刚才创建的项目文件夹。在 VS Code 的终端中运行以下命令，初始化项目代码如下。

```
npm init -y
```

至此，开发环境已全部搭建配置完毕。

3．基础语法

（1）数据类型：包括布尔型、整数型、地址型、字节数组、字符串等。

① 布尔型：bool。示例代码如下。

```
bool x = true;
bool y = false;
```

② 整数型：int、uint。示例代码如下。

```
int8 a = -10;
uint256 b = 123456;
```

③ 地址型：address。示例代码如下。

```
address contractAddress = 0x123...;
address payable receiver = address(uint160(contractAddress));
```

④ 字节数组：byte、bytes。示例代码如下。

```
byte a = 0x12;
bytes memory b = new bytes(10);
b[0] = 0x01;
```

⑤ 字符串：string。示例代码如下。

```
string memory message = "Hello, world!";
```

（2）变量声明：变量可以使用 var 关键字或直接指定数据类型进行声明。示例代码如下。

```
var x = 10;
uint256 y = 20;
```

（3）运算符：包括算术运算符、比较运算符、逻辑运算符等。

① 算术运算符：+、−、*、/、%。示例代码如下。

```
uint256 a = 10;
uint256 b = 3;
uint256 c = a / b; // 3
uint256 d = a % b; // 1
```

② 比较运算符：==、!=、>、<、>=、<=。示例代码如下。

```
uint256 a = 10;
uint256 b = 20;
bool c = a == b; // false
bool d = a < b; // true
```

③ 逻辑运算符：&&、||、!。示例代码如下。

```
bool a = true;
bool b = false;
bool c = a && b; // false
bool d = a || b; // true
bool e = !a; // false
```

（4）控制语句：支持 if 语句、for 语句、while 语句、do-while 语句等控制语句。示例代码如下。

① if 语句示例代码如下。

```
uint256 a = 10;
uint256 b = 20;
if (a < b) {
    return a;
}
```

② for 语句示例代码如下。

```
uint256 sum = 0;
for (uint256 i = 1; i <= 10; i++) {
    sum += i;
}
```

③ while 语句示例代码如下。

```
uint256 i = 0;
while (i < 10) {
    i++;
}
```

④ do-while 语句示例代码如下。

```
uint256 i = 0;
do {
    i++;
} while (i < 10);
```

（5）函数定义：使用 function 关键字定义，可以指定参数和返回值类型。示例代码如下。

```
function add(uint256 a, uint256 b) public returns (uint256) {
    return a + b;
}
```

（6）合约定义：使用 contract 关键字进行定义，可以包含多个函数和变量。示例代码如下。

```
contract MyContract {
    uint256 public x;
        function set(uint256 _x) public {
        x = _x;
    }
}
```

（7）事件定义：用于在合约中触发通知和日志记录，可在合约内部或外部监听并处理。示例代码如下。

```
event MyEvent(address indexed sender, uint256 value);

function foo() public {
    emit MyEvent(msg.sender, 10);
}
```

（8）修饰符：可以用于修改函数行为和限制访问权限。示例代码如下。

```
modifier onlyOwner() {
    require(msg.sender == owner);
    _;
}
function changeOwner(address newOwner) public onlyOwner {
    owner = newOwner;
}
```

8.3.3 开发与部署

1. 框架工具

Truffle 提供了一系列功能和工具，使得以太坊智能合约的开发、测试和部署变得更加高效和方便。它简化了开发流程，提供了测试框架、部署工具和交互式控制台等功能，协助开发人员构建高质量的以太坊应用程序。其核心功能如下。

（1）项目框架

Truffle 提供了一个项目框架，用于组织和管理智能合约项目的结构。它包括合约目录、配置文件、测试目录等，确保项目的结构清晰且易于管理。

（2）编译器

Truffle 内置了 Solidity 编译器，并提供了编译合约的功能。开发人员可以使用 Truffle 编译器将 Solidity 合约编译成 EVM 字节码。

（3）测试框架

Truffle 提供了一个强大的测试框架，该框架基于 Mocha 和 Chai。开发人员可以编写测试用例来验证合约的功能和行为，确保其正确性。

（4）合约迁移

Truffle 提供了合约迁移机制，允许开发人员在不同网络上部署和管理合约的不同版本。这样可以确保合约的升级和兼容性。

（5）智能合约交互

Truffle 提供了一个名为 Truffle Console 的交互式控制台，用于与以太坊网络进行交互。开发人员可以在控制台中执行函数调用、查看合约状态等操作。

（6）部署工具

Truffle 提供了部署工具，使得将智能合约部署到以太坊网络的过程变得更加便捷。

2．开发部署

（1）安装 Truffle 框架

在 VS Code 的终端中运行以下命令，安装 Truffle 框架。

```
npm install truffle
```

（2）创建 Truffle 配置文件

在项目根目录下创建一个名为 truffle-config.js 的文件，并将以下内容复制到文件中。

```
javascript
module.exports = {
  networks: {
    development: {
      host: "127.0.0.1",
      port: 7545,
      network_id: "*"
    }
  },
  compilers: {
    solc: {
      version: "0.8.4",
    }
  }
};
```

该配置文件指定了以太坊网络连接信息和 Solidity 编译器版本。

（3）创建 Solidity 合约

在项目根目录下创建一个名为 contracts 的文件夹，然后在该文件夹下创建一个名为 MyContract.sol 的 Solidity 合约文件，并在 VS Code 编辑器中编写合约代码。

（4）编译合约

在 VS Code 的终端中运行以下命令，编译 Solidity 合约。

```
truffle compile
```

该命令会将合约代码编译为 EVM 字节码，并将其输出到 build/contracts 目录下。

（5）部署合约

在 VS Code 的终端中运行以下命令，部署 Solidity 合约。

```
truffle migrate --network development
```

该命令会将合约部署到 Ganache 模拟的以太坊私有链上。

（6）创建测试文件

在项目根目录下创建一个名为 test 的文件夹，然后在该文件夹下创建一个名为 myContract.js 的测试文件。并用 VS Code 编辑器编写测试代码。

（7）运行测试

在 VS Code 的终端中运行以下命令进行运行测试。

```
truffle test
```

该命令会执行测试文件中定义的测试用例，并输出测试结果。

（8）使用 Web3.js 与合约交互

可以使用 JavaScript 代码与 Solidity 合约进行交互。首先需要安装 Web3.js 库。

```
npm install web3
```

然后可以在任意 JavaScript 文件中引入 Web3.js，并使用以下代码与合约交互。

```
javascript
const Web3 = require("web3");
const web3 = new Web3("http://localhost:7545");

const MyContract = artifacts.require("MyContract");
const instance = new web3.eth.Contract(MyContract.abi, "合约地址");

instance.methods.set(10)send({ from: "发送者地址" })
  .then(() => {
    return instance.methods.x()call();
  })
  .then(x => console.log(x));
```

思考题

一、选择题

（1）以太坊是一种开源的区块链平台，它的主要目标是（　　）。

A. 提供加密货币交易　　B. 实现智能合约功能

C. 支持数据存储和传输　　D. 扩展比特币网络

（2）以太坊网络上的虚拟货币单位称为（　　）。

A. 以太坊币　　B. 以太币　　C. 以太坊代币　　D. 以太元

（3）以太坊使用的共识机制是（　　）。

A. 工作量证明　　B. 拜占庭容错

C. 权益证明　　D. 股份授权

（4）以太坊的创始人是（　　）。

A. 杰弗里维尔克　　B. 比特币基金会

C. 以太坊基金会　　D. 维塔利克・布特林

（5）以太坊上的智能合约是用以下编程语言编写的（　　）。

A. Solidity　　B. JavaScript

C. Python　　D. C++

（6）关于 EVM 的图灵完备性叙述不正确的是（　　）。

A. 支持条件判断和循环　　B. 不支持递归调用

C. 支持数据结构　　D. 支持外部调用和接口

（7）关于以太坊状态根的含义，以下描述最准确选项是（　　）。

A. 以太坊网络中所有账户的当前状态的哈希值

B. 以太坊网络中区块头的哈希值

C. 以太坊网络中智能合约的代码的哈希值

D. 以太坊网络中挖矿难度的哈希值

（8）以太坊上的智能合约可以实现（　　）功能。

A. 自动执行合约条款　　B. 创建去中心化应用程序

C. 发行代币　　D. 所有选项都对

（9）以太坊上的 Gas 是用来（　　）。

A. 衡量交易费用　　B. 衡量网络带宽

C. 衡量挖矿难度　　D. 衡量节点数量

（10）关于 EVM 的安全性，以下描述最准确的选项是（　　）。

A. 是一个物理设备，具有防护措施，确保合约执行的安全性。

B. 通过硬件隔离实现的，每个合约在独立的硬件环境中执行，确保安全性。

C. 通过智能合约代码的静态分析和动态验证来确保合约执行的安全性。

D. 依赖于外部审计机构的监督和审查，确保合约执行的安全性。

二、填空题

（1）以太坊中的 __________ 数据结构将所有交易记录按照时间顺序组织成一个可验证的数据结构，使得每个交易都能够被追溯到区块链的创世区块。

（2）以太坊最初采用的共识算法是 __________，但由于其存在一些问题，已经向 __________过渡。

（3）以太坊的核心运行环境是 __________，它是一个基于堆栈的虚拟机，用于执行智能合约的字节码。

（4）在以太坊中，交易费用被称为 __________，它是衡量交易复杂度和执行成本的单位。

（5）智能合约是一种 __________ 代码，它可以被编写、部署和执行在以太坊上，实现多种去中心化应用场景。

三、简答题

（1）请简述以太坊中的交易流程。包括交易的构成要素、交易的提交和确认过程。

（2）请简述以太坊采用的共识算法，并列举其优点和缺点。

（3）请简述以太坊智能合约的概念和应用场景，并说明其主要特点。

第9章 超级账本 Fabric

【本章导读】

本章首先介绍超级账本 Fabric 技术原理，包括核心概念、基本特点、总体架构以及交易流程。在深入理解超级账本 Fabric 的技术原理后，本章将深入探讨如何进行部署与测试，包括基础软件环境安装、超级账本 Fabric 组件部署以及示例链码测试。最后，本章将通过一个具体的应用举例，详细介绍链码开发、链码部署与应用。通过本章的学习，读者将对超级账本 Fabric 的技术原理和应用有更深入的理解，并能够进行实际应用开发、部署和测试。

【知识要点】

第 1 节：链码，交易，世界状态，背书，基本特点，接口层，核心层，网络层，交易流程。

第 2 节：基础软件环境安装，超级账本 Fabric 组件部署，链码测试。

第 3 节：图书管理功能，链码开发。

9.1 超级账本 Fabric 的技术原理

超级账本 Fabric
的技术原理

超级账本 Fabric 是一个开源的、面向企业级应用的分布式账本技术平台，其设计目标是提供一个灵活、可扩展、可定制的区块链解决方案，以适用于多样化的企业应用场景。超级账本 Fabric 的架构设计体现了其强大的灵活性和模块化特性。

9.1.1 核心概念

1. 链码

链码（Chaincode）是超级账本 Fabric 中实现智能合约的术语。它是由业务逻辑构成的一段代码，用以管理账本状态。链码函数能够初始化、修改和查询账本记录，并且是在容器中作为网络的一部分独立运行，以确保操作的自治性和安全性。通过链码，可以实现多样化的业务流程和权限控制，支持写入、更新或确认账本数据，从而实现去中心化的应用逻辑。链码通常用 Go、Java 或 Node.js 等编程语言编写，并可在 Fabric 网络上部署和执行，对于构建企业级的区块链解决方案至关重要。

2. 交易

交易（Transaction）是超级账本 Fabric 中的基本操作单位，它代表了一次状态变化或数据更新。每个交易都包括一个或多个操作（例如读取或写入账本状态）以及相关的交易参数。交易在提交到区块链网络之前需要经过背书和排序等步骤的验证和处理。

3. 世界状态

世界状态（World State）是对同一键（Key）的多次交易形成的最终值（Value）。它代表了当前账本的最新状态，是交易执行结果的汇总。世界状态存储在每个 Fabric 内的 Peer 节点上，用于快速查询和检索账本的当前状态，以提高性能和效率。

4. 背书

背书（Endorsement）是指对交易的认可或确认过程。在超级账本 Fabric 中，智能合约要求一定数量的节点对交易进行背书，以验证其有效性和合法性。背书节点执行智能合约，并确认交易的结果，然后将背书结果返回给客户端，以便将交易提交到排序服务进行处理。背书策略（Endorsement Policy）指定了智能合约在执行交易时所需的背书要求。背书策略可以基于交易的内容、发起者身份等条件进行定义，以确保交易得到足够数量的背书才能被提交到账本中。背书策略可以定制化，以满足不同的应用场景。

5. 账本

账本（Ledger）记录了所有的交易历史和当前状态，是区块链的核心数据结构。在超级账本 Fabric 中，账本被设计为分布式账本的形式，每个通道都有自己独立的账本。账本在超级账本 Fabric 中扮演了至关重要的角色，它不仅存储了所有的交易记录，还记录了当前的状态信息。通过账本，在 Fabric 网络中的节点可以查询和验证交易的有效性，从而保证整个网络的一致性和安全性。

6. 节点

节点是超级账本 Fabric 中存储区块链数据的节点。节点不仅可以存储账本数据，还具有背书和提交等功能。根据其角色和功能，节点可以分为终端节点、排序节点和锚节点等类型，以支持不同的网络和业务需求。

7. 通道

通道（Channel）是超级账本 Fabric 中用于隔离交易流量和数据的机制。每个通道代表一个独立的区块链网络，其中的交易和数据仅对通道成员可见。通道的创建可以实现多个组织之间的隔离和隐私保护，从而提高了网络的安全性和可靠性。

8. 成员服务提供者

成员服务提供者（MSP）是超级账本 Fabric 中负责管理成员证书和身份验证的组件。它定义了哪些根证书颁发机构和中间证书颁发机构在链中是可信任的，以及哪些是在通道上的合作伙伴。MSP 为网络提供了身份管理和访问控制的基础。

9．组织

组织（Org）是超级账本 Fabric 中管理一系列合作企业的实体。每个组织代表着网络中的一组节点和用户，负责管理和维护区块链网络的运行和规则。组织通过 MSP 来管理成员的身份和权限，以确保网络的安全和稳定运行。

9.1.2 基本特点

超级账本 Fabric 的特点主要体现在以下几个方面。

1．模块化设计

超级账本 Fabric 实现了模块化架构，使得身份、排序、链码等服务和功能都是可选的，因此非常灵活。这种架构使超级账本 Fabric 能够适用于多种不同的场景，满足了不同业务的需求。

2．强调可扩展性和私有性

超级账本 Fabric 区块链支持多种不同类型的链群，具备出色的可扩展性。同时，它强调私有性，是一个具备准入资格授权的区块链平台，不允许未经授权或身份不明的参与者加入网络。这种特性使得超级账本 Fabric 能够满足那些对数据安全性和隐私性有较高要求的应用场景。

3．灵活的智能合约框架

超级账本 Fabric 提供了一种相对灵活、自由的智能合约编写模型，支持多种编程语言，如 Java、Node.js 和 Go 等。这种设计允许开发者选择自己最熟悉的编程语言进行开发，从而提高代码的可读性和可维护性。

4．功能强大的安全架构和身份管理服务

超级账本 Fabric 提供了功能强大的安全架构，确保区块链网络的安全性和稳定性。同时，它还提供了成员身份管理服务，用于管理网络上的所有参与者和其权限，从而确保只有经过授权的参与者才能访问和操作区块链网络。

5．极佳的保密性

超级账本 Fabric 引入了通道的概念，这是一种数据隔离机制，使得交易信息仅对交易参与方可见。每个通道都是一个独立的区块链，这使得多个用户可以共享同一个区块链系统而无须担心信息泄露问题。

超级账本 Fabric 凭借其模块化设计、可扩展性与私有性、灵活的智能合约框架、功能强大的安全架构与身份管理服务及卓越的保密性等特点，为企业级应用提供了强大的支持。

9.1.3 总体架构

超级账本 Fabric 总体架构分为三层：接口层、核心层、网络层，超级账本 Fabric 总体架构如图 9-1 所示。

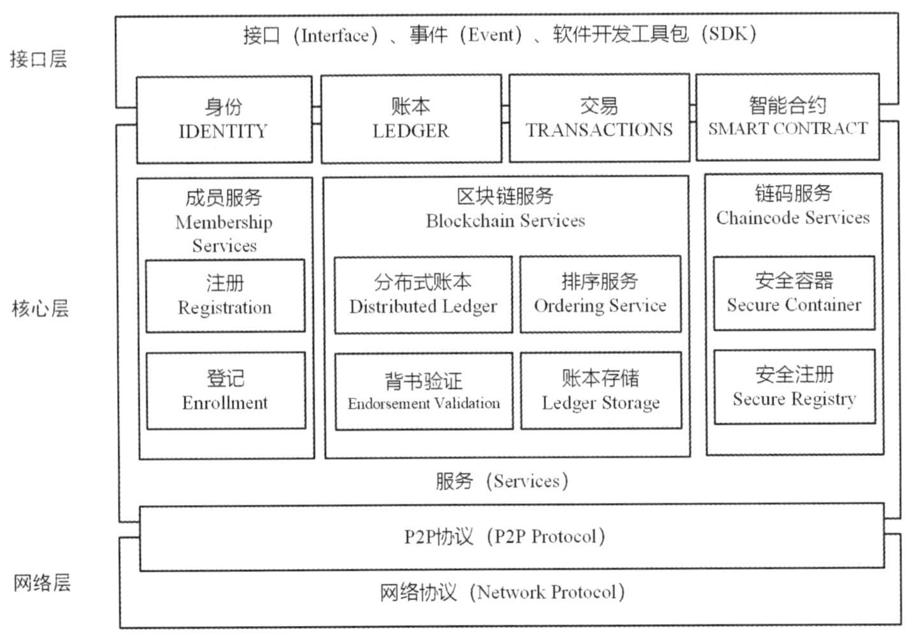

图 9-1　超级账本 Fabric 总体架构

1．网络层

（1）网络协议

网络层定义了数据在网络中传输的规则和约定。在区块链系统中，网络层负责节点之间的通信和数据传输，以确保整个网络的数据同步。

（2）P2P 协议

P2P 协议是一种去中心化的通信协议，它允许对等节点直接通信，而无须经过中心化的服务器。在区块链系统中，P2P 协议被用来建立节点之间的连接，以实现去中心化的网络结构。P2P 技术允许每个节点可以直接连接到其他节点，而无须经过服务器等中继点来实现通信或者数据传输，以便更快地实现数据交换，它也可以确保更强的安全性和保密性。

2．核心层

（1）成员服务

① 注册服务：成员服务提供了注册成员的功能，允许组织或实体加入超级账本 Fabric 网络中。注册服务通常涉及身份验证、安全性和权限管理，确保只有合法的实体才能成为网络的成员。成员注册通常基于 X.509 数字证书进行，每个成员都有一个唯一的证书来标识其身份。

② 登记服务：一旦成员被注册到网络中，登记服务则负责记录和管理他们的身份信息。这些信息包括成员的公钥、角色、权限等。登记服务的主要功能是维护网络成员的身份目录，并确保其有效性和一致性。这些信息通常存储在超级账本 Fabric 中的身份注册表中，供其他组件访问和验证。

（2）区块链服务

① 分布式账本：区块链服务提供了分布式账本的功能，用于记录和存储交易的历史和状态。分布式账本是超级账本 Fabric 中最核心的组件之一，它将所有的交易按照顺序连接

起来，形成一个不可篡改的链式结构。每个通道都有自己独立的分布式账本，用于记录该通道内的交易。

② 排序服务：排序服务负责对交易进行排序和打包，以确保交易按照一定的顺序被添加到区块链中。排序服务接收交易后进行排序，然后将排序后的交易打包成区块，最终将区块广播给网络中的所有节点。

③ 背书验证：超级账本 Fabric 中，某些交易需要通过背书验证才能被提交到账本中。背书验证是指由特定的背书节点确认交易的有效性和合法性。背书节点会执行交易并对其进行背书，然后将背书结果返回给客户端，以便客户端将交易提交给排序服务进行打包并添加到区块链中。

（3）链码服务

链码服务是负责管理和执行智能合约（链码）的组件。链码服务包括安全容器和安全注册两个重要部分。

① 安全容器：为了确保智能合约的安全性和隔离性，超级账本 Fabric 使用安全容器来隔离链码的执行环境，防止恶意代码对系统的不良影响。安全容器通常采用轻量级的容器技术，如 Docker 等，来实现链码的隔离和运行。每个链码实例都运行在自己的容器中，与其他链码实例和区块链网络中的其他组件隔离开来。安全容器提供严格的权限控制和访问控制，只允许链码访问其所需的资源，并限制其对系统资源的访问。

② 安全注册：用于管理和验证智能合约的部署和使用权限。在链码被部署到区块链网络中之前，需要进行注册和审查，以确保链码的合法性和安全性。安全注册服务负责管理链码的身份和权限，以及验证链码的合法性和可信度。安全注册服务通常涉及数字签名和审计机制，以提供对链码的可信度验证和监控。只有通过安全注册的链码才能被部署和执行，从而保证了链码的安全性和可靠性。

3. 接口层

（1）接口

接口定义了与区块链系统交互的标准化方式，包括命令行接口（Command Line Interface，CLI）、应用程序接口（Application Programming Interface，API）等。接口层提供了与区块链系统进行交互和通信的途径。

（2）事件

事件指区块链系统中发生的重要事件或状态变化，例如新区块的生成、交易的确认等。事件可以被接口层捕获并用于通知应用程序或用户。

（3）软件开发工具包（Software Development Kit，SDK）

SDK 提供了开发者用于构建应用程序和与区块链系统集成的工具和库。SDK 简化了开发者与区块链系统的交互过程，提高了开发效率和灵活性。

9.1.4 交易流程

超级账本 Fabric 的交易流程如图 9-2 所示。

（1）应用客户端通过 SDK 调用 CA 服务，进行注册和登记，获取 CA 证书。

（2）应用客户端通过 SDK 向区块链网络发起一个交易提案（Proposal），包含本次交易要调用的合约标识、合约方法和参数信息以及应用客户端的签名等信息，发送给背书

（Endorser）节点。

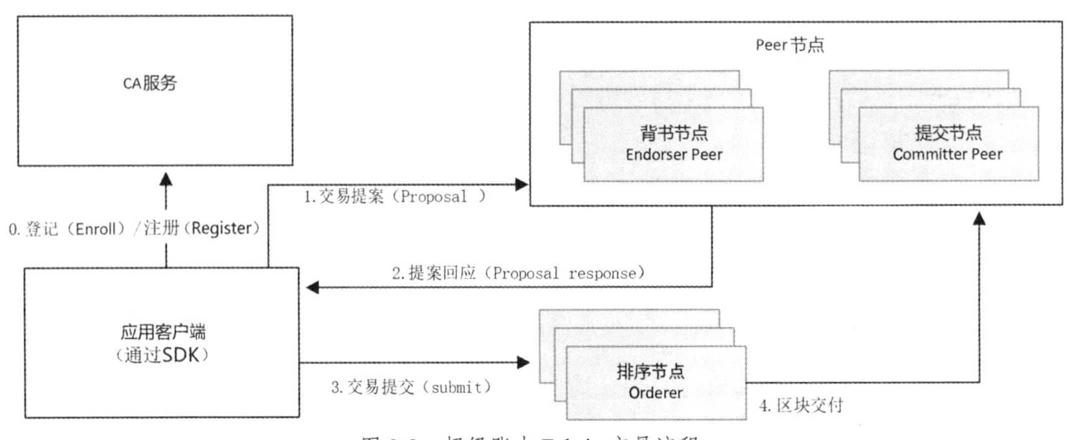

图 9-2 超级账本 Fabric 交易流程

（3）背书节点收到交易提案后，验证签名并确定提交者是否有权执行操作。同时，根据背书策略模拟执行智能合约，将结果及其各自的 CA 证书签名发给应用客户端。

（4）应用客户端收到背书节点返回的信息后，判断提案结果是否一致，以及是否参照指定的背书策略执行。如果没有足够的背书，则中止处理；否则，应用客户端将数据打包成交易并签名，发送给排序节点（Orderer）。

（5）排序节点（Orderer）对接收到的交易进行共识排序，然后按照区块生成策略，将一批交易打包成新的区块，发送给提交节点。

（6）提交节点收到区块后，对区块中的每笔交易进行校验，检查交易依赖的输入输出是否符合当前区块链的状态。校验通过后，将区块追加到本地的区块链，并更新世界状态。

9.2 部署与测试

本小节以超级账本 Fabric 2.5.6 为例，介绍在 Ubuntu-22.04 系统中搭建超级账本 Fabric 环境，以及进行组件部署和示例链码测试的过程。

9.2.1 基础软件环境安装

1．更新和升级软件

在 Ubuntu 系统中的 Terminal 终端输入“sudo apt update && sudo apt upgrade”命令，更新软件包列表并升级可用的软件包，如图 9-3 所示。

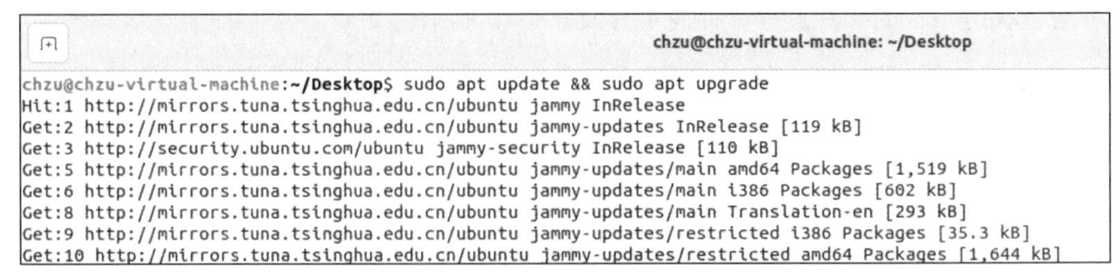

图 9-3 更新软件包列表并升级可用的软件包

输入命令各部分的含义如下。

> sudo 用于以超级用户的权限执行后续的命令。超级用户权限通常是执行系统级操作所必需的。
>
> sudo apt update 用于更新本地软件包列表。当执行这个命令时，系统会连接到软件源（Software Repositories），检查是否有可用的更新软件包的信息，并将这些信息下载到本地的软件包列表中。这个过程确保系统知道所有可用的软件包及其版本信息。
>
> sudo apt upgrade 用于升级可用的软件包。执行这个命令时，系统会检查本地软件包列表中的所有软件包，并将其中可以升级的软件包进行升级。这个过程会下载新版本的软件包并安装，从而将系统中的软件到最新版本。

2．安装相关软件包

使用 APT 包管理器在的系统上安装 git、curl、docker-compose 和 jq 等软件包，并且使用-y 参数进行自动确认。安装 git、curl、docker-compose 如图 9-4 所示。其中，git 是一个版本控制系统；curl 是一个用于传输数据的工具；docker-compose 是用于管理 Docker 容器的工具；jq 是一个用于处理 JSON 数据的命令行工具，它提供了一系列功能，如解析、筛选、修改和格式化 JSON 数据。

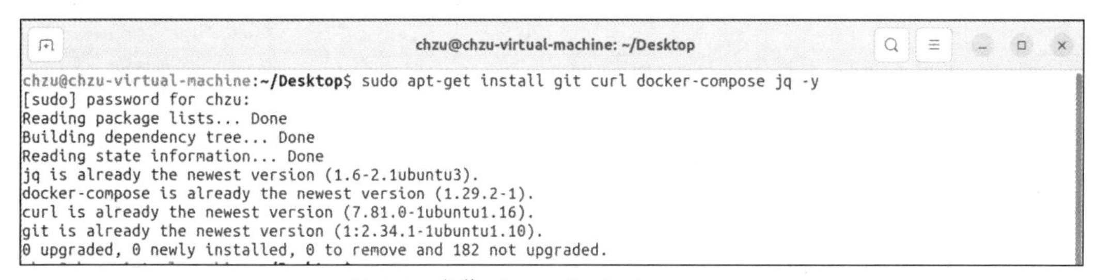

图 9-4　安装 git、curl、docker-compose

通过“sudo systemctl start docker”命令以超级用户权限启动 Docker 服务。启动 Docker 服务后，用户可以使用 Docker 容器来管理和运行容器化应用程序，启动 Docker 容器如图 9-5 所示。

具体的，“systemctl”是 Linux 系统中用于管理系统服务的命令；“start”是参数，指示“systemctl”启动指定的服务；“docker”则是要启动的服务的名称。

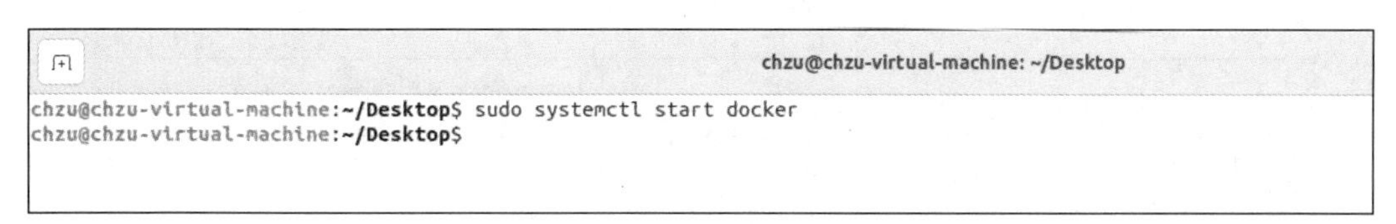

图 9-5　启动 Docker 容器

通过“sudo gpasswd -a chzu docker”将用户 chzu 添加到 Docker 组中。这样做是为了让用户 chzu 拥有对 Docker 的管理权限，例如启动和停止容器等操作，而无须每次都使用 sudo 命令，将用户 chzu 添加到 Docker 组中如图 9-6 所示。

部分参数的含义如下所示。

gpasswd：这是 Linux 系统中用于管理用户组的命令。
-a：这个参数表示将指定用户添加到指定组中。
chzu：这是要添加到组中的用户名，可以根据实际情况替换此处的用户名。
docker：这是要添加的用户的组名称，即 Docker 用户组。

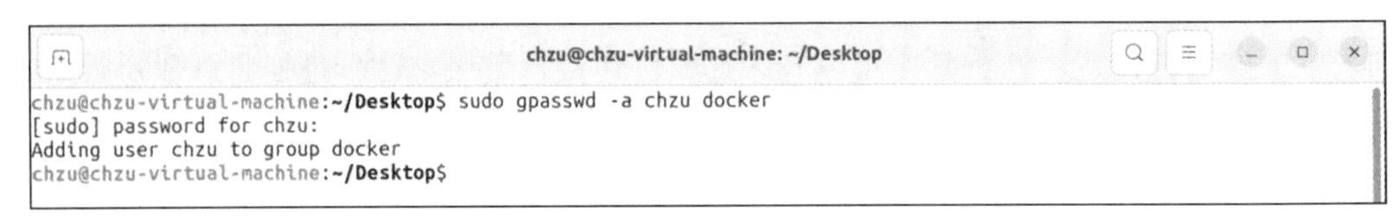

图 9-6 将用户 chzu 添加到 Docker 组中

使用“sudo apt install golang-go”命令安装 Go 语言的编译器和相关工具的软件包。安装完成后，就可以在系统上使用 Go 语言进行编程和开发，安装 Go 编译器的过程如图 9-7 所示。

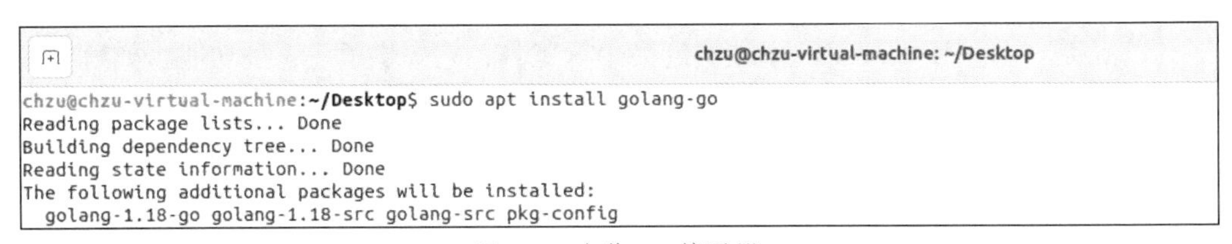

图 9-7 安装 Go 编译器

9.2.2 超级账本 Fabric 组件部署

1．下载 Fabric 源码

通过“mkdir $HOME/go/fabric”命令新建一个名为“fabric”的目录，并通过“cd $HOME/go/fabric”命令切换至此目录。其中“$HOME”表示当前用户的主目录的环境变量。接着，通过“git clone https://github.com/hyperledger/fabric.git”命令从 GitHub 上克隆一个名为“fabric”的仓库到本地系统中。从 GitHub 上克隆 fabric 仓库如图 9-8 所示。

执行这个命令后，Git 将会下载超级账本 Fabric 仓库的所有文件和历史记录，并保存到当前目录下的一个名为“fabric”的文件夹中。

```
chzu@chzu-virtual-machine: ~/go/fabric
chzu@chzu-virtual-machine:~/go/fabric$ git clone https://github.com/hyperledger/fabric.git
Cloning into 'fabric'...
remote: Enumerating objects: 169915, done.
remote: Counting objects: 100% (7182/7182), done.
remote: Compressing objects: 100% (2324/2324), done.
Receiving objects:  12% (21699/169915), 16.60 MiB | 2.35 MiB/s
```

图 9-8 从 GitHub 上克隆 fabric 仓库

通过“cd fabric/scripts/”命令切换至名为“scripts”的目录，通过 vi 命令编辑 bootstrap.sh 文件并注释掉其中下载 fabric 的语句，如图 9-9 所示。

```
chzu@chzu-virtual-machine: ~/go/fabric/fabric/scripts
#if [ "$BINARIES" == "true" ]; then
#    echo
#    echo "Pull Hyperledger Fabric binaries"
#    echo
#    pullBinaries
#fi
if [ "$DOCKER" == "true" ]; then
    echo
    echo "Pull Hyperledger Fabric docker images"
    echo
    pullDockerImages
fi
```

图 9-9　注释下载 fabric 的语句

然后在当前目录执行“./bootstrap.sh”，如图 9-10 所示。这个脚本会执行一系列操作，如检查依赖项、设置环境变量、下载必要的工具和软件包等，以便让开发者可以顺利地进行超级账本 Fabric 的开发和部署。

```
chzu@chzu-virtual-machine: ~/go/fabric/fabric/scripts
chzu@chzu-virtual-machine:~/go/fabric/fabric/scripts$ ./bootstrap.sh

Clone hyperledger/fabric-samples repo

===> Cloning hyperledger/fabric-samples repo
Cloning into 'fabric-samples'...
remote: Enumerating objects: 13219, done.
remote: Counting objects: 100% (102/102), done.
remote: Compressing objects: 100% (67/67), done.
Receiving objects:   5% (661/13219), 308.01 KiB | 74.00 KiB/s
```

图 9-10　执行“./bootstrap.sh”

通过“cd /home/chzu/go/fabric”切换到“fabric”目录后执行“git clone https://github.com/hyperledger/fabric-samples.git”命令将“fabric-samples”下载到本地，如图 9-11 所示。

```
chzu@chzu-virtual-machine: ~/go/fabric
chzu@chzu-virtual-machine:~/go/fabric$ git clone https://github.com/hyperledger/fabric-samples.git
Cloning into 'fabric-samples'...
remote: Enumerating objects: 13219, done.
remote: Counting objects: 100% (102/102), done.
remote: Compressing objects: 100% (67/67), done.
remote: Total 13219 (delta 25), reused 88 (delta 23), pack-reused 13117
Receiving objects: 100% (13219/13219), 22.81 MiB | 2.06 MiB/s, done.
Resolving deltas: 100% (7267/7267), done.
```

图 9-11　将“fabric-samples”下载到本地

通过以下链接将下载超 hyperledger-fabric-linux-amd64-2.5.6.tar.gz 和 hyperledger-fabric-ca-linux-amd64-1.5.9.tar.gz 两个文件。这两个文件包含了超级账本 Fabric 和 Fabric CA 的二进制文件，包括 Peer、Orderer、CLI 工具等，用来搭建超级账本 Fabric 区块链网络。

Fabric 和 Fabric-ca 的二进制文件下载地址

Fabric：

https://github.com/hyperledger/fabric/releases/download/v2.5.6/hyperledger-fabric-linux-amd64- 2.5.6.tar.gz

Fabric-ca：

https://github.com/hyperledger/fabric-ca/releases/download/v1.5.9/hyperledger-fabric-ca-linux-amd64-1.5.9.tar.gz

使用“tar -xvzf hyperledger-fabric-linux-amd64-2.5.6.tar.gz”和“tar -xvzf hyperledger-fabric-ca-linux-amd64-1.5.9.tar.gz”命令，分别解压下载后的两个文件，将 bin 目录合并，然后将 bin 目录和 config 目录复制至 fabric-samples 目录，解压合并文件如图 9-12 所示。

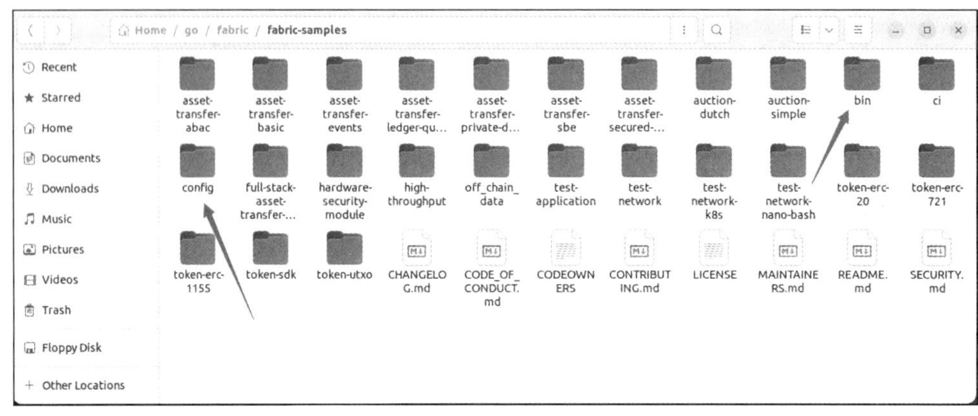

图 9-12　解压合并文件

2．搭建超级账本 Fabric 网络

通过执行命令“cd /home/chzu/go/fabric/fabric-samples/test-network”切换至“test-network”目录。然后执行“sudo ./network.sh up”命令启动一个本地开发环境的超级账本 Fabric 区块链网络，包括 Peer 节点、排序节点、CA 服务等，以方便读者在本地进行区块链开发、测试或者学习，启动超级账本 Fabric 网络如图 9-13 所示。命令解释如下。

./network.sh: 这是一个脚本，用于管理超级账本 Fabric 区块链网络的启动、停止、配置等操作。

up: 这是./network.sh 脚本的一个子命令，表示启动区块链网络。

在启动完成后，读者可以通过超级账本 Fabric 提供的 CLI 工具来与这个网络进行交互，例如创建通道、安装链码、实例化链码等操作。如需关闭网络则执行“sudo ./network.sh down”。

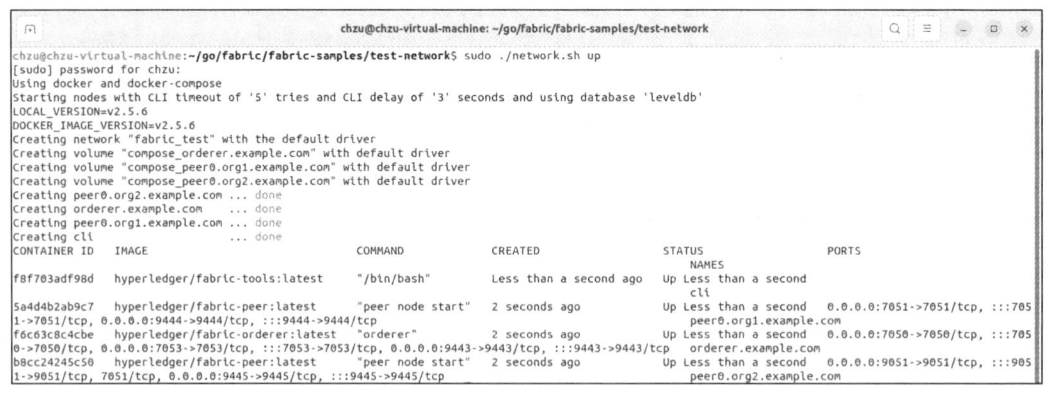

图 9-13　启动超级账本 Fabric 网络

超级账本 Fabric 区块链网络启动时，会创建多个 Docker 容器，包括 Peer 节点、排序

节点、CA 服务等。通过执行“docker ps -a”命令可以查看这些容器的状态，以及各个容器的详细信息。查看创建的 Docker 容器如图 9-14 所示。

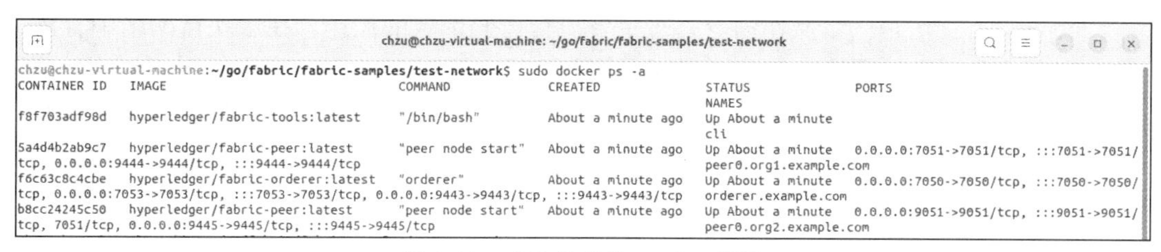

图 9-14　查看创建的 Docker 容器

9.2.3　示例链码测试

1．创建通道

使用“./network.sh createChannel”命令在超级账本 Fabric 网络中创建通道，如图 9-15 所示。通道是超级账本 Fabric 网络中的一个重要概念，它是一种私有的数据传输通道，允许特定的网络成员在其中进行私密的交易和通信。

执行这个命令通常需要提供一些配置参数，例如通道名称、通道配置文件等。默认情况下，将创建名为 mychannel 的通道。在执行过程中，该命令会与超级账本 Fabric 网络中的 Orderer 通信，创建一个新的通道，并将通道的相关配置信息写入区块链中。一旦通道创建成功，就可以在该通道上部署链码、执行交易等操作。通道的创建是超级账本 Fabric 网络中创建多租户应用程序的重要步骤之一。

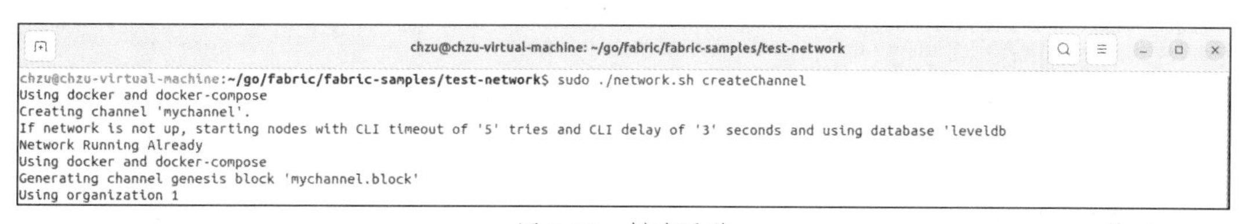

图 9-15　创建通道

2．部署“basic”链码

在使用 Go 模块时，代理服务器可以加速依赖库的下载，提高下载速度并减少因网络问题导致的下载失败。通过“sudo go env –w GOPROXY=https://goproxy.cn”命令设置 Go 语言的代理服务器地址为 https://goproxy.cn。具体解释如下。

> go env：用于查看和设置 Go 语言环境变量的命令。
> -w：go env 命令的一个参数，用于设置指定的环境变量。
>
> GOPROXY =https://goproxy.cn：这是要设置的环境变量，指定了 Go 语言的代理服务器地址为 https://goproxy.cn。

然后执行“./network.sh deployCC -ccn basic -ccp ../asset-transfer-basic/chaincode-go -ccl go”命令，设置 Go 的代理服务器并在通道上启动一个示例链码，如图 9-16 所示，在当前

的区块链网络 mychannel 通道中部署一个名为“basic”的链码。命令参数含义如下所示。

deployCC：这是一个操作命令，表示要执行链码部署的操作。在区块链网络中，链码是实现业务逻辑的智能合约，可以被调用和执行。

-ccn basic：-ccn 参数后跟着的是链码的名称，这里是“basic”。这个参数用于指定要部署的链码的名称。

-ccp ../asset-transfer-basic/chaincode-go：-ccp 参数后跟着的是链码的路径，这里是../asset-transfer-basic/chaincode-go。这个路径指向了要部署的链码的代码所在的位置。

-ccl go：-ccl 参数后跟着的是链码的语言，这个参数用于指定链码的编程语言，这里是 Go 语言。

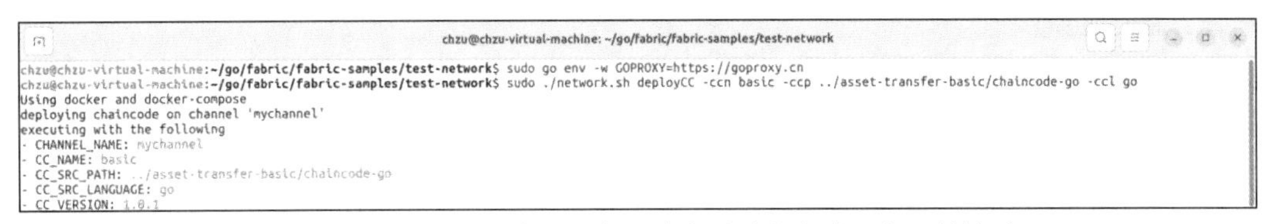

图 9-16 设置 Go 的代理服务器并在通道上启动一个示例链码

3. 使用 Peer CLI 与区块链网络交互

（1）CLI 常用命令

CLI 是超级账本 Fabric 提供的一个命令行工具，用于管理和与超级账本 Fabric 网络进行交互。下面是使用 Peer CLI 进行一些常见操作的示例。

① 创建通道

创建通道的命令如下。:

```
peer channel create -o <orderer_address> -c <channel_name> -f <channel_tx_file> --tls --cafile <orderer_tls_ca>
```

参数含义如下所示。

<orderer_address>：Orderer 服务的地址，包括主机名和端口号。

<channel_name>：要创建的通道的名称。

<channel_tx_file>：包含通道配置信息的交易文件的路径。

--tls：表示使用 TLS 进行安全传输。

--cafile <orderer_tls_ca>：Orderer 的 TLS CA 证书文件的路径。

例如，如果 Orderer 服务的地址是 orderer.example.com:7050，要创建的通道名称是 mychannel，通道配置信息文件是 mychannel.tx，Orderer 的 TLS CA 证书文件是 orderer-tls-ca.crt，则完整的命令如下所示：

```
peer channel create -o orderer.example.com:7050 -c mychannel -f mychannel.tx --tls --cafile orderer-tls-ca.crt
```

执行此命令后，将会向指定的 Orderer 服务发起请求，创建名为 mychannel 的通道，并且使用指定的通道配置文件和 TLS CA 证书进行安全传输。

② 加入通道

加入通道的命令为“peer channel join -b <channel_block_file>”。参数含义如下所示：

<channel_block_file>：通道区块文件的路径。

例如，如果有一个名为 mychannel.block 的通道配置区块文件，可以使用“peer channel join -b mychannel.block”命令让 Peer 节点加入到 mychannel 通道中。

执行此命令后，Peer 节点将会使用指定的区块文件加入到 mychannel 通道中，从而成为该通道的一部分，可以参与通道中的交易和状态维护。

③ 安装链码

安装通道的命令为“peer lifecycle chaincode install <chaincode_package_path>”。参数含义如下所示：

<chaincode_package_path>：链码包的路径，包含链码的压缩文件。

例如，如果一个名为 mychaincode.tar.gz 的链码包文件，可以使用“peer lifecycle chaincode install mychaincode.tar.gz”命令安装该链码包到 Peer 节点上。

执行此命令后，链码包将会被安装到 Peer 节点的链码存储中，以便后续进行链码的批准、提交等操作。

④ 批准链码

批准链码的命令如下。

```
peer lifecycle chaincode approveformyorg -o <orderer_address> --tls --cafile <orderer_tls_ca> --channelID <channel_id> --name <chaincode_name> --version <chaincode_version> --package-id <package_id> --sequence <sequence_number> --init-required
```

参数含义如下所示。

<orderer_address>：Orderer 服务的地址，包括主机名和端口号。
<orderer_tls_ca>：Orderer 的 TLS CA 证书文件的路径。
<channel_id>：链码所要部署到的通道名称。
<chaincode_name>：链码的名称。
<chaincode_version>：链码的版本。
<package_id>：已安装的链码包的 ID，用于标识待批准的链码。
<sequence_number>：链码的顺序号，用于确保链码的更新顺序。
--init-required：如果链码需要进行初始化，则添加此选项。

例如，如果要在组织 Org1 中批准名称为 mychaincode、版本为 1.0 的链码，并且已安装的链码包的 ID 是 mychaincode:1.0，则完整的命令为

```
peer lifecycle chaincode approveformyorg -o orderer.example.com:7050 --tls --cafile orderer-tls-ca.crt --channelID mychannel --name mychaincode --version 1.0 --package-id
```

```
mychaincode:1.0 --sequence 1 --init-required
```

执行此命令后，链码将会被组织 Org1 批准，以便后续提交到通道中。

注意：在上述命令中，并没有直接指定是哪个组织批准链码。实际上，使用"peer lifecycle chaincode approveformyorg"命令时，命令会发送到与当前 CLI 连接的 Peer 所属的组织。所以，批准链码的操作实际上是由当前 CLI 所连接的 Peer 所属的组织执行的。要在正确的组织中批准链码，需要在执行命令之前先设置好适当的环境变量，以确保 CLI 连接到了所需的组织的 Peer 节点。例如，可以通过设置 CORE_PEER_LOCALMSPID 和 CORE_PEER_ADDRESS 等环境变量来指定连接的组织和 Peer 节点。

⑤ 提交链码定义

提交链码定义到通道的命令为

```
peer lifecycle chaincode commit -o <orderer_address> --tls --cafile <orderer_tls_ca> --channelID <channel_id> --name <chaincode_name> --version <chaincode_version> --sequence <sequence_number> --init-required
```

参数含义如下所示。

<orderer_address>：Orderer 服务的地址，包括主机名和端口号。
<orderer_tls_ca>：Orderer 的 TLS CA 证书文件的路径。
<channel_id>：链码所要部署到的通道名称。
<chaincode_name>：链码的名称。
<chaincode_version>：链码的版本。
<sequence_number>：链码的顺序号，用于确定链码的更新顺序。
--init-required：如果链码需要进行初始化，则添加此选项。

例如，如果要提交名称为 mychaincode、版本为 1.0 的链码到名为 mychannel 的通道，并且链码的顺序号是 1，则完整的命令为

```
peer lifecycle chaincode commit -o orderer. example.com:7050 --tls --cafile orderer-tls-ca.crt --channelID mychannel --name mychaincode --version 1.0 --sequence 1 --init-required
```

执行此命令后，链码将会被提交到指定的通道中，并且在网络中启用。

⑥ 查询链码状态

查询链码状态的命令为

```
peer lifecycle chaincode querycommitted --channelID <channel_id> --name <chaincode_name>
```

参数含义如下所示。

<channel_id>：链码所在的通道名称。
<chaincode_name>：要查询的链码的名称。

例如，如果要查询名为 mychaincode 的链码是否已经提交到名为 mychannel 的通道中，完整的命令为

```
peer lifecycle chaincode querycommitted --channelID mychannel --name mychaincode
```

以上示例展示了一些常见的 Peer CLI 命令，用于创建通道、加入通道、安装链码、批

准链码、提交链码定义以及查询链码状态等操作。可以根据您的实际需求，使用这些命令与 Fabric 网络进行交互。

（2）设置 CLI 路径

通过下面两条命令设置 CLI 路径。

```
export PATH=${PWD}/../bin:$PATH
export FABRIC_CFG_PATH=$PWD/../config/
```

命令含义如下所示。

> export PATH=${PWD}/../bin:$PATH：将当前工作目录的上级目录中的 bin 文件夹添加到环境变量 PATH 中。这样，系统就能够在这个路径中找到并执行二进制文件。
>
> export FABRIC_CFG_PATH=$PWD/../config/：设置了一个名为 FABRIC_CFG_PATH 的环境变量，指向了当前工作目录的上级目录中的 config 文件夹。这个路径通常用于指定 Fabric 的配置文件位置。

（3）以 Org1 Peer 节点调用链码

① 设置 Org1 的环境变量

通过下面命令设置 Org1 的环境变量，以使 Org1 Peer 节点能够调用链码，进而在超级账本 Fabric 网络中执行各种操作，例如发送交易、查询账本等。设置环境变量如图 9-17 所示。

```
export CORE_PEER_TLS_ENABLED=true
export CORE_PEER_LOCALMSPID="Org1MSP"
export CORE_PEER_TLS_ROOTCERT_FILE=${PWD}/organizations/peerOrganizations/ org1.example.com/peers/peer0.org1.example.com/tls/ca.crt
export CORE_PEER_MSPCONFIGPATH=${PWD}/organizations/peerOrganizations/ org1.example.com/users/Admin@org1.example.com/msp
export CORE_PEER_ADDRESS=localhost:7051
```

命令含义如下所示。

> export CORE_PEER_TLS_ENABLED=true：设置 CORE_PEER_TLS_ENABLED 的环境变量，将其值设置为 true。这个环境变量用于指示 Peer 节点是否启用 TLS 加密通信。
>
> export CORE_PEER_LOCALMSPID="Org1MSP"：设置 CORE_PEER_LOCALMSPID 的环境变量，将其值设置为 Org1MSP。这个环境变量指定了 Peer 节点所属的本地 MSP 的标识。
>
> export CORE_PEER_TLS_ROOTCERT_FILE=${PWD}/organizations/peerOrganizations /org1.example.com/peers/peer0.org1.example.com/tls/ca.crt：设置 CORE_PEER_TLS_ROOTCERT_FILE 的环境变量，指定了 Peer 节点使用的 TLS 根证书文件的路径。
>
> export CORE_PEER_MSPCONFIGPATH=${PWD}/organizations/peerOrganizations/org1.example.com/users/Admin@org1.example.com/msp：设置 CORE_PEER_MSPCONFIGPATH 的环境变量，指定了 Peer 节点使用的 MSP 配置文件的路径。这个路径通常用于认证和授权等操作。
>
> export CORE_PEER_ADDRESS=localhost:7051：设置 CORE_PEER_ADDRESS 的环境变量，指定了 Peer 节点的地址和端口号。在这个例子中，Peer 节点的地址是 localhost，端口号是 7051。

```
chzu@chzu-virtual-machine:~/go/fabric/fabric-samples/test-network$ export PATH=${PWD}/../bin:$PATH
export FABRIC_CFG_PATH=$PWD/../config/
export CORE_PEER_TLS_ENABLED=true
export CORE_PEER_LOCALMSPID="Org1MSP"
export CORE_PEER_TLS_ROOTCERT_FILE=${PWD}/organizations/peerOrganizations/org1.example.com/peers/peer0.org1.example.com/tls/ca.c
rt
export CORE_PEER_MSPCONFIGPATH=${PWD}/organizations/peerOrganizations/org1.example.com/users/Admin@org1.example.com/msp
export CORE_PEER_ADDRESS=localhost:7051
```

图 9-17　设置环境变量

② 账本上写入一组资产（Assets）

通过执行下述命令在指定的通道上调用名为“basic”的链码的 InitLedger 函数，并传入空参数数组，通过指定的两个 Peer 节点执行这个调用，并启用 TLS 加密通信，如图 9-18 所示。

具体命令如下所示。

```
peer chaincode invoke -o localhost:7050 --ordererTLSHostnameOverride orderer.example. com
-tls--cafile"${PWD}/organizations/ordererOrganizations/example.com/orderers/orderer.
example. com/msp/tlscacerts/tlsca.example.com-cert.pem" -C mychannel -n basic --peerAddresses
localhost:7051 -tlsRootCertFiles"${PWD}/organizations/peerOrganizations/org1.example.
com/peers/peer0.org1.example.com/tls/ca.crt"--peerAddresses localhost:9051 -tlsRoot
CertFiles "${PWD}/organizations/ peerOrganizations/org2.example.com/peers/peer0.org2.
example.com/tls/ca.crt" -c '{"function": "InitLedger","Args":[]}'
```

命令参数含义如下所示。

peer chaincode invoke：调用链码的 Peer 命令。

-o localhost:7050：指定了 Orderer 的地址和端口。

--ordererTLSHostnameOverride orderer.example.com：指定了 TLS 主机名覆盖。

--tls：启用 TLS 加密通信。

--cafile "${PWD}/organizations/ordererOrganizations/example.com/orderers/orderer.example.com/msp/tlscacerts/tlsca.example.com-cert.pem"：指定了 Orderer 的 TLS CA 证书的文件路径。

-C mychannel：指定了要调用链码的通道名称。

-n basic：指定了要调用的链码的名称。

--peerAddresses localhost:7051：指定了一个 Peer 节点的地址和端口。

--tlsRootCertFiles "${PWD}/organizations/peerOrganizations/org1.example.com/peers/peer0.org1.example.
com/tls/ca.crt"：指定了一个 Peer 节点的 TLS 根证书文件路径。

--peerAddresses localhost:9051：指定了另一个 Peer 节点的地址和端口。

--tlsRootCertFiles "${PWD}/organizations/peerOrganizations/org2.example.com/peers/peer0.org2.example.com/tls/ca.crt"：指定了另一个 Peer 节点的 TLS 根证书文件路径。

-c '{"function":"InitLedger","Args":[]}'：指定了调用链码时的参数，这里调用了链码中的 InitLedger 函数，并传入一个空的参数数组。

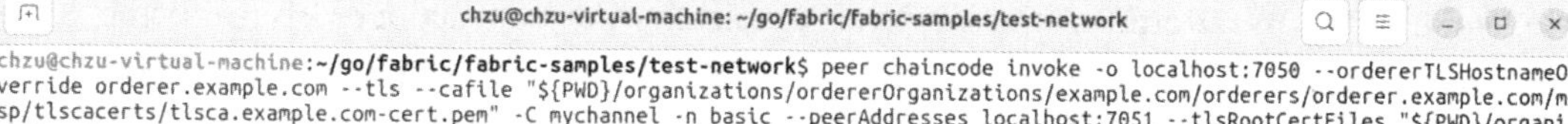

图 9-18　在账本上写入一组资产

③ 在账本中查询资产

使用“peer chaincode query -C mychannel -n basic -c '{ " Args " :[" GetAllAssets "]}'”命令在指定的通道上查询名为“basic”的链码，并调用其中的 GetAllAssets 函数来获取所有资产的信息，在“basic”链码中查询资产信息如图 9-19 所示。

命令参数含义如下所示。

> peer chaincode query：这是调用链码的 Peer 命令，用于执行查询操作。
> -C mychannel：指定了要查询的通道名称。
> -n basic：指定了要查询的链码的名称。
> -c '{"Args":["GetAllAssets"]}'：这个参数指定了查询时的参数，这里调用了链码中的 GetAllAssets 函数，并传入一个空参数数组。这个函数用于获取所有资产的信息。

```
chzu@chzu-virtual-machine: ~/go/fabric/fabric-samples/test-network
chzu@chzu-virtual-machine:~/go/fabric/fabric-samples/test-network$ peer chaincode query -C mychannel -n basic -c '{"Args":["GetA
llAssets"]}'
[{"AppraisedValue":300,"Color":"blue","ID":"asset1","Owner":"Tomoko","Size":5},{"AppraisedValue":400,"Color":"red","ID":"asset2"
,"Owner":"Brad","Size":5},{"AppraisedValue":500,"Color":"green","ID":"asset3","Owner":"Jin Soo","Size":10},{"AppraisedValue":600
,"Color":"yellow","ID":"asset4","Owner":"Max","Size":10},{"AppraisedValue":700,"Color":"black","ID":"asset5","Owner":"Adriana","
Size":15},{"AppraisedValue":800,"Color":"white","ID":"asset6","Owner":"Michel","Size":15}]
```

图 9-19　在“basic”链码中查询资产信息

④ 改变资产的拥有者

执行下面命令，在指定的通道上调用名为“basic”的链码，并调用其中的 TransferAsset 函数来转移资产，将“asset6”转移到“Christopher”，如图 9-20 所示。

具体命令如下所示。

```
    peer chaincode invoke -o localhost:7050 --ordererTLSHostnameOverride orderer.example.
com -tls--cafile"${PWD}/organizations/ordererOrganizations/example.com/orderers/orderer.
example.com/msp/tlscacerts/tlsca.example.com-cert.pem" -C mychannel -n basic --peerAddresses
localhost:7051 -tlsRootCertFiles"${PWD}/organizations/peerOrganizations/org1.example.com/
peers/peer0.org1.example.com/tls/ca.crt" --peerAddresses localhost:9051 --tlsRootCertFiles
"${PWD}/organizations/peerOrganizations/org2.example.com/peers/peer0.org2.example.com/tls/
ca.crt" -c '{"function":"TransferAsset","Args":["asset6","Christopher"]}'
```

命令参数含义如下所示。

> peer chaincode invoke：这是调用链码的 Peer 命令。
> -o localhost:7050：指定了 Orderer 的地址和端口。
> --ordererTLSHostnameOverride orderer.example.com：指定了 TLS 主机名覆盖。
> --tls：启用 TLS 加密通信。

--cafile "${PWD}/organizations/ordererOrganizations/example.com/orderers/orderer.example.com/msp/tlscacerts/tlsca.example.com-cert.pem"：指定了 Orderer 的 TLS CA 证书的文件路径。

-C mychannel：指定了要调用链码的通道名称。

-n basic：指定了要调用的链码的名称。

--peerAddresses localhost:7051：指定了一个 Peer 节点的地址和端口。

--tlsRootCertFiles "${PWD}/organizations/peerOrganizations/org1.example.com/peers/peer0.org1.example.com/tls/ca.crt"：指定了一个 Peer 节点的 TLS 根证书文件路径。

--peerAddresses localhost:9051：指定了另一个 Peer 节点的地址和端口。

--tlsRootCertFiles "${PWD}/organizations/peerOrganizations/org2.example.com/peers/or peer0.g2. example.com/tls/ca.crt"：指定了另一个 Peer 节点的 TLS 根证书文件路径。

-c '{"function":"TransferAsset","Args":["asset6","Christopher"]}'：指定了调用链码时的参数，这里调用了链码中的 TransferAsset 函数，并传入了两个参数，资产 ID 和接收方名称。

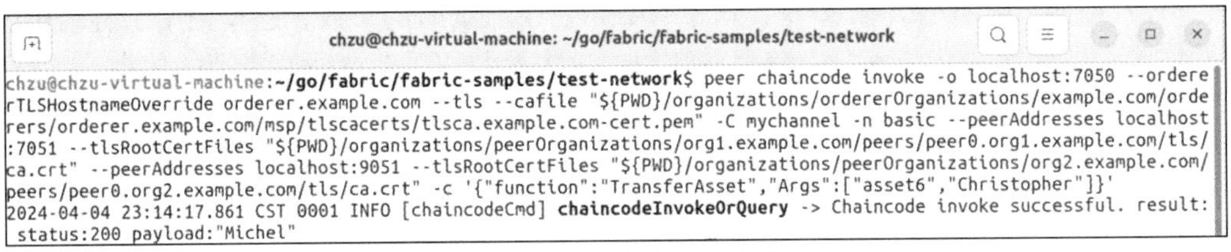

```
chzu@chzu-virtual-machine: ~/go/fabric/fabric-samples/test-network
chzu@chzu-virtual-machine:~/go/fabric/fabric-samples/test-network$ peer chaincode invoke -o localhost:7050 --ordererTLSHostnameOverride orderer.example.com --tls --cafile "${PWD}/organizations/ordererOrganizations/example.com/orderers/orderer.example.com/msp/tlscacerts/tlsca.example.com-cert.pem" -C mychannel -n basic --peerAddresses localhost:7051 --tlsRootCertFiles "${PWD}/organizations/peerOrganizations/org1.example.com/peers/peer0.org1.example.com/tls/ca.crt" --peerAddresses localhost:9051 --tlsRootCertFiles "${PWD}/organizations/peerOrganizations/org2.example.com/peers/peer0.org2.example.com/tls/ca.crt" -c '{"function":"TransferAsset","Args":["asset6","Christopher"]}'
2024-04-04 23:14:17.861 CST 0001 INFO [chaincodeCmd] chaincodeInvokeOrQuery -> Chaincode invoke successful. result: status:200 payload:"Michel"
```

图 9-20　改变资产的拥有者

（4）以 Org2 Peer 节点调用链码

① 设置 Org2 的环境变量

通过下面命令设置 Org2 的环境变量，如图 9-21 所示，使 Org2 Peer 节点能够调用链码。具体命令如下所示。

```
export CORE_PEER_TLS_ENABLED=true export CORE_PEER_LOCALMSPID="Org2MSP" export CORE_PEER_TLS_ROOTCERT_FILE=${PWD}/organizations/peerOrganizations/org2.example.com/peers/peer0.org2.example.com/tls/ca.crt
export CORE_PEER_MSPCONFIGPATH=${PWD}/organizations/peerOrganizations/org2.example.com/users/Admin@org2.example.com/msp export CORE_PEER_ADDRESS=localhost:9051
```

命令参数含义如下所示。

export CORE_PEER_TLS_ENABLED=true：设置一个名为 CORE_PEER_TLS_ENABLED 的环境变量，将其值设置为 true。这个环境变量用于指示 Peer 节点是否启用了 TLS 加密通信。

export CORE_PEER_LOCALMSPID="Org2MSP"：设置一个名为 CORE_PEER_LOCALMSPID 的环境变量，将其值设置为 Org2MSP。这个环境变量指定了 Peer 节点所属的本地 MSP 的标识。

export CORE_PEER_TLS_ROOTCERT_FILE=${PWD}/organizations/peerOrganizations/org2.example.com/peers/peer0.org2.example.com/tls/ca.crt：设置一个名为 CORE_PEER_TLS_ROOTCERT_FILE 的环境变量，指定了 Peer 节点使用的 TLS 根证书文件的路径。

export CORE_PEER_MSPCONFIGPATH=${PWD}/organizations/peerOrganizations/org2.example.com/users/Admin@org2.example.com/msp：设置一个名为 CORE_PEER_ MSPCONFIGPATH 的环境变量，指定了 Peer 节点使用的 MSP 配置文件的路径。这个路径通常用于认证和授权等操作。

export CORE_PEER_ADDRESS=localhost:9051：设置一个名为 CORE_PEER_ADDRESS 的环境变量，指定了 Peer 节点的地址和端口号。在这个例子中，Peer 节点的地址是 localhost，端口号是 9051。

```
chzu@chzu-virtual-machine: ~/go/fabric/fabric-samples/test-network
chzu@chzu-virtual-machine:~/go/fabric/fabric-samples/test-network$ export CORE_PEER_TLS_ENABLED=true export CORE_PE
ER_LOCALMSPID="Org2MSP" export CORE_PEER_TLS_ROOTCERT_FILE=${PWD}/organizations/peerOrganizations/org2.example.com/
peers/peer0.org2.example.com/tls/ca.crt
export CORE_PEER_MSPCONFIGPATH=${PWD}/organizations/peerOrganizations/org2.example.com/users/Admin@org2.example.com
/msp export CORE_PEER_ADDRESS=localhost:9051
```

图 9-21　设置 Org2 的环境变量

② 查询链码

通过“peer chaincode query -C mychannel -n basic -c '{ " Args " :[" ReadAsset " , " asset6 "]}'”命令在超级账本 Fabric 网络中查询链码。具体的，在指定的通道“mychannel”上查询名为“basic”的链码，并调用其中的 ReadAsset 函数来读取资产“asset6”的信息，如图 9-22 所示。参数含义如下。

peer chaincode query：这是调用链码的 Peer 命令，用于执行查询操作。

-C mychannel：指定了要查询的通道名称。

-n basic：指定了要查询的链码的名称。

-c '{"Args":["ReadAsset","asset6"]}'：这个参数指定了查询时的参数，这里调用了链码中的 ReadAsset 函数，并传入了一个参数，即要查询的资产的 ID。

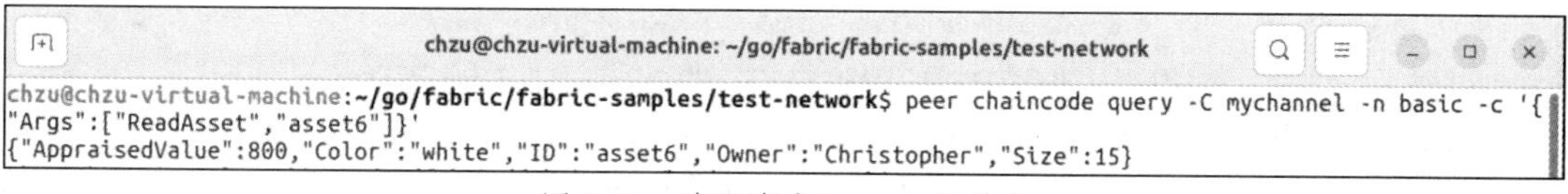

图 9-22　读取资产“asset6”的信息

4．部署示例链码

（1）关闭和启动超级账本 Fabric 网络

在部署示例链码前，切换至~/go/fabric/fabric-samples/test-network 目录，先使用“./network.sh down”命令关闭超级账本 Fabric 网络，如图 9-23 所示，然后使用“./network.sh up -ca”启动超级账本 Fabric 网络，包括启动所有的 Peer 节点、Orderer 节点、CA 服务等。-ca 标志表示启动网络时将同时启动 CA 服务。启动超级账本 Fabric 网络同时启动 CA 服务如图 9-24 所示。

```
chzu@chzu-virtual-machine: ~/go/fabric/fabric-samples/test-network
chzu@chzu-virtual-machine:~/go/fabric/fabric-samples/test-network$ ./network.sh down
Using docker and docker-compose
Stopping network
Stopping cli                  ... done
Stopping orderer.example.com  ... done
Stopping peer0.org2.example.com ... done
Stopping peer0.org1.example.com ... done
Removing cli                  ... done
Removing orderer.example.com  ... done
Removing peer0.org2.example.com ... done
Removing peer0.org1.example.com ... done
```

图 9-23　关闭超级账本 Fabric 网络

```
chzu@chzu-virtual-machine: ~/go/fabric/fabric-samples/test-network
chzu@chzu-virtual-machine:~/go/fabric/fabric-samples/test-network$ ./network.sh up -ca
Using docker and docker-compose
Starting nodes with CLI timeout of '5' tries and CLI delay of '3' seconds and using database 'leveldb' with crypto
from 'Certificate Authorities'
LOCAL_VERSION=v2.5.6
DOCKER_IMAGE_VERSION=v2.5.6
CA_LOCAL_VERSION=v1.5.9
CA_DOCKER_IMAGE_VERSION=v1.5.9
Generating certificates using Fabric CA
Creating network "fabric_test" with the default driver
Creating ca_org2    ... done
Creating ca_orderer ... done
Creating ca_org1    ... done
Creating Org1 Identities
Enrolling the CA admin
```

图 9-24　启动超级账本 Fabric 网络并同时启动 CA 服务

（2）启动容器日志收集工具 Logspout

执行“./monitordocker.sh fabric_test”命令以启动 Logspout，并监视超级账本 Fabric 网络中名为 fabric_test 的容器的日志，启动 Logspout 如图 9-25 所示。Logspout 是一个轻量级的容器日志收集工具，可以自动收集和传输 Docker 容器的日志。它通过 Docker 容器的标准输出流（stdout）和标准错误流（stderr）来获取日志信息，并将其发送到指定的目标位置，如标准输出、文件、远程日志收集器等。Logspout 可以用于监视和收集 Peer 节点、Orderer 节点、CA 服务等组件的日志信息，帮助用户更好地了解网络的运行情况，及时发现和排查问题。

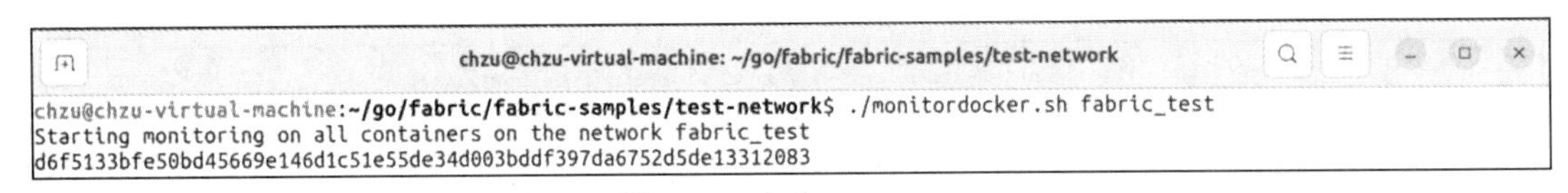

图 9-25　启动 Logspout

（3）下载项目的依赖库

切换至目录“~/go/fabric/fabric-samples/asset-transfer-basic/chaincode-go”。接着，执行“GO111MODULE= on go mod vendor”命令，将会在当前目录下生成一个名为 vendor 的目录，并且其中包含了项目的所有依赖库。下载项目依赖库如图 9-26 所示。这样，项目就可以独立地管理自己的依赖关系，而不需要依赖于系统的全局环境。这对于确保项目的稳定性和可移植性是非常有帮助的。

参数含义如下所示。

GO111MODULE=on：这是一个环境变量设置，用于开启 Go Modules 功能。Go Modules 是 Go 语言的包管理工具，用于管理项目的依赖关系。设置 GO111MODULE=on，Go 编译器就会启用 Go Modules 功能。

go mod vendor：这是 Go Modules 提供的一个命令，用于将项目的依赖库下载到本地的 vendor 目录中。go mod vendor 命令会读取项目中的 go.mod 文件，然后根据其中的依赖关系下载相应的依赖库到 vendor 目录中。go.mod 文件是 Go Modules 的配置文件，其中记录了项目的依赖关系和版本信息。

图 9-26　下载项目依赖库

（4）打包链码

切换到~/go/fabric/fabric-samples/test-network 目录，使用 Peer CLI 在当前目录执行下面命令创建链码包 basic.tar.gz。打包链码如图 9-27 所示。

```
export PATH=${PWD}/../bin:$PATH
export FABRIC_CFG_PATH=$PWD/../config/
peer lifecycle chaincode package basic.tar.gz --path ../asset-transfer-basic/chaincode-go/ --lang golang --label basic1.0
```

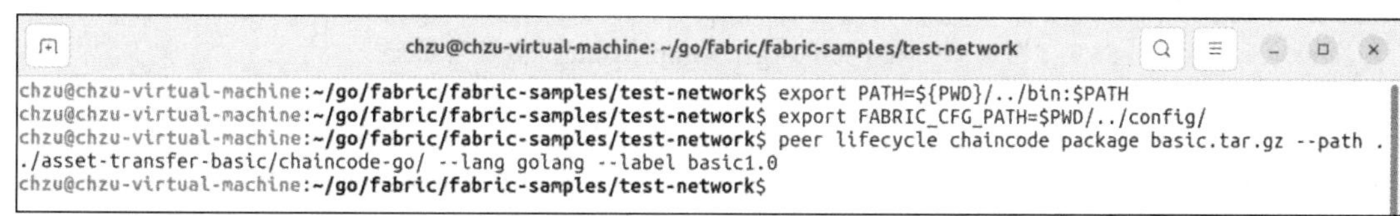

图 9-27　打包链码

（5）安装链码

首先执行下面命令设置环境变量以 Org1 admin 身份操作 Peer CLI，如图 9-28 所示。

```
export CORE_PEER_TLS_ENABLED=true
export CORE_PEER_LOCALMSPID="Org1MSP"
export CORE_PEER_TLS_ROOTCERT_FILE=${PWD}/organizations/peerOrganizations/org1. example.com/peers/peer0.org1.example.com/tls/ca.crt
export CORE_PEER_MSPCONFIGPATH=${PWD}/organizations/peerOrganizations/org1.example. com/users/Admin@org1.example.com/msp
export CORE_PEER_ADDRESS=localhost:7051
```

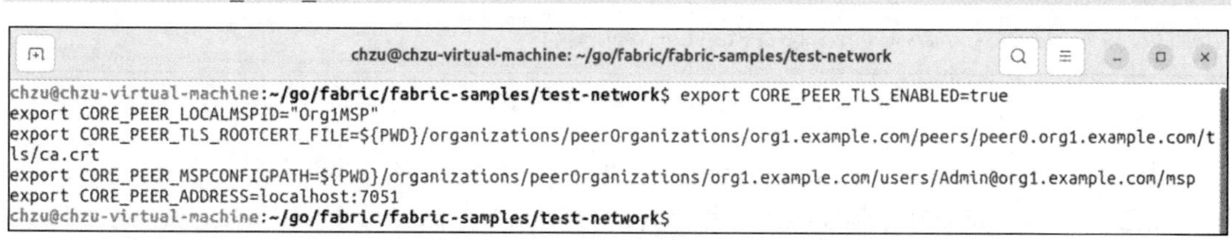

图 9-28　设置环境变量以 Org1 admin 身份操作 Peer CLI

然后，执行“peer lifecycle chaincode install basic.tar.gz”命令在 peer0.org1.example.com 节点安装链码，如图 9-29 所示。

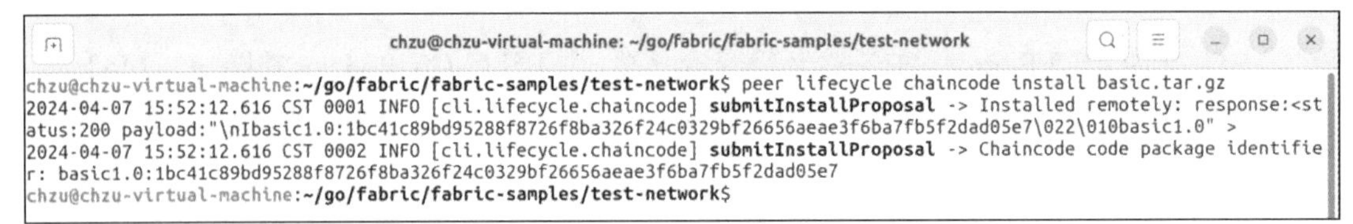

图 9-29　在 peer0.org1.example.com 节点安装链码

为了在 peer0.org2.example.com 节点安装链码，需要通过下面命令设置环境变量，以 Org2 admin 身份操作 Peer CLI，如图 9-30 和图 9-31 所示。

```
export CORE_PEER_LOCALMSPID="Org2MSP" export CORE_PEER_TLS_ROOTCERT_FILE=${PWD}/organizations/peerOrganizations/org2. example.com/peers/peer0.org2.example.com/tls/ca.crt export CORE_PEER_MSPCONFIGPATH=${PWD}/organizations/peerOrganizations/org2.example.com/users/Admin@org2.example.com/msp export CORE_PEER_ADDRESS=localhost:9051
```

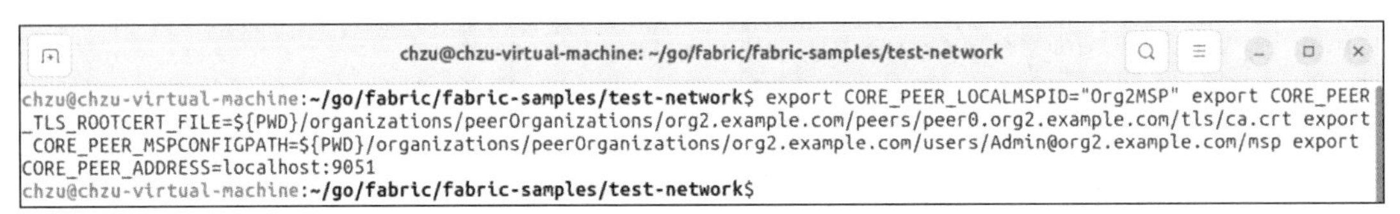

图 9-30　设置环境变量以 Org2 admin 身份操作 Peer CLI

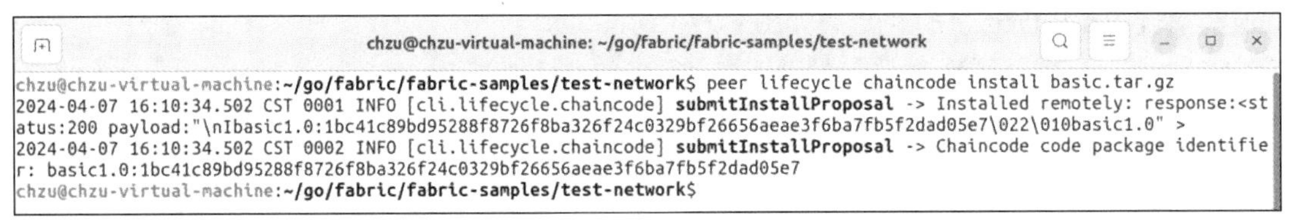

图 9-31　在 peer0.org2.example.com 节点安装链码

（6）批准链码定义

安装链码后，需要组织批准链码定义。链码定义包括链码管理的参数。需要批准链码的通道成员在背书策略中定义。在超级账本 Fabric 中，安装链码后，需要组织通道成员批准链码的定义。在这个过程中，需要定义链码的管理参数，其中包括链码的版本、标识符、背书策略等信息。在提交链码定义之前，需要获取链码的 ID，并将其存储到环境变量中以便后续使用。

链码定义中用到的链码 ID 可以由“peer lifecycle chaincode queryinstalled”命令得到，查询链码 ID 如图 9-32 所示。

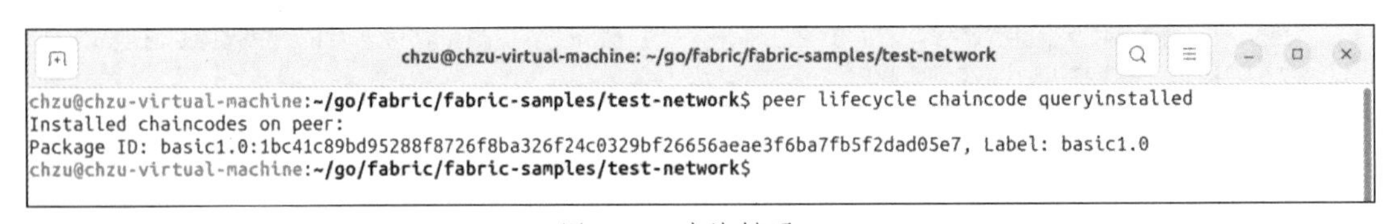

图 9-32　查询链码 ID

执行“export CC_PACKAGE_ID=basic1.0: basic1.0:1bc41c89bd95288f8726f8ba326f24c0329bf26656aeae3f6ba7fb5f2dad05e7”命令后，将链码 ID 存储在环境变量 CC_PACKAGE_ID 中，可以在后续的命令中使用该变量引用链码 ID，如图 9-33 所示。链码 ID 需与上面的查询结果一致。

```
chzu@chzu-virtual-machine: ~/go/fabric/fabric-samples/test-network
chzu@chzu-virtual-machine:~/go/fabric/fabric-samples/test-network$ export CC_PACKAGE_ID=basic1.0:1bc41c89bd95288f8726f8ba
326f24c0329bf26656aeae3f6ba7fb5f2dad05e7
chzu@chzu-virtual-machine:~/go/fabric/fabric-samples/test-network$
```

图 9-33　链码 ID 存储在环境变量 CC_PACKAGE_ID

① Org1 批准链码

在上面配置工作完成后，通过执行下面命令批准链码，Org1 批准链码如图 9-34 所示。

```
export CORE_PEER_LOCALMSPID="Org1MSP"
export CORE_PEER_MSPCONFIGPATH=${PWD}/organizations/peerOrganizations/org1.example.com/users/ Admin@org1.example.com/msp
export CORE_PEER_TLS_ROOTCERT_FILE=${PWD}/organizations/peerOrganizations/org1.example.com/peers/peer0.org1.example.com/tls/ca.crt
export CORE_PEER_ADDRESS=localhost:7051
peer lifecycle chaincode approveformyorg -o localhost:7050 --ordererTLSHostnameOverride orderer.example.com --channelID mychannel --name basic --version 1.0 --package-id $CC_PACKAGE_ID --sequence 1 --tls --cafile ${PWD}/organizations/ordererOrganizations/example.com/orderers/orderer.example.com/msp/tlscacerts/tlsca.example.com-cert.pem
```

```
chzu@chzu-virtual-machine: ~/go/fabric/fabric-samples/test-network
chzu@chzu-virtual-machine:~/go/fabric/fabric-samples/test-network$ export CORE_PEER_LOCALMSPID="Org1MSP"
export CORE_PEER_MSPCONFIGPATH=${PWD}/organizations/peerOrganizations/org1.example.com/users/Admin@org1.example.com/msp
export CORE_PEER_TLS_ROOTCERT_FILE=${PWD}/organizations/peerOrganizations/org1.example.com/peers/peer0.org1.example.com/t
ls/ca.crt
export CORE_PEER_ADDRESS=localhost:7051
peer lifecycle chaincode approveformyorg -o localhost:7050 --ordererTLSHostnameOverride orderer.example.com --channelID m
ychannel --name basic --version 1.0 --package-id $CC_PACKAGE_ID --sequence 1 --tls --cafile "${PWD}/organizations/orderer
Organizations/example.com/orderers/orderer.example.com/msp/tlscacerts/tlsca.example.com-cert.pem"
2024-04-07 17:27:56.525 CST 0001 INFO [chaincodeCmd] ClientWait -> txid [49e608afafbfc6b824e62cf5dd5e5613997cd552e606ba7c
98f2e9ef2c01c2dd] committed with status (VALID) at localhost:7051
chzu@chzu-virtual-machine:~/go/fabric/fabric-samples/test-network$
```

图 9-34　Org1 批准链码

② Org2 批准链码

Org2 通过执行下面命令批准链码，Org2 批准链码如图 9-35 所示。

```
export CORE_PEER_LOCALMSPID="Org2MSP"
export CORE_PEER_MSPCONFIGPATH=${PWD}/organizations/peerOrganizations/org2.example.com/users/Admin@org2.example.com/msp
export CORE_PEER_TLS_ROOTCERT_FILE=${PWD}/organizations/peerOrganizations/org2.example.com/peers/peer0.org2.example.com/tls/ca.crt
export CORE_PEER_ADDRESS=localhost:9051
peer lifecycle chaincode approveformyorg -o localhost:7050 --ordererTLSHostnameOverride orderer.example.com --channelID mychannel --name basic --version 1.0 --package-id $CC_PACKAGE_ID --sequence 1 --tls --cafile ${PWD}/organizations/ordererOrganizations/example.com/orderers/orderer.example.com/msp/tlscacerts/tlsca.example.com-cert.pem
```

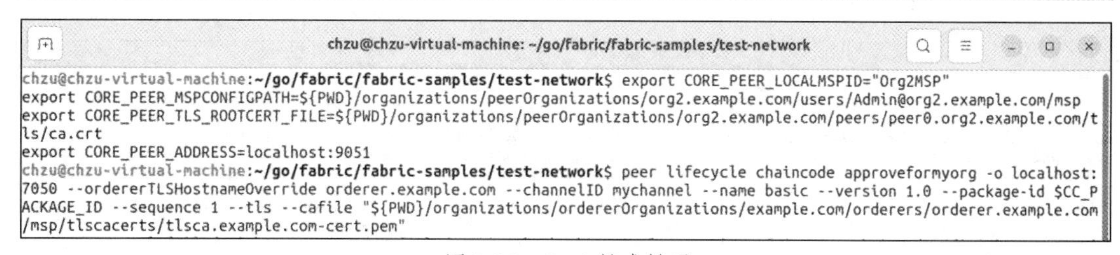

图 9-35　Org2 批准链码

（7）提交链码定义到通道

提交链码到通道中需要满足一定的条件，例如所有的组织成员需要对链码定义进行批准，Orderer 节点需要准备好接受新的链码定义等。运行“peer lifecycle chaincode checkcommitreadiness”命令可以获取已经批准链码定义的成员，确认所有必要的条件是否已经满足，获取已经批准链码定义的成员如图 9-36 所示。

```
chzu@chzu-virtual-machine:~/go/fabric/fabric-samples/test-network$ peer lifecycle chaincode checkcommitreadiness --channelID mychannel --name basic --version 1.0 --sequence 1 --tls --cafile "${PWD}/organizations/ordererOrganizations/example.com/orderers/orderer.example.com/msp/tlscacerts/tlsca.example.com-cert.pem" --output json
{
        "approvals": {
                "Org1MSP": true,
                "Org2MSP": true
        }
}
chzu@chzu-virtual-machine:~/go/fabric/fabric-samples/test-network$
```

图 9-36　获取已经批准链码定义的成员

在超级账本 Fabric 中，提交链码定义是一个多步骤的过程，需要确保所有的组织都已经批准了链码定义，Orderer 节点已经准备好接受新的链码定义。一旦足够数量的组织批准了链码定义，其中的一个组织就可以通过下面的命令将链码定义提交到通道中进行实例化，提交链码如图 9-37 所示。

```
peer lifecycle chaincode commit -o localhost:7050 --ordererTLSHostnameOverride orderer.example.com --channelID mychannel --name basic --version 1.0 --sequence 1 --tls --cafile "${PWD}/organizations/ordererOrganizations/example.com/orderers/orderer.example.com/msp/tlscacerts/tlsca.example.com-cert.pem" --peerAddresses localhost:7051 --tlsRootCertFiles "${PWD}/organizations/peerOrganizations/org1.example.com/peers/peer0.org1.example.com/tls/ca.crt" --peerAddresses localhost:9051 --tlsRootCertFiles "${PWD}/organizations/peerOrganizations/org2.example.com/peers/peer0.org2.example.com/tls/ca.crt"
```

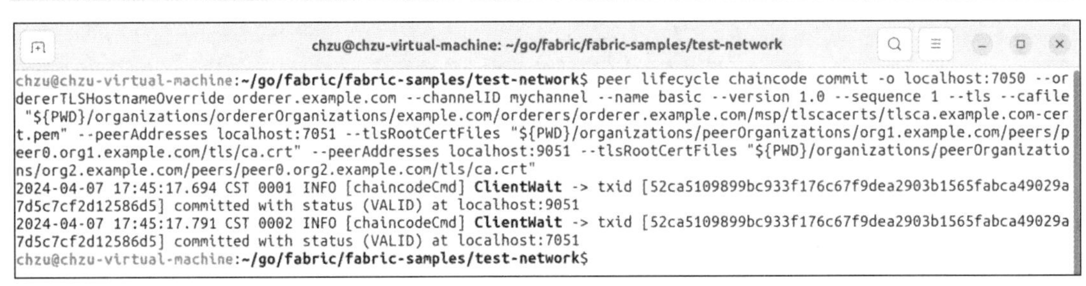

图 9-37　提交链码

为了查询链码在指定通道上的当前状态和属性，可以执行“peer lifecycle chaincode querycommitted --channelID mychannel --name basic”命令以显示与指定通道和链码名称相关联的已提交链码的信息，包括其版本、序列号等，查询链码在指定通道上的当前状态和属性如图 9-38 所示。

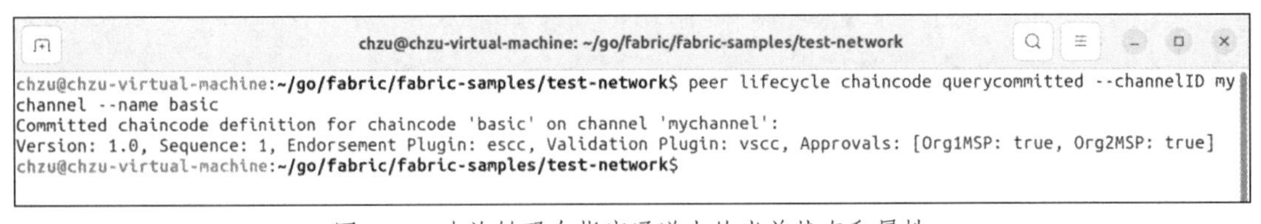

图 9-38　查询链码在指定通道上的当前状态和属性

提交链码后，可以通过下面命令向指定的排序节点发送一条交易，要求它将调用 basic 链码中的 InitLedger 函数，并在 mychannel 通道上初始化超级账本 Fabric。链码将会在连接到的每个对等节点上执行相同的初始化逻辑，调用链码如图 9-39 所示。

```
peer chaincode invoke -o localhost:7050 --ordererTLSHostnameOverride orderer.example.
```

```
com --tls -cafile "${PWD}/organizations/ordererOrganizations/example.com/orderers/
orderer.example.com/msp/tlscacerts/tlsca.example.com-cert.pem" -C mychannel -n basic
--peerAddresses localhost:7051 --tlsRootCertFiles "${PWD}/organizations/peerOrganizations/
org1.example.com/peers/peer0.org1.example.com/tls/ca.crt" --peerAddresses localhost:
9051 --tlsRootCertFiles "${PWD}/organizations/peerOrganizations/org2.example.com/
peers/peer0.org2.example.com/tls/ca.crt" -c '{"function":"InitLedger","Args":[]}'
```

```
chzu@chzu-virtual-machine: ~/go/fabric/fabric-samples/test-network
chzu@chzu-virtual-machine:~/go/fabric/fabric-samples/test-network$ peer chaincode invoke -o localhost:7050 --ordererTLSHostnameOverride orderer.example.com --tls --cafile "${PWD}/organizations/ordererOrganizations/example.com/orderers/orderer.example.com/msp/tlscacerts/tlsca.example.com-cert.pem" -C mychannel -n basic --peerAddresses localhost:7051 --tlsRootCertFiles "${PWD}/organizations/peerOrganizations/org1.example.com/peers/peer0.org1.example.com/tls/ca.crt" --peerAddresses localhost:9051 --tlsRootCertFiles "${PWD}/organizations/peerOrganizations/org2.example.com/peers/peer0.org2.example.com/tls/ca.crt" -c '{"function":"InitLedger","Args":[]}'
2024-04-07 18:59:54.799 CST 0001 INFO [chaincodeCmd] chaincodeInvokeOrQuery -> Chaincode invoke successful. result: status:200
chzu@chzu-virtual-machine:~/go/fabric/fabric-samples/test-network$
```

图 9-39 调用链码

“peer chaincode query -C mychannel -n basic -c '{ " Args " :[" GetAllAssets "]}'” 用于查询已经部署在通道 mychannel 上的 basic 链码的 GetAllAssets 函数。执行此命令后，会向指定的对等节点发送一条查询请求，要求查询 basic 链码中的 GetAllAssets 函数的返回值。链码将会在连接的每个对等节点上执行相同的查询逻辑，并将查询结果返回给客户端，查询 basic 链码的 GetAllAssets 函数如图 9-40 所示。

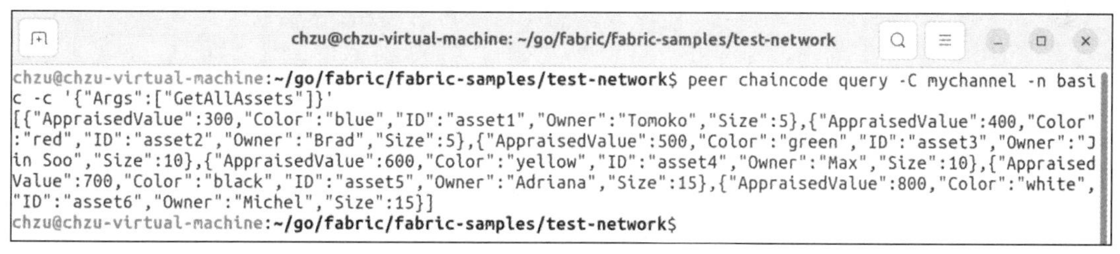

图 9-40 查询 basic 链码的 GetAllAssets 函数

9.3 应用举例

应用举例

9.3.1 应用描述

在一个大学图书馆的区块链系统中，为了提高图书管理的效率和透明度，需要设计一个基于超级账本 Fabric 的区块链应用。该应用旨在通过 CLI 与链码进行交互，实现基本的图书管理功能，包括添加书籍、查询书籍、借阅书籍、归还书籍等。

图书管理员和学生可以通过 CLI 与区块链应用进行交互，从而管理图书馆中的图书。具体功能包括。

1. 添加书籍

管理员使用 CLI 发送添加书籍的命令，提供书籍的唯一 ID、标题、作者等信息，并将书籍状态设为“Available”。

2. 查询书籍

学生使用 CLI 发送查询书籍的命令，可以通过书籍的唯一 ID 或关键词搜索书籍，并获得关于书籍的详细信息，包括标题、作者和当前状态（可借或已借出）。

3. 借阅书籍

学生使用 CLI 发送借阅书籍的命令，选择要借阅的书籍并发送借阅请求给链码。链码将检查书籍的状态，如果为“Available”，则更新书籍状态为“Borrowed”，记录借阅者信息和借阅时间。

4. 归还书籍

学生完成阅读后，通过 CLI 发送归还书籍的请求。链码将检查书籍的状态是否为“Borrowed”，如果是，则将书籍状态更新为“Available”，并记录归还时间。

通过 CLI，图书管理员和学生可以方便地管理图书，并且所有操作都被记录在区块链中，确保了图书管理过程的透明性和可追溯性。这样的图书管理系统能够提高效率、减少纠纷，并为用户提供更安全、更便捷的图书管理体验。

功能架构如图 9-41 所示。

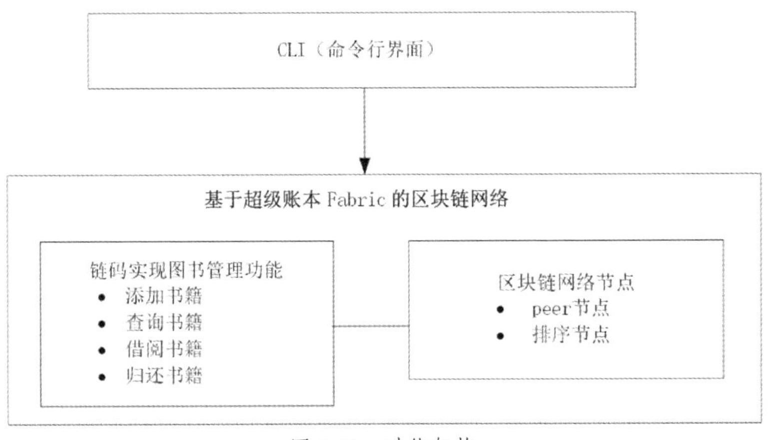

图 9-41　功能架构

（1）CLI

用户通过 CLI 与区块链网络进行交互。用户可以在命令行中输入相应的命令来执行图书管理操作，比如添加书籍、查询书籍、借阅书籍、归还书籍等。

（2）区块链网络

基于超级账本 Fabric 的区块链网络，包括多个 Peer 节点。Peer 节点负责执行链码，维护状态数据库，处理交易请求等。用户通过 CLI 发送命令到区块链网络，对图书管理系统进行操作。

（3）链码

实现了图书管理功能的智能合约，包括添加书籍、查询书籍、借阅书籍、归还书籍等功能的实现。链码运行在 Peer 节点上，由用户通过 CLI 发送命令与之进行交互。

9.3.2 链码开发

1. 定义数据结构

这段代码定义了一个名为 Book 的结构体（Struct），用于表示图书对象。

```
type Book struct {
    ID     string `json:"id"`
    Title  string `json:"title"`
    Author string `json:"author"`
    Status string `json:"status"` // Available, Borrowed
}
```

下面是对 Book 结构体中字段的详细介绍。

（1）ID

图书的唯一标识符。通常是一个字符串，用于唯一地标识一本图书。在链码中，这个字段可以作为图书在状态数据库中的键（key）。

（2）Title

图书的标题。表示图书的名称或标题，用于描述图书的主题或内容。

（3）Author

图书的作者。表示图书的作者姓名或名称，用于标识图书的作者身份。

（4）Status

图书的状态。表示图书的当前状态，通常有两种可能的取值："Available"（可借阅）和"Borrowed"（已借出）。这个字段用于记录图书的借阅状态，以便管理图书的借阅和归还。

结构体中的字段都使用了反引号"`"括起来的标签，标签中定义了字段在 JSON 序列化和反序列化时的命名规则。例如，`json: " id " `表示在序列化为 JSON 时，ID 字段将被命名为 ` " id " `，而在反序列化时，JSON 中的` " id " `键将被映射到结构体的 ID 字段。这种方式有助于确保链码与外部系统进行数据交互时的一致性。

Book 结构体用于在链码中表示图书对象，其中包含图书的标识、标题、作者和状态等信息。这些信息可以被链码操作以实现图书管理的各种功能。

2. 实现基本功能

以下代码段是使用 Go 语言编写的链码，实现了图书管理系统的核心功能，包括添加书籍、查询书籍、借阅书籍和归还书籍。

```
// 添加书籍
func (b *BookChaincode) AddBook(ctx contractapi.TransactionContextInterface, id,
title, author string) error {
    book := Book{
        ID:     id,
        Title:  title,
        Author: author,
        Status: "Available",
    }
    bookJSON, err := json.Marshal(book)
    if err != nil {
        return err
    }
```

```
        return ctx.GetStub().PutState(id, bookJSON)
    }
    // 查询书籍
    func (b *BookChaincode) GetBookByID(ctx contractapi.TransactionContextInterface, id
string) (*Book, error) {
        bookJSON, err := ctx.GetStub().GetState(id)
        if err != nil {
            return nil, err
        }
        if bookJSON == nil {
            return nil, fmt.Errorf("book with ID %s not found", id)
        }
        var book Book
        err = json.Unmarshal(bookJSON, &book)
        if err != nil {
            return nil, err
        }
        return &book, nil
    }
    // 借阅书籍
    func (b *BookChaincode) BorrowBook(ctx contractapi.TransactionContextInterface, id
string) error {
        book, err := b.GetBookByID(ctx, id)
        if err != nil {
            return err
        }
        if book.Status != "Available" {
            return fmt.Errorf("book with ID %s is not available for borrowing", id)
        }
        book.Status = "Borrowed"
        bookJSON, err := json.Marshal(book)
        if err != nil {
            return err
        }
        return ctx.GetStub().PutState(id, bookJSON)
    }
    // 归还书籍
    func (b *BookChaincode) ReturnBook(ctx contractapi.TransactionContextInterface, id
string) error {
        book, err := b.GetBookByID(ctx, id)
        if err != nil {
            return err
        }
        if book.Status != "Borrowed" {
            return fmt.Errorf("book with ID %s is not borrowed", id)
        }
        book.Status = "Available"
        bookJSON, err := json.Marshal(book)
        if err != nil {
            return err
        }
        return ctx.GetStub().PutState(id, bookJSON)
    }
```

下面是对每个函数的详细描述。

（1）AddBook

此函数允许图书管理员向图书馆中添加新书籍。管理员提供书籍的唯一 ID、标题和作者信息，系统会自动将书籍状态设置为“Available”（可借阅）。在添加书籍时，链码会将书籍信息转换为 JSON 格式，并使用 PutState 函数将其存储到状态数据库中。

（2）GetBookByID

此函数允许用户通过书籍的唯一 ID 来查询图书馆中的书籍信息。用户提供书籍 ID，链码会从状态数据库中检索相应的书籍信息，并将其解析为 Book 结构体返回给用户。如果找不到对应 ID 的书籍，则返回错误信息。

（3）BorrowBook

此函数允许用户借阅图书馆中的书籍。用户提供书籍 ID，链码首先通过 GetBookByID 函数获取该书籍的信息。如果书籍状态为“Available”，则将书籍状态更新为“Borrowed”，并将更新后的书籍信息存储回状态数据库中。如果书籍状态不为“Available”，则返回错误信息，表示该书籍不可借阅。

（4）ReturnBook

此函数允许用户将已借阅的书籍归还给图书馆。用户提供书籍 ID，链码首先通过 GetBookByID 函数获取该书籍的信息。如果书籍状态为“Borrowed”，则将书籍状态更新为“Available”，并将更新后的书籍信息存储回状态数据库中。如果书籍状态不为“Borrowed”，则返回错误信息，表示该书籍不能归还。

这些函数共同构成了图书管理系统的核心功能，通过链码确保了图书馆图书管理过程的透明性、可靠性和高效性。

3．编写链码方法

以下代码是一个基于 Go 语言编写的超级账本 Fabric 链码，实现了一个简单的图书管理系统。

```
    package main
    import (
       "encoding/json"
       "fmt"
       "github.com/hyperledger/fabric-contract-api-go/contractapi"
    )
    type BookChaincode struct {
       contractapi.Contract
    }
    // 添加书籍
    func (b *BookChaincode) AddBook(ctx contractapi.TransactionContextInterface, id,
title, author string) error {
    // 省略实现
    }
    // 查询书籍
    func (b *BookChaincode) GetBookByID(ctx contractapi.TransactionContextInterface, id
string) (*Book, error) {
    // 省略实现
    }
    // 借阅书籍
```

```
    func (b *BookChaincode) BorrowBook(ctx contractapi.TransactionContextInterface, id
string) error {
    // 省略实现
    }
    // 归还书籍
    func (b *BookChaincode) ReturnBook(ctx contractapi.TransactionContextInterface, id
string) error {
    // 省略实现
    }
    func main() {
        cc, err := contractapi.NewChaincode(&BookChaincode{})
        if err != nil {
            fmt.Printf("Error creating book chaincode: %s", err.Error())
            return
        }
        if err := cc.Start(); err != nil {
            fmt.Printf("Error starting book chaincode: %s", err.Error())
        }
    }
```

下面对每个部分的详细描述。

（1）导入依赖包

encoding/json：用于处理 JSON 数据的编码和解码。

fmt：用于格式化输出。

github.com/hyperledger/fabric-contract-api-go/contractapi：超级账本 Fabric 的 Go 语言链码 API 包，提供了编写链码所需的核心功能。

（2）定义结构体 BookChaincode

BookChaincode 结构体嵌入了 contractapi.Contract 结构体，表示这个链码将遵循 Fabric 的合约接口规范。

（3）实现链码功能

AddBook：添加书籍功能，通过接收书籍的 ID、标题和作者信息，在链码中实现了书籍的添加逻辑。

GetBookByID：查询书籍功能，接收书籍的 ID 作为参数，从链码中获取对应 ID 的书籍信息，并返回给调用者。

BorrowBook：借阅书籍功能，接收书籍的 ID 作为参数，实现了借阅书籍的逻辑，包括检查书籍是否可借阅、更新书籍状态等。

ReturnBook：归还书籍功能，接收书籍的 ID 作为参数，实现了归还书籍的逻辑，包括检查书籍是否已借阅、更新书籍状态等。

（4）main 函数

在 main 函数中，首先使用 contractapi.NewChaincode（&BookChaincode{}）创建了一个新的链码实例，并将其传递给 contractapi.Start（）方法进行启动。如果启动过程中出现错误，则在控制台输出错误信息。

该链码实现了基本的图书管理功能，但是具体的功能逻辑在各个方法中都被省略了。要使得这个链码能够正常工作，需要在各个方法中添加相应的功能逻辑，如实现数据的存储与检索、状态的更新等操作。

在“~/go/fabric-samples/asset-transfer-basic/”下新建目录“mychaincode”，用于保存本节开发的 book-chaincode.go 文件。

9.3.3 链码部署与应用

1．部署链码

通过命令关闭区块链网络，如图 9-42 所示。

```
chzu@chzu-virtual-machine: ~/go/fabric/fabric-samples/test-network
chzu@chzu-virtual-machine:~/go/fabric/fabric-samples/test-network$ ./network.sh down
Using docker and docker-compose
Stopping network
Stopping cli                   ... done
Stopping peer0.org1.example.com ... done
Stopping orderer.example.com    ... done
Stopping peer0.org2.example.com ... done
Removing cli                   ... done
Removing peer0.org1.example.com ... done
Removing orderer.example.com    ... done
Removing peer0.org2.example.com ... done
```

图 9-42　关闭区块链网络

通过命令启动区块链网络，如图 9-43 所示。

```
chzu@chzu-virtual-machine: ~/go/fabric/fabric-samples/test-network
chzu@chzu-virtual-machine:~/go/fabric/fabric-samples/test-network$ ./network.sh up
Using docker and docker-compose
Starting nodes with CLI timeout of '5' tries and CLI delay of '3' seconds and using database 'leveldb' with crypto from 'cryptogen'
LOCAL_VERSION=v2.5.6
DOCKER_IMAGE_VERSION=v2.5.6
/home/chzu/go/fabric/fabric-samples/test-network/../bin/cryptogen
Generating certificates using cryptogen tool
Creating Org1 Identities
+ cryptogen generate --config=./organizations/cryptogen/crypto-config-org1.yaml --output=organizations
org1.example.com
+ res=0
Creating Org2 Identities
+ cryptogen generate --config=./organizations/cryptogen/crypto-config-org2.yaml --output=organizations
org2.example.com
+ res=0
Creating Orderer Org Identities
+ cryptogen generate --config=./organizations/cryptogen/crypto-config-orderer.yaml --output=organizations
+ res=0
Generating CCP files for Org1 and Org2
```

图 9-43　启动区块链网络

通过命令创建通道，如图 9-44 所示。

```
chzu@chzu-virtual-machine: ~/go/fabric/fabric-samples/test-network
chzu@chzu-virtual-machine:~/go/fabric/fabric-samples/test-network$ ./network.sh createChannel
Using docker and docker-compose
Creating channel 'mychannel'.
If network is not up, starting nodes with CLI timeout of '5' tries and CLI delay of '3' seconds and using database 'leveldb
Network Running Already
Using docker and docker-compose
Generating channel genesis block 'mychannel.block'
Using organization 1
```

图 9-44　创建通道

然后执行命令“./network.sh deployCC -ccn basic -ccp ../asset-transfer-basic/mychaincode/-ccl go”将指定路径下的 basic 链码部署到超级账本 Fabric 网络中，部署链码的过程如图 9-45 所示。

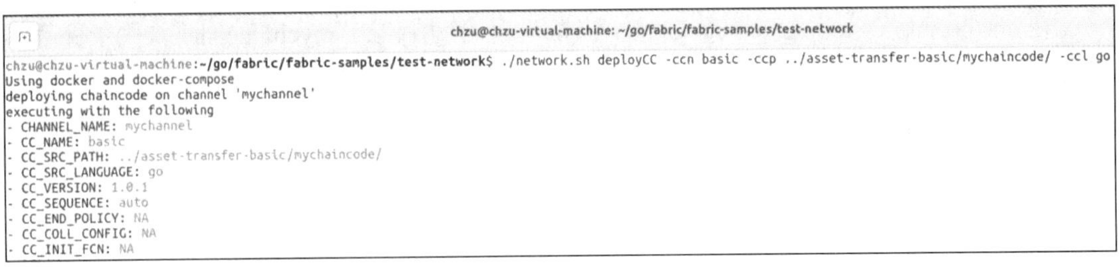

```
chzu@chzu-virtual-machine: ~/go/fabric/fabric-samples/test-network
chzu@chzu-virtual-machine:~/go/fabric/fabric-samples/test-network$ ./network.sh deployCC -ccn basic -ccp ../asset-transfer-basic/mychaincode/ -ccl go
Using docker and docker-compose
deploying chaincode on channel 'mychannel'
executing with the following
- CHANNEL_NAME: mychannel
- CC_NAME: basic
- CC_SRC_PATH: ../asset-transfer-basic/mychaincode/
- CC_SRC_LANGUAGE: go
- CC_VERSION: 1.0.1
- CC_SEQUENCE: auto
- CC_END_POLICY: NA
- CC_COLL_CONFIG: NA
- CC_INIT_FCN: NA
```

图 9-45　部署链码

2．通过 CLI 执行图书的添加、借阅、归还、查询等操作

通过下面命令增加一条图书信息，如图 9-46 所示。

```
peer chaincode invoke -o localhost:7050 --ordererTLSHostnameOverride orderer.example.com --tls --cafile "${PWD}/organizations/ordererOrganizations/example.com/orderers/orderer.example.com/msp/tlscacerts/tlsca.example.com-cert.pem" -C mychannel -n basic --peerAddresses localhost:7051 --tlsRootCertFiles "${PWD}/organizations/peerOrganizations/org1.example.com/peers/peer0.org1.example.com/tls/ca.crt" --peerAddresses localhost:9051 --tlsRootCertFiles "${PWD}/organizations/peerOrganizations/org2.example.com/peers/peer0.org2.example.com/tls/ca.crt" -c '{"Function":"AddBook","Args":["1", "The Great Gatsby", "F. Scott Fitzgerald"]}'
```

添加的书籍信息：

```
ID:       1
Title:    The Great Gatsby
Author:   F. Scott Fitzgerald
Status:   Available
```

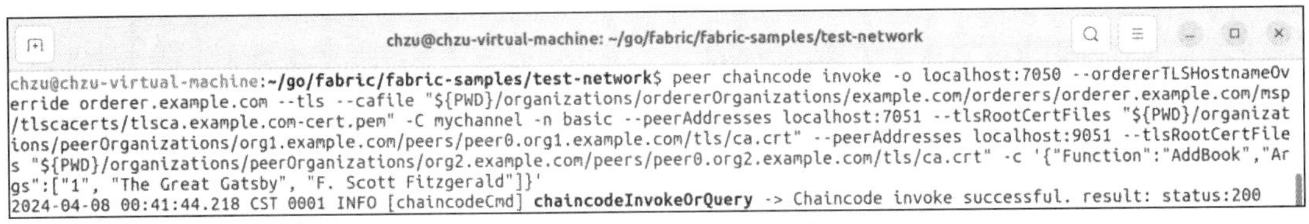

```
chzu@chzu-virtual-machine: ~/go/fabric/fabric-samples/test-network
chzu@chzu-virtual-machine:~/go/fabric/fabric-samples/test-network$ peer chaincode invoke -o localhost:7050 --ordererTLSHostnameOverride orderer.example.com --tls --cafile "${PWD}/organizations/ordererOrganizations/example.com/orderers/orderer.example.com/msp/tlscacerts/tlsca.example.com-cert.pem" -C mychannel -n basic --peerAddresses localhost:7051 --tlsRootCertFiles "${PWD}/organizations/peerOrganizations/org1.example.com/peers/peer0.org1.example.com/tls/ca.crt" --peerAddresses localhost:9051 --tlsRootCertFiles "${PWD}/organizations/peerOrganizations/org2.example.com/peers/peer0.org2.example.com/tls/ca.crt" -c '{"Function":"AddBook","Args":["1", "The Great Gatsby", "F. Scott Fitzgerald"]}'
2024-04-08 00:41:44.218 CST 0001 INFO [chaincodeCmd] chaincodeInvokeOrQuery -> Chaincode invoke successful. result: status:200
```

图 9-46　增加一条图书信息

通过下面命令查询 ID 为“1”的图书信息，如图 9-47 所示，返回的信息显示书籍的状态为“Available”。

```
peer chaincode invoke -o localhost:7050 --ordererTLSHostnameOverride orderer.example.com --tls --cafile "${PWD}/organizations/ordererOrganizations/example.com/orderers/orderer.example.com/msp/tlscacerts/tlsca.example.com-cert.pem" -C mychannel -n basic --peerAddresses localhost:7051 --tlsRootCertFiles "${PWD}/organizations/peerOrganizations/org1.example.com/peers/peer0.org1.example.com/tls/ca.crt" --peerAddresses localhost:9051 --tlsRootCertFiles "${PWD}/organizations/peerOrganizations/org2.example.com/peers/peer0.org2.example.com/tls/ca.crt" -c '{"Function":"GetBookByID","Args":["1"]}'
```

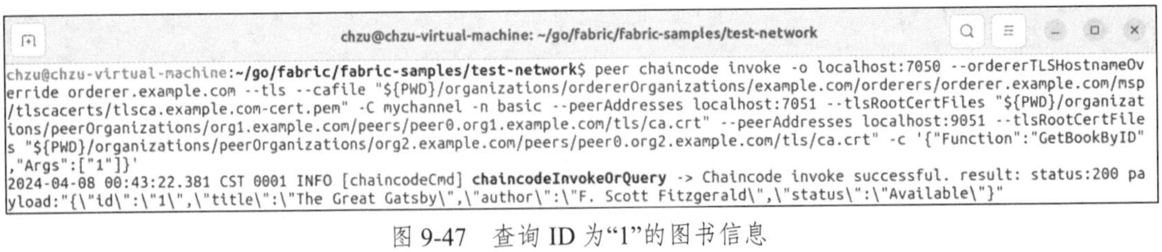

```
chzu@chzu-virtual-machine: ~/go/fabric/fabric-samples/test-network
chzu@chzu-virtual-machine:~/go/fabric/fabric-samples/test-network$ peer chaincode invoke -o localhost:7050 --ordererTLSHostnameOverride orderer.example.com --tls --cafile "${PWD}/organizations/ordererOrganizations/example.com/orderers/orderer.example.com/msp/tlscacerts/tlsca.example.com-cert.pem" -C mychannel -n basic --peerAddresses localhost:7051 --tlsRootCertFiles "${PWD}/organizations/peerOrganizations/org1.example.com/peers/peer0.org1.example.com/tls/ca.crt" --peerAddresses localhost:9051 --tlsRootCertFiles "${PWD}/organizations/peerOrganizations/org2.example.com/peers/peer0.org2.example.com/tls/ca.crt" -c '{"Function":"GetBookByID","Args":["1"]}'
2024-04-08 00:43:22.381 CST 0001 INFO [chaincodeCmd] chaincodeInvokeOrQuery -> Chaincode invoke successful. result: status:200 payload:"{\"id\":\"1\",\"title\":\"The Great Gatsby\",\"author\":\"F. Scott Fitzgerald\",\"status\":\"Available\"}"
```

图 9-47　查询 ID 为“1”的图书信息

通过下面命令借阅 ID 为“1”的图书，如图 9-48 所示。

```
peer chaincode invoke -o localhost:7050 --ordererTLSHostnameOverride orderer.example.
```

```
com --tls --cafile "${PWD}/organizations/ordererOrganizations/example.com/orderers/orderer.example.com/msp/tlscacerts/tlsca.example.com-cert.pem" -C mychannel -n basic --peerAddresses localhost:7051 --tlsRootCertFiles "${PWD}/organizations/peerOrganizations/org1.example.com/peers/peer0.org1.example.com/tls/ca.crt" --peerAddresses localhost:9051 --tlsRootCertFiles "${PWD}/organizations/peerOrganizations/org2.example.com/peers/peer0.org2.example.com/tls/ca.crt" -c '{"Function":"BorrowBook","Args":["1"]}'
```

```
chzu@chzu-virtual-machine: ~/go/fabric/fabric-samples/test-network
chzu@chzu-virtual-machine:~/go/fabric/fabric-samples/test-network$ peer chaincode invoke -o localhost:7050 --ordererTLSHostnameOverride orderer.example.com --tls --cafile "${PWD}/organizations/ordererOrganizations/example.com/orderers/orderer.example.com/msp/tlscacerts/tlsca.example.com-cert.pem" -C mychannel -n basic --peerAddresses localhost:7051 --tlsRootCertFiles "${PWD}/organizations/peerOrganizations/org1.example.com/peers/peer0.org1.example.com/tls/ca.crt" --peerAddresses localhost:9051 --tlsRootCertFiles "${PWD}/organizations/peerOrganizations/org2.example.com/peers/peer0.org2.example.com/tls/ca.crt" -c '{"Function":"BorrowBook","Args":["1"]}'
2024-04-08 00:45:07.649 CST 0001 INFO [chaincodeCmd] chaincodeInvokeOrQuery -> Chaincode invoke successful. result: status:200
```

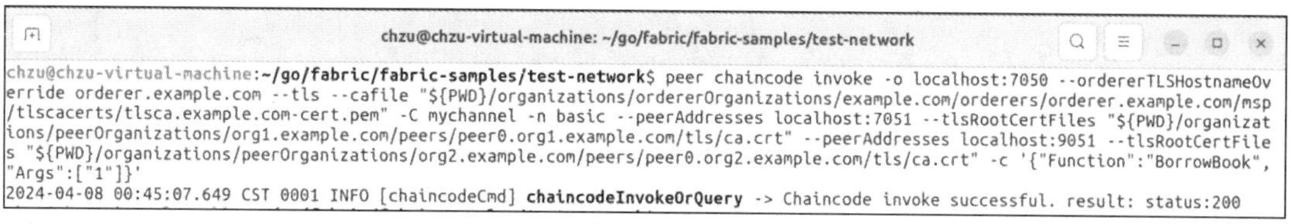

图 9-48　借阅 ID 为“1”的图书

执行借阅操作后，通过运行查询命令显示 ID 为“1”的书籍状态为“Borrowed”，借阅后查询 ID 为“1”的图书的过程如图 9-49 所示。

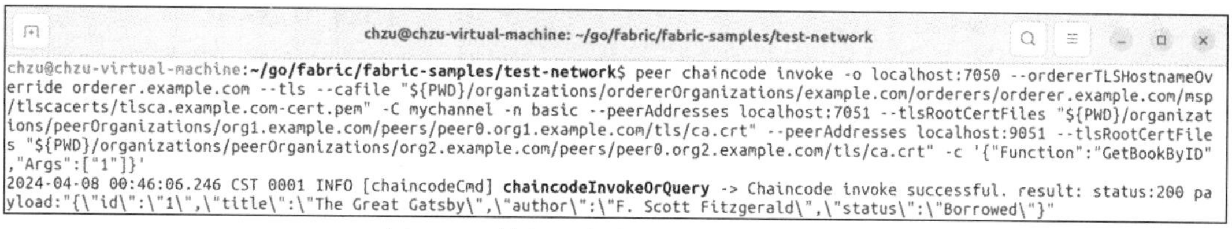

```
chzu@chzu-virtual-machine: ~/go/fabric/fabric-samples/test-network
chzu@chzu-virtual-machine:~/go/fabric/fabric-samples/test-network$ peer chaincode invoke -o localhost:7050 --ordererTLSHostnameOverride orderer.example.com --tls --cafile "${PWD}/organizations/ordererOrganizations/example.com/orderers/orderer.example.com/msp/tlscacerts/tlsca.example.com-cert.pem" -C mychannel -n basic --peerAddresses localhost:7051 --tlsRootCertFiles "${PWD}/organizations/peerOrganizations/org1.example.com/peers/peer0.org1.example.com/tls/ca.crt" --peerAddresses localhost:9051 --tlsRootCertFiles "${PWD}/organizations/peerOrganizations/org2.example.com/peers/peer0.org2.example.com/tls/ca.crt" -c '{"Function":"GetBookByID","Args":["1"]}'
2024-04-08 00:46:06.246 CST 0001 INFO [chaincodeCmd] chaincodeInvokeOrQuery -> Chaincode invoke successful. result: status:200 payload:"{\"id\":\"1\",\"title\":\"The Great Gatsby\",\"author\":\"F. Scott Fitzgerald\",\"status\":\"Borrowed\"}"
```

图 9-49　借阅后查询 ID 为“1”的图书

通过下面命令归还 ID 为“1”的图书，如图 9-50 所示。

```
peer chaincode invoke -o localhost:7050 --ordererTLSHostnameOverride orderer.example.com --tls --cafile "${PWD}/organizations/ordererOrganizations/example.com/orderers/orderer.example.com/msp/tlscacerts/tlsca.example.com-cert.pem" -C mychannel -n basic --peerAddresses localhost:7051 --tlsRootCertFiles "${PWD}/organizations/peerOrganizations/org1.example.com/peers/peer0.org1.example.com/tls/ca.crt" --peerAddresses localhost:9051 --tlsRootCertFiles "${PWD}/organizations/peerOrganizations/org2.example.com/peers/peer0.org2.example.com/tls/ca.crt" -c '{"Function": "ReturnBook","Args":["1"]}'
```

```
chzu@chzu-virtual-machine: ~/go/fabric/fabric-samples/test-network
chzu@chzu-virtual-machine:~/go/fabric/fabric-samples/test-network$ peer chaincode invoke -o localhost:7050 --ordererTLSHostnameOverride orderer.example.com --tls --cafile "${PWD}/organizations/ordererOrganizations/example.com/orderers/orderer.example.com/msp/tlscacerts/tlsca.example.com-cert.pem" -C mychannel -n basic --peerAddresses localhost:7051 --tlsRootCertFiles "${PWD}/organizations/peerOrganizations/org1.example.com/peers/peer0.org1.example.com/tls/ca.crt" --peerAddresses localhost:9051 --tlsRootCertFiles "${PWD}/organizations/peerOrganizations/org2.example.com/peers/peer0.org2.example.com/tls/ca.crt" -c '{"Function":"ReturnBook","Args":["1"]}'
2024-04-08 00:47:15.105 CST 0001 INFO [chaincodeCmd] chaincodeInvokeOrQuery -> Chaincode invoke successful. result: status:200
```

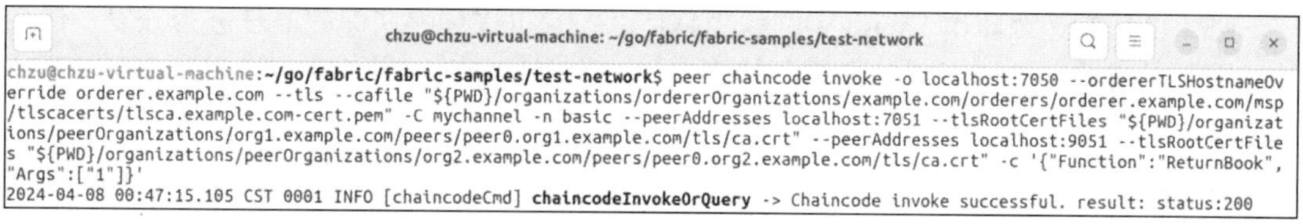

图 9-50　归还 ID 为“1”的图书

执行归还操作后，通过运行查询命令显示 ID 为“1”的书籍状态为“Available”，归还后查询 ID 为“1”的图书的过程如图 9-51 所示。

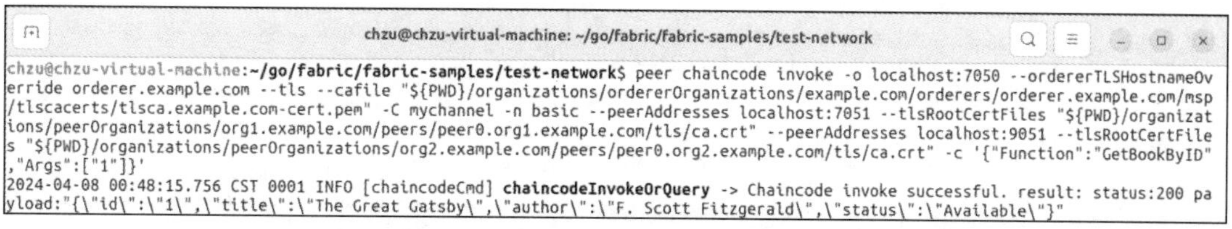

```
chzu@chzu-virtual-machine: ~/go/fabric/fabric-samples/test-network
chzu@chzu-virtual-machine:~/go/fabric/fabric-samples/test-network$ peer chaincode invoke -o localhost:7050 --ordererTLSHostnameOverride orderer.example.com --tls --cafile "${PWD}/organizations/ordererOrganizations/example.com/orderers/orderer.example.com/msp/tlscacerts/tlsca.example.com-cert.pem" -C mychannel -n basic --peerAddresses localhost:7051 --tlsRootCertFiles "${PWD}/organizations/peerOrganizations/org1.example.com/peers/peer0.org1.example.com/tls/ca.crt" --peerAddresses localhost:9051 --tlsRootCertFiles "${PWD}/organizations/peerOrganizations/org2.example.com/peers/peer0.org2.example.com/tls/ca.crt" -c '{"Function":"GetBookByID","Args":["1"]}'
2024-04-08 00:48:15.756 CST 0001 INFO [chaincodeCmd] chaincodeInvokeOrQuery -> Chaincode invoke successful. result: status:200 payload:"{\"id\":\"1\",\"title\":\"The Great Gatsby\",\"author\":\"F. Scott Fitzgerald\",\"status\":\"Available\"}"
```

图 9-51　归还后查询 ID 为“1”的图书

思考题

一、选择题

（1）超级账本 Fabric 中，Chaincode 用于（　　）。

A. 实现网络中的加密算法　　B. 定义网络中的参与者身份

C. 执行智能合约逻辑　　D. 记录网络中的交易历史

（2）在超级账本 Fabric 中，Peer 节点的作用是（　　）。

A. 执行链码并记录交易　　B. 维护网络的共识机制

C. 发布智能合约的源代码　　D. 管理网络中的身份验证

（3）超级账本 Fabric 中，（　　）负责维护全网的账本。

A. Orderer 节点　　B. Anchor 节点

C. Endorser 节点　　D. Committer 节点

（4）在超级账本 Fabric 中，（　　）负责验证交易并生成区块。

A. Orderer 节点　　B. Peer 节点

C. Anchor 节点　　D. Endorser 节点

（5）超级账本 Fabric 中的通道（Channel）是用于（　　）。

A. 将网络划分为不同的区块　　B. 实现多重签名机制

C. 允许私密交易在网络中发生　　D. 控制参与者之间的通信流量

二、简答题

（1）超级账本项目的目标是什么？它是如何推动企业级区块链技术的发展和应用的？

（2）超级账本 Fabric 的架构是怎样的？请详细描述其核心概念和组件。

（3）链码在超级账本 Fabric 中的作用是什么？它可以用哪些编程语言进行开发？

（4）超级账本 Fabric 中的通道是什么，它的作用是什么？举例说明通道在实际应用中的用途。

（5）通过超级账本 Fabric 搭建图书管理系统的实践中，哪些步骤是关键的，确保了系统的正常运行和有效部署？

第10章 FISCO BCOS

【本章导读】

FISCO BCOS（Blockchain Open Consortium Operating System）作为一种企业级区块链平台，为企业和组织提供了可定制、高性能和隐私保护的区块链解决方案。FISCO BCOS是由国内企业主导研发、对外开源、安全可控的企业级金融联盟链底层平台。它以联盟链的实际需求为出发点，兼顾性能、安全、可运维性、易用性和可扩展性，支持多种SDK，并提供了可视化的中间件工具，大幅缩短建链、开发、部署应用的时间。FISCO BCOS已经在金融、供应链、物联网等领域得到广泛应用，为众多企业和机构提供了安全可靠的区块链解决方案。同时，FISCO BCOS也是一个开放的平台，鼓励开发者和社区参与其中，共同推动区块链技术的发展和创新应用。

本章首先从什么是FISCO BCOS讲起，详细阐述了FISCO BCOS的总体架构、核心优势和整体架构。接下来，本章将从实战的角度出发，深入讲解FISCO BCOS的管理平台——WeBASE，并介绍如何进行一键化部署操作。最后，本章将介绍在WeBASE管理平台上进行SmartDev的开发，通过部署智能合约，实现一个简单的案例。

【知识要点】

第1节：FISCO BCOS，群组架构，安全可控，核心模块，可运维性。

第2节：WeBASE，安装Java，安装Python，安装PyMySQL，安装MySQL，可视化部署。

第3节：SmartDev，智能合约库，智能合约编译插件，应用开发脚手架，配置脚手架，部署合约，证书复制，配置连接节点，补全业务，运行jar包和前端页面。

10.1 FISCO BCOS简介

FISCO BCOS
简介

10.1.1 什么是FISCO BCOS

FISCO BCOS是具备安全可控、稳定易用且高性能的金融级区块链底层平台，由金链盟开源工作组于2017年推出。该开源社区汇聚数千家企业及机构，吸引了上万开发者参与共建，现已发展成为国内最大且最活跃的开源联盟链生态圈。FISCO BCOS支持高效的交易处理和智能合约执行，同时提供可扩展的网络架构和灵活的一致性算法。

该平台还提供了丰富的开发工具和 SDK，方便开发者构建和部署基于区块链的应用。

10.1.2 FISCO BCOS 的总体架构

FISCO BCOS 在 2.0 版本中，创新性地提出了“一体两翼多引擎”架构，实现系统吞吐能力的横向扩展，大幅提升了性能，在安全性、可运维性、易用性和可扩展性方面，均具备行业领先优势。FISCO BCOS 架构图如图 10-1 所示。

图 10-1 FISCO BCOS 架构图

在 FISCO BCOS 的架构中，一体引擎是 FISCO BCOS 的核心引擎，它负责处理和管理区块链的共识、网络通信、数据存储等底层功能。一体引擎采用高性能的共识算法和点对点的通信机制，确保了网络的可靠性和数据的一致性。同时，一体引擎还提供了智能合约的执行环境和账本服务，支持智能合约的开发和执行。两翼引擎是 FISCO BCOS 的扩展引擎，它提供了丰富的扩展功能和服务。其中，一翼引擎是指联盟链管理引擎，它提供了联盟链的配置和管理功能，包括节点管理、权限管理等。另一翼引擎是指应用支撑引擎，它提供了应用开发和支持的功能，包括 SDK、API 接口等。两翼引擎的存在使得 FISCO BCOS 具备了更高的灵活性和可扩展性，可以根据实际需求进行定制和扩展。FISCO BCOS 支持多种共识算法和智能合约的虚拟机，提供了多引擎的支持。在共识算法方面，FISCO BCOS 支持 PBFT、Raft 等多种共识算法，可以根据需求选择适合的共识算法。在智能合约方面，FISCO BCOS 支持 Solidity、EVM 等多种智能合约语言和虚拟机，可以根据开发者的喜好和项目需求进行选择。

10.1.3 FISCO BCOS 的核心优势

（1）高可扩展性

FISCO BCOS 具备高度可扩展性的特点体现在多个方面。首先，其灵活的共识机制允许用户根据实际需求选择适合的共识算法，如 PoW、PoS 和 BFT 等，以满足不同场景下的性能需求。其次，系统支持动态节点扩展和收缩，用户可以根据实际负载情况随时添加或移除节点，以提高系统的处理能力或节省资源。另外，采用分布式存储和并行化处理技术，FISCO BCOS 能够同时处理大量交易和智能合约，从而提高了系统的吞吐量和性能表现。综合而言，FISCO BCOS 通过共识机制的灵活选择、节点的动态扩展和并行化处理等手段，实现了高度的可扩展性，能够应对不断增长的用户和数据需求，为用户提供了稳定、高效的区块链解决方案。

高性能之压力测试

（2）高性能

FISCO BCOS 的高性能体现在多个方面。首先，其采用了高效的共识机制和优化的算法设计，能够快速达成共识，并确保系统的稳定性和一致性。其次，系统支持并行处理和多线程执行，能够同时处理大量交易和智能合约，从而提高了系统的吞吐量和处理能力。此外，FISCO BCOS 采用了分布式架构和分布式存储技术，有效地分摊了系统负载，避免了单点故障，并提高了系统的可用性和可靠性。综合而言，FISCO BCOS 通过共识机制的优化、并行处理和多线程执行的支持以及分布式架构的应用，实现了高性能的区块链平台，能够满足各种复杂场景下的性能需求，为用户提供了稳定、高效的区块链解决方案。

（3）安全可靠

FISCO BCOS 以其严密的安全机制和可靠的设计架构，确保了系统的安全性和可靠性。首先，采用了先进的加密算法和数字签名技术，保障了数据的机密性和完整性，防止数据被篡改或窃取。其次，FISCO BCOS 采用了多层次的身份验证和权限管理机制，严格控制用户的访问权限，保障了用户数据的安全。此外，FISCO BCOS 采用了分布式存储和多节点共识机制，有效地防范了单点故障和数据篡改的风险，即使某个节点出现故障或受到攻击，系统依然能够继续运行，并保持数据的一致性和完整性。综合而言，FISCO BCOS 作为一个可信赖的区块链平台，不仅具备了高度的安全性和可靠性，还能够满足各种关键业务场景的需求，为用户提供了稳定、可靠的区块链解决方案。

（4）易用性

FISCO BCOS 注重易用性，在多个方面提供了便利。首先，其提供了丰富的开发工具和文档，包括易于理解的 API 接口和详尽的开发文档，使开发者能够轻松上手并快速构建应用。其次，FISCO BCOS 提供了友好的管理界面和监控工具，用户可以实时监控系统运行状态和性能指标，便于系统管理和故障排查。另外，FISCO BCOS 还提供了模块化的设计和丰富的插件系统，允许用户根据需要扩展和定制功能，以满足不同场景下的需求。综合而言，FISCO BCOS 通过简洁的开发接口、直观的管理界面和灵活的扩展机制，为用户提供了友好的区块链平台；降低了使用门槛，为用户提供了便捷、高效的区块链解决方案。

（5）丰富的应用场景

FISCO BCOS 具有丰富的应用场景，可应用于金融、供应链管理、物联网、数字身份验证、公共服务等多个领域。在金融领域，FISCO BCOS 可用于构建安全高效的支付系统、数字资产交易平台和智能合约应用，提升交易速度和可信度；在供应链管理方面，FISCO BCOS 可追踪产品全生命周期，提高供应链透明度和效率；在物联网领域，可用于建立安全可靠的设备通信和数据交换平台，实现设备间的智能合作；在数字身份验证方面，可构建去中心化的数字身份管理系统，提升个人数据安全性；同时，在公共服务领域，FISCO BCOS 可用于构建可信赖的投票系统、社会福利管理平台等，增强公共服务的透明度和效能。综合而言，FISCO BCOS 的丰富应用场景使其成为一个可广泛应用于多个行业的高效、安全、可信的区块链解决方案。

10.1.4 FISCO BCOS 的整体架构

FISCO BCOS 基于多群组架构实现了强扩展性的群组多账本，基于清晰的模块设计，构建了稳定、健壮的区块链系统。在核心整体架构上，FISCO BCOS 被划分成底层基础设施层、核心服务层、应用层。

（1）底层基础设施层

该层提供了 FISCO BCOS 平台的底层基础设施支持，包括共识机制、网络通信和数据存储等。具体包括以下组件。

① 共识机制：FISCO BCOS 支持多种共识算法，如 PBFT、Raft 等，以满足不同应用场景的需求。共识机制确保了网络中各个节点之间的数据一致性。

② 网络通信：FISCO BCOS 使用 P2P 网络通信协议，可实现节点之间的信息传递和交

互。这种点对点的通信方式保证了网络的高效性和可靠性。

③ 数据存储：FISCO BCOS 使用基于区块链的数据存储方式，将数据以区块的形式存储在链上。这种去中心化的数据存储方式保证了数据的安全性和可追溯性。

（2）核心服务层

该层提供了 FISCO BCOS 平台的核心功能和服务，包括智能合约、账本服务、身份与权限管理等。具体包括以下组件。

① 智能合约：FISCO BCOS 支持使用 Solidity 等编程语言开发智能合约。智能合约可以在区块链上部署和执行，实现自动化的业务逻辑和数据交互。

② 账本服务：FISCO BCOS 提供了账本服务来管理和维护区块链上的数据。账本服务负责处理交易请求、维护区块链的状态和数据一致性。

③ 身份与权限管理：FISCO BCOS 通过提供身份验证和权限管理功能来确保网络中各个参与方的身份和权限。这样可以保证只有授权的参与方能够进行合法的操作和访问。

（3）应用层

该层是基于 FISCO BCOS 平台构建的具体应用。企业和开发者可以基于 FISCO BCOS 开发工具和 SDK 构建各种应用，如供应链金融、数字资产交易等。这些应用通过与核心服务层的交互来实现各自的功能。

10.2 单群组 WeBASE 的一键部署

单群组 WeBASE 的一键部署

WeBASE 是在区块链应用和 FISCO BCOS 节点之间搭建的一套通用组件。它围绕交易管理、智能合约、密钥管理、数据访问及可视化管理来设计各个模块，开发者可以根据业务所需，选择子系统进行部署。WeBASE 屏蔽了复杂的区块链底层，降低开发者的开发门槛，大幅提高区块链应用的开发效率，包含节点前置、节点管理、交易链路、数据导出、Web 管理平台等子系统。

一键部署可以在同机快速搭建 WeBASE 管理平台环境，方便用户快速体验 WeBASE 管理平台。一键部署会搭建：节点（组件名 FISCO BCOS 2.0+）、管理平台（组件名 WeBASE-Web）、节点管理子系统（组件名 WeBASE-Node-Manager）、节点前置子系统（组件名 WeBASE-Front）和签名服务（组件名 WeBASE-Sign）。

接下来演示 WeBASE 一键部署，用户可以使用一台 Ubuntu 虚拟机，所有的操作都在 Root 用户下进行操作，将其 hostname 设置为 WeBASE，一键部署脚本将自动安装 openssl、curl、wget、git、nginx、dos2unix 相关依赖项。WeBASE 中所需的基础软件及版本见表 10-1。

表 10-1 WeBASE 中所需的基础软件及版本要求

软件	版本要求
Java	Oracle JDK 8 至 14
MySQL	MySQL-5.6 及以上
Python	Python 3.6 及以上
PyMySQL	默认最新版本

（1）安装 Java

安装 jdk-8u162 以上的 Linux 版本。

(2) 安装 Python

① 更新软件包列表并安装必备组件。

```
apt install software-properties-common -y
```

② 将 deadsnakes PPA 添加到系统的来源列表中。

```
add-apt-repository ppa:deadsnakes/ppa
```

③ 启用存储库后，使用如下命令安装 Python 3.6，安装完毕后检查。

```
apt install python3.6 -y
python3.6 --version
```

(3) 安装 PyMySQL

使用如下命令安装 PyMySQL。

```
apt-get install -y python3-pip
pip3 install PyMySQL -i https://pypi.tuna.tsinghua.edu.cn/simple
```

(4) 安装 MySQL

① 输入如下指令，安装 MySQL，并查看其版本。

```
apt install mysql-server -y
mysql -v
exit
```

② 修改 MySQL 的配置文件，在第 39 行后插入一行代码，如下所示。保存退出后重启 MySQL 服务。

```
vim /etc/mysql/mysql.conf.d/mysqld.cnf
skip-grant-tables      #插入的代码
systemctl restart mysql
```

③ 输入如下指令，进入 MySQL 中，由于没有设置密码，所以再输入 Enter 即可。

```
mysql -u root -p
```

进入 MySQL 后，修改 root 用户的密码为 123456，并刷新权限。

```
update mysql.user set authentication_string="123456" where user='root';
Flush privileges;
exit
```

④ 退出 MySQL 后，再次编辑配置文件，将之前添加的第 40 行代码删除，并再次重启 MySQL 服务。

```
vim /etc/mysql/mysql.conf.d/mysqld.cnf
systemctl restart mysql
```

⑤ 进入 MySQL 并创建一个 MySQL 用户，用于 WeBASE 使用。

```
mysql -u root -p
CREATE USER 'test'@'localhost' IDENTIFIED BY '123456';
GRANT ALL PRIVILEGES ON *.* TO 'test'@'localhost';
Flush privileges;
exit
```

(5) 一键部署 4 节点 WeBASE

① 新建 fisco 目录，在 fisco 目录中下载部署安装包，并对其进行解压缩操作，同时进入该目录下。

```
mkdir fisco && cd fisco/
wget
https://osp-1257653870.cos.ap-guangzhou.myqcloud.com/WeBASE/releases/download/
v1.5.5/webase-deploy.zip
unzip webase-deploy.zip
cd webase-deploy
```

② 修改 common.properties 配置文件。

```
vim common.properties
WeBASE 子系统的最新版本如下：
[common]
# WeBASE 子系统的最新版本（v1.1.0 或以上版本）
webase.web.version=v1.5.5
webase.mgr.version=v1.5.5
webase.sign.version=v1.5.5
webase.front.version=v1.5.5

#####################################################################
## 使用 Docker 启用 Mysql 服务，则需要配置以下值

# 1: enable mysql in docker
# 0: mysql run in host, required fill in the configuration of webase-node-mgr and
webase-sign
docker.mysql=1

# if [docker.mysql=1], mysql run in host (only works in [installDockerAll])
# run mysql 5.6 by docker
docker.mysql.port=23306
# default user [root]
docker.mysql.password=123456

#####################################################################
## 不使用 Docker 启动 Mysql，则需要配置以下值

# 节点管理子系统 Mysql 数据库配置
mysql.ip=127.0.0.1
mysql.port=3306
mysql.user=test
mysql.password=123456
mysql.database=webasenodemanager

# 签名服务子系统 Mysql 数据库配置
sign.mysql.ip=localhost
sign.mysql.port=3306
sign.mysql.user=test
sign.mysql.password=123456
sign.mysql.database=webasesign

# 节点前置子系统 h2 数据库名和所属机构配置
front.h2.name=webasefront
front.org=fisco

# WeBASE 管理平台服务端口
web.port=5000
# 启用移动端管理平台 (0: disable, 1: enable)
web.h5.enable=1

# 节点管理子系统服务端口
mgr.port=5001
# 节点前置子系统端口
front.port=5002
# 签名服务子系统端口
```

```
sign.port=5004

# 节点监听 Ip
node.listenIp=127.0.0.1
# 节点 p2p 端口
node.p2pPort=30300
# 节点链上链下端口
node.channelPort=20200
# 节点 rpc 端口
node.rpcPort=8545

# 加密类型 （0: ECDSA 算法, 1: 国密算法）
encrypt.type=0
# SSL 连接加密类型 （0: ECDSA SSL, 1: 国密 SSL）
# 只有国密链才能使用国密 SSL
encrypt.sslType=0

# 是否使用已有的链（yes/no）
if.exist.fisco=no

# 使用已有链时需配置以下值
# 已有链的路径，start_all.sh 脚本所在路径
# 路径下要存在 sdk 目录（sdk 目录中包含了 SSL 所需的证书，即 ca.crt、sdk.crt、sdk.key 和 gm 目录（包含国密 SSL 证书，gmca.crt、gmsdk.crt、gmsdk.key、gmensdk.crt 和 gmensdk.key）
fisco.dir=/data/app/nodes/127.0.0.1
# 前置所连接节点，在 127.0.0.1 目录中的节点中的一个
# 节点路径下要存在 conf 文件夹，conf 里存放节点证书（ca.crt、node.crt 和 node.key）
node.dir=node0

# 搭建新链时需配置以下值
# FISCO-BCOS 的版本
fisco.version=2.9.1
# 搭建节点个数（默认两个）
node.counts=4
```

③ 输入如下指令，在 webase-deploy 目录下部署并启动所有的服务。这条指令会下载 WeBASE 的相关软件包，所以部署时间比较长。当出现一键部署 WeBASE 提示界面的时候，如图 10-2 所示，则表示一键部署版的 WeBASE 已经成功部署，并且 FISCO BCOS 的版本为 2.9.1。

```
python3 deploy.py installAll
```

```
Defualt nginx config path: /etc/nginx
==============      Starting WeBASE-Web      ==============
==============      WeBASE-Web Started       ==============
==============   Init Front for Mgr start... ==============
== 100%
==============   Init Front for Mgr end...   ==============
===========================================================
==============      deploy  has completed    ==============
===========================================================
==============    webase-web version  v1.5.5        ========
==============    webase-node-mgr version  v1.5.5   ========
==============    webase-sign version  v1.5.5       ========
==============    webase-front version  v1.5.5      ========
===========================================================
```

图 10-2　一键部署 WeBASE 提示界面

④ 服务部署后，需要对各服务进行启停操作，可以使用以下命令。

```
# 一键部署
python3 deploy.py installAll        # 部署并启动所有服务
python3 deploy.py stopAll           # 停止一键部署的所有服务
python3 deploy.py startAll          # 启动一键部署的所有服务
# 各子服务启停
python3 deploy.py startNode         # 启动 FISCO-BCOS 节点
python3 deploy.py stopNode          # 停止 FISCO-BCOS 节点
python3 deploy.py startWeb          # 启动 WeBASE-Web
python3 deploy.py stopWeb           # 停止 WeBASE-Web
python3 deploy.py startManager      # 启动 WeBASE-Node-Manager
python3 deploy.py stopManager       # 停止 WeBASE-Node-Manager
python3 deploy.py startSign         # 启动 WeBASE-Sign
python3 deploy.py stopSign          # 停止 WeBASE-Sign
python3 deploy.py startFront        # 启动 WeBASE-Front
python3 deploy.py stopFront         # 停止 WeBASE-Front
# 可视化部署
python3 deploy.py installWeBASE     # 部署并启动可视化部署的所有服务
python3 deploy.py stopWeBASE        # 停止可视化部署的所有服务
python3 deploy.py startWeBASE       # 启动可视化部署的所有服务
```

⑤ 访问 WeBASE 管理平台

在宿主机的浏览器中输入虚拟机 IP:5000 即可访问一键部署版的 WeBASE。一键部署版 WeBASE 的登录界面如图 10-3 所示。

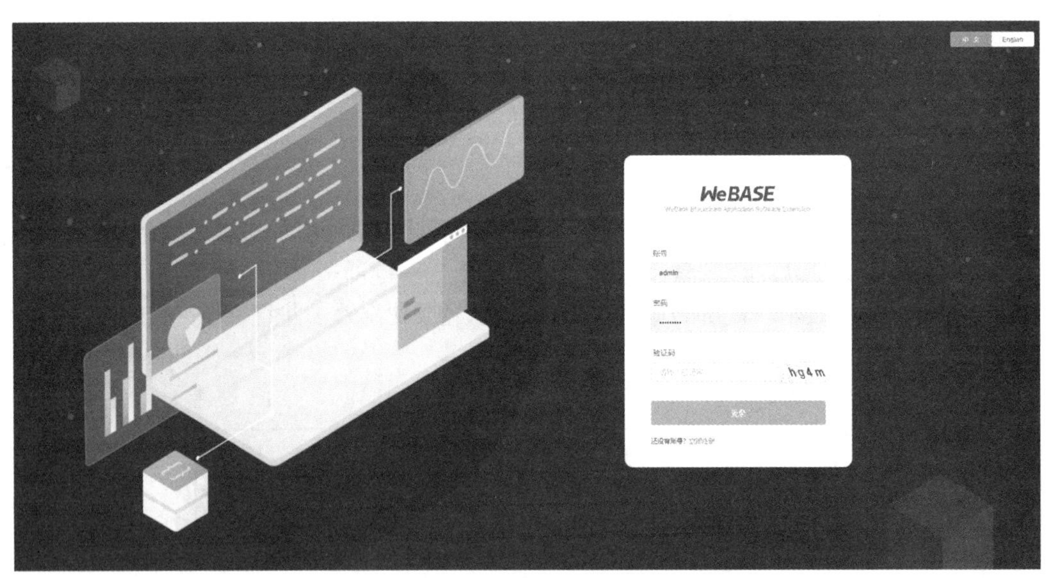

图 10-3 一键部署版 WeBASE 的登录界面

⑥ WeBASE 管理平台的默认账号为 admin，默认密码为 Abcd1234。首次登录要求重置密码，可将密码修改成 Abcd12345。一键部署版的 WeBASE 管理平台数据概览界面如图 10-4 所示，可以看到，在一键部署下的 WeBASE 浏览器里增加了更加丰富的功能组件。

图 10-4　一键部署版的 WeBASE 管理平台数据概览界面

10.3 基于 SmartDev 的开发案例

10.3.1 区块链应用开发组件 SmartDev

（1）SmartDev 组件概述

SmartDev 应用开发组件的初衷是全方位助力开发者高效、便捷地开发区块链应用。SmartDev 包含了一套开放、轻量的开发组件集，覆盖智能合约的开发、调试、应用开发等环节，开发者可以根据自己的情况自由选择相应的开发工具，提升开发效率。SmartDev 方式的开发方式与传统开发方式的对比图如图 10-5 所示。

图 10-5　SmartDev 方式的开发方式与传统开发方式对比图

这套开发组件集，包括智能合约库、智能合约编译插件和应用开发脚手架。SmartDev开发组件集中各组件的优势如图 10-6 所示。

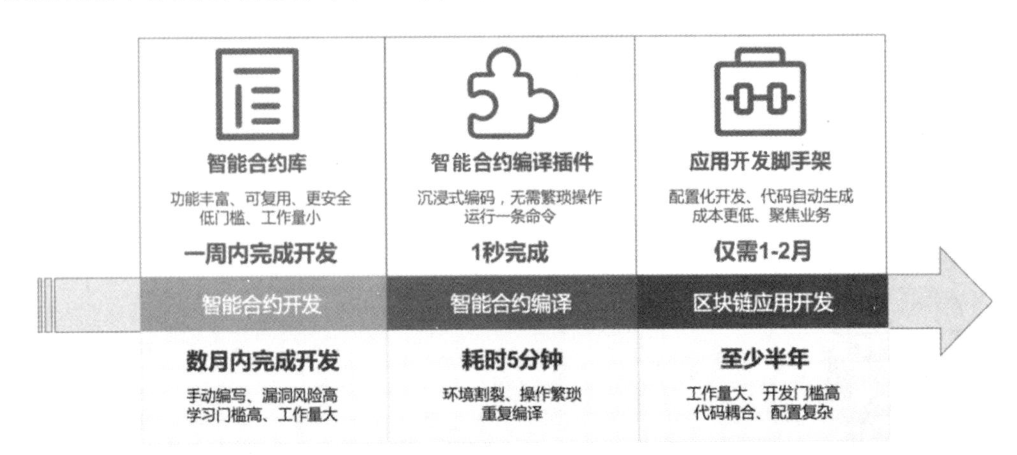

图 10-6　SmartDev 开发组件集中各组件的优势

（2）智能合约库 SmartDev-Contract

智能合约库 SmartDev-Contract 是一个基于 FISCO BCOS 平台上的智能合约代码库。它提供了一些通用的智能合约的模板代码和库，可以帮助开发者快速构建安全、可靠的智能合约。同时，SmartDev-Contract 还提供了丰富的示例和文档，支持与其他 FISCO BCOS 组件和工具的集成，从而可以加快应用开发和部署的速度。智能合约库 SmartDev-Contract 的结构如图 10-7 所示。

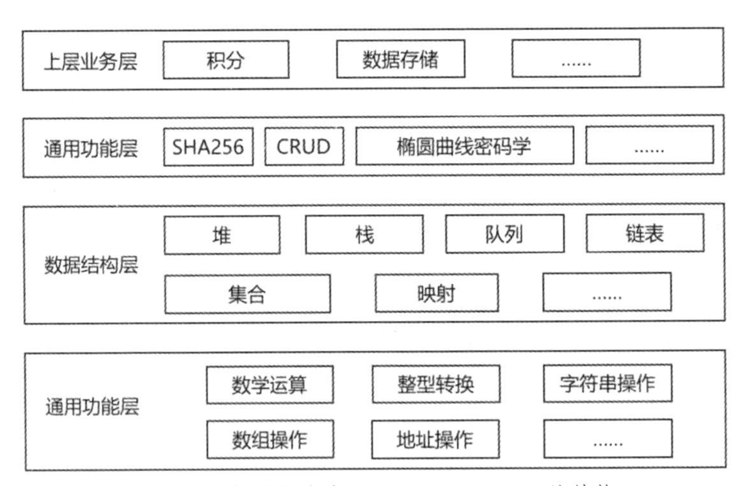

图 10-7　智能合约库 SmartDev-Contract 的结构

（3）智能合约编译插件 SmartDev-SCGP

智能合约编译插件 SmartDev-SCGP 是一款基于 Solidity 编程语言的智能合约编译工具，它可以帮助开发者将 Solidity 代码编译成 FISCO BCOS 平台上的智能合约。SmartDev-SCGP 提供了 Solidity 语言的编译器和部署脚本，并支持 Solidity 0.4.x 至 0.8.x 的版本。同时，SmartDev-SCGP 还提供了丰富的示例和文档，方便开发人员参考和使用。具体来说，SmartDev-SCGP 可以将 Solidity 智能合约代码编译成 Java 代码的 Gradle 插件，也就是可以编译项目中的智能合约，生成对应的 Java 文件，并自动复制到对应的包目录下，整个开发的阶段流程图如图 10-8 所示。

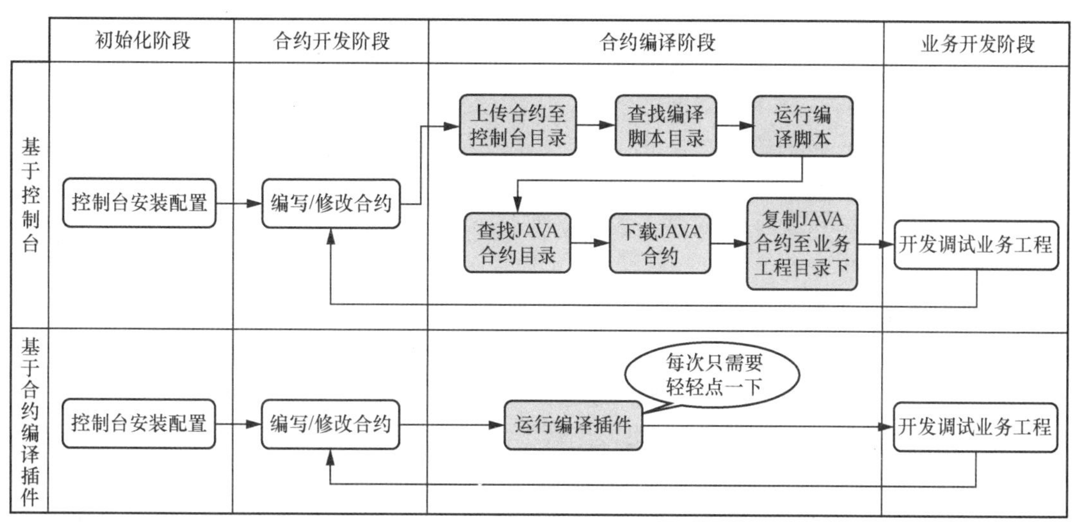

图 10-8　开发的阶段流程图

（4）应用开发脚手架 SmartDev-Scaffold

FISCO BCOS 中的应用开发脚手架 SmartDev-Scaffold 是一款基于 Node.js 的区块链应用开发框架，它可以帮助开发者快速构建和部署 FISCO BCOS 平台上的区块链应用。SmartDev-Scaffold 基于配置的智能合约文件，自动生成应用项目的脚手架代码，包含了智能合约所对应的实体类、服务类等内容，提供了一些通用的区块链应用开发组件和工具，包括智能合约编译、部署与测试、区块链节点管理、API 接口封装等，方便开发人员快速集成和使用，帮助用户只需要修改和编写少量的代码，便可以实现一个应用，大大简化了智能合约的开发流程。同时，SmartDev-Scaffold 还提供了丰富的示例和文档，帮助开发人员快速理解和掌握区块链应用的开发过程。开发人员可以根据自己的需求，使用 SmartDev-Scaffold 来构建更加复杂和高效的区块链应用。SmartDev-Scaffold 的架构图如图 10-9 所示。

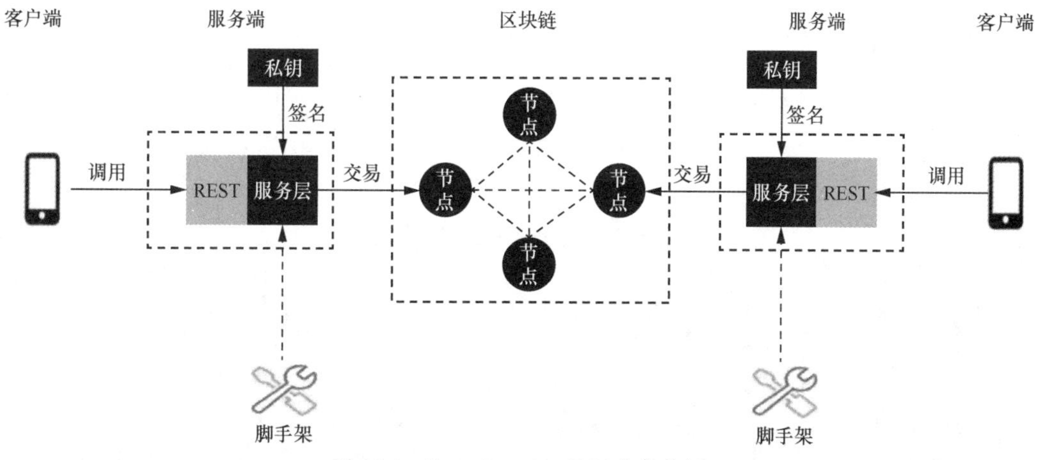

图 10-9　SmartDev-Scaffold 的架构图

10.3.2 SmartDev-Scaffold 的生成原理

SmartDev-Scaffold 用于一键式生成 DApps 应用开发工程，从而降低应用开发的难度。用户将自己的合约导入脚手架，即可生成对应的 SpringBoot 工程，里面已经包含了 DAO（Data Access Object，数据访问对象）层的代码，用户可以基于该模板快速开发自己的 DApps 项目。

SmartDev-Scaffold 的生成原理主要由两部分构成，分别是合约参数 BO 类的生成和合约 Service 类的生成。

（1）合约参数 BO 类的生成

合约参数 BO 类的生成步骤如下，合约参数 BO 类的生成步骤如图 10-10 所示。

① 读取合约 ABI 文件，遍历其中的每一个函数，包含函数名、函数参数等信息。

② 针对当前遍历到的函数，如果该函数不需要参数，则无须生成 Java 类；如果需要参数，则取 ABI 中的参数信息进行下一步操作。

③ 通过 javapoet 框架创建一个空类，类名遵照“合约名+函数名+InputBO”的规则，例如“HelloWorldSetInputBO”。遍历参数列表，每个参数转换为 Java 类的字段，其中字段名采用参数名，字段类型由参数类型按固定规则转换而来，该规则用于将每个参数的类型信息（基于 Solidity 语言）转换为 Java 类型，例如 uint256 转换为 BigInteger。

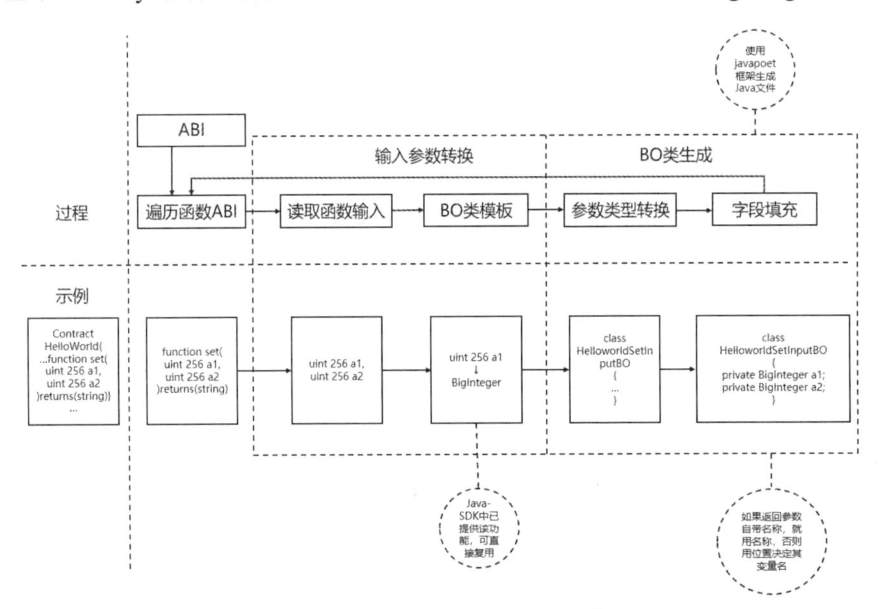

图 10-10 合约参数 BO 类的生成步骤

（2）合约 Service 类的生成

合约 Service 类的生成步骤如下，合约 Service 类的生成步骤如图 10-11 所示。

① 使用 javapoet 框架生成空 Service 类，它的名称为“合约名+Service”，例如“HelloWorldService”。

② 创建 Service 类的字段：向 javapoet 框架中填入这些字段的类型、名称的信息。

③ 创建构造函数：向 javapoet 框架中填入构造函数中所需语句。

④ 创建静态函数：向 javapoet 框架中填入静态函数中所需语句。

⑤ 创建合约调用方法：先遍历合约 ABI 文件的每个函数，向 javapoet 框架写入函数定义。函数名与合约函数同名，函数参数类型采用第一节中生成的 BO 类名。如果该函数不包含 view、pure、constant 修饰符，则在函数体中调用 this.txProcessor.sendTransactionAndGetResponse。否则，调用 this.txProcessor.sendCall。

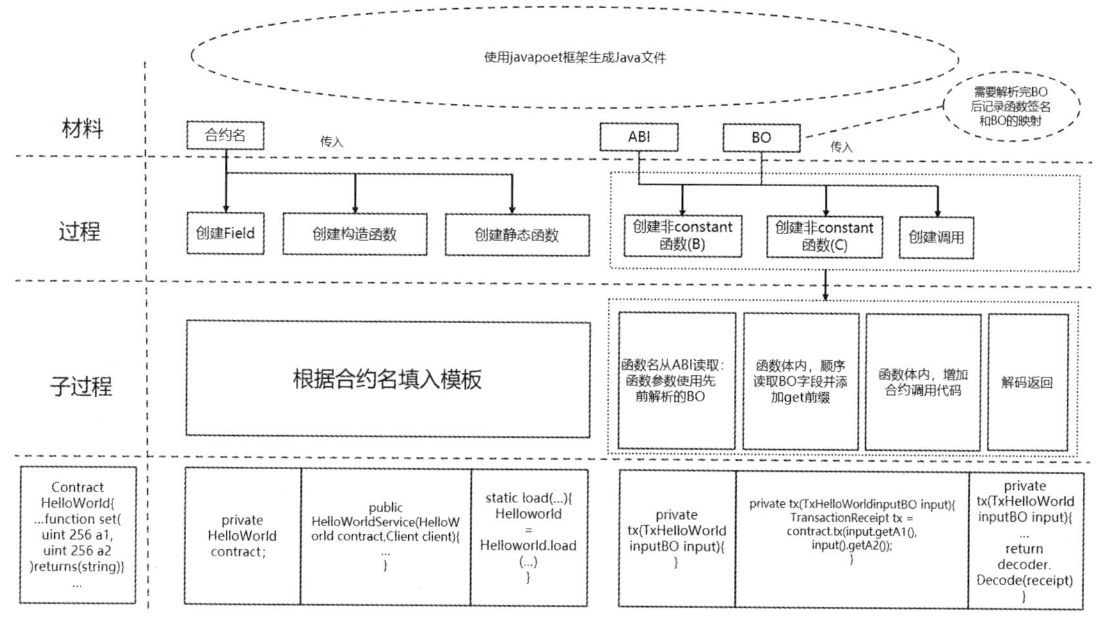

图 10-11 合约 Service 类的生成步骤

10.3.3 配置 SmartDev-Scaffold

（1）在使用本组件的时候，使用的是基于 10.2 章节所部署的单群组 WeBASE，需要安装以下相关依赖软件，相关依赖软件版本说明见表 10-2。

表 10-2 相关依赖软件版本说明

依赖软件	版本要求	备注
Java	≥JDK1.8	64 位版本，请确保已安装
Solidity	0.4.25、0.5.20、0.6.10、0.8.11	内置
Git	下载安装包需要使用 Git	请确保已安装
Gradle	大于 6 小于 7	使用 Gradle7 会报错
Maven		与 Gradle 二选一

（2）Gradle 部署成功提示界面如图 10-12 所示。请按照以下步骤进行部署。

```
wget https://services.gradle.org/distributions/gradle-6.3-bin.zip
 # 下载 Gradle 源码包
unzip -d /usr/local/ gradle-6.3-bin.zip  # 解压缩 Gradle 源码包
vim /etc/profile                          # 编辑环境变量
export PATH=$PATH:/usr/local/gradle-6.3/bin
source /etc/profile
gradle -v                                #查看 Gradle 版本
```

```
root@WeBASE:~# gradle -v

Welcome to Gradle 6.3!

Here are the highlights of this release:
 - Java 14 support
 - Improved error messages for unexpected failures

For more details see https://docs.gradle.org/6.3/release-notes.html


------------------------------------------------------------
Gradle 6.3
------------------------------------------------------------

Build time:   2020-03-24 19:52:07 UTC
Revision:     bacd40b727b0130eeac8855ae3f9fd9a0b207c60

Kotlin:       1.3.70
Groovy:       2.5.10
Ant:          Apache Ant(TM) version 1.10.7 compiled on September 1 2019
JVM:          1.8.0_162 (Oracle Corporation 25.162-b12)
OS:           Linux 5.4.0-126-generic amd64
```

图 10-12　Gradle 部署成功提示界面

（3）部署 SmartDev-Scaffold

通过 git 指令拉取 SmartDev-Scaffold 项目，其核心目录为 tools，使用 tree 命令可以查看到该文件夹下的所有结构，核心目录 tools 的文件结构如图 10-13 所示，其各个文件夹和文件的功能如下。

① contract 目录用于存放 Solidity 合约文件，脚手架 SmartDev 后续会读取该目录下的合约以生成对应的业务工程。在实际使用的过程中，需要删除该目录下的默认合约，并将自己的业务合约复制到该目录下。

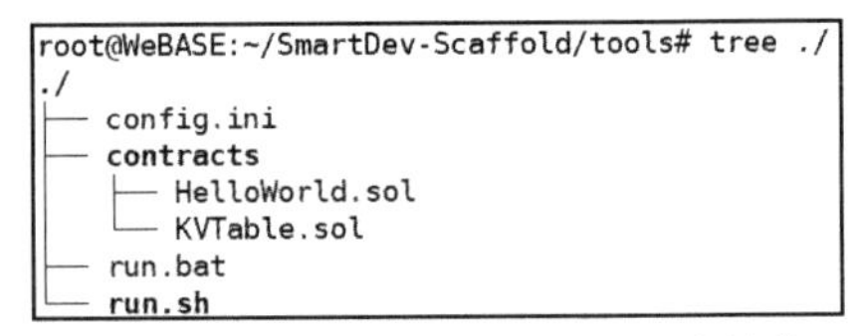

图 10-13　核心目录 tools 的文件结构

② config.ini 是启动相关配置。

③ run.sh 和 run.bat 分别是 Linux 和 Windows 系统下的启动脚本文件。

```
git clone https://gitee.com/WeBankBlockchain/SmartDev-Scaffold.git
cd SmartDev-Scaffold/tools/
rm -rf contracts/KVTable.sol                    #删除多余的智能合约文件
```

配置 config.ini 文件，修改 artifact 和 compiler 的值。以下是一个示例配置。

```
vim config.ini
[general]
artifact=HelloWorld
group=org.example
selector=
# 0.4.25.1 0.5.2.0 0.6.10.0
compiler=0.6.10.0
# or you can set it to maven
type=gradle
gradleVersion=6.3
```

（4）运行 SmartDev-Scaffold

执行 run.sh 脚本，SmartDev-Scaffold 会自动按照配置文件生成一个 SpringBoot 架构的项目，当提示“BUILD SUCCESSFUL”时，则表示 HelloWorld 项目已经创建成功，HelloWorld 项目创建成功提示界面如图 10-14 所示。在下载的过程中会提示出现“Failed to load class "org.slf4j.impl.StaticLoggerBinder"”的报错信息，这个错误通常与日志相关，对整个项目没有影响，可以忽略。

```
chmod +x run.sh                    #为启动脚本增加权限
```

```
bash run.sh                              #执行启动脚本
```

```
root@WeBASE:~/SmartDev-Scaffold/tools# bash run.sh
GROUP=org.example
ARTIFACT=HelloWorld
SOL_DIR=/root/SmartDev-Scaffold/tools/contracts
TOOLS_DIR=/root/SmartDev-Scaffold/tools
SELECTOR=
COMPILER=0.6.10.0
TYPE=gradle
GRADLEVERSION=6.3
start compiling scaffold...

> Configure project :
delete /root/SmartDev-Scaffold/dist

Deprecated Gradle features were used in this build, making it incompatible with Gradle 7.0.
Use '--warning-mode all' to show the individual deprecation warnings.
See https://docs.gradle.org/6.3/userguide/command_line_interface.html#sec:command_line_warnings

BUILD SUCCESSFUL in 16m 37s
4 actionable tasks: 4 executed
end compiling scaffold...
start generating HelloWorld...
SLF4J: Failed to load class "org.slf4j.impl.StaticLoggerBinder".
SLF4J: Defaulting to no-operation (NOP) logger implementation
SLF4J: See http://www.slf4j.org/codes.html#StaticLoggerBinder for further details.
Project created:/root/SmartDev-Scaffold/tools/HelloWorld
```

图 10-14　HelloWorld 项目创建成功提示界面

（5）导出 HelloWorld 项目

通过 Xftp 将 HelloWorld 文件夹从 Ubuntu 虚拟机中复制至 Windows 宿主机中，并通过 IntelliJ IDEA 以项目的形式将其打开，打开之后需要配置 IntelliJ IDEA 中“Project Structure”的 JDK 版本和“Settings”中的 Maven 与 Gradle 版本。配置完毕后，IntelliJ IDEA 将自动进行 Build，并同时自动下载项目所依赖的 jar 包文件。Build 成功后，文件目录下生成 service 文件夹与 model 文件夹，Build 成功后所生成的新文件夹结构如图 10-15 所示。在 HelloWorld 项目中，config 目录对应配置类，constants 目录对应常量类，model 目录对应模型类，service 目录对应服务类，model/bo 目录对应 BO 类。

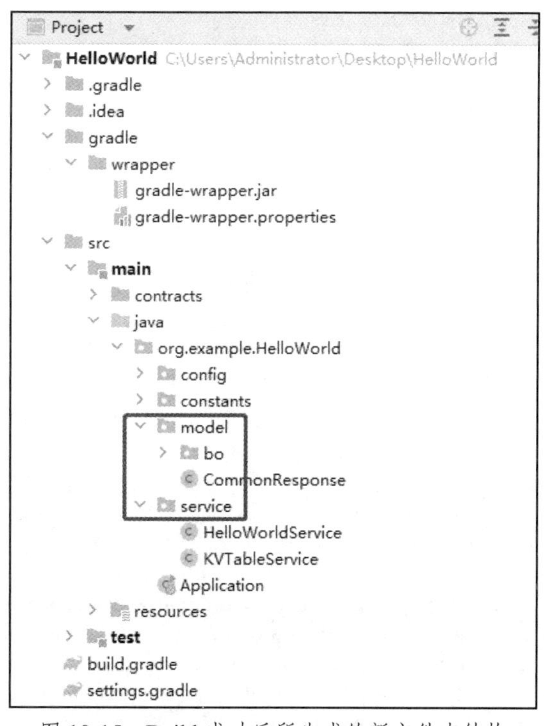

图 10-15　Build 成功后所生成的新文件夹结构

10.3.4 使用 SmartDev-Scaffold 开发 DApps

使用 SmartDev-Scaffold 开发 DApps 的流程包括以下几个步骤：部署合约、证书复制、配置连接节点、补全业务、运行 jar 包和前端页面。

（1）在 WeBASE 中部署 HelloWorld 合约

单击“合约管理”，选择“合约 IDE”，新建一个 HelloWorld 合约，将 Ubuntu 虚拟机中 SmartDev-Scaffold/tools/contracts 目录下的 HelloWorld.sol 合约内容全部复制至新的 HelloWorld 合约，保存、编译并进行部署。

（2）复制证书文件

在 Ubuntu 虚拟机中，复制 WeBASE 的相关证书文件至 HelloWorld 项目中的 src/main/resources/conf/目录下，再通过 Xftp 将证书文件导出至 Windows 宿主机中 IntelliJ IDEA 的 HelloWorld 项目所对应的 conf 目录中。指令如下。

```
cd ~/SmartDev-Scaffold/tools/HelloWorld
cp -r ~/fisco/webase-deploy/nodes/127.0.0.1/sdk/* ./src/main/resources/conf/
```

（3）编辑配置文件 application.properties

在 IntelliJ IDEA 的 HelloWorld 项目中，在“src”→“main”→“resources”中编辑配置文件 application.properties，将 network.peers[0]中的 IP 地址设置为 WeBASE 的 IP，contract.helloWorldAddress 设置为当前 HelloWorld.sol 的合约地址，确保 network.peers[0]和 network.peers[1]设置为虚拟机的 IP 地址，编辑配置文件 application.properties 的结果如图 10-16 所示。

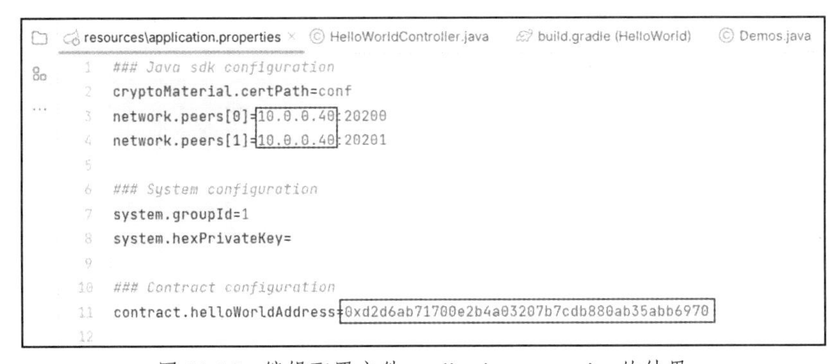

图 10-16　编辑配置文件 application.properties 的结果

（4）编写控制类，完成对底层区块链智能的操作

在 src/main/java/org.example.HelloWorld 目录下新建 Package，将其命名为 controller，并在 controller 目录下新建 Java 文件 HelloWorldController.java，里面的代码如下。

```
package org.example.HelloWorld.controller;

import org.example.HelloWorld.model.bo.HelloWorldSetInputBO;
import org.example.HelloWorld.model.bo.HelloWorldSetInputBO;
import org.example.HelloWorld.service.HelloWorldService;
import org.springframework.beans.factory.annotation.Autowired;
import org.springframework.web.bind.annotation.GetMapping;
import org.springframework.web.bind.annotation.RequestMapping;
import org.springframework.web.bind.annotation.RequestParam;
import org.springframework.web.bind.annotation.RestController;
```

```
@RestController
@RequestMapping("hello")
public class HelloWorldController {

    @Autowired
    private HelloWorldService service;

    @GetMapping("set")
    public String set(@RequestParam("n") String n) throws Exception{
        HelloWorldSetInputBO input = new HelloWorldSetInputBO(n);
        return service.set(input)getTransactionReceipt()getTransactionHash();
    }
    @GetMapping("get")
    public String get() throws Exception{
        return service.get()getValues();
    }
}
```

（5）在 IntelliJ IDEA 中的 Terminal 内将项目打包

在 HelloWorld 目录下运行 gradle bootJar 命令生成 jar 包，当提示“BUILD SUCCESSFUL”时表示 jar 包成功编译并打包完毕，编译并打包 HelloWorld 目录如图 10-17 所示，所生成的 jar 包会保存在 HelloWorld\dist 目录中。

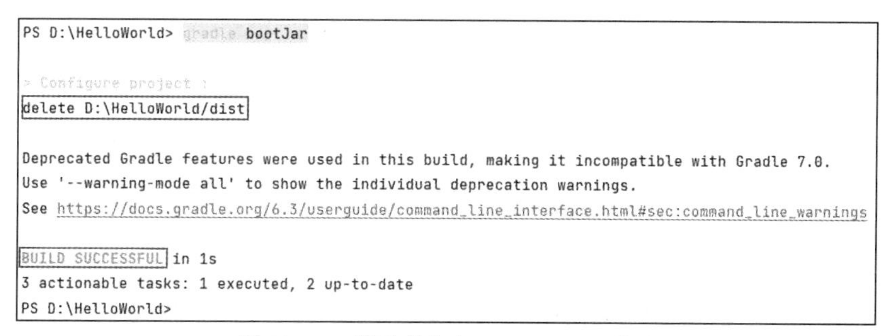

图 10-17　编译并打包 HelloWorld 项目

（6）在 IntelliJ IDEA 中的 Terminal 内运行 jar 包

在 HelloWorld\dist 目录下执行如下命令，则可以运行已经打包好的 jar 包文件。

```
cd dist
java -jar HelloWorld-exec.jar
```

（7）在浏览器中使用 set 函数

在 Windows 宿主机内的浏览器中输入网址：http://127.0.0.1:8080/hello/set?n=USY ，可以调用 HelloWorld 合约中的 set 函数接口，赋予新的变量值“USY”至 HelloWorld 合约，此操作将会返回一个交易的 Hash 值，使用 set 函数的结果如图 10-18 所示。

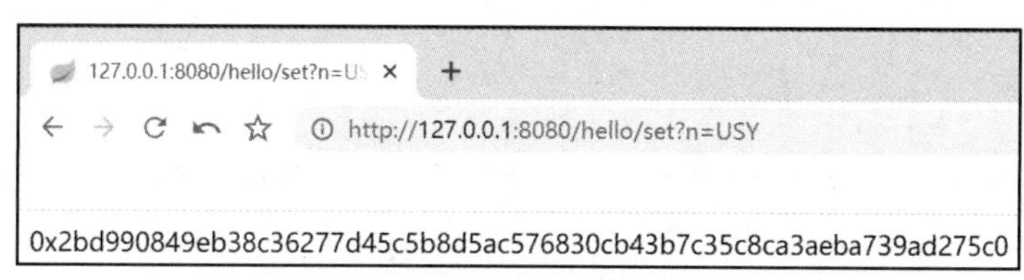

图 10-18　使用 set 函数的结果

（8）查看交易信息

打开 WeBASE 浏览器，单击“交易数量”，就可以看到刚才使用 set 函数时所产生的 Hash 值，与图 10-18 中的 Hash 值吻合。单击交易信息，可以看到交易信息中的详细信息，如区块哈希值、区块高度、交易哈希值、时间戳等信息，并在“Input”中能查看到使用 set 函数设置的 n 的 data 值为“USY”，在浏览器中查看交易信息如图 10-19 所示。

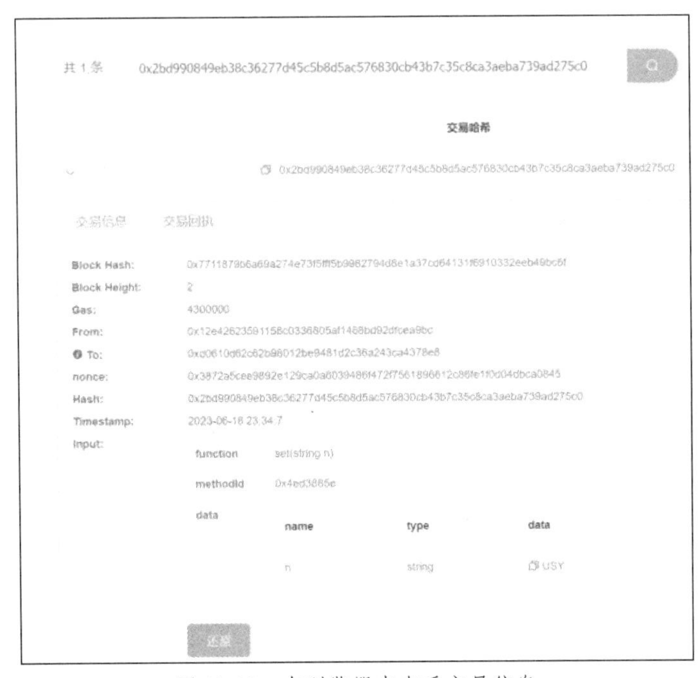

图 10-19　在浏览器中查看交易信息

（9）在浏览器中使用 get 函数

在 Windows 宿主机内的浏览器中输入网址：http://127.0.0.1:8080/hello/get ，可以调用 get 函数的接口，获取刚才通过 set 函数设置的 name 值。调用 get 函数获得 name 值如图 10-20 所示，此时就通过 SmartDev-Scaffold 完成了对智能合约写和读的操作。

图 10-20　调用 get 函数获得 name 值

思考题

一、选择题

（1）FISCO BCOS 是（　　）类型的区块链平台。

A．公有链　　B．私有链　　C．联盟链　　D．混合链

（2）FISCO BCOS 支持（　　）的自定义和扩展。

A. 智能合约　　B. 数据隐私保护

C. 区块链共识算法　　D. 交易验证机制

（3）FISCO BCOS 主要采用了（　　）共识算法。

A. PoW　　B. PoS　　C. PBFT　　D. DPoS

（4）FISCO BCOS 的隐私保护功能是通过（　　）函数实现的。

A. 公开加密　　B. 非对称加密

C. 对称加密　　D. 多层次权限控制

（5）FISCO BCOS 的主要应用场景是（　　）。

A. 医疗行业　　B. 教育行业　　C. 政府机构　　D. 金融行业

（6）FISCO BCOS 的扩展性体现在（　　）。

A. 链上功能和模块的定制扩展　　B. 分布式节点的扩容

C. 数据存储容量的扩充　　D. 网络带宽的提升

（7）FISCO BCOS 支持的区块链架构是（　　）。

A. 单链架构　　B. 多链架构

C. 混合链架构　　D. 分布式链架构

二、简答题

（1）请简述 FISCO BCOS 的主要特点和优点。

（2）FISCO BCOS 所使用的共识算法是什么？简要介绍其工作原理。

（3）FISCO BCOS 的数据隐私保护是如何实现的？

第11章 区块链运维技术

【本章导读】

区块链运维技术在区块链系统的生命周期中扮演着至关重要的角色，涵盖了网络的搭建、节点的管理、安全性的保障以及性能的优化等多个方面。本章将深入探讨区块链运维技术的各个层面，旨在为读者提供全面而实用的操作指南，指导读者有效地管理和维护区块链系统。

首先，本章将关注节点管理，详细介绍节点的安装与配置、监控与性能优化，以及升级与维护等方面。这有助于确保区块链网络的稳定运行和高性能。

随后，本章将探讨网络管理方面的知识，包括网络拓扑设计、安全性配置等。这将帮助读者深入了解安全、可靠的区块链网络结构。

在数据管理方面，我们将讨论区块链数据备份与恢复，以及数据一致性与同步等问题。这些内容对于确保区块链系统的数据完整性和可靠性至关重要。

安全性一直是区块链系统关注的焦点，因此，本章也将深入研究密钥管理与安全存储、安全审计与日志管理等方面的知识。这些内容有助于构建安全可信赖的区块链系统。

最后，我们将关注区块链系统的性能调优以及应急响应与恢复。

【知识要点】

第 1 节：节点管理，安装与配置，监控与性能优化，升级与维护。

第 2 节：网络拓扑设计，网络安全性配置。

第 3 节：数据备份与恢复，数据一致性与同步。

第 4 节：密钥管理与安全存储，安全审计与日志管理。

第 5 节：区块链性能监测与分析，交易处理速度优化。

第 6 节：应急响应机制，灾难恢复与业务连续性。

11.1 节点管理

节点管理

11.1.1 安装与配置

节点安装与配置是区块链运维中至关重要的一步，它直接影响着整个区块链网络的稳定性和性能。本小节将详细探讨节点安装与配置的重要性，以及执行这一任务时需要注意的关键步骤。

1. 选择合适的节点软件

在进行节点安装之前，首要任务是选择适用于特定区块链的节点软件。不同的区块链平台可能有不同的节点软件选择，比如以太坊可以选择使用 Geth 或 Parity。选择节点软件时，需要考虑其与整个网络的兼容性、安全性以及性能等因素。同时，了解社区对于不同节点软件的反馈和支持也至关重要。

2. 硬件要求与配置

节点的性能直接取决于所选择硬件的质量和配置。在这一步骤中，需要明确节点所需的硬件要求，包括但不限于处理器、内存等。合理的硬件配置不仅能够提高节点的性能，还能够确保节点稳定运行，并在处理大量交易时保持高效。

3. 操作系统配置

选定节点软件和硬件配置后，接下来需要配置节点所运行的操作系统。确保所选的操作系统版本与节点软件兼容，并按照官方建议进行相应的配置。这可能包括网络设置、防火墙规则、系统用户权限等方面的调整。良好的操作系统配置能够为节点提供一个稳定的运行环境。

节点安装与配置的成功与否直接关系到整个区块链网络的稳定性和性能。若节点安装不当或配置有误，可能会导致网络中断、交易延迟以及安全漏洞等问题。因此，在进行节点安装与配置时，团队需要谨慎对待每个步骤，确保其符合最佳实践，并且能够满足特定区块链网络的需求。

4. 注意事项

注意事项包括但不限于以下几点。

（1）文档记录

记录每个安装与配置的步骤，以备将来参考和审查。

（2）安全性考虑

在安装与配置中充分考虑安全性，例如限制节点的访问权限、定期更新密码等。

（3）自动化工具

使用自动化工具来简化节点安装与配置的过程，减少人为错误的发生。

（4）测试环境

在生产环境部署之前，首先在测试环境中进行节点安装与配置的测试，以确保一切正常运作。

（5）持续更新

随着区块链技术的发展，节点软件可能会更新，因此运维人员需要保持对技术发展的关注，并相应地更新节点。

节点安装与配置是区块链网络建设的基石，运维人员通过认真执行这一步骤，可以确保整个网络的可靠性和健壮性。

11.1.2 监控与性能优化

通过实时监控节点的运行状态并进行性能优化，可以确保区块链网络的稳定性、安全性和高效性。本节将深入探讨节点监控与性能优化的关键步骤和实践。

1．实时监控节点状态

实时监控是维护区块链网络健康运行的基础。利用专业的监控工具，如 Prometheus、Grafana 等，可以实时追踪节点的关键性能指标，包括网络流量、内存使用、CPU 负载、磁盘空间占用等。通过实时监控，团队能够快速发现潜在问题并及时采取措施，确保整个网络的正常运行。

2．性能指标分析与优化

对节点的性能指标进行定期分析是确保网络高效运行的关键步骤。通过收集和分析性能数据，可以识别潜在的性能瓶颈，并有针对性地进行优化。这包括调整节点配置、增加硬件资源、优化数据库查询等。优化的目标是提高整个网络的吞吐量、降低交易延迟以及减少资源占用。

3．预警设置与响应计划

建立有效的预警系统是及时发现并解决问题的关键。通过设定合适的阈值，当节点性能指标超出正常范围时，自动触发警报。这些警报可以通过邮件、短信或其他通信手段及时通知相关人员。同时，运维人员应该建立详细的响应计划，确保在出现问题时能够快速、有效地采取措施，减小潜在的风险。

4．注意事项

（1）选择合适的监控工具

根据区块链平台的特点选择合适的监控工具，确保其能够覆盖关键的性能指标。

（2）定期审查监控策略

定期审查监控策略，确保设置的阈值仍然适用于当前网络状态，并根据需要进行调整。

（3）利用日志记录

集成节点的日志记录，通过日志数据进行更深层次的故障排除和性能分析。

（4）性能测试

在生产环境部署之前进行性能测试，模拟高负载情况，确保节点能够在各种条件下稳定运行。

（5）周期性的性能优化

不断地进行性能优化工作，根据监控数据和性能测试结果，持续提升整个区块链网络的性能。

通过上述方法，运维人员可以更好地了解节点的运行状态，快速响应潜在问题，并持续提高区块链网络的性能，为用户提供更加可靠的服务。节点监控与性能优化是区块链运维中不可或缺的一部分，对于确保区块链网络的稳定性和高效性具有重要意义。

11.1.3 升级与维护

节点的升级与维护是区块链运维中至关重要的环节，它可以确保节点系统在不断发展的技术环境中保持稳定和安全。本小节将深入探讨节点升级与维护的关键步骤。

1．制定节点升级计划

制定节点升级计划是确保区块链网络安全和稳定运行的关键步骤。该计划应该包括以下几个方面。

（1）版本选择

选择合适的节点软件版本，通常需要考虑性能提升、新功能引入以及安全漏洞修复等因素。

（2）升级时间

确定合适的升级时间，以最大程度降低升级时对网络的影响。通常选在低交易量时段执行升级。

（3）备份策略

制定数据备份策略，确保在升级过程中不会发生数据丢失。定期备份和恢复测试都是必要的步骤。

2．备份与恢复策略

在节点升级过程中，数据备份是确保系统安全的重要步骤。备份包括整个节点的配置文件、数据库以及相关的密钥信息。需要制定详细的备份策略，确保备份数据的完整性和可用性。同时，进行定期的备份恢复测试，验证备份的有效性，以防止节点在升级过程中发生意外情况。

3．定期维护与补丁管理

定期进行维护工作，包括但不限于以下几点。

（1）安全补丁应用

及时应用节点软件和操作系统的安全补丁，以修复已知的漏洞，提高系统的安全性。

（2）性能优化

定期进行性能优化工作，根据监控数据分析节点的运行状况，通过优化配置来提高整个网络的性能。

（3）日志分析

定期分析节点生成的日志，发现并解决潜在问题，确保系统稳定运行。

4．注意事项

（1）测试环境中先行升级

在生产环境中部署前，首先在测试环境中进行节点升级，确保升级过程的可靠性。

（2）灰度升级

对于大型网络，采用灰度升级策略，逐步升级节点，以减小潜在问题对整个网络的影响。

（3）文档记录

详细记录升级过程中的每个步骤，以备将来查阅和审查。

（4）应急计划

制定应急计划，以便在升级过程中发生意外情况时能快速恢复系统。

(5) 定期审核升级计划

随着区块链技术的发展，定期审核升级计划，确保节点软件始终使用最新版本。

通过上述方法，运维人员可以确保节点系统在不断变化的环境中保持最新状态，同时保证系统的安全性和高效性，为用户提供更可靠的服务。节点升级与维护是区块链运维中不可或缺的环节，对于保障系统的长期健康运行至关重要。

网络管理

11.2 网络管理

11.2.1 网络拓扑设计

区块链网络拓扑设计是建立一个高效、稳定和可扩展的区块链网络的关键步骤。良好的拓扑设计能够最大程度地优化网络性能，降低延迟，并确保网络的可靠性。以下是网络拓扑设计中需要考虑的关键因素。

1. 节点布局

确定节点在网络中的位置和连接方式。这包括主节点、从节点、验证节点等，它们的位置和连接方式直接影响整个网络的可用性和性能。

2. 网络分区

在大型区块链网络中，考虑将网络划分为多个分区，每个分区内部具有较低的延迟和更好的性能。这有助于提高整个网络的可扩展性。

3. 对等节点通信

确保对等节点之间的通信是高效且安全的。使用加密技术保护数据传输，同时通过优化通信协议和网络配置来减少通信延迟。

4. 负载均衡

在设计中需充分考虑负载均衡，以确保各个节点在网络中分担负载，防止某个节点成为瓶颈，影响整个网络的性能。

5. 网络安全

将安全性纳入设计中，确保网络中的通信是加密的，采取适当的措施保护节点免受网络攻击。

6. 跨链通信

如果网络涉及多个区块链，需要考虑跨链通信的设计，确保不同链之间的信息传递是安全可靠的。

网络拓扑设计并非一次性任务，还需要定期审查和更新，以适应不断变化的网络需求和技术发展。

7．注意事项

（1）需求分析

在设计网络拓扑之前，仔细分析业务需求和性能要求，确保网络设计能够满足实际应用场景。

（2）模拟测试

在实际应用之前，使用模拟工具对网络拓扑进行测试，评估其在各种情况下的性能和稳定性。

（3）容灾设计

考虑网络的容灾性，确保即使部分节点出现故障，整个网络仍然能够运行。

（4）合规性考虑

如果区块链的应用场景涉及合规性要求，确保网络拓扑设计符合相关法规和标准。

（5）实时监控

部署实时监控系统，定期检查网络性能，并根据监控结果进行必要的调整和优化。

（6）文档记录

详细记录网络拓扑设计的过程和决策，便于将来的维护和更新。

通过精心设计和不断调整，网络管理团队可以确保区块链网络在面对不断增长的需求和挑战时，仍能够提供高效、安全和可靠的服务。

11.2.2 安全性配置

网络安全性配置是确保区块链网络免受恶意攻击、数据泄露和其他安全威胁的关键方面。在进行网络安全性配置时，运维人员需要采取一系列的措施来保障整个网络的安全性。以下是进行网络安全性配置的一些建议和步骤。

1．加密通信

确保区块链网络中的所有通信都经过加密处理。使用安全的通信协议，如 TLS/SSL，以保护数据在传输过程中的机密性。这对节点之间的通信以及与外部系统的交互都至关重要。

2．身份验证和授权

实施严格的身份验证和授权机制，确保只有经过授权的节点才能够参与网络。使用公钥基础设施（PKI）等技术来验证节点的身份，并配置适当的访问控制列表（ACL）来限制节点的权限。

3．防火墙设置

配置防火墙以过滤网络流量，限制未经授权的访问。防火墙规则应该基于最小权限原则，只允许必要的流量通过，同时阻止潜在的恶意流量。

4．安全日志记录

开启详细的安全日志记录功能，监控节点的活动。安全日志记录可以用于检测潜在的入侵行为、审计访问记录，并在发现异常时进行快速响应。

5．漏洞管理和定期扫描

实施漏洞管理流程，定期扫描节点和网络组件以发现潜在的漏洞。及时应用安全补丁，确保系统不受已知漏洞的影响。

6．网络隔离

将节点划分到不同的网络段，实施网络隔离。这可以减小横向移动的风险，即一旦某个节点受到攻击，攻击者难以攻击网络中其他节点。

7．DDoS 防护

实施分布式拒绝服务（DDoS）攻击防护机制，使用流量过滤、负载均衡和其他技术手段，确保网络能够在面对大规模的攻击时继续正常运行。

8．合规性要求和遵从法规

考虑区块链应用可能面临的合规性要求，确保网络安全配置符合相关法规和标准。这对于处理敏感数据的区块链应用尤为重要。

9．紧急响应计划

制定紧急响应计划，定义在发生安全事件时的响应步骤。确保运维人员能够迅速、有效地应对潜在的安全威胁。

10．定期安全审计

定期进行安全审计，评估网络安全性配置的有效性。安全审计应该包括配置的合规性检查、漏洞管理、身份验证和授权等方面。

通过综合考虑这些安全性配置措施，运维人员可以有效地提升区块链网络的安全性，保护用户数据和整个网络免受潜在的威胁。网络安全性配置是区块链运维中不可或缺的一环，需要与其他运维任务密切结合，以确保整个系统的安全和稳定。

11.3 数据管理

11.3.1 数据备份与恢复

1．区块链数据备份与恢复

区块链数据备份与恢复可以确保在发生意外情况时能够迅速、可靠地恢复数据。以下是区块链数据备份与恢复的关键步骤。

（1）制定备份策略

制定详细的备份策略，明确定义何时、何地以及如何进行数据备份。考虑备份的频率、存储位置以及数据的保留期限。

（2）选择合适的备份工具

选择适用于特定区块链平台的备份工具。不同的区块链系统可能需要不同的备份和恢复机制。确保备份工具能够全面地捕捉区块链节点的状态和数据。

（3）全节点数据备份

对区块链网络中的全节点进行完整的数据备份。全节点包含了整个区块链的历史记录和当前状态，因此对其进行备份是确保数据完整性和一致性的关键。

（4）自动化备份

尽可能采用自动化备份机制，确保备份过程的可靠性和一致性。自动化备份可以定期执行，减少人为错误和遗漏备份的可能性。

（5）数据加密

在进行备份时，使用加密技术确保备份数据的机密性。加密备份数据可以防止未经授权的访问和数据泄露。

（6）定期进行备份测试

定期进行备份恢复测试，验证备份的可用性和完整性。测试包括从备份中恢复数据、确保数据的正确性，以及在不同条件下测试备份的恢复速度。

（7）灾难恢复计划

制定灾难恢复计划，定义在发生数据丢失或节点崩溃时的应急措施。计划应该包括备份的恢复步骤、责任人员以及通信流程。

（8）分层备份

采用分层备份策略，将备份数据按层次存储。常见的分层备份包括完整备份、增量备份和差异备份，以便在需要时快速选择合适的备份进行恢复。

（9）备份存储的地理分散

将备份存储在地理上分散的位置，以防止地区性灾难对备份的影响。云存储和离线存储都是常见的选择，可以提高数据的可用性和安全性。

（10）监控备份过程

部署监控系统，实时监控备份过程的状态和性能。确保备份任务能够按计划执行，并及时发现备份失败或异常情况。

遵循这些区块链数据备份与恢复的方法，运维人员可以确保在面对数据丢失、硬件故障或其他紧急情况时，能够迅速、可靠地恢复区块链网络的正常运行。数据备份与恢复是区块链运维中的核心任务，对于保障整个系统的稳定性和可用性至关重要。

2. 区块链数据备份与恢复工具

在进行区块链数据备份与恢复时，可以利用一些专门的工具。以下是一些可能用到的区块链数据备份与恢复工具的例子。

（1）Geth 的快照和导入

Geth（Go Ethereum）利用以太坊的官方 Go 语言实现，它提供了一种通过生成快照并在需要时导入的方法，来备份和恢复以太坊节点数据。可以使用 Geth 的“export”命令生成快照，然后使用“import”命令在需要时导入数据。

（2）超级账本 Fabric 的 CA 和 CouchDB 备份工具

超级账本 Fabric 是一个企业级区块链平台，它提供了一些用于备份和恢复关键组件的工具，如证书颁发机构（ertificate Authority，CA）和 CouchDB 数据库。可以使用超级账本 Fabric CA 的“fabric-ca-server db backup”命令和 CouchDB 的备份工具来定期备份关键数据。

（3）Bitcoin Core 的数据库备份工具

Bitcoin Core 利用比特币的官方全节点实现，它提供了一些来备份和恢复区块链数据的工具。使用 Bitcoin Core 的“dumpwallet”命令可以导出“钱包”数据，而“backupwallet”命令用于备份整个“钱包”。

（4）Rsync 和 SCP 文件同步工具

对于一般的区块链数据备份，可以使用常规文件同步工具，如 Rsync（Remote Sync）和 SCP（Secure Copy Protocol）。配置定期的 Rsync 任务，将区块链节点数据同步到远程服务器上；或使用 SCP 将备份文件传输到安全的存储位置。

（5）数据库管理系统的备份工具

区块链节点的底层数据通常存储在数据库中，可以使用数据库管理系统的备份工具进行备份。例如，对于使用 SQLite、PostgreSQL 或其他数据库的区块链节点，可以使用相应数据库的备份工具，如“pg_dump”。

（6）云服务提供商的备份服务

云服务提供商（如阿里云、华为云）通常提供备份服务，可以将区块链节点数据备份到云存储中。用户可以配置定期的云平台备份任务，利用云存储服务提供的快照功能或备份工具来进行数据备份。

这些例子仅代表备份与恢复工具的一小部分，实际情况中应基于具体的区块链平台和运行环境来选择。在实施备份与恢复策略时，团队应该仔细研究和测试相应工具，确保其符合特定区块链网络的需求和要求。

11.3.2 数据一致性与同步

数据一致性指的是在分布式系统中，各个节点上的数据保持相同的状态。同时，数据同步是指确保所有节点都及时更新并保持一致的过程。

1. 共识算法的选择

选择适合特定区块链网络的共识算法。共识算法是确保节点对区块链上的数据达成一致的基础。例如，PoW、PoS 等都是常见的共识算法，每种算法有各自的优缺点，应根据具体需求选择合适的共识算法。

2. 定期检查数据一致性

实施定期的数据一致性检查，确保所有节点上的数据保持一致。这可能涉及使用区块链浏览器或其他工具来监测每个节点的状态，从而发现并解决任何潜在的数据不一致性问题。

3. 高可用性节点配置

配置高可用性节点，确保即使在部分节点失效的情况下，整个系统仍能保持一致。采用容错机制，如多副本存储、节点备份等，以防止出现数据不一致的问题。

4．同步机制的设计

设计有效的数据同步机制，确保新的交易或区块能够迅速传播到整个网络。这可能涉及点对点通信、广播机制或其他同步策略。

5．事件驱动同步

采用事件驱动的同步机制，使节点能够及时响应新的区块或交易。通过使用消息队列或事件通知系统，确保节点能够及时更新数据状态。

6．分布式数据库的优化

如果区块链节点使用了分布式数据库，就对数据库进行优化以提高同步性能。优化方法包括选择合适的数据库引擎、调整配置参数、使用数据库索引等。

7．网络延迟的处理

考虑网络延迟对数据同步的影响。使用合适的网络协议和优化方法，以减小网络延迟，确保数据迅速传播到所有节点。

8．容错和回滚机制

实施容错机制，以应对在同步过程中可能发生的错误或节点失效问题。同时，考虑实施回滚机制，以处理同步失败时的数据一致性问题。

9．快照备份与还原

定期进行整个区块链的快照备份，并在需要时能够迅速还原。这可以帮助解决严重数据不一致的问题，使各节点的数据恢复到先前的一致状态。

10．监控与警报

部署监控系统，监测数据同步状态。设置警报机制，及时发现并解决数据同步中的异常情况，确保数据一致性不受影响。

通过采取这些措施，运维人员可以确保在分布式环境中数据保持一致，提高系统的稳定性和可靠性。数据一致性与同步是区块链网络正常运行的基础，对于保障整个系统的健康运行至关重要。

11.4 安全性管理

安全性管理

11.4.1 密钥管理与安全存储

密钥管理和安全存储是开源区块链平台中确保系统安全性的核心方面。以下是在多个开源区块链平台中采用的常规做法。

1．使用硬件安全模块

硬件安全模块（Hardware Security Module，HSM）是一种专用硬件设备，用于生成、存储和保护密钥。在区块链中，可以将关键的私钥存储在 HSM 中，以提高密钥的物理安全性。

2．多重签名机制

实施多重签名机制，确保需要多个私钥的共同授权才能执行关键操作。这提高了系统对单点故障的容忍性，增强了安全性。

3．离线存储

重要的私钥应该存储在离线环境中，避免与网络连接。这样可以防止远程攻击和网络攻击对密钥的威胁。

4．定期轮换密钥

定期轮换加密密钥，以减小密钥被破解的风险。轮换过程应该是有计划的，避免影响系统正常运行。

5．密钥备份

定期备份重要的私钥，并将备份存储在安全的地方。备份是在密钥丢失或损坏时恢复系统安全性的关键。

6．访问控制

实施访问控制机制，限制对密钥的访问。只有经过授权的人员才能访问和操作关键的加密密钥。

11.4.2　安全审计与日志管理

1．详细的审计日志

记录详细的审计日志，包括关键操作、访问事件、错误和警告信息。确保日志中包含足够的信息以进行审计和调查。

2．时间戳和身份信息

在日志中包含时间戳和执行操作的身份信息。这有助于追踪事件的发生时间和执行者。

3．安全事件警报

设置安全事件警报，以便在发现异常活动或潜在的安全威胁时，能够及时采取行动。

4．中央化日志存储

将日志集中存储在安全的中央化位置，使用专业的日志管理工具进行集中存储，以防止信息被篡改和确保易于访问。

5．超级账本 Fabric 中审计日志的记录

在超级账本 Fabric 中，审计日志的记录是通过多种日志来实现的。

（1）Peer 节点日志

Peer 节点会生成详细的日志，包括交易的处理、数据传输和节点间通信。这些日志可用于故障排查和性能优化。

（2）Orderer 节点日志

Orderer 节点日志记录了有关交易的排序和区块的生成信息。审计这些日志可以确保区块链网络的一致性和正确性。

（3）链码日志

链码日志可以记录关键操作和事件。这有助于用户理解链码的执行流程，同时为审计提供必要的信息。

（4）通道事件日志

通道事件日志记录有关通道上事件的信息，包括链码调用、状态更改和其他关键活动。这些日志对于追踪和分析网络行为至关重要。

（5）MSP 日志

MSP 日志记录了有关身份验证和访问控制的信息。审计这些日志有助于确保身份的正确使用。

（6）系统链码日志

系统链码日志负责记录系统链码的执行过程，这对于审计系统的整体行为至关重要。

在超级账本 Fabric 中，可以配置节点、链码和通道事件的日志级别以及相关属性，以满足不同应用场景的需求。这有助于运维人员根据实际情况调整审计日志记录的详细程度。

11.5 性能调优

性能调优

11.5.1 区块链性能监测与分析

区块链性能监测与分析是确保区块链系统高效运行、发现潜在问题并进行优化的关键。以下是在区块链运维中的常用方法以及在超级账本 Fabric 中的一些具体示例。

1．节点监测

定期监测各个节点的性能指标，包括 CPU 利用率、内存消耗、磁盘空间等。这有助于识别潜在的性能瓶颈。

2．交易吞吐量

跟踪每秒处理的交易数量。通过监测交易吞吐量，可以评估系统的性能，并及时发现性能问题。

3. 延迟分析

分析交易的处理延迟，包括发起交易到交易被确认的时间。延迟分析有助于发现潜在的性能瓶颈和优化机会。

4. 网络带宽监测

监测节点间的网络带宽使用情况，以确保网络性能不会成为系统的瓶颈。

5. 区块传播时间

跟踪新区块从一个节点传播到整个网络所需的时间。这有助于评估区块传播的效率。

6. 资源利用率分析

分析系统的资源利用率，包括 CPU、内存、磁盘等。这有助于调整系统配置以满足性能需求。

7. 在超级账本 Fabric 中的示例

在超级账本 Fabric 中，可以通过以下方式监测和分析区块链性能。

（1）与 Prometheus 和 Grafana 集成

超级账本 Fabric 支持与 Prometheus 和 Grafana 等监控工具集成。通过收集和可视化节点的性能指标，可以更好地了解系统的健康状况。

（2）Caliper 性能测试

使用 Caliper 进行性能测试，模拟不同负载条件下的区块链网络性能。这有助于评估系统的吞吐量、延迟和资源利用率。

（3）SDK Benchmark 工具

使用超级账本 Fabric 提供的 SDK Benchmark 工具进行性能测试。该工具可以模拟大量交易并评估系统的性能。

（4）Orderer 节点日志和 Peer 节点日志分析

对 Orderer 节点和 Peer 节点的日志进行分析，了解处理交易的时间、区块生成和传播的时间等。这有助于识别潜在的性能问题。

（5）通道级别的监测

在超级账本 Fabric 中，可以通过配置通道级别的监测，监视和评估不同通道上的性能。

（6）Explorer 工具

使用 Explorer 工具监测区块链网络的实时状态和性能。Explorer 工具提供了直观的图形化界面，有助于进行性能分析和故障排查。

这些示例展示了在超级账本 Fabric 中如何进行区块链性能监测与分析。通过合适的工具和方法，可以及时发现并解决系统性能方面的问题，确保区块链系统高效运行。

11.5.2 交易处理速度优化

优化交易处理速度是提升区块链系统性能的关键目标之一。以下是在区块链运维中的常用方法，以及在超级账本 Fabric 中的一些具体示例。

1. 并发处理

提高系统并发处理能力，允许系统同时处理多个交易。这可以通过优化节点配置、增加节点数量或调整系统参数来实现。

2. 批处理

批处理可以将多个交易打包成一个区块，以此减少验证次数和提高交易处理效率。批处理有助于减少系统开销和提升网络吞吐量。

3. 索引优化

优化数据库索引以加速交易查询。确保数据库中使用了恰当的索引，以提高数据检索和更新的效率。

4. 缓存机制

使用缓存机制存储和检索频繁访问的数据，减少对底层数据存储的访问次数，从而提高交易响应速度。

5. 优化智能合约代码

定期审查和优化智能合约代码。避免不必要的计算，以降低智能合约执行的成本和时间。

6. 在超级账本 Fabric 中的示例

在超级账本 Fabric 中，优化交易处理速度可以通过以下方式实现。

（1）链码并发执行

在链码中采用并发执行逻辑，允许系统同时处理多个交易。这可以通过使用 Go 语言的 goroutines 或其他并发机制来实现。

（2）批处理配置

调整超级账本 Fabric 的批处理配置，将多个交易打包成批次进行提交，以减少交易提交的频率。这可以通过配置通道参数来实现。

（3）LevelDB 配置优化

如果使用 LevelDB 作为状态数据库，可以优化其配置参数，包括缓存大小、压缩选项等，以提高数据的读写效率。

（4）使用超级账本 Fabric 应用程序封装层

使用 Fabric 的应用程序封装层（FAB-APL）来提供本地缓存和预处理功能，减少与底层区块链网络的交互次数，从而降低交易处理的延迟。

（5）使用超级账本 Fabric 提供的 SDK

使用超级账本 Fabric 提供的 SDK，通过合理配置和调整连接池、事件监听器等参数，优化交易的发起和处理流程。

这些示例提供了一些在超级账本 Fabric 中优化交易处理速度的实践方法。在实际应用中，通过系统监测、性能测试和不断调整，可以更好地实现优化交易处理速度的目标。

11.6 应急响应与恢复

11.6.1 应急响应机制

1．制定应急响应计划

制定应急响应计划是区块链运维中的关键环节，它建立了一套预先定义的流程和策略，用于在发生安全事件或系统故障时运维人员可以迅速采取行动，降低突发情况对业务运营的影响。这包括对潜在风险的评估，确定响应团队及其角色，制定通信协议，以及规划技术恢复活动，确保在紧急情况下能够快速、有序地恢复区块链系统的正常运行，并保护数据的完整性和安全性。

2．监控、检测与预警系统

在区块链运维中，监控、检测与预警系统是确保区块链平台稳定运行的关键组成部分。这些系统通过实时监控区块链平台的状态，检测异常行为和潜在的安全威胁，并在检测到问题时及时发出预警，从而帮助运维人员快速响应并采取必要的措施。具体来说，监控系统会追踪区块同步、交易处理、节点健康等关键性能指标；检测系统会分析这些数据，识别出与正常运行模式不符的行为；在潜在问题被确认后，预警系统会自动发送消息通知运维人员。这样的系统不仅提高了区块链平台的安全性和可靠性，也为运维人员提供了更高效的工具，以保障整个区块链系统的稳定和安全。

3．应急响应流程

区块链运维中的应急流程是确保区块链平台在遇到安全威胁或系统故障时能够迅速恢复正常运作的关键过程。应急响应流程包括以下几个关键步骤。

（1）准备阶段：建立应急响应团队，制定应急预案，准备必要的工具，以及进行定期的应急演练，确保团队成员熟悉应急流程。

（2）检测阶段：通过监控系统和安全工具来识别潜在的安全事件或系统异常。这可能包括异常交易监控、网络流量分析和系统日志审查。

（3）根除阶段：深入分析事件原因，识别并修复安全漏洞或配置错误，确保问题被解决。

（4）恢复阶段：在问题被根除后，逐步使受影响的服务和系统恢复到正常状态。这包括数据恢复、系统重新上线和验证服务完整性。

（5）总结阶段：事件处理完成后，进行事后分析，总结经验教训，更新应急响应流程，以提高未来应对类似事件的能力。

4．应急通信与协调

在区块链运维中，应急通信与协调是确保在紧急情况下各参与方能够迅速、有效地交换信息和资源的关键环节。这通常需要建立一个多方参与的通信平台，利用区块链技术的去中心化和不可篡改的特性来增强信息的透明度和信任度。通过智能合约，区块链平台可自动化执行各方在应急响应中的责任和义务，确保资源和信息的及时调配。同时，区块链上的信息共享机制能够促进不同部门和机构之间的协调，提高整体应急响应的效率。这种机制不仅加快了应急响应的速度，还增强了各参与方之间的信任度，从而在面对突发事件时能够形成统一的应急响应和资源调度方案。

11.6.2 灾难恢复与业务连续性

1．数据备份与存储策略

在区块链运维中，数据备份与存储策略是确保区块链数据安全性和可靠性的关键环节。区块链系统的数据备份策略通常包括定期对链上数据进行快照保存，创建备份，以及自动备份等，确保数据的持续性和一致性。这些备份可以保证在发生故障或数据丢失时系统迅速恢复至正常状态。同时，区块链的分布式特性允许数据跨多个节点存储，从而增加了副本的数量，提升了备份的可靠性。此外，区块链的不可篡改性也提高了数据的可审计性和一致性，确保了数据备份的安全性。通过这些策略，区块链运维能够保障数据免受意外丢失或恶意攻击的影响，从而维护整个系统的稳定运行。

2．灾难恢复计划

在区块链运维中，灾难恢复计划（Disaster Recovery Plan, DRP）是一套预先定义的策略和程序，旨在当区块链系统遭遇灾难性事件，如硬件故障、自然灾害或网络攻击时，能够迅速恢复关键功能和数据。DRP 通常包括以下几个关键组成部分。

（1）风险评估：识别可能导致系统故障的风险，并评估这些风险对业务运营的影响。

（2）恢复目标设定：确定恢复时间目标和恢复点目标，即系统恢复的最大可接受时间以及数据丢失的最大可接受量。

（3）数据备份策略：定期备份关键数据，并确保备份数据的安全性和可访问性。

（4）系统和网络冗余：建立冗余系统和网络路径，以便在主系统发生故障时能够快速切换。

（5）应急响应流程：制定清晰的应急响应流程，确保在灾难发生时能够迅速启动应急响应。

（6）测试和演练：定期测试和演练 DRP，确保其在真实情况下能够有效执行。

（7）文档和培训：编制详细的 DRP 文档，并培训相关人员，确保他们了解在灾难发生时的角色和职责。

3．业务连续性计划

业务连续性计划（Business Continuity Plan, BCP）是一套旨在确保运维人员在面对各种潜在威胁如自然灾害、技术故障、恐怖主义行为、电力故障时，能够持续运作的策略和程序。BCP 的核心目标是减少这些威胁对业务运营的影响，并确保关键业务功能在危机发生后能够迅速恢复。这包括风险识别、预防措施、应急响应、业务接续、业务恢复等关键组成部分。通过实施 BCP，运维人员能够维持业务的连续性，从而最小化潜在的财务和声誉损失。有效的 BCP 应涵盖从项目初始化、风险分析、业务影响分析、策略及实施、BCP 开发、培训计划到测试及维护的全过程。

4．恢复流程与实践

在区块链运维技术中，恢复流程与实践是确保在发生故障或灾难后，区块链能够迅速、准确地恢复到正常运行状态的关键步骤。这一流程通常包括以下几个阶段。

（1）数据备份验证：在灾难发生前，系统会定期进行数据备份，恢复流程的首要任务是验证备份数据的完整性和可用性。

（2）故障分析：分析故障原因，确定受影响的范围和程度，为恢复工作提供准确的指导。

（3）恢复策略制定：根据故障分析结果，制定详细的恢复策略和计划，包括确定恢复的优先级和资源分配。

（4）系统重建：按照恢复计划，逐步重建系统，包括硬件、软件、网络等基础设施的恢复。

（5）数据恢复：将验证过的备份数据恢复到重建的系统中，确保数据的一致性和完整性。

（6）系统测试：在数据恢复后，进行全面的系统测试，验证系统功能是否正常，数据是否准确。

（7）业务验证：与业务部门合作，验证业务流程和交易是否能够正常进行。

（8）恢复后评估：在系统恢复正常运行后，进行恢复过程的评估，总结经验教训，优化未来的灾难恢复计划。

（9）文档记录：详细记录整个恢复过程，包括所采取的措施、遇到的问题和解决方案，为未来的运维提供参考。

5．法律合规性与审计

在区块链运维中，法律合规性与审计是确保区块链平台遵循法律法规和内部政策的关键环节。这包括确保所有交易和智能合约的执行都符合相关的法律要求，以及通过定期的审计来验证系统的安全性和透明度。合规性要求区块链运维人员必须了解并遵守数据保护法规、反洗钱法规以及其他可能适用于区块链操作的法律法规。审计则涉及对区块链系统的财务交易、数据管理和治理结构的独立的检查，以确保系统的完整性和合规性。通过法律合规性和审计，区块链运维不仅能够减少法律风险，还能够增强用户和监管机构的信任。

思考题

一、选择题

（1）在节点管理方面，（　　）不属于节点的常规操作。

A. 节点的安装与配置　　B. 节点的监控与性能优化

C. 节点的销毁与重建　　D. 节点的升级与维护

（2）区块链网络的安全性配置主要包括（　　）。

A. 数据一致性与同步　　B. 密钥管理与安全存储

C. 节点监控与性能优化　　D. 区块链网络的可视化配置

（3）在数据管理方面，（　　）不是确保区块链系统数据完整性和可靠性的措施。

A. 区块链数据备份与恢复　　B. 数据一致性与同步

C. 数据压缩与加密　　D. 数据的定期清理与归档

（4）区块链系统的安全性关注点主要包括（　　）。

A. 交易处理速度优化　　B. 区块链网络的设计与开发

C. 密钥管理与安全存储　　D. 区块链数据备份与恢复

（5）性能调优的目标是（　　）。

A. 减少网络拓扑设计的复杂度

B. 提高节点的安全性配置

C. 提升区块链系统的交易处理速度

D. 增强节点的监控与性能优化功能

（6）（　　）不属于区块链安全事件响应计划的内容。

A. 安全审计与日志管理　　B. 密钥管理与安全存储

C. 业务连续性计划　　D. 区块链网络拓扑设计

（7）（　　）不属于应急响应与恢复的关键步骤。

A. 分析安全事件的原因　　B. 恢复节点的备份数据

C. 更新区块链系统的安全策略　　D. 重新设计区块链网络的拓扑

二、简答题

（1）如何选择合适的节点安装和配置策略，以确保区块链网络的高效运行？

（2）在设计区块链网络拓扑时，如何平衡分布式性能和安全性需求？有没有一些常用的方法？

（3）区块链数据备份与恢复的频率和方式应该如何选择，以确保系统的数据完整性？

（4）如何建立和维护一个有效的密钥管理与安全存储系统，以防范潜在的安全威胁？

（5）区块链数据备份的策略和周期应该如何设计，以保障系统在灾难发生时能够迅速恢复？

（6）在区块链中，如何处理分布式环境下的数据一致性问题，以保证各个节点之间的数据同步？

第12章 综合案例实践

【本章导读】

区块链技术在经历了十余年的发展，尤其是智能合约出现后，各种 DApps 层出不穷，并不断在各行业落地生根，涵盖金融、文化版权、司法服务及政务服务等领域。然而，从技术角度看，区块链应用的开发仍然有着较高的门槛，存在不少痛点，在应用开发各个环节上的用户体验有待提升。

本章将基于 FISCO BCOS 平台，介绍 DApps 开发常用的工具，帮助读者提升开发效率。本章讲解了多语言 SDK，针对不同编程语言的开发者提供对应 SDK 的介绍。本章还讲解了智能合约开发工具的编译、部署和交易验证；讲解了常用的后端开发框架和前端的 Vue 框架等。最后，通过实现一个综合案例，对 DApps 开发中的关键步骤进行了详细介绍。

【知识要点】

第 1 节：多语言 SDK，Java SDK，C SDK，Go SDK，Python SDK，Node.js SDK，CPP SDK，C# SDK，Rust SDK，Android SDK，智能合约开发，WeBASE IDE，以太坊外部账户，智能合约库，合约的编译，ABI 文件，字节码，合约部署，交易验证，Java 项目，DApps，SpringBoot 框架，Django 框架，MVC 模式，Vue 框架，视图模型。

第 2 节：系统架构，业务流程，存证合约实现，合约实现，交易验证，后端系统设计，合约服务类，存证上链类，存证管理类，Web 前端实现，存证要素配置界面，电子存证界面，存证管理界面。

12.1 区块链开发平台与工具

完整的区块链应用开发，在提供基础的区块链网络之外，还包括完成特定任务的智能合约开发、应用后台开发以及与用户交互的前端 Web 界面开发等过程。

12.1.1 多语言 SDK

在区块链的 DApps 开发中，上层应用与底层区块链的交互是完成业务系统的关键，开发者可根据自身业务程序的要求，选择不同语言的 SDK 提供的 API 接口实现对区块链的操作。SDK 接口可实现的主要功能包括以下 3 个方面。

① 合约操作：实现合约编译、部署、查询、交易发送、上链通知、参数解析和回执解

析等功能。

② 链的管理：实现链状态查询、链参数设置、组员管理和权限设置。

③ 其他：实现 SDK 间的相互消息推送。

为快速适配接入不同开发语言，FISCO BCOS 3.x 版本的多语言 SDK 采用了分层架构的设计，多语言 SDK 分层架构图如图 12-1 所示，从底层到上层依次分为通用基础组件层、CPP-SDK 层、C-SDK 层、多语言/多终端接入层。在 2.x 版本的基础上增加了 C 语言和 Rust 语言的 SDK。

图 12-1　多语言 SDK 分层架构图

各层主要功能介绍如下。

① 通用基础组件层

WeDPR-Crypto：提供加密和解密功能，包括数字签名、密钥交换等操作，以确保数据传输和存储的安全性。

Boost-SSL：使用 Boost 库实现的 SSL（安全套接层）支持，用于数据传输过程中的加密和认证。

WebSocket：提供基于 WebSocket 协议的通信机制，支持实时数据交换和通信。

GM/T 0018：遵循特定标准的加密算法或协议。

② CPP-SDK 层

提供 C++语言的软件开发工具包，允许开发者使用 C++语言创建更高性能的区块链应用程序。这一层包括了面向对象的接口和类库，支持更复杂的系统设计。

③ C-SDK 层

提供 C 语言的软件开发工具包，允许开发者使用 C 语言创建应用程序，与区块链平台交互。这一层包含了一系列预先构建的库和 API，简化了开发过程，使得开发者可以轻松地实现区块链功能。

④ 多语言/终端接入层

提供了多种编程语言和平台的 SDK，使得不同语言和环境下的开发者都能够接入区块链平台。包括但不限于 JavaSDK、GoSDK、Node.jsSDK、RustSDK、PythonSDK、iosSDK、AndroidSDK 等，这些 SDK 使得不同平台的开发者都可以构建区块链应用。

1. Java SDK

Java SDK 是目前最稳定、功能最强大的SDK语言支持工具包，兼容最新版本。它提供了访问 FISCO BCOS 节点的Java API，支持节点状态查询、部署和调用合约等功能。不同的区块链版本需要选择不同版本的Java SDK，两者不兼容。其主要特性包括。

① 提供合约编译，可以将Solidity合约文件转换成Java合约文件。

② 提供Java SDK API，提供访问 FISCO BCOS JSON-RPC 的功能，并支持预编译（Precompiled）合约的调用。

③ 提供自定义构造和发送交易功能。

④ 提供AMOP功能。

⑤ 支持事件推送。

⑥ 支持ABI解析。

⑦ 提供账户管理接口。

（1）配置项

接入Java SDK需要完成基础的配置，主要包括6个配置项，分别是证书配置、网络连接配置、AMOP配置、账户配置、线程池配置和Cpp SDK日志配置。配置的默认格式为toml，同时还支持properties、yml和xml等其他3种格式的文件。

以下是进行配置的简单示例。

① 在应用的主目录下新建一个conf目录。

② 将区块链网络节点nodes/127.0.0.1/sdk/目录下的证书复制到新建的conf目录下。

③ 在应用的主目录下，创建config.toml配置文件，内容示例如下。

```
[cryptoMaterial]

certPath = "conf"                                    # 证书路径
useSMCrypto = "false"                                # 是否使用国密算法

# enableHsm = "false"
# hsmLibPath = "/usr/local/lib/libgmt0018.so"
# hsmKeyIndex = "1"
# hsmPassword = "12345678"

# 以下配置默认采用上述 certPath
# caCert = "conf/ca.crt"                             # CA 证书路径
# sslCert = "conf/sdk.crt"                           # SSL 证书路径
# sslKey = "conf/sdk.key"                            # SSL 密钥文件路径

#以下配置默认采用 sm certPath
# caCert = "conf/sm_ca.crt"                          # 国密 CA 证书路径
# sslCert = "conf/sm_sdk.crt"                        # 国密 SSL 证书路径
# sslKey = "conf/sm_sdk.key"                         # 国密 SSL 密钥文件路径
# enSslCert = "conf/sm_ensdk.crt"                    # 国密加密证书文件路径
# enSslKey = "conf/sm_ensdk.key"                     # 国密加密 ssl 证书文件路径
[network]
messageTimeout = "10000"
defaultGroup="group0"                                # 控制台默认连接群组
peers=["127.0.0.1:20200", "127.0.0.1:20201"]         # 连接的对等节点列表

[account]
authCheck = "false"
keyStoreDir = "account"                  # 加载/存储账户文件的路径，默认是 account
```

```
# accountFilePath = ""          # 账户文件路径（从 keyStoreDir 指定的路径默认加载）
accountFileFormat = "pem"       # 账户文件的存储格式（默认为 pem，可选为 p12）
# accountAddress = ""           # 发送账户地址的交易，默认为随机生成的账户
                                # 随机生成的账户存储在 keyStoreDir 指定的路径中
# password = ""                 # 用于加载账户文件的密码
[threadPool]
# threadPoolSize = "16"         # 用于处理消息回调的线程池的大小，默认为 CPU 内核数
```

④ 修改配置文件 config.toml 的 network 字段中节点的 IP 和端口，与需要连接的节点相匹配。

```
[network]
peers=["127.0.0.1:20200", "127.0.0.1:20201"]
```

⑤ 在应用中使用该配置文件初始化 Java SDK，即可进行区块链应用的开发。

```
String configFile = "config.toml";
BcosSDK sdk =  BcosSDK.build(configFile);
```

（2）配置文件解析

① 证书配置

证书配置对应[cryptoMaterial]字段。基于安全考虑，Java SDK 与节点间采用 SSL 加密通信，目前同时支持非国密 SSL 连接以及国密 SSL 连接，Java-SDK 3.3.0 版本增加了对密码机的支持，对交易签名验证时可使用密码机里的密钥。Java SDK 证书主要配置项及其说明见表 12-1。

表 12-1　Java SDK 证书主要配置项及其说明

配置项	说明
certPath	证书存放路径，默认是 conf 目录
caCert	CA 证书路径，默认注释该配置项 注释该配置项时，如果 SDK 与节点采用非国密 SSL 连接，默认的 CA 证书路径为${certPath}/ca.crt；如果 SDK 与节点采用国密 SSL 连接，默认的 CA 证书路径为${certPath}/sm_ca.crt 开启该配置项时，从配置指定的路径加载 CA 证书
sslCert	SDK 证书路径，默认注释该配置项 注释该配置项时，如果 SDK 与节点采用非国密 SSL 连接，从${certPath}/sdk.crt 加载 SDK 证书；如果 SDK 与节点采用国密 SSL 连接，从${certPath}/sm_sdk.crt 加载 SDK 证书 开启该配置选项时，从配置指定的路径加载 SDK 证书
sslKey	SDK 私钥路径，默认注释该配置项 注释该配置项时，如果 SDK 与节点采用非国密 SSL 连接，从${certPath}/sdk.key 加载 SDK 私钥；如果 SDK 与节点采用国密 SSL 连接，从${certPaht}/sm_sdk.key 加载 SDK 私钥 开启该配置项时，直接从配置项指定的路径加载 SDK 私钥
enSslCert	国密 SSL 加密证书路径，仅当 SDK 与节点采用国密 SSL 连接时，需要配置该配置项，默认从${certPath}/sm_ensdk.crt 加载国密 SSL 加密证书；当开启该配置项时，从配置项指定的路径加载国密 SSL 加密证书
enSslKey	国密 SSL 加密私钥路径，仅当 SDK 与节点采用国密 SSL 连接时，需配置该配置项，默认从${certPath}/sm_ensdk.key 加载国密 SSL 加密私钥；当开启该配置项时，从配置项指定的路径加载国密 SSL 加密私钥
useSMCrypto	是否使用国密 SSL 连接，设置为 true 时表示使用国密 SSL
enableHsm	是否使用密码机，设置为 true 时表示使用密码机
hsmLibPath	密码机动态库的文件路径
hsmKeyIndex	密码机密钥的索引
hsmPassword	密码机的密码

② 网络连接配置

网络连接配置对应[network]字段。SDK 与 FISCO BCOS 节点进行通信，必须配置 SDK 连接的节点的 IP 和端口 Port，[network]配置了 Java SDK 连接的节点信息，具体包括如下配置项。

- peers：SDK 连接的节点的 IP:Port 信息，可配置多个连接
- defaultGroup：SDK 默认发送请求的群组

③ AMOP 配置

AMOP 配置对应[amop]字段，为非必须配置内容。主要用于实现用户通过 AMOP 协议与其他机构互传消息。AMOP 主要配置项及其说明见表 12-2。

表 12-2 AMOP 主要配置项及其说明

配置项	说明
publicKeys	指定 AMOP 公钥账户文件的路径；配置一个私有话题作为话题消息的发送者
topicName	话题名称
password	私钥账户密码
privateKey	指定 AMOP 私钥账户文件的路径；配置一个私有话题作为话题的订阅者
topicName	话题名称

④ 账户配置

账户配置对应[account]字段，为非必须配置内容。主要用于设置 SDK 向节点发送交易的账户信息，SDK 初始化 client 时，默认读取[account]配置项加载账户信息。账户主要配置项及其说明见表 12-3。

表 12-3 账户主要配置项及其说明

配置项	说明
keyStoreDir	加载/保存账户文件的路径，默认为 account
accountFileFormat	账户文件格式，默认为 pem，目前仅支持 pem 和 p12，加载 pem 格式的账户文件时不需要密码，加载 p12 格式的账户文件时需要密码
accountAddress	加载的账户地址，默认为空
accountFilePath	加载的账户文件路径，默认注释该配置项 注释该配置项时，当 SDK 连接非国密区块链时，默认从 ${keyStoreDir}/ecdsa/${accountAddress}.${accountFileFormat}路径加载账户文件；当 SDK 连接国密区块链时，默认从${keyStoreDir}/gm/${accountAddress}.${accountFileFormat}路径加载账户 当开启该配置项时，从该配置项指定的目录加载账户
password	加载 p12 类型账户文件的密码

⑤ 线程池配置

线程池配置对应[threadPool]字段，为非必须配置内容。为了方便业务根据机器实际负载调整 SDK 的处理线程，Java SDK 将其线程池配置项暴露在配置中，[threadPool]是线程池相关配置，具体包括：

threadPoolSize: 表示接收交易的线程数目，默认注释该配置项，注释该配置项时，默认值为机器的 CPU 数目；开启该配置项时，根据配置的值创建接收交易的线程数目。

⑥ Cpp SDK 日志配置

因为 Java SDK 是使用 JNI 封装的 Cpp SDK 的接口，在启动 Java SDK 时也会输出 Cpp SDK 的日志。Cpp SDK 的日志以独立的文件形式存在于配置文件中，文件名为 clog.ini，JNI 在启动时将在 classpath 下的根目录或者 conf 目录下找到这个文件。

```
[log]
    enable=true
    log_path=./log
    ; info debug trace
    level=DEBUG
    ; MB
    max_log_file_size=200
```

一般而言，该文件不需要额外配置，按照默认即可。

（3）接口说明

Java SDK 为区块链应用开发者提供了 Java API 接口，按照功能，Java API 可分为如下两类。

① Client：提供访问 FISCO BCOS 3.x 节点 JSON-RPC 接口支持、提供部署及调用合约的支持。

② Precompiled：提供调用 FISCO BCOS 3.x Precompiled 合约（预编译合约）的接口，主要包括 ConsensusService、SystemConfigService、BFSService、KVTableService、TableCRUDService 及 AuthManager。

2. C SDK

C SDK 是 FISCO BCOS 3.0 版本中新增的 C 语言版本的软件开发套件，提供 C 语言风格的用于访问底层区块链的接口，支持 RPC 协议、AMOP 协议和合约事件订阅等基础功能。可用于开发基于C语言的区块链应用,也可以帮助其他开发人员在C SDK基础上进行封装，快速开发其他语言版本的区块链应用。

C SDK 支持两种初始化方式：配置对象初始化和配置文件初始化。

（1）配置对象解析

通过配置对象完成初始化的方式，需要定义以下四个结构体，C SDK 结构体功能及字段说明见表 12-4。

表 12-4　C SDK 结构体功能及字段说明

结构体	功能	字段说明
bcos_sdk_c_config	基础配置	thread_pool_size：线程池大小，该线程池用于处理网络消息 message_timeout_ms：消息超时时间 peers：连接列表，注意：初始化时采用 malloc 方式，确保可以使用 free 释放 peers_count：连接列表大小 disable_ssl：是否屏蔽 SSL。0：否、1：是 ssl_type：SSL 类型，支持 ssl 和 sm_ssl 两种类型。注意：初始化时采用 strdup 或者 malloc，确保可以使用 free 释放 is_cert_path：SSL 连接证书的配置项为文件路径或者文件内容。0：内容，1：路径

续表

结构体	功能	字段说明
bcos_sdk_c_config	基础配置	bcos_sdk_c_cert_config：ssl 连接的证书配置， ssl_type 为 ssl 时有效。注意：使用 malloc 方式进行初始化，确保可以使用 free 释放 bcos_sdk_c_sm_cert_config：国密 SSL 连接的证书配置，ssl_type 为 sm_ssl 时有效。注意：初始化时采用 malloc 方式，确保可以使用 free 释放
bcos_sdk_c_endpoint	连接 IP:port	Host：节点 RPC 连接，支持 IPv4、IPv6 格式 Port：节点 RPC 端口
bcos_sdk_c_cert_config	SSL 连接证书配置，ssl_type 为 ssl 时有效	ca_cert：根证书配置，支持文件路径和文件内容两种方式 node_cert：SDK 证书，支持文件路径和文件内容两种方式 node_key：SDK 私钥，支持文件路径和文件内容两种方式
bcos_sdk_c_sm_cert_config	国密 SSL 连接证书配置，ssl_type 为 sm_ssl 时有效	ca_cert：国密根证，支持文件路径和文件内容两种方式 node_cert：SDK 国密签名证书，支持文件路径和文件内容两种方式 node_key：SDK 国密签名私钥，支持文件路径和文件内容两种方式 en_node_key：SDK 国密加密证书，支持文件路径和文件内容两种方式 en_node_crt：SDK 国密加密私钥，支持文件路径和文件内容两种方式

（2）配置文件

通过配置文件完成初始化的方式，需要在配置文件 config.ini 中定义以下内容，以国密 SSL 连接配置文件为例。

```
[common]
    ; if ssl connection is disabled, default: false
    ; disable_ssl = true
    ; thread pool size for network message sending receiving handing
    thread_pool_size = 8
    ; send message timeout(ms)
    message_timeout_ms = 10000
[cert]
    ; ssl_type: ssl or sm_ssl, default: ssl
    ssl_type = sm_ssl
    ; directory the certificates located in, default: ./conf
    ca_path=./conf
    ; the ca certificate file
    sm_ca_cert=sm_ca.crt
    ; the node private key file
    sm_sdk_key=sm_sdk.key
    ; the node certificate file
    sm_sdk_cert=sm_sdk.crt
    ; the node private key file
    sm_ensdk_key=sm_ensdk.key
    ; the node certificate file
    sm_ensdk_cert=sm_ensdk.crt
[peers]
# supported ipv4 and ipv6
    node.0=127.0.0.1:20200
    node.1=127.0.0.1:20201
```

3. Go SDK

Go SDK 提供了访问 FISCO BCOS 节点的 Go API，支持节点状态查询、部署和调用合约等功能，基于 Go SDK 可快速开发区块链应用，目前支持 FISCO BCOS 2.2.0 以上与 3.3.0 以上版本。主要特性包括以下几个方面。

① 提供调用 FISCO BCOS JSON-RPC 的 Go API。

② 提供合约编译，将 Solidity 合约文件编译成 ABI 文件和 bin 文件，然后再转换成 Go 合约文件。

③ 提供部署及调用 Go 合约文件的 GO API。

④ 提供调用预编译（Precompiled）合约的 Go API，其中 FISCO BCOS 2.2.0 以上版本已全面支持，FISCO BCOS 3.3.0 以上版本部分支持。

⑤ 支持与节点建立 TLS 国密连接。

⑥ 提供 CLI（Command-Line Interface）工具，供用户在命令行中方便快捷地与区块链交互。

FISCO BCOS 3.30+版本中的 Go SDK 通过调用 C SDK 的动态库实现，同时提供两种初始化方式，一种是通过 C SDK 的配置文件，另一种是通过参数传入配置信息。

（1）传入配置文件

通过传入配置文件完成初始化的方式，定义函数形式如下。

```
func Dial(configFile string, groupID string, privateKey []byte) (*Client, error)
```

其中，configFile 表示配置文件路径，groupID 表示群组 ID，privateKey 表示私钥。

需要在配置文件中定义以下内容。

```
[common]
    ; if ssl connection is disabled, default: false
    ; disable_ssl = true
    ; thread pool size for network message sending receiving handing
    thread_pool_size = 8
    ; send message timeout(ms)
    message_timeout_ms = 10000
    ;
    send_rpc_request_to_highest_block_node = true

; ssl cert config items,
[cert]
    ; ssl_type: ssl or sm_ssl, default: ssl
    ssl_type = ssl
    ; directory the certificates located in, default: ./conf
    ca_path=./conf
    ; the ca certificate file
    ca_cert=ca.crt
    ; the node private key file
    sdk_key=sdk.key
    ; the node certificate file
    sdk_cert=sdk.crt

[peers]
# supported ipv4 and ipv6
    node.0=127.0.0.1:20200
    node.1=127.0.0.1:20201
```

（2）传入参数

通过传入参数完成初始化的方式，需要定义 Config 结构体，Go SDK 传参结构体字段说明见表 12-5。

表 12-5　Go SDK 传参结构体字段说明

参数	数据类型	说明
TLSCaFile	string	TLS 根证书文件路径
TLSKeyFile	string	TLS 私钥文件路径
TLSCertFile	string	TLS SDK 证书文件路径
TLSSmEnKeyFile	string	国密加密私钥文件路径
TLSSmEnCertFile	string	国密加密证书文件路径
IsSMCrypto	bool	链是否为国密
PrivateKey	[]byte	签名交易的私钥
GroupID	string	群组 ID
Host	string	节点 IP 或域名
Port	int	节点 port
DisableSsl	bool	是否禁用 SSL 加密连接

4. Python SDK

Python SDK 提供了访问 FISCO BCOS 节点的 Python API，支持节点状态查询、部署和调用合约等功能，基于 Python SDK 可快速开发区块链应用，目前支持 FISCO BCOS 2.0.0 以上与 FISCO BCOS 3.0.0 以上版本。主要特性包括以下几个方面。

① 提供调用 FISCO BCOS JSON-RPC 的 Python API。

② 支持 HTTP 短连接和 TLS 长连接的通信方式，保证节点与 SDK 安全加密通信的同时，可接收节点推送的消息。

③ 支持交易解析功能，包括交易输入、交易输出、Event Log 等 ABI 数据的拼装和解析。

④ 支持合约编译，将 sol 合约编译成 ABI 文件和 bin 文件。

⑤ 支持基于 keystore 的账户管理。

⑥ 支持合约历史查询。

Python SDK 在使用前需要进行基础配置，配置文件 client_config.py 中涵盖了 SDK 算法类型配置、通用配置、账户配置、群组配置、通信配置、证书配置和 Solc 编译器配置等。Python SDK 配置项说明见表 12-6。

表 12-6　Python SDK 配置项说明

配置项	字段名	字段说明
SDK 算法类型	crypto_type	SDK 接口类型，目前支持国密接口和非国密接口
通用配置	contract_info_file	保存已部署合约信息的文件，默认为 bin/contract.ini
	account_keyfile_path	存放 keystore 文件的目录，默认为 bin/accounts
	logdir	默认日志输出目录，默认为 bin/logs
账户配置-非国密	account_keyfile	存储非国密账号信息的 keystore 文件路径，默认为 pyaccount.keystore
	account_password	非国密 keystore 文件的存储密码，默认为 123456
账户配置-国密	gm_account_keyfile	存储国密账号信息的加密文件路径，默认为 gm_account.json
	gm_account_password	国密账户文件的存储密码，默认为 123456

续表

配置项	字段名	字段说明
群组配置	fiscoChainId	链 ID，必须与通信节点一致，默认为 1
	groupid	群组 ID，必须与通信的节点一致，默认为 1
通信配置	client_protocol	Python SDK 与节点通信协议，包括 RPC 和 channel 选项，前者使用 JSON-RPC 接口访问节点，后者使用 channel 访问节点，需要配置证书，默认为 channel
	remote_rpcurl	采用 RPC 通信协议时，默认为 http://127.0.0.1:8545，如采用 channel 协议，可以留空
	channel_host	采用 channel 协议时，节点的 channel IP 默认为 127.0.0.1，如采用 RPC 协议通信，可以留空
	channel_port	节点的 channel 端口，默认为 20200，如采用 RPC 协议通信，可以留空
证书配置	channel_ca	链 CA 证书，使用 channel 协议时设置，默认为 bin/ca.crt
	channel_node_cert	节点证书，使用 channel 协议时设置，默认为 bin/sdk.crt，如采用 RPC 协议通信，可以留空
	channel_node_key	Python SDK 与节点通信私钥，采用 channel 协议时须设置，默认为 bin/sdk.key，如采用 RPC 协议通信，这里可以留空
solc 编译器配置	solc_path	非国密 Solc 编译器路径
	gm_solc_path	国密 Solc 编译器路径
	solcjs_path	solcjs 编译脚本路径，默认为./solc.js

5. Node.js SDK

Node.js SDK 的功能有限，且不支持国密 SSL 通信协议。主要特性包括。

① 提供调用 FISCO BCOS JSON-RPC 的 Node.js API。

② 提供部署及调用 Solidity 合约（支持 Solidity 0.4.x 及 Solidity 0.5.x）的 Node.js API。

③ 提供调用预编译（Precompiled）合约的 Node.js API。

④ 使用 channel 协议与 FISCO BCOS 节点通信，双向认证更安全。

⑤ 提供 CLI（Command-Line Interface）工具，供用户在命令行中方便快捷地与区块链交互。

Node.js SDK 的配置文件为 JSON 格式的文件，配置文件中涵盖了通用配置、群组配置、通信配置和证书配置。Node.js SDK 配置项说明见表 12-7。

表 12-7 Node.js SDK 配置项说明

配置项	字段名	字段说明
通用配置	privateKey	数据类型为 object，必需。外部账户的私钥，可以为一个 256 位的随机整数，也可以是一个 PEM 或 P12 格式的私钥文件，后两者需要结合 get_account.sh 生成的私钥文件使用。privateKey 包含两个必需字段 type 和 value，一个可选字段 password
	timeout	数据类型为 number，可选。为避免 SDK 所连节点可能出现的停止响应的状态而陷入无限等待，若每一次 API 调用在限定的 timeout 时间后仍没有得到结果，则强制返回一个错误对象，单位为毫秒
	solc	数据类型为 string，可选。除 SDK 已包含的 0.4.26 及 0.5.10 版本的 Solidity 编译器外，如需特殊的编译器版本，可以设置本配置项为编译器的执行路径或全局命令

续表

配置项	字段名	字段说明
群组配置	groupID	数据类型为 number，必需。Node.js SDK 访问的链的群组 ID
通信配置	nodes	数据类型为 list，必需。FISCO BCOS 节点列表，Node.js SDK 在访问节点时从该列表中随机挑选一个节点进行通信，要求节点数目>= 1。每个节点包含两个字段 IP 地址和 channel 端口号 port
证书配置	authentication	数据类型为 object。必需，包含建立 channel 通信时所需的认证信息，一般在建链过程中自动生成。authentication 包含三个必需字段：key 私钥文件路径、cert 证书文件路径和 ca 根证书文件路径

6．其他语言 SDK

对于上述语言 SDK，大多数具有较为完备的功能且相对稳定，可进行区块链应用的开发。除此之外，FISCO BCOS 还提供了其他一些功能相对基础的其他语言 SDK。

（1）CPP SDK

CPP SDK 同样是 FISCO BCOS 3.0 版本中新增的 C++语言版本的软件开发套件，提供 RPC、AMOP、合约事件订阅等基础功能的接入接口。用户可以通过使用它开发 C++版本的区块链应用。

（2）C# SDK

C# SDK 是采用 JSON RPC API 接口和区块链底层（标准版本）进行适配的目前仅支持 FISCO BCOS2.x 版本。

（3）Rust SDK

Rust SDK 在基础网络、国密/非国密算法支持以及合约解析能力方面较为完备，并附带命令行交互控制台，目前仅支持 FISCO BCOS 2.x 版本。

（4）Android SDK

开发者可通过 Android SDK 在 Android 应用中实现对 FISCO BCOS 区块链的操作。提供基础的区块链数据查询、合约的部署和调用、合约出参和交易回执的解析等功能。目前仅支持 FISCO BCOS 2.x 版本。

12.1.2　智能合约开发工具

智能合约开发工具

区块链技术的广泛应用催生了一系列智能合约开发工具的诞生。FISCO BCOS 作为一个活跃的区块链平台，在应用实践过程中为提高开发效率、降低开发难度，助力区块链应用开发者快速成长，开发了区块链应用开发组件 SmartDev，并正式开源。

SmartDev 包含了一套开放、轻量的开发组件集，覆盖智能合约的开发、调试、应用开发等环节，包括智能合约库（SmartDev-Contract）、智能合约编译插件（SmartDev-SCGP）和应用开发脚手架（SmartDev-Scaffold）。开发者可根据自己所处的开发阶段，相应地选择上述开发工具，以提高开发效率，缩短开发周期。其主要优势主要体现在以下几个方面。

① 在进行智能合约开发时，避免重复“造轮子”，提高代码复用率。

② 在进行智能合约编译时，使用本地 Gradle 编译，无须编写脚本。

③ 在进行应用开发时，可自动生成代码框架，使开发者聚焦业务本身。

智能合约是 DApps 开发中必不可少的一环，Solidity 类型的智能合约代码运行需要

EVM 的支持，使用特定的 Solc 编译器可以将智能合约代码编译为 EVM 机器码，这些机器码可以在 EVM 中运行，Solidity 类型的智能合约代码的运行机制如图 12-2 所示。FISCO BCOS 节点支持 EVM，并在 WeBASE 中间件管理平台中集成了内嵌 Solc 编译器和 EOA[①]的在线 IDE 环境 WeBASE IDE，配合 FISCO BCOS 节点前置服务，可以快速完成智能合约的开发、编译和部署上链等操作，同时，使用 SmartDev 中的智能合约库，开发者可直接复用库中的智能合约代码，大幅提升开发效率。

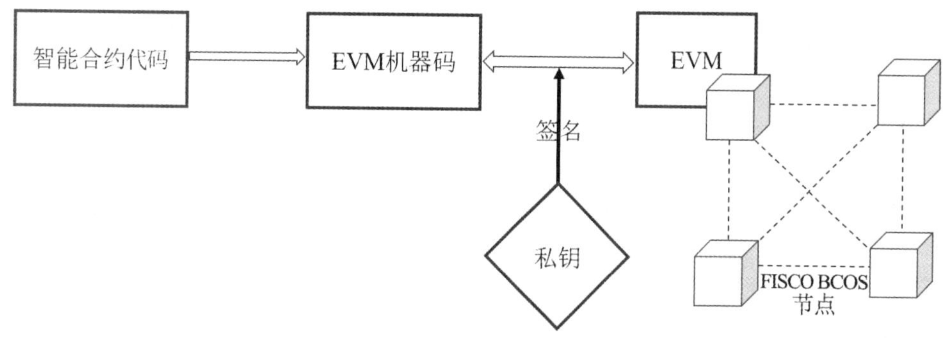

图 12-2　Solidity 类型的智能合约代码的运行机制

1. WeBASE IDE

WeBASE IDE 是 WeBASE 管理平台的一个重要组件，提供可视化 Web 界面的智能合约开发环境，可进行智能合约的编辑、导入/导出、保存、编译、部署、发起交易和导出 Java 项目等操作，WeBASE IDE 的工作界面如图 12-3 所示。目前 WeBASE IDE 支持的 Solidity 版本有 0.4.25、0.5.2、0.6.10 及 0.8.11 四个版本，开发者可根据需求选择合适的版本。

图 12-3　WeBASE IDE 的工作界面

① EOA（Externally Owned Account，外部拥有账户）与合约账户一起组成了以太坊账户的两种类型。外部拥有账户由公钥和私钥对组成，它的公钥是以太坊平台中的地址，可以用来接收以太币和其他代币，私钥则用于验证账户所有权和进行交易。外部拥有账户还可以发送交易、调用合约，但不能存储代码或数据。

2．智能合约库

Solidity 是首个将区块链与智能合约技术融合所出现的主流智能合约编程语言，由于其发展时间短，各项功能还不完备，还存在诸如语法特性简陋、类库支持匮乏、调试功能薄弱、实现安全的智能合约代码成本和难度高等问题。合约仓库中提供了常用的工具合约和推荐的合约模板，用户可将工具合约和合约模板导入到自己的目录。

（1）工具合约

在 WeBASE 管理平台的合约管理下的合约仓库中，可通过工具箱，查看常用的工具合约。主要包括 Address 库、LibString 库、SafeMath 库、Table 合约、Roles 库、Register 合约和 Counters 库，工具合约的主要功能见表 12-8。

表 12-8　工具合约的主要功能

名称	主要功能
Address	地址合约，用于检测地址是否为合约地址或空地址
LibString	字符串库，提供常见的字符串相关操作，包括复制、查找、替换等
SafeMath	SafeMath 库，用于安全算术运算的数学库，提供安全的加法、减法、乘法和除法
Table	Table 库，当实现 CRUD 类型合约时引入该库
Roles	Roles 库，用于实现角色权限控制
Register	Register 合约，注册控制合约
Counters	Counters 库，计数器工具合约

（2）合约模板

除了基础的工具合约之外，合约仓库还提供了常用的一些合约模板，用于快速生成合约，包括存证合约、积分合约、SmartDev 存证合约、资产合约、溯源合约和代理合约模板等。合约模板的主要功能见表 12-9。

表 12-9　合约模板的主要功能

名称	主要功能
Points	积分合约，具有与积分相关的增发，销毁，暂停合约，黑白名单权限控制等功能
Evidence	存证合约，使用分层的智能合约结构，包括工厂合约 EvidenceSignersData.sol 和存证合约 Evidence.sol
Smart_Dev_Evidence	实现存证操作，包括上传、审批、修改和删除等操作。
Asset	非同质化资产合约，具有唯一性资产类型，如房产、汽车、道具、版权等
Traceability	溯源合约，包含创建 Traceability 溯源类目、创建 Goods 溯源商品、更新溯源/商品状态、获取溯源/商品信息等功能
Proxy	代理合约，利用了 Solidity 的 fallback 功能，主要包含 EnrollProxy（代理合约，提供对外交互接口）、EnrollController（业务合约，实现业务逻辑）和 EnrollStorage（存储合约，完成数据存储）

3．合约的编译

WeBASE IDE 中内嵌有 Solc 编译器，通过编译器编译智能合约生成对应的 ABI 合约接口描述文件和字节码 bin 文件。智能合约编译过程示意图如图 12-4 所示。

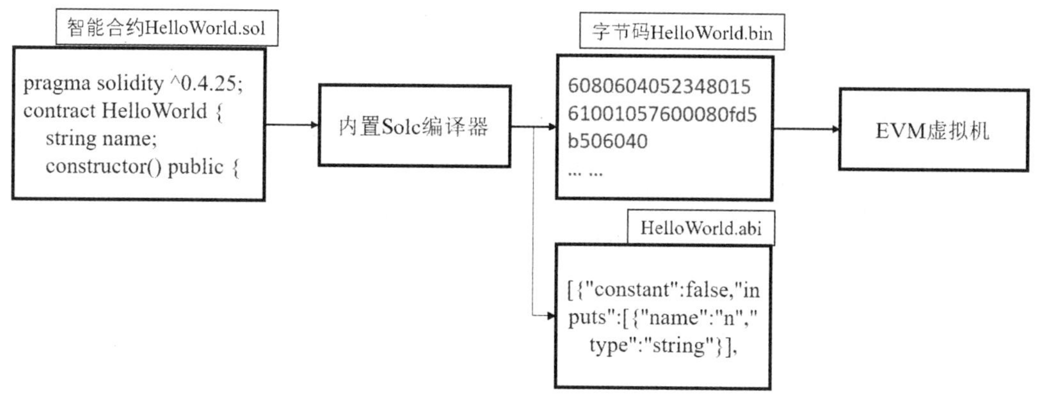

图 12-4　智能合约编译过程示意图

ABI 文件描述了智能合约的字段名称、字段类型、方法名称、参数名称、参数类型和方法返回值类型等内容，以 JSON 格式保存。bin 文件中的字节码（bytecode）是一串十六进制编码的字节数组，是一种类似于 JVM 字节码的代码。字节码的解析以一个字节为单位，每个字节都表示一个 EVM 指令或一个操作数据，在合约部署到链上时构造成交易。智能合约编译过程如图 12-5 所示。

v0.4.25　HelloWorld.sol　保存　编译　部署　发交易　导出java项目

HelloWorld

```
1  pragma solidity>=0.4.24 <0.6.11;
2
3  contract HelloWorld {
4      string name;
5
6      constructor() public {
7          name = "Hello, World!";
8      }
9
10     function get() public view returns (string memory) {
11         return name;
12     }
```

contractAddress　绑定

contractName　HelloWorld

abi　[{"constant":false,"inputs":[{"name":"n","type":"string"}],"name":"set","outputs":[],"payable":false,"stateMutability":"nonpayable","type":"function"},{"constant":true,"inputs":[],"name":"get","outputs":[{"name":"","type":"string"}],"payable":false,"stateMutability":"view","type":"function"},{"inputs":[],"payable":false,"stateMutability":"nonpayable","type":"constructor"}]

bytecodeBin　608060405234801561001057600080fd5b5060408051908101604052806000d81526020017f48656c6c6f2c20576f726
c642100000000000000000000000000000000000000815250600090805190602001906100 5c929190610062565b5
0610107565b82805460018160011615610100020316600290049060005260206000209060 1f016020900481019282
601f106100a357805160ff1916838001178555561 00d1565b8280016001018555582156100d1579182015b828111561

图 12-5　智能合约编译过程

4．合约部署和交易验证

智能合约在编译完成后，需要部署智能合约才能提供给 FISCO BCOS 平台的用户使用。要部署一个智能合约，需要指定发送地址，即用户自己的账户，用于表明交易的发起者。同时，需要发送一个包含编译后的智能合约代码的交易，而不需要指定任何接收地址①。

智能合约的调用和执行流程示意图如图 12-6 所示。

① FISCO BCOS 中的交易分为两类，一类是部署合约的交易，另一类是调用合约的交易。前者由于交易并没有特定的接收对象，因此规定这类交易的接收地址固定为 0x0；后者则需要将交易的接收地址设置为链上合约的地址。

① 首先由开发者发起调用智能合约，并传入参数，向区块链节点发送请求。
② 区块链节点构造交易并将其打包。
③ 将交易广播到区块链网络上，全网对该区块形成共识。
④ 在各区块链节点上构建合约，记入账本，并将合约地址返回给用户。
⑤ EVM 调用字节码，执行智能合约。
⑥ 在存储模块中完成状态变量的存取。

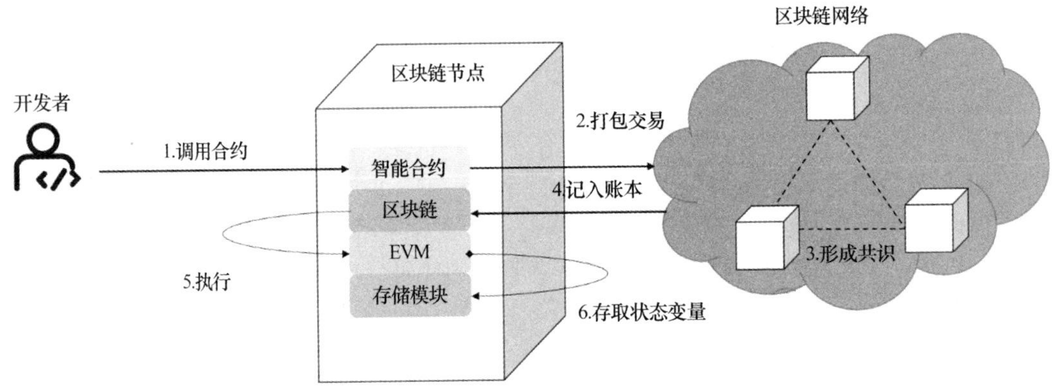

图 12-6　智能合约的调用和执行流程示意图

FISCO BCOS 中智能合约的部署和交易发送可通过控制台完成，也可通过 WeBASE IDE 完成。首先，在私钥管理中，创建用于部署合约的用户，如图 12-7 所示，输入用户名称及用户描述（可选）。

图 12-7　创建用于部署合约的用户

然后，在部署合约时选择部署合约的用户，选择部署合约的用户界面如图 12-8 所示。

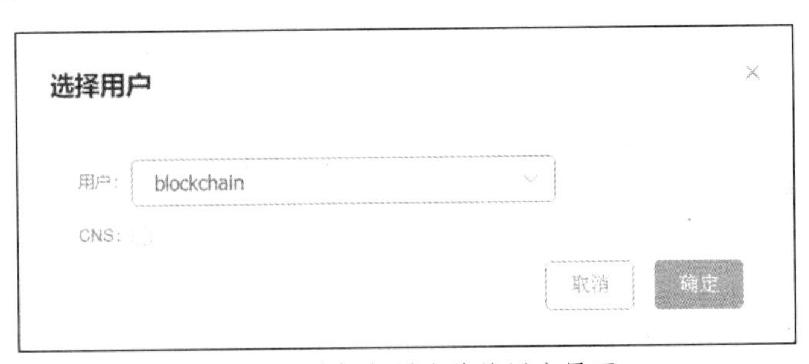

图 12-8　选择部署合约的用户界面

合约部署后的地址如图 12-9 所示。

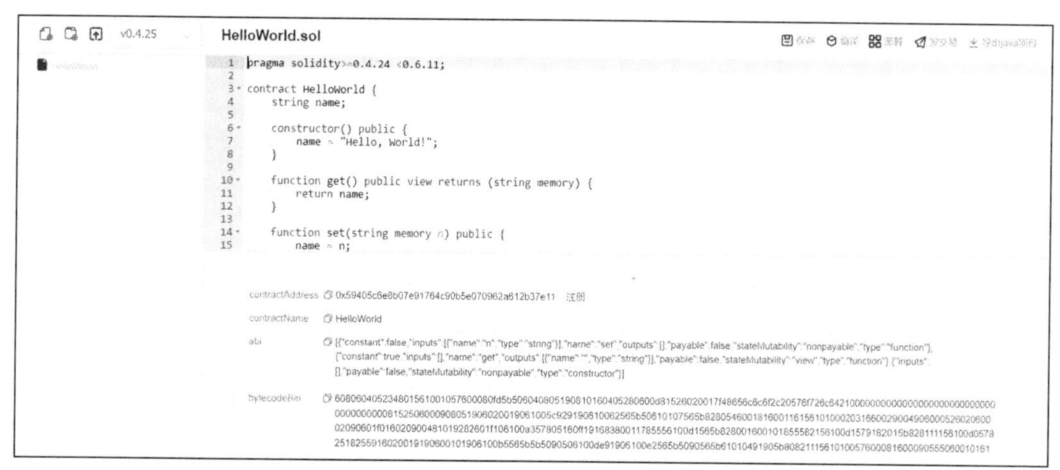

图 12-9　合约部署后的地址

智能合约被设计的初衷是满足“无须信任”的需求，即用户无须第三方（如开发者或组织）参与便可与智能合约交互。所以要尽可能确保智能合约的正确性，即验证合约行为是否与预期相符。

WeBASE IDE 中可通过发送交易完成合约的形式化验证①。验证 set 接口如图 12-10 所示，按照指定类型传入参数，修改状态变量 n 的值，验证 HelloWorld 合约中 set 接口的正确性。

发送交易

合约名称: HelloWorld

CNS:

合约地址: 0x59405c6e8b07e91764c90b5e070962a612b37e11

用户: blockchain

方法: function　set

参数: n　Hello blockchain

如果参数类型是数组，使用方括号括起，以逗号分隔，例如：set(uint32[] a) ->

取消　确定

图 12-10　验证 set 接口

也可以查询状态变量 n 的值，验证 HelloWorld 合约中 get 接口的正确性。验证 get 接口

① 形式化验证与“源代码验证”不同，源代码验证指的是验证用高级语言（如 Solidity）编写的智能合约的给定源代码是否能编译成在合约地址执行的字节码。

如图 12-11 所示。

图 12-11　验证 get 接口

5．Java 项目生成

为了提高开发效率，简化流程，WeBASE IDE 提供了“导出 java 项目”的功能，通过可视化的方式生成 Java 项目脚手架，相比于 SmartDev-Scaffold 更加直观和便利。

导出 java 项目的配置信息如图 12-12 所示，配置项目名称、包名、选择网络节点、通道 IP、通道端口和用户，最后选择相关的已编译的合约，即可导出 Java 项目。

图 12-12　导出 java 项目的配置信息

其中生成项目的具体内容如下：

```
├── build.gradle
├── gradle
│   └── wrapper
│       ├── gradle-wrapper.jar
│       └── gradle-wrapper.properties
```

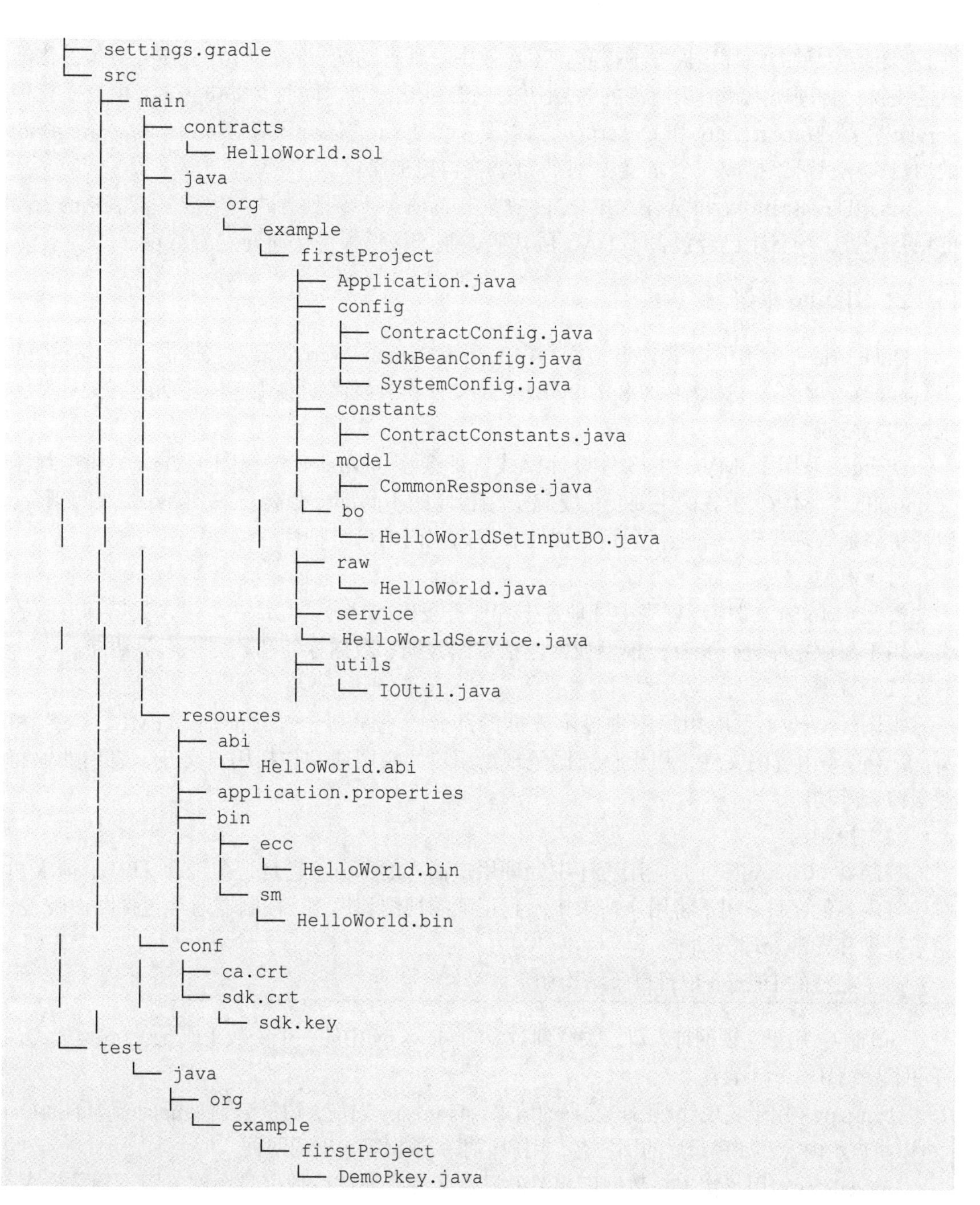

```
├── settings.gradle
└── src
    ├── main
    │   ├── contracts
    │   │   └── HelloWorld.sol
    │   ├── java
    │   │   └── org
    │   │       └── example
    │   │           └── firstProject
    │   │               ├── Application.java
    │   │               ├── config
    │   │               │   ├── ContractConfig.java
    │   │               │   ├── SdkBeanConfig.java
    │   │               │   └── SystemConfig.java
    │   │               ├── constants
    │   │               │   ├── ContractConstants.java
    │   │               ├── model
    │   │               │   ├── CommonResponse.java
    │   │               │   └── bo
    │   │               │       └── HelloWorldSetInputBO.java
    │   │               ├── raw
    │   │               │   └── HelloWorld.java
    │   │               ├── service
    │   │               │   └── HelloWorldService.java
    │   │               ├── utils
    │   │               │   └── IOUtil.java
    │   └── resources
    │       ├── abi
    │       │   └── HelloWorld.abi
    │       ├── application.properties
    │       ├── bin
    │       │   ├── ecc
    │       │   │   └── HelloWorld.bin
    │       │   └── sm
    │       │       └── HelloWorld.bin
    │   └── conf
    │       ├── ca.crt
    │       ├── sdk.crt
    │       └── sdk.key
    └── test
        └── java
            ├── org
            └── example
                └── firstProject
                    └── DemoPkey.java
```

12.1.3 开发框架

1．SpringBoot 框架

SpringBoot 是 Spring 家族中的一个全新框架，用来简化 Spring 程序的创建和开发过程，使开发变得更加简单迅速。凭借其诸多优势，在基于 Java 语言开发的 DApps 中占有较高的比重。

SpringBoot Starter 将常用的依赖分组进行整合，合并到一个依赖中，一次性添加到项目的 Maven 或 Gradle 构建工具中。SpringBoot 采用 JavaConfig 的方式对 Spring 进行配置，并且提供了大量的注释，极大地提高了工作效率。其自动配置特性利用 Spring 对条件化配置的支持，合理地推测应用所需的 bean 并进行自动化配置。同时，SpringBoot 内置了三种 Servlet 容器：Tomcat、Jetty 和 Undertow。只需要一个 Java 的运行环境就可以运行 SpringBoot 的项目，项目可以打成一个 jar 包，使得部署变得更加简单。

SmartDev-Scaffold 和 WeBASE IDE 中导出 Java 项目两种方式均生成基于 SpringBoot 的项目工程，项目中已经包含了 DAO 层代码，基于该模板可快速开发 DApps。

2. Django 框架

Django 是一个用于构建 Web 应用程序的高级 Python Web 框架。它提供了一套强大的工具和约定，配合 FISCO BCOS 的 Python SDK 使得开发者能够快速构建功能齐全且易于维护的 DApps。

Django 采用了 MVC 的软件设计模式，即模型（Model）、视图（View）和控制器（Controller）。MVC 模式的主要目的是将应用程序的不同部分分离开来，降低模块间耦合，以便更好地管理代码、增强代码可扩展性和提高代码的可维护性。

（1）模型

模型（Model）是应用程序中处理数据和业务逻辑的部分。它是一个包含数据和方法的类，用于与数据库进行交互。模型通常包括数据验证、数据存储和数据检索等功能。

（2）视图

视图（View）是应用程序中显示数据的部分。它是一个包含前端 HTML、CSS 和 JavaScript 等内容的文件，用于将数据呈现给用户。视图通常包括用户交互、表单处理和模板渲染等功能。

（3）控制器

控制器（Controller）是应用程序中处理用户输入的部分。它是一个包含 URL、请求和响应等内容的文件，用于将用户请求接入到正确的视图和模型。控制器通常包括路由配置、请求处理和异常处理等功能。

一个完整的 Django 项目目录结构如下。

urls.py：用于实现网址入口，关联到对应的 views.py 中的一个函数（或 generic 类），访问网址就对应一个函数。

views.py：用于实现处理用户发出的请求，与 urls.py 对应，通过渲染 templates 中的网页可以将显示内容，如登录后的用户名，用户请求的数据等输出到网页。

models.py：用于实现与数据库相关的操作，存入或读取数据时用到，用不到数据库时可以不使用。

forms.py：用于实现与表单相关的操作，用户在浏览器上输入数据提交，对数据的验证工作以及输入框的生成等工作，也可以不使用。

templates 文件夹：views.py 中的函数渲染 templates 中的 HTML 模板，用于得到动态内容的网页，可以用缓存来提高速度。

admin.py：用于实现后台操作，可以用很少的代码就拥有一个强大的后台。

settings.py：该文件为 Django 的配置文件，用来设置 DEBUG 的开关，静态文件的位置等。

3. Vue 框架

Vue 框架是一套用于构建用户界面的渐进式 JavaScript 前端框架，与其他大型框架不同的是，Vue 框架采用自底向上增量开发的设计模式。它的主要目标是通过提供响应式数据绑定和可组合的视图组件来简化 Web 开发，同时提供高效的性能。与 SpringBoot 框架和 Django 框架配合，可以实现前后端分离的项目。

Vue 框架的核心是 ViewModel（视图模型），这是一个实例化的 Vue 对象，负责管理应用程序的状态，并提供响应式的数据绑定。当模型发生变化时，视图会自动更新。Vue 框架还提供了指令（Directives）和组件（Components）两种机制来扩展 HTML，并提供更丰富的交互和支持代码的可重用性。

12.2 警用 UAV 执法存证的区块链系统

存证功能是区块链技术的很好的着力点，通过区块链技术可以有效地防止存证系统中的数据出现篡改，保障第三方存证服务的中立性，增强存证服务平台的可信性。

12.2.1 客户需求与系统设计

1. 背景概述

目前，全球只有少数国家致力于警用 UAV（Unmanned Aerial Vehicle，无人飞行载具）的研究，研究方向主要是警用 UAV 在警务活动中的辅助应用，主要有交通执法、群体性事件、治安巡逻、辅助处理案件等。

随着我国“科技兴警”方针的提出，警用 UAV 发展动力越来越充沛。然而，警用 UAV 的问题也随之暴露。例如，警用 UAV 队伍建设、机器和人员规范统一管理；警用 UAV 执法规范问题；警用 UAV 执法产生的电子数据效力等，都亟待解决。

随着司法联盟链的发展，现有的 FISCO BCOS 落地案例有亦笔数字信息技术有限公司的区块链存证仲裁平台、智慧审判留痕系统、优证云、基于 FISCO BCOS 的存证平台、枢纽链、区块链司法存证平台、inBC 区块链存证服务系统、区块链数字卷宗管理系统等。但警务方面，特别是警用 UAV 领域应用较少。

2. 系统架构

警用 UAV 存证是通过利用区块链技术对警用 UAV 执法产生的电子数据进行存证保全的设计，警用 UAV 存证系统架构如图 12-13 所示。无人机配备相机和录像设备，能够在执法现场捕捉清晰的图像和录像，这些素材可充当法庭上的证明材料。同时，无人机系统还记录了飞行轨迹、飞行参数和传感器数据，提供了翔实的飞行信息和环境数据，这对于还原事发经过和解决事件纠纷以及证明执法的合法性至关重要。时间戳和元数据的记录确保了数据的时效性和真实性。

在公安和司法实践中，需要注意的是，在进行无人机存证时，隐私问题需要得到谨慎考虑，确保操作和数据采集的合法合规。总体而言，无人机司法存证通过先进的技术手段，提供了更全面、准确和实时的证据，有望提高执法和司法过程的效率和可靠性。

图 12-13　警用 UAV 存证系统架构

3．业务流程

警用 UAV 存证系统方案逻辑如图 12-14 所示，在使用警用无人机现场执法后，对执法过程中产生的音视频数据及无人机的飞行信息内容进行上链存证，之后由特定的操作人员通过取证设备从无人机中获取原始飞行日志以及电子数据，特定的操作人员需要进行身份的认定，使用数字证书或者填写详细的身份证明材料，其工作是将各种原始数据进行分类，并一起存储于公安网内部的数据库中，同时系统生成数据的哈希摘要值，同步原始证据的哈希值将上传至区块链存储系统平台，通过打包至区块进行广播，其他节点签名验证后即可实现上链。当司法过程中需要获取原始数据时，公安网执法办案系统首先将原始证据流转至请求原始数据的部门，而相关部门的业务执法办案系统可分别调用区块链存证系统相应的校验接口，针对公安网传送的原始证据进行校验，从而确认该证据是否被篡改或破坏；如果校验一致，则可认定该原始数据有效。

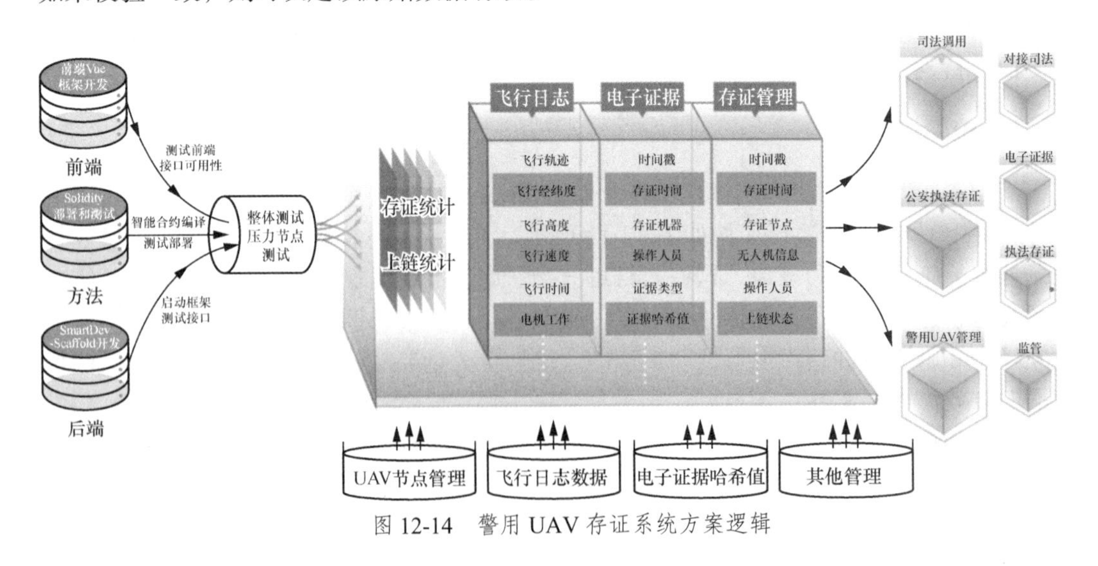

图 12-14　警用 UAV 存证系统方案逻辑

12.2.2　存证合约实现

1．合约实现

本节将实现区块链存证合约 Evidence，主要功能有创建/添加存证、添加签名和取证等。使用分层的智能合约结构。

（1）EvidenceSignersData.sol 由存证各方事前约定，存储存证生效条件，并管理存证的生成。

（2）Evidence.sol，由 EvidenceSignersData.sol 生成，存储存证 ID、哈希值和各方签名（每张存证一个合约）

Evidence.sol 存证合约，关键函数及功能如下。

① CallVerify(address addr) public constant returns(bool)：它用于调用某种验证逻辑，以检查给定地址是否有效或满足某些条件。

② Evidence(string evi, string info, string id, uint8 v, bytes32 r, bytes32 s, address addr, address sender) public：它接收一些参数（evi、info、id、v、r、s、addr、sender）用于初始化合约的状态。这个构造函数被用于创建一个新的证据实例。

③ getEvidenceInfo() public constant returns(string)：它用于获取某个证据实例的相关信息。

④ getEvidence()publicconstant returns(string,string,string,uint8[],bytes32[],bytes32[],address[])：它用于获取证据实例的详细信息，包括证据内容、信息、ID 等，以及涉及签名的一些参数。

⑤ addSignatures(uint8 v, bytes32 r, bytes32 s) public returns(bool)：它用于接收签名参数，并可能用于在已有的证据实例中添加新的签名。

⑥ getSigners()public constant returns(address[])：它用于获取已添加签名的签名者地址列表。

2．交易验证

EvidenceSignersData 签名合约的关键函数及功能如下。

① import "Evidence.sol"：引入了名为 Evidence.sol 的外部合约。

② newEvidence(string evi, string info,string id,uint8 v, bytes32 r,bytes32 s)public returns(address)：用于创建新的证据。它可接收证据相关的参数，如 evi（证据内容）、info（信息）、id（ID）以及签名所需的参数 v、r、s。

③ EvidenceSignersData(address[] evidenceSigners)public：用于初始化一些数据，以供后续的合约操作使用

④ verify(address addr)public constant returns(bool)：接收一个地址参数 addr，并返回一个布尔值，表示该地址是否有效

⑤ getSigner(uint index)public constant returns(address)：接收一个索引参数 index，并返回对应索引位置的签名者地址。

⑥ getSignersSize() public constant returns(uint)：用于获取签名者列表的长度

⑦ getSigners() public constant returns(address[])：用于获取所有签名者的地址列表

12.2.3 后端系统设计

本节将介绍如何使用智能合约 SmartDev-Scaffold，一键式生成 DApps 开发工程，从而降低开发的难度，其代码如下所示。

```
EVIDENCE-CHAIN-DEMO-1.0.1
> src\main
> java \ com \yibi\ evidence \ chain
>bo
> config
>constant
v contract
Evidence.java
EvidenceSignersData.java
>controller
>enums
>exception
>persist
> response
>service
> util
>vo
 EvidenceApplication.java
v resources
>assembly
>bin
>contract
>db
>mapper
>static
#application.properties
#logback-boot.xml
>web
#pom.xml
#README.md
```

其中。

① config 目录包含 Bean 配置类。

② service 目录中包含了智能合约访问的 Service 类，一个类对应一个合约。

③ bo 目录包含了合约函数输入参数的封装 POJO 类。

④ src/main/resource/conf 目录用于存放证书信息。

⑤ Demos.java 包含了私钥生成、部署合约等示例代码。

具体的部分服务类如下。

1．合约服务类

Java 接口 EviContractService，定义了存证合约相关的服务接口，接口中定义以下方法。

（1）insertContract(String contractName, EviUserEntity userEntity, String contractAddress)：它用于写入存证合约记录，参数包括合约名称、wesign 用户实体和合约地址。

（2）uploadChain(String dataHash, String hashCal, String saveTime)：它用于数据上链，参数包括上链数据哈希值、上链数据哈希算法和上链时间，返回类型为 String。

（3）searchChain(String dataAddress)：它用于查询上链信息，参数为数据上链地址，返回类型为 String。

（4）getEviContract()：它用于获取合约信息，返回类型为 EviContractEntity。EviContractEntity 实体类有以下属性。

① id：合约表的主键 ID。

② contractAddress：合约地址。

③ contractName：合约名称。

④ signUserId：wesign 用户 ID。

⑤ publicKey：wesign 用户公钥信息。

⑥ privateKey：wesign 用户私钥 base64 信息。

⑦ createTime：创建时间。

⑧ updateTime：更新时间。

在该实体类中，使用了 MyBatis-Plus 注解@TableId 和@TableField 来指定表字段信息，使用了 Serializable 接口的 pkVal 方法来返回该实体类的主键值。

2．存证上链类

该类中定义多个方法如 list、selectList、add、modify 等来处理不同的请求，实现上链功能。

（1）list 方法用于处理节点分页列表的接口，通过@PostMapping 注解指定处理 POST 请求。方法的参数 stepReq 使用@RequestBody 注解指定请求体的内容绑定到该参数上；方法返回类型为 EviResponse，可以调用 stepService.stepList 方法来获取节点分页列表的结果。

（2）selectList 方法用于处理节点下拉选择框的接口，与 list 方法类似，接收一个 StepReq 类型的参数，并返回 EviResponse 类型的结果，调用 stepService.selectList 方法来获取节点下拉选择框的内容。

（3）add 方法用于处理节点添加的接口，与前两个方法类似，接收一个 StepReq 类型的参数，并返回 EviResponse 类型的结果，调用 stepService.addStep 方法来添加节点。

（4）modify 方法用于处理节点修改的接口，与前几个方法类似，接收一个 StepReq 类型的参数，并返回 EviResponse 类型的结果，调用 stepService.modifyStep 方法修改节点信息。

3．存证管理类

该类中定义多个方法，如 list、bqSave、validChain、previewChain、DataValidReq、getTotalInfo 等方法来处理不同的请求。

（1）list 方法用于处理存证数据列表的接口，通过@PostMapping 注解指定处理 POST 请求。方法的参数 dataReq 使用@RequestBody 注解指定请求体的内容绑定到该参数上；方法返回类型为 EviResponse，可以调用 dataService.dataList 方法来获取存证数据列表的结果。

（2）bqSave 方法用于处理模拟数据存证的接口，与 list 方法类似，接收一个 DataSaveReq 类型的参数，并返回 EviResponse 类型的结果，可以调用 dataService.bqSave 方法来进行模拟数据存证。

（3）validChain 方法用于处理存证数据链上校验的接口，同样接收一个 DataValidReq 类型的参数，并返回 EviResponse 类型的结果，可以调用 dataService.validChain 方法来进行存证数据链上的校验。

（4）previewChain 方法用于处理存证数据预览的接口，与 validChain 方法类似，接收一个 DataValidReq 类型的参数，并返回 EviResponse 类型的结果，可以调用 dataService.previewChain 方法来进行存证数据的预览。

（5）getTotalInfo 方法用于获取存证上链统计信息的接口，不接收任何参数，返回 EviResponse 类型的结果，可以调用 dataService.getTotalInfo 方法来获取统计信息。

12.2.4 Web 前端实现

本节使用 Vue 框架设计警用 UAV 存证系统前端。Vue 框架是一种流行的 JavaScript 前端框架，与其他框架语言相比，它具有以下优点。

（1）易于上手

Vue 框架相对来说较容易学习和上手。它提供了简洁的 API 和清晰的文档，使新手能够快速上手并开始构建应用程序。

（2）渐进式框架

Vue 框架是一个渐进式框架，可以逐步引入到现有的项目中，或者作为一个独立的库使用。这种灵活性使得 Vue 框架相对其他框架更易于集成和迁移。

（3）轻量级

Vue 框架的文件大小相对较小，加载速度快。它采用组件化的开发方式，只关注视图层，不涉及其他复杂的概念。这使得 Vue 框架在性能方面表现优秀。

（4）响应式数据绑定

Vue 框架采用双向数据绑定的方式，使得数据的变化自动反映在视图上，同时也可以通过视图改变数据。这简化了开发过程，并提高了开发效率。

（5）组件化开发

Vue 框架鼓励使用组件化的开发方式，将页面拆分成独立的可复用组件。这使得代码更加模块化和可维护，也方便团队协作和代码复用。

（6）生态系统和工具支持

Vue 框架拥有庞大的生态系统，包括官方提供的路由器（Vue Router）、状态管理工具（Vuex），以及许多第三方插件和库。这些工具可以帮助开发者更轻松地构建复杂的应用程序。

（7）非侵入式开发

Vue 框架不强制开发者按照特定的模式或架构进行开发。它允许开发者根据项目的需求选择合适的方式，并与其他库或已有的代码库进行集成。

本项目前端设计应简洁明朗，前端页面分为“无人机管理”“归属地管理”“飞行信息管理”“证据管理”“模拟存证”“个人中心”六大部分，并且附有控制管理的侧边栏。

1．存证要素配置界面

警用 UAV 存证系统飞行信息管理界面如图 12-15 所示，本界面主要提供飞行信息管理，主要包括新建、查询和飞行信息列表等功能。飞行信息包括无人机名称、节点名称、飞行经纬度、飞行高度和创建时间等字段，可根据无人机序列号、节点或信息编号查询飞行信息，并展示当前飞行信息列表。

图 12-15　警用 UAV 存证系统飞行信息管理界面

2．电子存证界面

警用 UAV 存证系统模拟存证界面如图 12-16 所示，本界面主要提供实现电子数据加密后存证以及对飞行日志原件的保存功能，可以实现保存无人机编号、所在单位、操作人名称、证件类型、证件号、存证飞行信息及飞行日志的存证文件等信息。

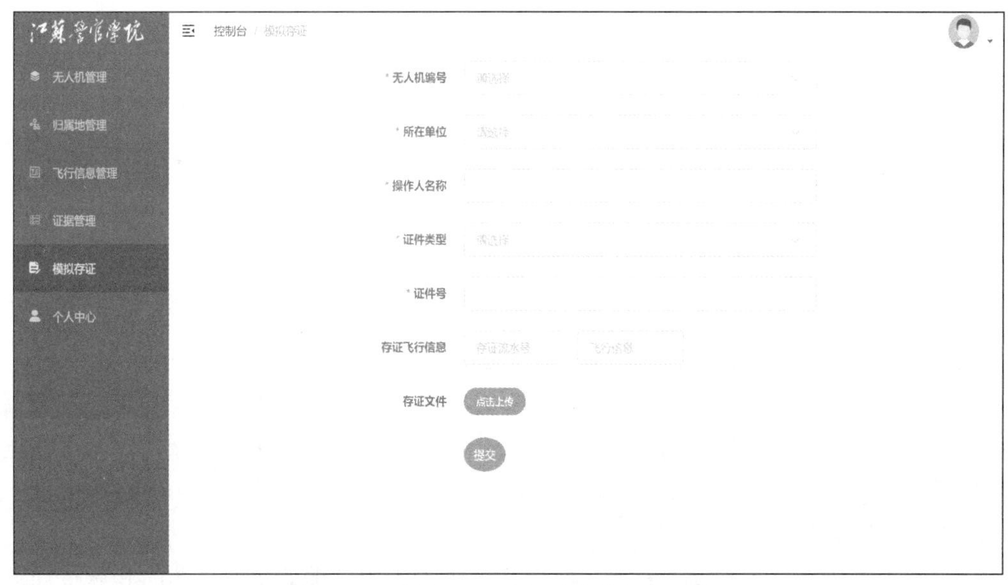

图 12-16　警用 UAV 存证系统模拟存证界面

3．存证管理界面

警用 UAV 存证系统证据管理界面如图 12-17 所示，本界面用于查看和核验已经存证上链的电子数据，可以查看存证的部分关键信息，对存证信息进行核验及调用等，另外，通过对无人机&单位名称、操作人名称、操作人证件的可视化展示可以一定程度上加强对无人机执法队伍的管理。

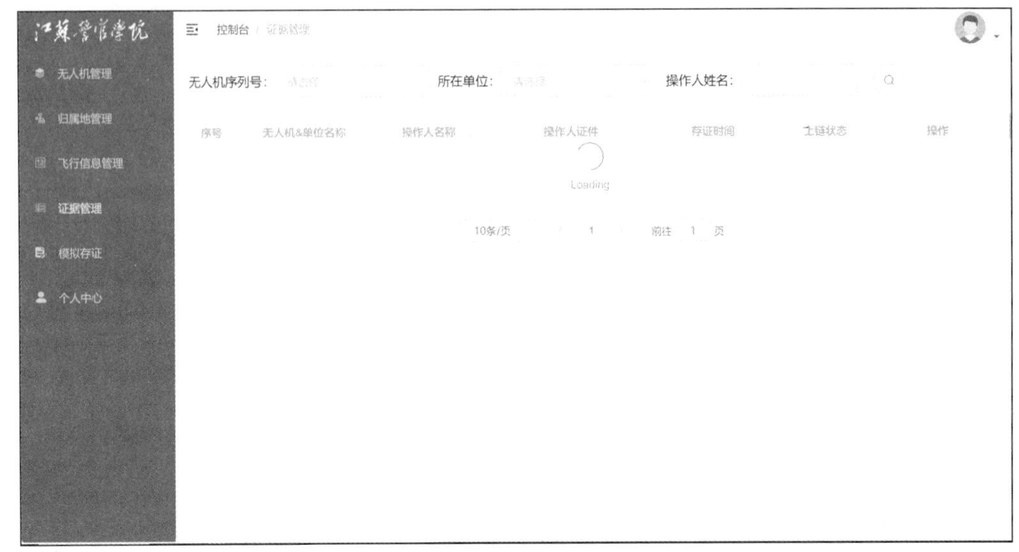

图 12-17　警用 UAV 存证系统存证管理界面

思考题

简答题

（1）区块链技术经过多年的发展，在很多领域已经形成落地应用，请列举若干区块链技术应用场景。

（2）请简述 Solidity 语言在 EVM 中的编译过程和部署上链、调用执行的流程。

（3）对比 Solidity 语言在 EVM 中编译和 Java 语言在 JVM 中编译的共同点和不同点。

（4）关于 DApps 系统，回答下列问题。

① 什么是 DApps?

② DApps 系统和传统的软件应用系统的区别是什么?

（5）ABI 文件中主要有哪些参数？它们分别代表什么?

（6）ABI 文件的主要作用是什么?

（7）请将 HelloWorld 合约编译生成的 bin 文件中字节码，利用工具解析成对应操作码和操作数，了解 EVM 运行原理。

（8）请简述 DApps 系统的开发流程。

（9）基于区块链技术的溯源系统可以应用于多个领域，例如食品、药品和珠宝等。请结合具体的应用场景，使用 WeBASE 智能合约仓库中的 Traceability 合约，实现一个区块链溯源应用系统。

（10）如何理解区块链技术是数字经济中不可或缺的基础设施。